Henry Bruhns

USB in der Messtechnik

FRANZIS
PC+ELEKTRONIK

Henry Bruhns

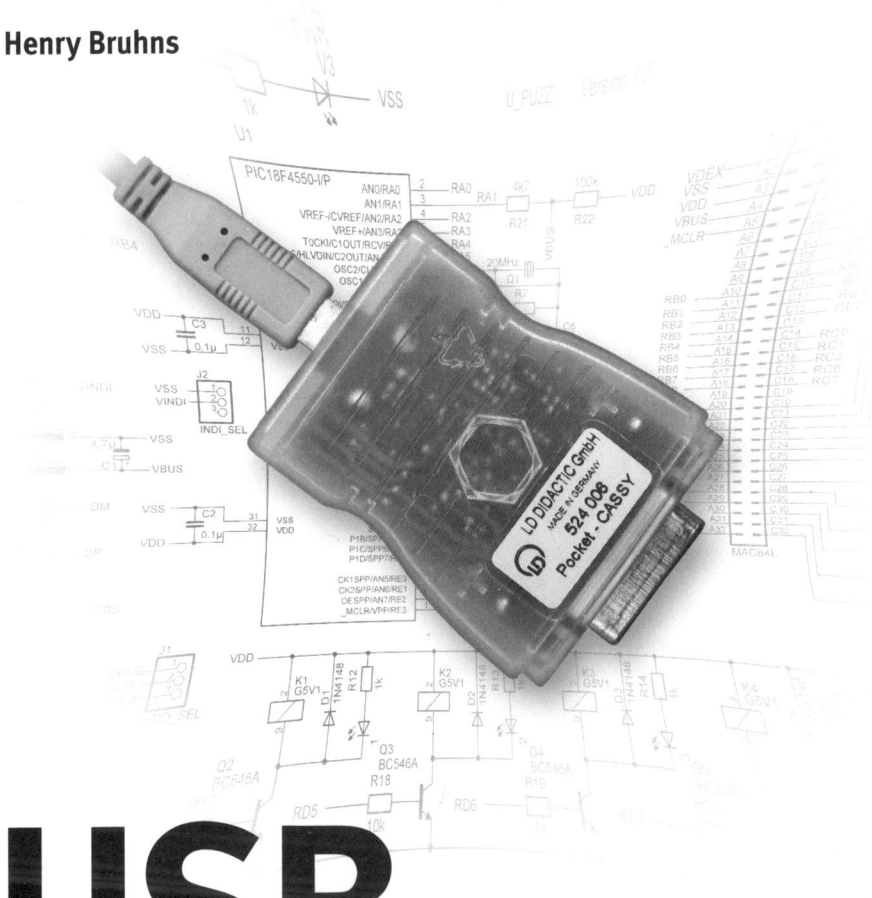

USB
in der Messtechnik

Mit 225 Abbildungen

Bibliografische Information der Deutschen Bibliothek
Die Deutsche Bibliothek verzeichnet diese Publikation in der Deutschen Nationalbibliografie;
detaillierte Daten sind im Internet über **http://dnb.ddb.de** abrufbar.

Hinweis
Alle Angaben in diesem Buch wurden vom Autor mit größter Sorgfalt erarbeitet bzw. zusammengestellt und unter
Einschaltung wirksamer Kontrollmaßnahmen reproduziert. Trotzdem sind Fehler nicht ganz auszuschließen. Der Verlag und der Autor sehen sich deshalb gezwungen, darauf hinzuweisen, dass sie weder eine Garantie noch die juri-
stische Verantwortung oder irgendeine Haftung für Folgen, die auf fehlerhafte Angaben zurückgehen, übernehmen
können. Für die Mitteilung etwaiger Fehler sind Verlag und Autor jederzeit dankbar.
Internetadressen oder Versionsnummern stellen den bei Redaktionsschluss verfügbaren Informationsstand dar. Verlag und Autor übernehmen keinerlei Verantwortung oder Haftung für Veränderungen, die sich aus nicht von ihnen
zu vertretenden Umständen ergeben. Evtl. beigefügte oder zum Download angebotene Dateien und Informationen
dienen ausschließlich der nicht gewerblichen Nutzung. Eine gewerbliche Nutzung ist nur mit Zustimmung des Lizen-
zinhabers möglich.

Satz: Fotosatz Pfeifer, 82166 Gräfelfing
art & design: www.ideehoch2.de
Druck: Bercker, 47623 Kevelaer
Printed in Germany

ISBN 978-3-7723-**5509-7**

Vorwort

Den ersten intensiven Kontakt mit dem Universal Serial Bus – nicht als Nutzer, sondern als Entwickler – hatte ich im Jahr 2004. Es traten zeitgleich drei Ereignisse ein: Ich sollte eine Diplomarbeit an der Fachhochschule Kiel mitbetreuen, das Entwicklungskonzept für ein neues Messgerät vorlegen und bei einem laufenden Entwicklungsprojekt beraten. In allen drei Fällen sollte eine USB-Schnittstelle zum Einsatz kommen. Bei näherer Beschäftigung mit dem Thema stellte sich schnell heraus, dass der erforderliche Hardwareaufwand gering und eine USB-Schnittstelle kostengünstig zu realisieren war. Alltagstauglichkeit und Zuverlässigkeit des USB waren mit zahlreichen Massenprodukten praktisch nachgewiesen, sodass es offenbar keine großen Schwierigkeiten bereiten sollte, diese Schnittstelle für neue Projekte vorzusehen.

Sowohl die eigenen Erfahrungen als auch Nachrichten aus Entwicklungsabteilungen machten jedoch bald deutlich, dass trotz scheinbar günstiger Voraussetzungen ein Faktor in seiner Auswirkung auf die Laufzeit der Entwicklungsprojekte gewaltig unterschätzt wurde: der Zeitaufwand für die Realisierung der Treibersoftware. Das lag primär daran, dass für alle genannten Projekte die Geräteklasse USBTMC unterstützt werden musste, und das war zur damaligen Zeit für die meisten Entwickler absolutes Neuland. Die Entwicklungs- und Testphase gestaltete sich besonders knifflig, wenn noch nicht alle erforderlichen Transfers realisiert waren, bzw. wenn Fehler in den Transfers vorkamen. So kam es für eine Reihe von Neuentwicklungen jener Zeit dazu, dass die Messgeräte zwar über die erforderlichen Hardware-Voraussetzungen für USBTMC verfügten, diese aber nicht von der Firmware bedient wurden. Aus Zeitdruck verwendete man für die neuen Messgeräte einfach die bis dato genutzten Schnittstellen wie GPIB, RS232 oder CAN – gelegentlich mit der Option, auf Kundenwunsch USBTMC nachzureichen.

Was uns allen damals vor allen Dingen fehlte, war ein Buch oder Fachaufsatz, um Planungs- und Entwicklungshilfe zu erhalten. Ich hoffe, dass mit dem vorliegenden Werk ein erster Schritt in diese Richtung gelungen ist, wenngleich vorweggenommen werden soll, dass hier nicht alles dazu erschöpfend behandelt werden konnte. Aber ein Anfang ist gemacht, und es wäre wünschenswert, wenn sich über den Dialog mit Lesern, Entwicklern und anderen Autoren sowie Erfahrungen aus der Praxis und durch Zusammentragen und Dokumentieren allmählich umfassende Fachliteratur zum Thema USBTMC ergeben würde.

Über die E-Mail Adresse info@usbtmc.de können Sie Kontakt zu mir aufnehmen. Kritiken, Anregungen und speziell Hinweise auf Fehler, die Sie im vorliegenden Buch finden, sind mir jederzeit willkommen.

Seevetal, im Mai 2008
Henry Bruhns

Inhalt

1 Einführung

Der USB ist zu kompliziert, um ihn ganz ohne die Hilfe anderer zu erfassen.

(Jan Axelson)

1.1 Über dieses Buch

Dieses Buch enthält eine Abhandlung über die USB Test & Measurement Class (USBTMC) und deren Unterklasse USB488. Es wurde primär für Entwickler geschrieben, die Mess- und Prüfgeräte mit einer klassenkonformen USB 2.0-Schnittstelle ausstatten wollen und darin noch keine Erfahrung haben. Über die reinen Schnittstellenfunktionen hinaus vermittelt es aber auch Grundwissen zur Anwendungsebene auf der Basis der Standard Commands for Programmable Instruments (SCPI) und geht ausführlich auf Funktion und Struktur des Parsers ein, mit dem das Erkennen und Verarbeiten von Fernsteuerbefehlen erst möglich wird. Trotz des Umfangs ist dieses Buch ein Kompendium, denn es vermittelt nicht die Grundlagen des Universal Serial Bus. Es setzt jedoch einige Landmarken in die Flut von Textseiten der Dokumentationen, die gelesen, verstanden und selektiert sein wollen, bevor ein funktionierender USBTMC-Treiber geschrieben werden kann. Das in dem Buch aufgezeigte Basiswissen ist gerade so umfangreich, um für die praktische Realisierung der erforderlichen Treibersoftware auf der Geräteseite auszureichen. Der Schwerpunkt an Informationen liegt auf dem Spezialwissen, das Messgeräteentwickler haben müssen, damit ihre Produkte fehler- und störungsfrei mit Anwendungssoftware kommunizieren können, die für Geräte der Klasse USBTMC-USB488 geschrieben worden ist. Zu jedem beschriebenen Detail findet sich eine Quellenangabe, über die der Leser auf Wunsch tiefer in das Thema einsteigen kann. Anhand der zum Buch gehörenden Hard- und Software kann das neu erworbene Wissen praktisch erprobt werden. Der zugrunde liegende Standard für die USB-Geräteklasse USBTMC und deren Unterklasse USB488 existiert in der momentan gültigen Fassung seit April 2003. Seitdem sind zahlreiche Messgeräte auf den Markt gekommen, die über klassenkonforme USB-Schnittstellen verfügen. Somit gibt es viele Entwickler, die den mühsamen Weg gegangen sind, für diese Geräte eine Firmware zu schreiben, die USBTMC-USB488 fehlerfrei unterstützt. Andererseits wird es auch viele Entwickler geben, die zum ersten Mal mit dieser Aufgabe konfrontiert werden und gern vorher wüssten, worauf sie sich da einlassen. Bisher hat jedoch noch keiner derjenigen, die ein USBTMC-Projekt erfolgreich abgeschlossen haben, seine Erfahrungen publiziert. Mit diesem Buch wird diesem Mangel jetzt abgeholfen. Ähnlich war die Situation, als der Universal Serial Bus als neue PC-Peripherieschnittstelle eingeführt wurde. Es gab zwar recht bald PC-Komponenten wie Tastaturen und Mäuse, die via USB angeschlossen wurden, und auch die ersten Peripheriegeräte wie Drucker, aber noch kein Buch, das sich speziell an Geräteentwickler richtete, die sich mit USB beschäftigen mussten. Die erste Ausgabe der USB-Spezifikation, nämlich USB 1.0, wurde im Jahre 1996 veröffentlicht. Der passende PC-Treiber für diese Schnittstelle bekam in der Windows-Welt die Bezeichnung „Open Host Controller Interface" (OHCI). Es gab Kinderkrankheiten und Unzulänglichkeiten, die bis zum Jahre 1998 behoben wurden. Darauf folgte ein Release-Wechsel auf USB 1.1, der passende Windows-Treiber erhielt die Bezeichnung „Universal Host Controller Interface" (UHCI). Damit war eine stabile Plattform für eine intensive Nutzung des USB geschaffen. In dieser Zeit entstand auch der Bedarf an Basisliteratur zum Thema USB. Mit dem Buch „USB Handbuch für Entwickler" von Jan Axelson gab es im Jahre 2001 dann die erste deutschsprachige Ausgabe eines Buchs, das speziell für Entwickler von USB-Geräteschnittstellen geschrieben wurde (englisch: 1999). In diesem Buch verfolgt Axelson eine logische Struktur, die sich aus den Bedürfnissen eines Entwicklers nahezu zwangsläufig ergibt, um die recht komplizierte USB-Schnittstelle praktisch verwertbar zu machen. Eine ähnliche Struktur findet sich auch im vorliegenden Buch. Ein wesentlicher Unterschied zwischen einer rein theoretischen Abhandlung und einem praxisorientierten Buch besteht darin, dass im zweiten Fall ein Bezug zu konkreter Hard- und Software vorhanden ist. Deswegen soll bereits zu Beginn abgehandelt werden, welche Komponenten erforderlich waren, um dieses Buch schreiben zu können. Der Leser mag selbst entscheiden, ob er die vorliegenden Informationen durch praktische Versuche vertiefen will. Lohnend ist das allemal, wenn eine eigene Entwicklung geplant ist, die auf dem vorgestellten Projekt aufsetzt. Die zum Buch gehörende Beispielhardware kann als Grundbaustein für einen Signalrouter in ein Messsystem eingefügt werden. Diese ist aber so angelegt, dass sie sich umkonfigurieren und erweitern lässt. Damit kann sie über die Zeit des Lesens und Lernens hinaus eine wertvolle Komponente in praktischen Mess- und Prüfaufgaben werden.

1.2 Über Anglizismen

Lehnübersetzungen, wie etwa „Mengen-HERAUS Endpunkt" für „Bulk-OUT Endpoint" oder „Unterbrechungs-HEREIN Endpunkt" für „Interrupt-IN Endpunkt" oder „Steuerungsrohr" für „Control Pipe" haben sich nicht durchgesetzt. Generell sind die wichtigsten Dokumente, die dem Buchthema zugrunde liegen, nie ins Deutsche übersetzt worden. Dazu ist die Welt der Technik wohl auch zu schnelllebig. Bis die Übersetzung fertig ist, sind die Systeme veraltet. Wer daher technische Dokumentationen vom Englischen ins Deutsche übersetzt, läuft Gefahr modernes Antiquariat zu produzieren. Die feststehenden Fachbegriffe sind deshalb in diesem Buch allgemein in ihrer englischen Schreibweise übernommen worden. Rudimentäre Fachenglischkenntnisse müssen beim Leser vorausgesetzt werden, wenn auf die Dokumentationen zu USB, SCPI, PIC Mikrocontrollern und Softwareprodukten wie USBCV oder USBIO verwiesen wird, die durchweg nur in Englisch präsent sind.

1.3 Über Alternativen

Es ist nicht so, dass es über dieses Buch hinaus keine anderen Hilfen geben würde. So gibt es z. B. in C geschriebene USB Device Stacks, die sich in eine Firmware einbinden lassen. Ein Beispiel dafür findet sich unter http://usbn2mc.berlios.de/. Speziell für den in diesem Buch verwendeten Mikrocontroller gibt es ebenfalls ein USB-Rahmenwerk, das man unter http://www.microchip.com/stellent/idcplg?Idc Service=SS_GET_PAGE&nodeId=2124&param=en532204&page=wwwFullSpeedUSB findet. Es muss allerdings um die speziellen Eigenschaften der Klasse USBTMC-USB488 erweitert werden. Auch einen SCPI Parser kann man erwerben und auf seine Anwendung anpassen. Informationen dazu gibt es unter http://www.jpac soft.com/. Mit solch einer Kombination aus USB Device Stack und SCPI Parser lassen sich gegebenenfalls Entwicklungsaufwand und Entwicklungszeit reduzieren.

Eine weitere Alternative mag ein Treiber sein, der unter dem Betriebssystem Windows CE 5.0 läuft und für die CPU Intel PXA270 geschrieben wurde. Details dazu gibt es unter http://www.getafreelancer.com/projects/C-C/USBTMC-USB-Driver. html. Der Autor dieses Buchs kann für die genannten Alternativen keinerlei Bewertungen abgeben oder Empfehlungen aussprechen, er garantiert auch nicht die Vollständigkeit dieser Hinweise. Die hier kurz vorgestellten Alternativen kommen real in Betracht, wenn das zu entwickelnde System in einer Größenordnung liegt, bei der einige Hundert Euro mehr pro Mess- oder Testgerät keine Rolle spielen. Wenn man es sich zum Beispiel leisten kann, das Messgerät auf der Basis eines vollständigen PC-Mainboards aufzubauen, dann ist es sogar sinnvoll, fertige Software-Bausteine einzusetzen, die „nur noch" angepasst werden müssen. Im Buch wird aber in erster Linie davon ausgegangen, dass eine gerätespezifische Hardware verwendet wird, weil der Kostenrahmen den großzügigen Einsatz fertiger Baugruppen, die nur zugekauft werden müssen, nicht zulässt. Das ist vor allem im Segment von Stromversorgungsgeräten, Signalroutern, Multimetern, Oszilloskopen, Mehrkanal-A/D-Wandlern oder intelligenten Sensoren der Fall. Das Buch wird jedoch auch für diejenigen, die eine großzügig ausgestattete Hard- und Softwareplattform einsetzen dürfen, eine Hilfe sein, denn die vorstehend genannten Alternativen müssen in jedem Fall an die zu realisierende Firmware angepasst werden. Dieses Buch mag die dazu erforderlichen Informationen bereithalten.

1.4 Über die Entwicklungsumgebung

Um überblicken zu können, was man benötigt, um die vorgestellten Projekte praktisch erproben und weiterentwickeln zu können, sei zunächst aus dem eingangs erwähnten Buch von Jan Axelson zitiert. Dort werden folgende Komponenten aufgelistet, die für einen vereinfachten Entwicklungsprozess erforderlich sind [Entwicklerhandbuch: 7.2]:

- Eine Chiparchitektur und eine Programmiersprache, mit der Sie vertraut sind.
- Eine ausführliche, wohlstrukturierte Hardware-Dokumentation.
- Ein gut dokumentierter, fehlerfreier Firmware-Code für eine Anwendung, die der Ihren ähnelt.
- Ein Entwicklungssystem, mit dem sich die Firmware leicht downloaden und debuggen lässt.
- Die Möglichkeit der Kommunikation über Gerätetreiber, die sich im Lieferumfang des Betriebssystems befinden, oder über gut dokumentierte Steuerprogramme, die sich direkt oder mit minimalen Modifikationen einsetzen lassen.

Die dort angeführten Punkte finden im vorliegenden Buch folgende Entsprechung:

Eine Chiparchitektur und eine Programmiersprache, mit der Sie vertraut sind

Als Chip wurde ein 8 Bit RISC Mikrocontroller mit Harvard-Architektur ausgewählt, und zwar das Derivat PIC18F4550 des Herstellers Microchip. Die Programmiersprache, in der der Beispielcode verfasst ist, ist der Assemblercode des verwendeten Mikrocontrollers. Es wurde nicht der Umweg gewählt, die Firmware zunächst in einer höheren Programmiersprache wie C zu schreiben und diese dann zu kompilieren. Dafür gibt es drei Gründe: Erstens sollte in diesem Buch darauf verzichtet werden, einen Compiler einzusetzen, um die Entwicklungsschritte um eine Stufe zu reduzieren, zweitens ist ein Verständnis der Assemblersprache für einen Entwickler ohnehin unerlässlich, wenn er harte Echtzeitbedingungen berücksichtigen soll und in Problemfällen debuggen muss. Und drittens muss man mit der Tatsache leben, dass prinzipiell alle Mikrocontroller irgendwelche Entwurfsfehler aufweisen. Einige dieser Fehler können mit sogenannten Workarounds umgangen werden. Dabei handelt es sich manchmal um Programmierbefehle, die unter gewissen Voraussetzungen nicht benutzt werden dürfen. Auch den umgekehrten Fall gibt es, nämlich den, dass gelegentlich bestimmte Programmierbefehle unbedingt verwendet werden müssen, um ein Fehlverhalten des Mikrocontrollers zu kompensieren. Ein Compiler kann nicht in jedem Fall so intelligent und individuell Klippen umschiffen wie ein menschlicher Programmierer, der sich mit den Errata des verwendeten Derivats beschäftigt hat.

Die dritte, vollständig überarbeitete Auflage des bereits vorgestellten Buchs von Jan Axelson enthält dennoch einen Beispielcode für den PIC18F4550, der in C geschrieben ist. Das Buch trägt in dieser Auflage den leicht veränderten Titel „USB 2.0 Handbuch für Entwickler". Die dort vorgestellte Anwendung unterstützt die Geräteklasse HID [USB 2.0 Handbuch: 11.4.1 ff]. Diese Neuauflage geht auch auf die Klasse USBTMC-USB488 ein [USB 2.0 Handbuch: 7.2.11] und enthält eine kurze Einführung in den PIC18F4550 [USB 2.0 Handbuch: 6.3.1]. Eine Vertrautheit mit dem verwendeten Mikrocontroller muss man sich natürlich erwerben, sofern sie noch nicht besteht. Als Einführung in die PIC-Mikrocontroller-Familie ist folgendes Buch geeignet, auch wenn das Derivat PIC18F4550 dort nicht explizit behandelt wird: A. und M. König, „Das große PIC Micro Handbuch".

Eine ausführliche, wohlstrukturierte Hardware-Dokumentation

Wie die langjährige Praxis bestätigt, ist es von Vorteil, eine Hardware einzusetzen, von der man annehmen kann, dass sie einwandfrei funktioniert. Ein Entwickler, der sowohl Hard- als auch Software zeitgleich neu entwickelt und testet, steht immer vor dem Problem, an zwei Fronten kämpfen zu müssen. Wenn irgendetwas nicht wie erwartet funktioniert, muss er jeweils sowohl die Hard- als auch die Software als Fehlerursache in Betracht ziehen.

Um die in diesem Buch vorgestellten Beispiele praktisch zu erproben, gibt es zwei Möglichkeiten: Erstens kann das vom Chiphersteller Microchip angebotene und über zahlreiche Distributoren vertriebene Entwicklungs-Kit, bestehend aus dem Entwicklungswerkzeug MPLAB ICD 2 MODULE (Bestellbezeichnung DV164005) und einem PICDEM Full Speed USB Demo Board (Teil Nummer DM163025), eingesetzt werden. Damit können viele Funktionen der Geräteklasse USBTMC-USB488 getestet werden, allerdings nicht die tatsächlichen Gerätefunktionen, die in diesem Buch behandelt werden. Zweitens gibt es eine Baugruppe, die speziell als praktische Ergänzung zu diesem Buch entwickelt worden ist. Mit dieser lassen sich alle Eigenschaften des Beispielgeräts realisieren. Zudem bietet sie die Möglichkeit, umkonfiguriert als Grundelement für eigene Entwicklungen verwendet zu werden. Für beide Varianten liegt eine Hardware-Dokumentation vor. Im ersten Fall findet sie sich im PICDEM FS USB Users Guide (DS5126 A) der Firma Microchip. Für den zweiten Fall steht alles in diesem Buch.

Ein gut dokumentierter, fehlerfreier Firmware-Code für eine Anwendung, die der Ihren ähnelt

Der Firmware-Code ist wesentlicher Bestandteil der Beispielanwendungen, weil an ihm die praktische Umsetzung der gesamten USBTMC-USB488-Theorie Schritt für Schritt erläutert wird. Daher ist er bis ins Letzte dokumentiert, einschließlich aller in der Praxis erforderlichen Workarounds zur Umgehung von Hardwarefehlern des verwendeten Chips. Somit wird der Leser in die Lage versetzt, diesen Code für eigene Projekte einzusetzen und auf seine Bedürfnisse anzupassen, in der berechtigten Hoffnung, dass am Ende alles läuft, wie es soll. Den theoretisch geforderten fehlerfreien Code gibt es in der Praxis nicht. Der Entwickler des Firmware-Codes, selbst wenn er fehlerfrei arbeiten sollte, kann im Allgemeinen nicht für die Fehlerfreiheit der von ihm verwendeten Entwicklungswerkzeuge garantieren. Es sei denn, er arbeitet wirklich fehlerfrei und hat die gesamte Software selbst geschrieben, vom Betriebssystem des verwendeten PCs angefangen, auf dem sein Entwicklungswerkzeug läuft, über alle Programme des Entwicklungswerkzeugs, bis hin zur damit entwickelten Firmware. Zusätzlich muss garantiert sein, dass die gesamte, für das Projekt verwendete Hardware fehlerfrei ist, damit Rückwirkungen auf die Software vollständig ausgeschlossen werden können. Eine derartige Systemumgebung ist Utopie. Das klingt zunächst hoffnungslos, aber es gibt einen Lichtblick. Wenn die Firmware nämlich die erforderlichen Praxistests besteht, kann mit ausreichend guter Näherung angenommen werden, dass der Firmware-Code für die getestete Anwendung fehlerfrei arbeitet. Im vorliegenden Buch wird daher ausführlich von Tests Gebrauch gemacht, die der Leser mit dem eigenen System nachvollziehen kann.

Ein Entwicklungssystem, mit dem sich die Firmware leicht downloaden und debuggen lässt

Zu diesem Punkt muss auf die Möglichkeiten der Projekt-Hardware zurückverwiesen werden. Wenn das Entwicklungswerkzeug MPLAB ICD 2 MODULE von Microchip eingesetzt wird, stellt die Kombination aus dieser Hardware, zusammen mit der dazu gehörenden Entwicklungsumgebung MPLAB IDE, die auf dem PC installiert werden muss, das Entwicklungssystem dar. Wenn die Beispielhardware verwendet wird, sind die Entwicklungsmöglichkeiten eingeschränkt, sofern sie nicht zusammen mit dem MPLAB ICD 2 MODULE verwendet wird. Die Einschränkung bezieht sich im Wesentlichen darauf, dass ohne MPLAB ICD 2 Modul kein Debugging im Zielsystem möglich ist, und die mit MPLAB IDE erzeugte Firmware nicht in das Zielsystem geladen werden kann.

Die Möglichkeit der Kommunikation über Gerätetreiber, die sich im Lieferumfang des Betriebssystems befinden, oder über gut dokumentierte Steuerprogramme, die sich direkt oder mit minimalen Modifikationen einsetzen lassen

Es gibt zwar kommerzielle Gerätetreiber für USBTMC-USB488-Geräte, diese gehören jedoch zu den großen Anwendungsumgebungen für Mess- und Testsysteme. Professionelle Entwickler in gut ausgestatteten Labors haben solche Sachen und somit keinerlei Probleme auf der Anwenderseite des Projekts. Damit sind Umgebungen gemeint, wie LabVIEW von National Instruments, das in der Version 8.2 vorlag, als dieses Buch entstand, oder auch VEE Pro von Agilent, mit der aktuellen Versionsnummer 8.5. Beide Produkte kommunizieren wie selbstverständlich mit dem vorgestellten Beispielgerät, weil sie USBTMC-USB488 unterstützen. Nun sind aber auch solche Leser angesprochen, für die das Thema USB in der Messtechnik neu ist. Diese Gruppe wird nicht damit beginnen wollen, zunächst große Geldbeträge für Anwendungsumgebungen aufzubringen. Deswegen wird für die Host-Seite in diesem Projekt eine sehr erfreuliche Tatsache ausgenutzt. Die Firma Thesycon stellt mit dem Produkt USBIO eine komplette Entwicklungsumgebung für die Host-Seite von USB-Applikationen bereit. Bei Thesycon ist man äußerst freundlich und entgegenkommend und stellt USBIO in einer Demoversion kostenlos zur Verfügung. Die Demoversion weist im Funktionsumfang keinerlei Einschränkungen gegenüber der Vollversion auf, sie hat lediglich eine Zeitbeschränkung. Man kann damit vier Stunden am Stück arbeiten und muss dann das System rebooten.

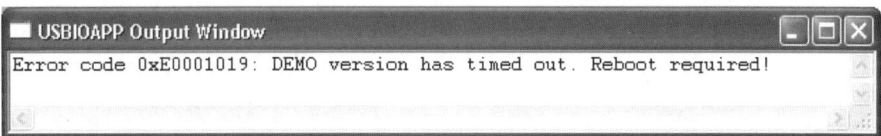

Für die ersten Schritte mit USBTMC ist das kein wirkliches Handicap, im Gegenteil: Eine Zwangspause nach jeweils vier Stunden Arbeit ist eher willkommen. USBIO bietet alles, was man braucht, beim erforderlichen USB-Gerätetreiber angefangen, bis zur Testapplikation, mit der man die USBTMC-USB488 Firmware auf Herz und Nieren prüfen kann. In diesem Buch wird davon systematisch Gebrauch gemacht. Eine weitere Testmöglichkeit für die Firmware besteht darin, das offizielle Tool vom USB Implementers Forum (USB IF) zu verwenden. Es trägt die Bezeichnung USBCV und die aktuelle Version war zur Zeit der Entstehung dieses Buchs V1.3. USBCV testet alle Control Transfers, die ein USB-Gerät beherrschen muss, damit es kompatibel zum Standard USB 2.0 ist. Wenn dieser Test fehlerfrei durchlaufen wird, bestehen gute Aussichten, Reibereien zwischen USB-Gerät und PC-Betriebssystem zu vermeiden.

1.5 Über die erforderliche Hardware

Die notwendige Hardwareausstattung ist nicht unwesentlich davon abhängig, wie weit die praktischen Übungen des Lesers gehen sollen. Wer nur einen tiefen Einblick in die Funktionsweise einer USBTMC-USB488-kompatiblen Geräteschnittstelle erhalten will, ohne das Wissen praktisch anzuwenden, der braucht keine weitere Hardware. Die zweite Stufe der Erkenntnis wäre, mit einem PC Theorie und Praxis zu kombinieren. Praktisch erprobt wurde das gesamte Buchprojekt mit allen vorab beschriebenen Komponenten unter dem Betriebssystem Windows XP Professional mit Service Pack 2 in der englischen Version. Dabei hat der Autor zwei identische PCs verwendet, die mit einem Pentium 4 Mainboard bestückt sind. Die CPU arbeitet mit 1.7 GHz Taktrate, und es stehen 256 MB DDR-RAM zur Verfügung. Ein PC dient als Entwicklungsumgebung für die USBTMC-USB488 Firmware. An diesem PC ist über USB 1.1 ein MPLAB ICD 2 MODULE von Microchip als Ent-

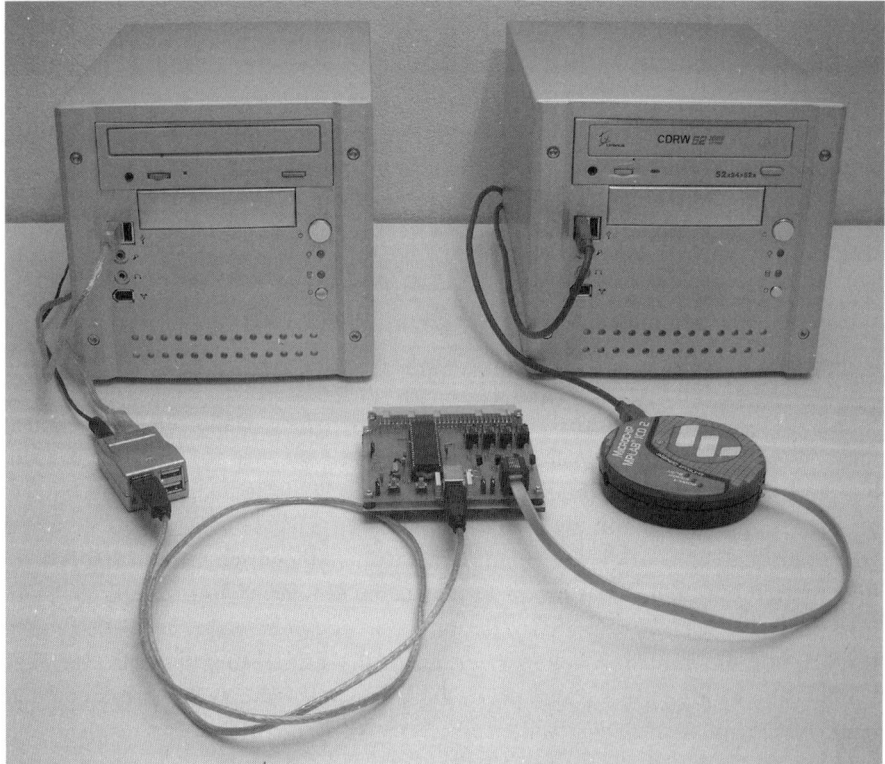

Abb. 1.1: Die Entwicklungsumgebung für das Buchprojekt

wicklungswerkzeug angeschlossen. Als Zielsystem dienen wahlweise ein PICDEM Full Speed USB Demo Board von Microchip oder die vom Autor entwickelte Beispielhardware. Zum Testen der USBTMC-USB488-Gerätefunktionen wurde der zweite PC mit einer USB 2.0 PCI-Karte erweitert, und es wurde als Treiber das Enhanced Host Controller Interface (EHCI) für diese Karte installiert. An einem USB 2.0 Port dieser Karte wurde ein USB 2.0 Hub angeschlossen. Über einen Port dieses Hubs ist die USB-Schnittstelle des Zielsystems angeschlossen. Diese Konfiguration ist unbedingte Voraussetzung zum Ausführen des USB-Compliance-Tests USBCV. Grundsätzlich ist es möglich, für Entwicklung und Test nur einen einzigen PC zu verwenden. Problematisch wird diese Konfiguration allerdings, wenn der selbst entwickelte USB-Treiber noch nicht richtig funktioniert. Im ungünstigsten Fall bringt er das Betriebssystem zum Absturz, und damit fällt auch die Entwicklungsumgebung aus, die man aber unbedingt braucht, um dem Fehler auf die Spur zu kommen. Daher gilt hier die gute Empfehlung: Nimm einen PC für die Entwicklungsarbeit und einen zweiten für die Abstürze. Leser, die nicht selbst entwickeln, sondern nur das Buchwissen praktisch untermauern wollen, kommen gut mit nur einem PC zurecht, auf dem sie ihre Anwendungsprogramme installieren. Für USBCV sind aber, wie bereits erwähnt, eine USB 2.0-Schnittstelle im PC und ein USB 2.0 Hub zwingend erforderlich.

1.6 Über eine positive Einstellung zu Entwicklungsprojekten

Das in diesem Buch vorgestellte Projekt ist praktisch erprobt. Das Beispielgerät, an dem die Funktionen erläutert werden, funktioniert wirklich wie beschrieben, es ist nichts verfälscht oder modifiziert worden, um Theorie und Praxis zur Übereinstimmung zu zwingen. Nun kann es dennoch geschehen, dass der eine oder andere Leser beim Nachvollziehen der praktischen Beispiele zu anderen Ergebnissen kommt, als sie hier beschrieben worden sind. Einige Dinge mögen anders oder vielleicht gar nicht laufen. Woran mag das liegen? Zunächst sei der Computerexperte Joseph Weizenbaum zitiert. In einem längeren Interview mit dem Verleger Bernhard Moosbrugger, das im Jahre 1984 veröffentlicht wurde, ging es unter anderem um die Undurchschaubarkeit von Computerprogrammen und ihre Neigung, gelegentlich fehlzugehen. Weizenbaum sagte auszugsweise: *Die Abhilfe, die da geschaffen würde, wäre sozusagen eine psychologische, indem nämlich diese Systeme ganz allgemein irgendwie als lebendige Wesen betrachtet werden, die man nicht ganz und gar aus ihrem Grunde verstehen kann. Demzufolge wird man auch nicht versuchen, die Ursache ausfindig zu machen, sondern vielmehr dem Schaden wehren, indem man einen Flicken aufsetzt. In die Computersprache übersetzt heißt das, dass man, ohne den eigentlichen Fehler zu beheben, die Schwierigkeit einfach dadurch überwindet, dass man ein neues Programmstückchen einschreibt. Und so werden die Systeme immer komplizierter und immer undurchschaubarer. Der naive Leser wird nun denken, dass derjenige, der das Programm eingeschrieben hat, das System verstehe? – Dem ist nicht so, weil es diesen einen nicht gibt: vielleicht sind es zehn, zwanzig oder hundert Programmierer, die an diesem System schon gearbeitet haben, und zwar zu verschiedenen Zeiten und an verschiedenen Orten, sodass keiner weiß, was der andere gemacht hat. So etwas wie eine strenge Architektur, an die man sich halten könnte, ist nicht vorhanden* [Eisberg].

Diese Aussage ist nahezu ein Viertel Jahrhundert alt, und die verstrichene Zeit hat nicht nur bestätigt, dass sie richtig ist, sondern auch, dass sie nach wie vor Gültigkeit hat. Heute werden Programmflicken (Patches) wie selbstverständlich akzeptiert. Nur gut, wenn man für das Programm, das man verwendet, auch die richtigen und aktuellsten Patches hat. Wenn man sich die Zeit nimmt, einmal in Ruhe darüber nachzudenken, wie viele einzelne Komponenten zusammenwirken, um eine Entwicklung wie das vorgestellte Beispielgerät zu ermöglichen, wird einem schnell klar, dass es wohl keine zwei Personen auf dieser Welt gibt, die identische Entwicklungsumgebungen haben, angefangen vom PC, auf dem die Entwicklungswerkzeuge laufen. Unterschiedliche Hardware-Systemkonfigurationen ziehen meistens unterschiedliche Betriebssystem-Softwarekonfigurationen nach sich. Darauf reagieren nun oft genug auch die Anwendungsprogramme unterschiedlich. Obendrein ist es sehr wahrscheinlich, dass einzelne Softwarekomponenten des Systems in unterschiedlichen Entwicklungsumgebungen verschiedene Versionen haben. Und nicht alle Kombinationen harmonieren miteinander. So ist z. B. bekannt, dass die Version 1.3 des USB-Compliance-Testprogramms USBCV nicht mit MSXML 4.0 und Service Pack 1 zusammen läuft. Auch nicht alle Hardwarekomponenten funktionieren gleich gut. Für den im Beispielgerät eingesetzten Mikrocontroller PIC18F4550 gibt es diverse Fertigungslose, die jeweils unterschiedliche Fehler aufweisen. Auf der Website des Herstellers Microchip finden sich zu den jeweiligen Chargen die Fehlerberichte, aus denen hervorgeht, welche Funktionen des Mikrocontrollers nicht so arbeiten, wie im Datenblatt beschrieben ist, und welche Methoden (Workarounds) es gibt, das Fehlverhalten zu umgehen. Im Beispielgerät wurde ein Chip mit der Revisionsbezeichnung A3 eingesetzt, zu dem es eine vierzehnseitige Fehlerbeschreibung gibt (DS80220G). Als Entwickler muss man derartige Dokumente sorgfältig darauf prüfen, ob die dort beschriebenen Fehler Auswirkungen auf das Projekt haben werden. Im genannten Beispiel werden bei einem Interrupt unter bestimmten Bedingungen die Inhalte einiger Register verändert, sodass die Standardprozeduren der Interruptprogrammierung nicht anwendbar sind. Auch im Zusammenhang mit der USB-Schnittstelle gibt es eine Fehlfunktion, die per Software korrigiert werden muss (Darauf wird noch an erforderlicher Stelle eingegangen). Zahlreiche andere Einschränkungen haben keinen unmittelbaren Einfluss auf das aktuelle Projekt, könnten aber von Bedeutung sein, wenn ein Anwender die dargelegten Programmbeispiele mit eigenen Ergänzungen erweitern möchte. Sofern man über Workarounds die Klippen umschifft hat, bedeutet das allerdings nicht, dass das System mit einem Mikrocontroller, der aus einer anderen Charge stammt, ebenfalls einwandfrei funktioniert. Zu diesem Bauteil mag es eine andere Fehlerbeschreibung mit neuen Fallen geben. Und manche Fehler mögen noch unentdeckt im System schlummern, um eines Tages voll zuzuschlagen. Auch wurde vom Autor nicht geprüft, ob als Entwicklungsumgebung Windows Vista eingesetzt werden kann. Wenn daher bei dem einen oder anderen nicht alles beispielgetreu funktioniert, so möge er nicht sofort resignieren und auch nicht gleich den Fehler bei sich selbst suchen, sondern besser mit Wissbegierde und Interesse auf die Suche nach der Fehlerursache gehen. Eine Möglichkeit dazu ist, die einschlägigen Websites nach passenden Informationen zu durchforsten.

Wie sich dieser Einleitung entnehmen lässt, ist das vorliegende Projekt in erster Linie nicht interessant und spannend, sondern erfordert eher diszipliniertes, kleinliches Beachten zahlreicher Vorschriften und Hinweise sowie ellenlange Tests. Mit anderen Worten: Es spiegelt den Arbeitsalltag von Hard- und Softwareentwicklern wider. Als Entwickler badet man nach Abschluss eines Projekts meistens nicht in dem wohligen Empfinden, das sich einstellt, wenn Ruhm und Anerkennung für geleistete Arbeit gezollt werden (von Geld als Lohn soll hier gar keine Rede sein). Entwickler sind im Allgemeinen schon heilfroh, wenn sie Entwicklungsziel und Abgabetermin halbwegs einhalten konnten. Und Zufriedenheit stellt sich bei den meisten bereits dann ein, wenn keine nennenswerte Nachentwicklungsarbeit für ein abgewickeltes Projekt zu leisten ist, während sie längst intensiv mit anderen, neuen Herausforderungen beschäftigt sind. Dazu an dieser Stelle die Bitte des Autors, Fehler und Probleme, die sich bei Nachvollziehen des Projekts ergeben, unbedingt an ihn zu melden. In diesem Sinne soll abschließend zu diesen, aus Sicht des Autors notwendigen einleitenden Worten, noch einmal Jan Axelson zitiert werden:

Wenn der USB funktioniert, ist er großartig.

2 Schnittstellen für Test- und Messgeräte im Überblick

In dem speziellen Fall, bei dem es in diesem Buch geht, kann eine Schnittstelle als Oberfläche zur Kommunikation mit einem Test- oder Messgerät aufgefasst werden. Ganz allgemein kann so ein Gerät mehrere Schnittstellen besitzen. Die klassischste Variante ist dabei sicherlich die sogenannte Benutzerschnittstelle. Sie dient der Mensch-Maschine-Kommunikation. Bei einem Mess- oder Testgerät sind das Anzeigeelemente wie Lampen, Skalen oder Displays oder auch Bedienelemente wie Schalter, Tasten oder Potenziometer. Geräte können auch Maschine-Maschine-Schnittstellen besitzen, über die sie zu einem System verbunden sind, oder über die ein Gerät modular erweitert wird. Ein Beispiel dafür sind die alten Tektronix-Oszilloskope, die mit unterschiedlichen Einschüben wie Messverstärkern oder Zeitbasen bestückt werden konnten, je nach geforderter Konfiguration. Eine weitere Variante sind Schnittstellen, mit denen Test- und Messgeräte Daten austauschen. Diese Daten können sowohl Messergebnisse als auch Steuerbefehle sein. Wenn solche Datenschnittstellen genutzt werden, um die Geräte in ein Netzwerk einzubinden, kann man sie zu Recht als Netzwerkschnittstellen bezeichnen. Alle genannten Varianten kommen in der Praxis vor, und nicht wenige Geräte besitzen mehrere dieser Schnittstellen gleichzeitig. Die Maschine-Maschine-Schnittstellen dienen grundsätzlich dazu, verschiedene Geräte zu einem System zusammenzufassen, mit dem eine komplexe Test- oder Messaufgabe gelöst werden soll. Werden diverse Test- und Messgeräte zu einem System zusammengeschlossen, gibt es in vielen Anwendungen ein grundlegendes Problem, und zwar die Zeit. Es kommt häufig vor, dass mehrere Ereignisse in einem festen, kontrollierbaren Zeitintervall aufeinanderfolgen sollen, oder dass sie womöglich isochron ablaufen oder zumindest gestartet werden sollen. Nicht selten sollen auch verschiedene Messwerte eines Testobjekts gleichzeitig erfasst werden. Für derartige Aufgaben sind Daten- oder Netzwerkschnittstellen allgemein schlecht geeignet, besonders wenn ein Messgerät das Triggersignal für andere Geräte des Systems erzeugen soll. Dazu ein Beispiel: Ein schnelles Voltmeter erkennt die Nulldurchgänge einer Wechselspannung und will einem Amperemeter diese Zeitpunkte als Startsignale für Strommessungen liefern, weil der Anwender wissen möchte, mit welcher Art von Reaktanz er es bei einem Messobjekt zu tun hat. Wenn die einzelnen Geräte von einem PC als Kontrollinstanz verwaltet werden, auf dem ein Steuerprogramm unter der Herrschaft eines Multitasking-Betriebssystems läuft, ist an kontrollierte Echtzeitsteuerung ohnehin nicht zu denken, unabhängig davon, ob die Systemhardware Echtzeit ermöglicht. Als Anwender sollte man z. B. immer an Folgendes denken: „*Windows war nie als Echtzeit-Betriebssystem konzipiert, das bestimmte Transferraten für Peripheriegeräte garantieren kann*" [USB2.0 Handbuch: 3.5.4]. Für Echtzeitanforderungen gibt es nur die Lösung, Bus-Schnittstellen zu verwenden, die neben Mess- und Steuerinformationen auch Nachrichten zur Echtzeitsteuerung transportieren, und diese unter die Verwaltung eines Real-Time-Betriebssystems zu stellen. Es soll nun ein kurzer, zum Teil auch geschichtlicher Überblick folgen.

2.1 CAMAC

Computer Automated Measurement and Control ist der Name eines Urvaters der Messtechnik-Bussysteme, die Echtzeitsteuerung erlauben. Die einzelnen Messgeräte sind als Steckkarten ausgeführt, die in einem Grundrahmen, dem sogenannten Crate stecken. In diesem Grundrahmen befindet sich ein Crate-Controller, der bis zu 24 einzelne Geräte innerhalb des Crate verwalten kann. In diesem Rahmen können Echtzeitinformationen übertragen werden. Nach außen kann der Controller über ein Interface mit übergeordneten Systemen verbunden werden. CAMAC wird primär in der Kern- oder Teilchenphysik eingesetzt.

2.2 VME

Der Versa Module Eurocard Bus wurde ursprünglich für die Prozesssteuerung entwickelt und ist bedingt echtzeittauglich. Das Prinzip ist ähnlich wie beim CAMAC-Bus. Echtzeit kann bedingt durch priorisierbare Interruptanforderungen der einzelnen Steckkarten erzwungen werden. Der VME Bus wird z. B. in der Luft- und Raumfahrt und in schnellen Produktionsmaschinensteuerungen eingesetzt.

2.3 VXI

Versa Module Eurocard Bus Extensions for Instrumentation ist der VME-Bus mit Erweiterungen für Messinstrumente. Auf diesem Bus gegründete Messsysteme besitzen eine standardisierte Software-Schnittstelle zum Steuercomputer. Dieser Standard nennt sich VISA für Virtual Instrument Software Architecture. Die Schreibweise „XI" als Abkürzung für die Formulierung „Extensions for Instrumentation" wurde im Zusammenhang mit VXI eingeführt und wird für andere Bussysteme ebenfalls angewandt, wenn diese für Messzwecke verwendet werden.

2.4 PXI

Dieses Kürzel steht für den PCI-Bus, wie er auf Computer-Mainboards vorhanden ist, wenn er für Messsysteme erweitert wird. Peripheral Component Interconnect ist der allgemeine Standard für Erweiterungskarten in zeitgenössischen PCs. PXI ist analog zu VXI also Peripheral Component Interconnect Extensions for Instrumentation. Diese Schnittstelle wird insbesondere von der Firma National Instruments favorisiert, die in PXI eine hinreichend gute Lösung sieht, um echtzeittaugliche Messsysteme zu realisieren. Auch bei PXI gilt das Prinzip, dass Einsteckkarten in einem Grundrahmen von einem Steuercomputer in Echtzeit verwaltet werden. Dieser Steuercomputer verfügt über eine Datenschnittstelle zu einem übergeordneten System.

Alle bisher vorgestellten Schnittstellen haben gemeinsam, dass die damit ausgerüsteten Test- und Messgeräte keine Geräte im landläufigen Sinne sind, sondern Einsteckkarten, die einen gemeinsamen Grundrahmen verwenden. Über diesen Grundrahmen erfolgen die Ablaufsteuerung und auch die Energieversorgung der jeweiligen Karten. Eine einzelne Karte solcher Bussysteme ist allein nicht lebensfähig und verwendbar. Eine andere Art von Schnittstellen wird in eigenständigen Geräten verwendet und verbindet diese zu Mess- und Testsystemen. Solche Geräte funktionieren im Allgemeinen „stand alone". Sie haben ihre eigene Stromversorgung und häufig eine Benutzerschnittstelle. Wenn sie nicht in einem System eingesetzt werden, kann man sie meistens als eigenständiges Messgerät per Handbedienung nutzen.

2.5 LXI

Diese Schnittstelle wird hier, historisch betrachtet, viel zu früh aufgeführt, weil es sich um die jüngste Schnittstelle für Test- und Messgeräte handelt, aber wegen „XI" passt sie schön hierher. „XI" steht auch hier wieder für „Extensions for Instrumentation". Das „L" steht für Local Area Network. LXI soll antreten, um den im Folgenden noch zu besprechenden, in die Jahre gekommenen GPIB abzulösen. Die Freigabe des LXI-Standards erfolgte im Jahre 2005, und es stehen wirklich viele bedeutende Messtechnik-Unternehmen hinter diesem Standard. Die Ansprüche an LXI sind so hoch, dass der Standard in Unterklassen aufgeteilt wurde, damit auch „ein wenig LXI" für simple Anwendungen übrig bleiben kann. LXI der Klasse C bedeutet, dass das Test- oder Messgerät über eine Ethernet-Schnittstelle verfügt und softwareseitig das Protokoll TCP/IP beherrscht. Man kann ein solches Gerät also per CAT-5 Kabel an den PC stecken und über den Standard-Webbrowser fernbedienen. Das Gerät hat also gewissermaßen eine eigene Website. Im Idealfall bietet es

Hyperlinks zu Hilfe- und Serviceportalen des Herstellers und hält eine komplette Bedienungsanleitung bereit. Eine LXI Instrument Homepage sollte in etwa folgendermaßen aussehen:

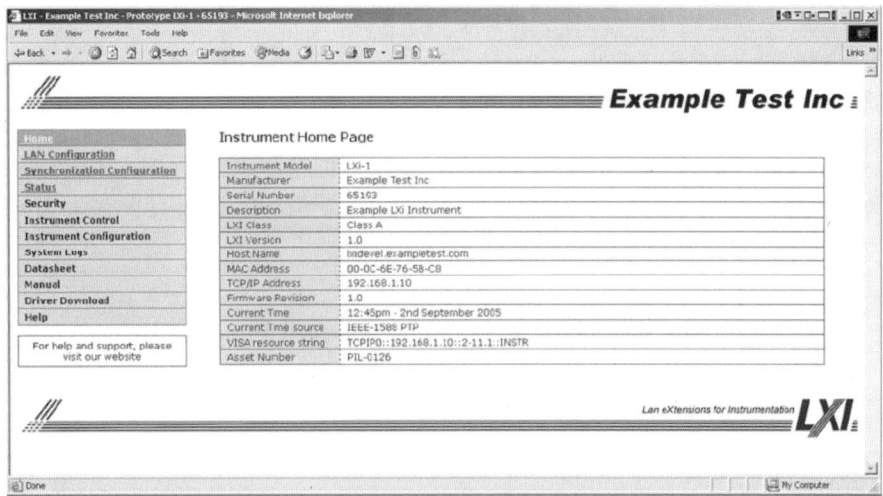

Geräte der LXI Klasse B verfügen über ein Synchronisierungskonzept, das auf dem Standard IEEE 1588 aufbaut. Jedes Gerät hat dabei eine eigene „innere Uhr", also einen recht präzisen Taktgenerator. Die Uhren aller Geräte können synchronisiert werden, indem ihnen allen gleichzeitig ein Zeitstempel übertragen wird. Das funktioniert, weil das Konzept des Ethernet es zulässt, alle Netzteilnehmer gleichzeitig mit sogenannten Broadcast Messages zu erreichen. Die unten dargestellte historische Grafik von Dr. Robert M. Metcalfe verdeutlicht, dass alle teilnehmenden Geräte ein gemeinsames Medium, „The Ether" genannt, zur Datenübertragung verwenden. Wenn ein Teilnehmer Daten in dieses Medium sendet, können alle anderen diese Daten gleichzeitig empfangen. Dadurch können isochrone Zeitstempel übertragen werden.

Ein derartiger Zeitstempel wird in definierten Intervallen erneut übertragen, sodass die einzelnen Geräte nahezu synchron arbeiten. Bestimmte Ereignisse können in den einzelnen Geräten zeitgleich ausgelöst werden, indem ihnen über das LAN ein gemeinsamer Starttermin mitgeteilt wird.

Wenn diese Methoden der Synchronisation und Triggerung von Ereignissen nicht präzise genug ist, kommt LXI der Klasse A zum Einsatz. Bei dieser Erweiterung gibt es zusätzlich zum Ethernet und IEEE 1588 eine weitere Verbindung zwischen den teilnehmenden Geräten, den sogenannten LXI Trigger Bus. Über diesen Bus werden Echtzeit-Triggersignale übertragen, die präzises Timing ermöglichen. Die mit die-

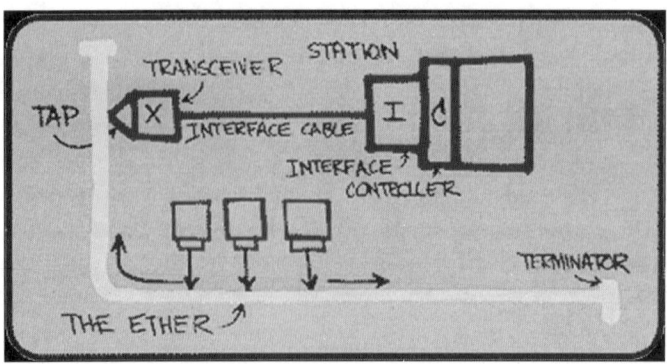

sem Trigger Bus verbundenen Geräte müssen im Unterschied zu Klasse B- und C-Geräten räumlich dicht beieinanderstehen. Deswegen kann die Klasse A nur in lokalen Systemen eingesetzt werden.

2.6 GPIB

Der General Purpose Interface Bus wurde von der Firma Hewlett Packard in den 1960er-Jahren als Schnittstelle zwischen Messgeräten oder Computern und Peripheriegeräten entwickelt. Er stammt also aus einer Zeit, in der es noch keine Mikrocontroller und PCs gab. Im Laufe seines Lebens hat der GPIB diverse Namen erhalten, wie HPIB, IEC 625 oder IEEE 488. Der GPIB ermöglicht die Vernetzung von maximal 15 Geräten und ist echtzeitfähig. Alle Busteilnehmer können vom Bus-Controller prinzipiell gleichzeitig mit Nachrichten erreicht werden, sodass auch eine Triggernachricht gesendet werden kann, die den Namen Group Execute Trigger (GET) trägt. Wie ein Gerät die GET-Nachricht interpretiert, hängt entweder von festgelegten Geräteeigenschaften ab oder ist in bestimmten Grenzen über den Bus konfigurierbar. Ein Unsicherheitsfaktor ist, dass es jedem Gerät freisteht, wie lange es zum Empfang der GET-Nachricht braucht. Ein bestimmtes Handshake-Verfahren des GPIB erzwingt nämlich, dass sich alle Busteilnehmer nach dem jeweils langsamsten Gerät richten. Allerdings gibt es noch einen Vorteil für diese Triggermöglichkeit. GPIB ist so ausgelegt, dass jeder Busteilnehmer prinzipiell die Rolle des Controllers übernehmen kann (natürlich immer nur einer zur selben Zeit). Somit könnte ein Gerät in Abhängigkeit von den Messergebnissen also andere Geräte im System triggern, wenn ihm die Kontrolle übergeben würde. Diese Methode wird in der Praxis jedoch kaum angewandt, weil die wenigsten Messgeräte mit GPIB-Schnittstelle über die Controllerfähigkeit verfügen. Die Urversion des GPIB-Standards beschrieb nur die Anforderungen an die Hardware sowie die

Codierung der Gerätenachrichten. Erst sehr viel später wurde der Standard durch Regeln für die Syntax und den Stil des Informationsaustauschs ergänzt. Aus dem ursprünglichen Standard für Hardware und Codierung der Gerätenachrichten wurde der Standard IEEE 488.1, die ergänzenden Regeln für Syntax und Stil erhielten die Bezeichnung IEEE 488.2. Diese beiden Standards sind für dieses Buch von großer Bedeutung, weil einige grundlegende Anforderungen aus diesen Standards in das Protokoll USB488 eingeflossen sind, das hier ausführlich abgehandelt wird. Auch der Standard SCPI, von dem hier noch viel berichtet werden wird, hat seine Wurzeln in IEEE 488.2. Der GPIB ist über die vergangenen vier Jahrzehnte der Standard-Messtechnik-Bus gewesen. Der Fortschritt in der Elektronik und in der Informationstechnik lässt ihm jedoch keine großen Überlebenschancen mehr. Dafür gibt es diverse Gründe: Es ist eine spezielle Controller-Hardware für den GPIB erforderlich, die entweder als PCI-Karte in den Hostcomputer eingebaut, oder als externes Gerät daran angeschlossen werden muss. Der GPIB ist nicht fehlertolerant, Busteilnehmer können fehlerhafte Nachrichten nicht verwerfen und neu anfordern. Ein einzelnes defektes Gerät kann das gesamte Bussystem zum Stillstand bringen, es ist nicht möglich, Redundanz einzubauen. Es gibt keinen einheitlichen Mindeststandard für das Protokoll-Management, weil die Geräteentwickler nicht gezwungen sind, IEEE 488.2 verbindlich einzuhalten. Die Buskabel sind teuer und schwer zu beschaffen. Die einzelnen Busteilnehmer sind nur mit erheblichem Aufwand untereinander elektrisch isolierbar, um z. B. Masseschleifen zu vermeiden oder Geräte in einem gemeinsamen System auf unterschiedlichen Massepotenzialen zu betreiben.

2.7 USB

Der Universal Serial Bus wird in diesem Buch noch oft angesprochen, sodass er an dieser Stelle nicht detailliert beschrieben werden muss. Seine Berechtigung in der Messtechnik zeigt die Tatsache, dass führende Unternehmen die USB-Geräteklasse USBTMC mit dem Protokoll USB488 definiert haben und zahlreiche Messgeräte mit USB-Schnittstelle angeboten werden. Er hat jedoch im Messtechnik-Umfeld eine deutliche Schwäche: Es ist nicht möglich, Echtzeitanwendungen mit ihm zu realisieren. Die Bus-Topologie lässt es nicht zu, mehrere Teilnehmer zeitgleich zu benachrichtigen. Der Bus ist in jeder Hinsicht seriell, sowohl in der Datenübertragung als auch in der Kommunikation mit den einzelnen Busteilnehmern. Es geht immer schön der Reihe nach, daher können keine Zeitstempel versandt werden, wie beim LXI der Klassen A und B (obwohl es technisch möglich ist, wie im Folgenden noch gezeigt wird). Falls man jedoch nicht auf synchrone Triggermöglichkeiten angewiesen ist, hat der USB gravierende Vorteile gegenüber anderen Messtechnik-

Schnittstellen. USB-Komponenten sind unschlagbar preiswert, weil sie in der Konsumgüterindustrie verwurzelt sind. Für den Preis eines einzigen GPIB-Anschlusskabels bekommt man gegenwärtig das gesamte Kabelmaterial, einschließlich USB-Hub mit Stromversorgungsgerät, für mindestens vier Messgeräte. Und diese Komponenten führt nicht nur der Messgeräte-Fachhändler, sondern gelegentlich sogar der Lebensmittelmarkt um die Ecke. Zeitgemäße PCs besitzen ohnehin meistens genug USB-Ports für mindestens vier Geräte, sodass für kleine Messsysteme nur noch USB-Kabel beschafft werden müssen, sofern diese nicht ohnehin zum Lieferumfang der Geräte gehören. Der USB stellt jedem Busteilnehmer eine Versorgungsspannung zur Verfügung, wodurch etliche USB-Messgeräte auf eine eigene Spannungsversorgung verzichten können. Das reduziert wiederum Kosten und schafft die Möglichkeit, einfach aufgebaute Sensorsysteme am USB zu betreiben. Es ist außerdem relativ unproblematisch, die einzelnen Messgeräte elektrisch voneinander zu isolieren, indem Übertrager eingesetzt werden.

2.8 UXI?

Die Frage, ob es Sinn machen würde, eine spezielle Messtechnik-Erweiterung des USB-Standards zu schaffen, also „Universal Serial Bus Extensions for Instrumentation", kann prinzipiell verneint werden. Die Erweiterungen würden letztlich in LXI gipfeln, das um die Fähigkeit erweitert wäre, Geräte über die Schnittstelle mit Energie zu versorgen. Und das gibt es bereits mit „Power over Ethernet" (PoE). Die einzig sinnvolle Möglichkeit wäre, auch USB-Geräte über einen Webbrowser zu steuern, aber das wird wohl ohnehin noch kommen. Prinzipiell könnte allerdings eine Art LXI der Klasse B auch mit USB erreicht werden, denn einen Zeitstempel gibt es dort schon. Der Packet Identifier (PID) „Start of Frame" (SOF) wird vom Host gleichzeitig an alle USB-Geräte versandt, wenn sie nicht mit der Übertragungsrate Low-Speed arbeiten. SOF tritt brav einmal pro Millisekunde in Aktion und könnte im Prinzip wie eine Broadcast Message zur Synchronisation benutzt werden. Mit SOF wird auch eine Frame-Nummer versandt, mit der gewisse Triggerinformationen übertragen werden könnten. Diese Möglichkeit besteht technisch, wird aber praktisch nicht umgesetzt oder gar standardisiert. Das legt die Vermutung nahe, dass es künftig zwei Messtechnik-Schnittstellen geben wird, nämlich LXI für echtzeitfähige Systeme und USB für kostengünstige Messsysteme mit unkritischem Zeitverhalten. Daher ist es nicht weiter verwunderlich, dass bereits Messgeräte angeboten werden, die gleichzeitig über beide Schnittstellen verfügen. Und als Dritte im Bunde ist manchmal noch GPIB dabei, vermutlich um die Komponente als Austauschgerät in existierenden GPIB-Systemen einsetzen zu können.

3 USB-Geräteklassen

Um nachvollziehen zu können, weshalb USB-Geräte in verschiedene Klassen einge-
teilt sind, soll ein kurzer Blick auf die Entstehungsgeschichte des Universal Serial
Bus geworfen werden. Die primäre Zielsetzung war, die vielfältigen Schnittstellenty-
pen, die der PC aufweist, zu reduzieren. In der Vergangenheit hatte der PC eigene
Schnittstellen für den Anschluss von Tastatur, Maus, Drucker, Monitor und Joy-
stick. Zusätzlich gab es noch Erweiterungskarten mit Schnittstellen für spezielle
Anwendungen, zu denen in der Aufbruchzeit ins Internet auch Modems gehörten.
Üblich waren auch eine oder zwei serielle Schnittstellen zum Anschluss unter-
schiedlichster Hardware, vom Drucker über das Modem bis hin zu Steuer- oder
Messgeräten. Diese seriellen Schnittstellen standen Pate für den Universal Serial
Bus. Der USB sollte den PC-Schnittstellendschungel aufräumen und damit die
Computerhardware universeller und kostengünstiger werden lassen. Dieses Ziel ist
bisher auch noch nicht aufgegeben worden, wenngleich Monitoranschluss und
Internetzugang gegenwärtig über eigene Schnittstellen erfolgen und häufig noch
eigene Steckverbinder für Tastatur und Maus existieren. Mit der Definition von
USB stellte sich allerdings ein Problem, das es vorher nicht gab. Das Betriebssystem
des Computers „wusste", dass an einem Tastaturanschluss eine Tastatur, am Maus-
anschluss eine Maus und am Druckeranschluss (jedenfalls im Allgemeinen) ein
Drucker angeschlossen ist. Entsprechend konnten die Treiber für die einzelnen
Geräte vom Betriebssystem eingebunden werden. Nun existierte jedoch auf einmal
eine Schnittstelle, die physikalisch für alle Geräte gleich aussah. Somit musste ein
Verfahren ersonnen werden, über das der Computer ermitteln konnte, was für ein
Gerät an der USB-Schnittstelle angeschlossen ist. Es wurde daher ein Kontrolltrans-
fer ersonnen, das dem Computer ermöglichte, sich Informationen über die Art des
angeschlossenen Geräts zu besorgen, indem er Deskriptoren abfragt. In diesen
Informationen ist der USB-Klassencode des Geräts enthalten. Der USB-Klassencode hat den Zweck, die Funktionalität eines über den USB angeschlossenen Geräts
zu ermitteln, damit auf der Computerseite der passende Gerätetreiber geladen werden kann. Im günstigsten Fall stellt das Betriebssystem neben dem Gerätetreiber
auch die Anwendung selbst bereit. Das funktioniert z. B. unter Windows XP bei
USB-Geräten der Mass Storage Class. Wenn nämlich ein USB Memory Stick einge-
stöpselt wird, erkennt das Betriebssystem das Gerät, installiert den Gerätetreiber
und bindet es als Wechseldatenträger ein. Der Anwender kann den Memory Stick
dann wie ein zusätzliches Laufwerk benutzen, ohne zuvor irgendein Anwendungsprogramm zu starten. Tastaturen und Mäuse, die über USB angeschlossen sind,

werden sogar bereits vom Basic Input/Output System (BIOS) des Computers akzeptiert, noch bevor ein Betriebssystem gebootet wird. Das ist sehr nützlich, weil sie damit im BIOS selbst verwendet werden können, wenn der Anwender z. B. Einstellungen verändern möchte. In einer idealen Computerwelt würde dieses Erkennungsprinzip für USB-Geräte aller Klassen funktionieren – aber noch ist es nicht soweit. Damit dieses Ziel jedoch prinzipiell erreichbar ist, hat das USB Implementers Forum (USB-IF) in gesonderten Dokumenten festgelegt, welche grundlegenden Funktionen die klassenspezifischen Schnittstellen der Geräte bereitstellen müssen. Auf diese Weise können die Entwickler beider Seiten unabhängig voneinander ihre Software schreiben. Der Entwickler auf der Computerseite (Host) kann Gerätetreiber und Anwendungsprogramme entwerfen, und der Entwickler des Geräts (Device) kann den passenden USB-Treiber für seine Firmware erfinden, ohne dass sich die beiden untereinander absprechen müssten. Jeder Entwickler muss sich lediglich an die Vereinbarungen halten, die vom USB-IF im Device Class Document festgeschrieben wurden. Im USB 2.0 Praxisbuch wird daher Folgendes geschrieben: *„Nur wenn sich keine Klasse für die gewünschte Funktionalität finden lässt, sollte ein Interface außerhalb der vorhandenen USB-Klassen definiert werden"* [USB 2.0 Praxisbuch: 9.4.4]. Der aktuelle Stand der Definition von Klassencodes kann unter www.usb.org/developers/defined_class eingesehen werden. Eine direkte Zusammenarbeit zwischen Geräteanbietern, Betriebssystemanbietern und USB-IF ist prinzipiell nur dann notwendig, wenn eine neue Geräteklasse eingeführt werden soll. In der entsprechenden Klassendokumentation ist ersichtlich, wer hier zusammengearbeitet hat, weil die Beteiligten namentlich erfasst sind. In diesem Buch geht es nicht um dieses grundlegende Thema, deshalb soll an dieser Stelle lediglich in tabellarischer Form ein Überblick über die Geräteklassen gegeben werden, die zum Zeitpunkt des Schreibens dieses Buchs feststanden. Ausnahme ist die Test & Measurement Class, die später vollständig beschrieben werden wird, denn sie ist ja der Kern dieser Abhandlung. Die Auflistung der Geräteklassen muss zum besseren Verständnis mit einer kurzen Erklärung zu den Gerätecodes eingeleitet werden. Alle USB-Geräte haben eins gemeinsam, den Device Descriptor. Hierbei handelt es sich um eine Datensammlung, die grundlegende Informationen zum USB-Gerät enthält. Der Device Descriptor wird vom Host gelesen, wenn er ein USB-Gerät detektiert, weil es eingeschaltet oder angeschlossen wurde. Der Device Descriptor enthält unter anderem drei aufeinanderfolgende Bytes mit den Datenfeldbezeichnungen bDeviceClass, bDeviceSubClass und bDeviceProtocol. Die Daten in diesen drei Feldern bilden zusammen die vollständige Klassifizierung eines Geräts, sofern bDeviceClass nicht den Wert 0x00 hat. Hat bDevice Class den Wert 0x00, müssen die beiden folgenden Datenfelder bDeviceSubClass und bDeviceProtocol diesen ebenfalls haben. In diesem Fall erfolgt die Klassifizierung des Geräts nicht über den Device Descriptor, sondern über die Interface Deskriptoren, andere Datensammlungen im USB-Gerät. Diese zunächst überflüssig komplizierte Regelung erweist sich als sinnvoll und notwendig, wenn ein Gerät über mehrere Interfaces verfügt, die wahlweise angesprochen werden können. Ein Gerät hat nur einen einzigen Device Descriptor, kann aber mehrere Interface Descriptoren haben. Ein Gerät kann nämlich mehrere Interfaces besitzen, die verschiedenen Geräteklassen angehören dürfen. Jeder Interface Deskriptor, den ein Gerät besitzt, hat wiederum drei Datenfelder: bInterfaceClass, bInterfaceSubClass und bInterfaceProtocol. Diese Datenfelder übernehmen dann die jeweils aktuelle Klassifizierung. Am Ende dieses Abschnitts wird die Struktur der Klassifizierung anhand eines Beispiels deutlich werden, wenn die Deskriptoren eines sogenannten Multifunktionsgeräts, bestehend aus Drucker, Scanner und Speicherkartenleser, mit dem Werkzeug UVCView untersucht werden.

3.1 Übersicht der USB-Klassen

Zum Entstehungszeitpunkt dieses Buchs waren von dem USB-IF die in der folgenden Tabelle enthaltenen Klassen definiert.

Erläuterungen zur folgenden Tabelle

Basiscode zeigt den Wert, der entweder im Datenfeld bDeviceClass des Device Descriptors oder in den Datenfeldern bInterfaceClass der Interface Deskriptoren eingetragen ist, um die Geräteklasse zu bezeichnen.

Klassenbezeichnung zeigt den Namen, den das USB-IF für die USB-Klasse vergeben hat.

Dokument zeigt die Bezeichnung der schriftlichen Dokumentation der entsprechenden USB-Klasse. Die Dokumentationen halten sich alle an einen gemeinsamen Standard, der vom USB-IF festgeschrieben worden ist. Dieser Standard ist wiederum ein Dokument mit dem Namen Universal Serial Bus Common Class Specification, Ver 1.0. Die einzelnen Dokumente sind in dieser Tabelle überwiegend nach ihren Kurzbezeichnungen benannt, wie sie in der Auflistung nach http://www. usb.org/developers/devclass_docs zu finden sind. Ausnahmen stehen in runden Klammern.

Basis-code	Klassenbe-zeichnung	Beschreibung	Dokument (soweit bekannt)
0x00	Device	Die Klasseninformation ist aus dem Interface Descriptor zu ersehen.	
0x01	Audio	Kontrollfunktionen und Datentransport in Audiogeräten.	Audio Device Document 1.0 Audio Data Formats 1.0 Audio Terminal Types 1.0 USB MIDI Devices 1.0 Audio Devices Rev. 2.0 Spec and Audio 2.0 Adopters Agreement
0x02	Communications and CDC Control	Komponenten zur Anbindung von Telefonen, auch ISDN- oder ADSL Adapter und Modems.	Class Definitions for Communication Devices 1.1 CDC Subclass Specification for Wireless Mobile Communication Devices CDC Subclass Specification for Ethernet Emulation Model Devices 1.0
0x03	HID (Human Interface Device)	Tastatur, Maus, Joystick, Gamepad, Datenhandschuhe, Pedale und ähnliche Bedienelemente, die eine Mensch-Maschine-Schnittstelle darstellen.	HID Information Power Device Class Document 1.0
0x05	Physical	Erweiterung der HID-Klasse für Kraftrückmeldung (Force Feedback) z. B. Force Feedback Joysticks oder haptische Knöpfe.	Device Class Definition for PID 1.0
0x06	Image	Geräte, die stehende Bilder verarbeiten, z. B. Scanner oder Fotoapparate.	Still Image Capture Device Definition 1.0 and Errata as of 16-Mar-2007
0x07	Printer	Alle Funktionen für den Betrieb von Druckern.	Printer Device Class Document 1.1

Basis-code	Klassenbe-zeichnung	Beschreibung	Dokument (soweit bekannt)
0x08	Mass Storage	Schnittstelle zum Betrieb von Massenspeicherme-dien wie Floppy-Lauf-werke, Festplatten, Smart-Cards usw.	Mass Storage Overview 1.2 Mass Storage Bulk Only 1.0 Mass Storage Control/Bulk/ Interrupt (CBI) Specification 1.1 Mass Storage UFI Command Specification 1.0 Mass Storage Bootability Specifica-tion 1.0 Lockable Mass Storage Specifica-tion 1.0 and Adopters Agreement Lockable Mass Storage IP Disclo-sure
0x09	Hub	Definitionen für Hubs zur Erweiterung der verfügbaren USB-Anschlüsse.	([USB 2.0: 11])
0x0 A	CDC-Data		
0x0B	Smart Card		Smart Card CCID version 1.1 Smart Card ICCD version 1.0
0x0D	Content Security	Zugriffssteuerung für Dateien mit rechtlich geschützten Inhalten, insbesondere Musik und Filme.	Device Class Definition for Content Security Devices 1.0 Content Security Method 1 – Basic Authentication Protocol 1.0 Content Security Method 2 – USB Digital Transmission Content Protection Implementation 1.0
0x0E	Video	Geräte, die lebende Bilder verarbeiten, wie Video-kameras.	Video Class 1.1 document set USB_Video_Class_1.1 USB_Video_Identifiers_1.1 USB_Video_Payload_DV_1.1 USB_Video_Payload_Frame_Based_1.1 USB_Video_Payload_MJPEG_1.1

Basis-code	Klassenbe-zeichnung	Beschreibung	Dokument (soweit bekannt)
			USB_Video_Payload_MPEG-2_TS_1.1 USB_Video_Payload_Uncompressed_1.1 USB_Video_Payload_Stream_Based_1.1 USB_Video_Transport_1.1 USB_Video_Example_1.1 USB_Video_FAQ_1.1
0x0F	Personal Healthcare	Geräte zur Gesundheitspflege, wie z. B. Blutzucker-Messgeräte und Pulsoximeter.	Personal Healthcare Rev. 1.0 and Personal Healthcare Adopters Agreement
0xDC	Diagnostic Device	USB-Diagnosegeräte	(http://www.intel.com/technology/usb/spec.htm)
0xE0	Wireless Controller	Bluetooth, UWB Radio, Remote NDIS und Ähnliches.	
0xEF	Miscal-laneous	Vermischtes, wie Active Sync. device, Palm Sync., Peripheral programming interface und Cable Based Association Framework.	
0xFE	Application Specific	Anwendungsspezifische Geräte. In diese Klasse sind USBTMC- und USB488-kompatible Geräte eingegliedert.	(http://www.usb.org/developers/devclass_docs/DFU_1.1.pdf) IrDA Bridge Device Definition 1.0 Test & Measurement Class Specifications
0xFF	Vendor Specific	Vom Anbieter des Geräts definierte Funktionen.	(http://www.usb.org/developers/defined_class/ – BaseClassFFh)

Eine ausführliche Erläuterung zu vielen der vorab gelisteten USB-Klassen findet sich in Kapitel 5 des USB 2.0 Praxisbuchs.

3.2 Das Werkzeug UVCView

Microsoft stellt für seine Betriebssysteme seit vielen Jahren ein Hilfsprogramm zur Verfügung, mit dem sich zunächst ermitteln lässt, welche USB-Geräte am Computer angeschlossen sind. Darüber hinaus können die Deskriptoren der einzelnen USB-Geräte ausgelesen werden. Dieses Hilfsprogramm trägt den Namen USBVIEW.EXE und wird mit der Windows-Installations-CD und dem Driver Development Kit (DDK) ausgeliefert (es gibt auch viele Downloadquellen für dieses Programm im Internet). Im Laufe der Zeit musste dieses Programm von Softwarefehlern befreit und an den aktuellen USB-Entwicklungsstand angepasst werden, insbesondere, als die Video Class immer mehr Bedeutung gewann. Diese überarbeitete Version von USBVIEW.EXE erhielt den Namen UVCView.EXE und kann unter dem Link: www.microsoft.com/whdc/device/stream/vidcap/UVCView. mspx kostenlos heruntergeladen werden. Sie steht zurzeit für drei verschiedene CPU-Typen zur Verfügung. Für Intel-Pentium Prozessoren nennt sich die Programmversion z. B. UVCView.x86.exe. Nach dem Download kann das Programm ohne weitere Installationsschritte gestartet werden, z. B. durch Doppelklick auf das Symbol.

Nach dem Starten werden neben sämtlichen USB-Controllern und Hubs alle angeschlossenen USB-Geräte aufgelistet. Im Beispiel lässt sich sehen, dass am Stamm-Hub des Computers am Port2 ein USB-Verbundgerät angeschlossen ist. Hierbei handelt es sich um ein Multifunktionsgerät des Herstellers Canon, das die Produktbezeichnung PIXMA MP510 hat. Es besteht aus einem Drucker, einem Scanner und einem Kartenleser, die zu einem USB-Gerät zusammengefasst sind.

Ein Doppelklick auf den Eintrag unter Port2 liefert die Deskriptoren dieses USB-Geräts, sofern unter „Options" zuvor die erforderlichen Optionen angewählt wurden (ein Haken bei „show Config Descriptors" und „show Description Annotations"). An dieser Stelle sollen zunächst nur die Einträge interessieren, die Aufschluss über die Geräteklassen geben.

Abb. 3.1: Ein dreiklassiges USB-Gerät

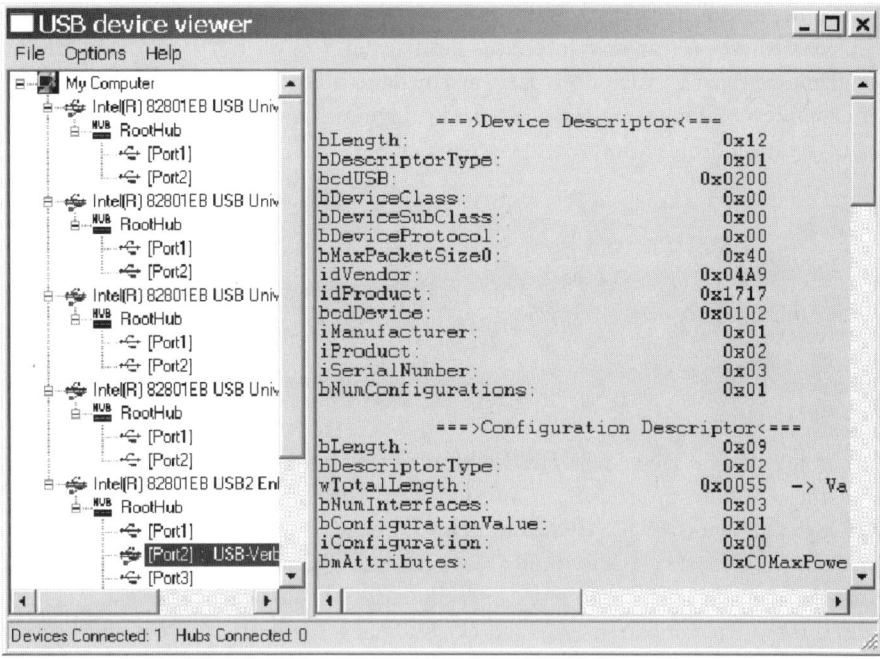

Ein Blick auf die Datenfelder bDeviceClass, bDeviceSubClass und bDeviceProtocol zeigt, dass dort die Werte 0x00 eingetragen sind. Folgerichtig wird von UVCView kommentiert, dass die Klassendefinitionen in den Interfaces vorgenommen werden, wie zuvor ja auch beschrieben wurde.

```
          ===>Device Descriptor<===
bLength:                0x12
bDescriptorType:        0x01
bcdUSB:                 0x0200
bDeviceClass:           0x00  -> This is an Interface Class Defined Device
bDeviceSubClass:        0x00
bDeviceProtocol:        0x00
bMaxPacketSize0:        0x40 = (64) Bytes
idVendor:               0x04A9 = Canon Inc.
idProduct:              0x1717
bcdDevice:              0x0102
iManufacturer:          0x01
     English (United States)  "Canon"
iProduct:               0x02
     English (United States)  "MP510"
iSerialNumber:          0x03
     English (United States)  "90F97C"
bNumConfigurations:     0x01
```

Im Configuration Descriptor kann im Datenfeld bNumInterfaces festgestellt werden, dass dieses Gerät drei Interfaces besitzt, denn es ist dort 0x03 eingetragen. Demzufolge muss es auch über drei verschiedene Interface-Deskriptoren verfügen, in denen jeweils eine Geräteklassifizierung eingetragen sein muss. Das untersuchte USB-Gerät gehört also drei verschiedenen Geräteklassen an.

```
            ===>Configuration Descriptor<===
bLength:                    0x09
bDescriptorType:            0x02
wTotalLength:               0x0055  -> Validated
bNumInterfaces:             0x03
bConfigurationValue         0x01
iConfiguration:             0x00
bmAttributes:               0xC0    -> Bus Powered
MaxPower:                    0x01 =   2 mA
```

Der erste Interface Descriptor mit der bInterfaceNumber 0x00 enthält im Datenfeld bInterfaceClass den Wert 0xFF, womit festgelegt wird, dass dieses USB-Gerät in die Klasse der anbieterspezifischen Geräte gehört. Das wird von UVCView auch so interpretiert. Die Unterklasse, die mit 0x00 eingetragen ist, wird mit einem Hinweis zur Vorsicht kommentiert, weil diese Unterklasse als ungültig anzusehen ist. Auch an dem mit 0xFF vereinbarten Protokoll hat UVCView etwas auszusetzen und fordert, dass es mit 0x00 als undefiniert einzutragen wäre. Eigentlich gibt es für Geräte, deren Funktionen vom Anbieter festgelegt werden, keine Einschränkungen für die Wahl der Unterklasse und des Protokolls, jedoch harmoniert die hier getroffene Wahl nicht mit den Regeln, die für alle anderen Geräteklassen gelten. Das mag die Ursache dafür sein, dass UVCView hier mit Warn-, Fehler- und Vorsichtshinweisen reagiert. Generell lässt sich an dieser Stelle sagen, dass über die Klassendefinition dieses Interfaces keinerlei Rückschlüsse darauf möglich sind, um was für einen Gerätetyp es sich handelt. Die korrekten Treiber für dieses Gerät können allerdings trotzdem gefunden werden, weil eine Identifizierung über die Device Descriptor Datenfelder idVendor (0x04A9 = Canon Inc.), idProduct (0x1717) und bcdDevice (0x0102) ebenfalls eindeutig möglich ist. Allerdings muss der Hersteller die Gerätetreiber und vermutlich auch die Anwendungsprogramme bereitstellen. Im Gegensatz dazu könnte im Falle einer eindeutigen Klassifizierung des Geräts ein Klassentreiber auf Betriebssystemebene bereitgestellt werden, wie es ja z. B. bei Memory Sticks funktioniert. Wie aus den noch verbleibenden Interface-Deskriptoren gefolgert werden kann, ist mit dieser Anbieterklasse übrigens offenbar der Scanner des Multifunktionsgeräts definiert.

```
            ===>Interface Descriptor<===
bLength:                           0x09
bDescriptorType:                   0x04
bInterfaceNumber:                  0x00
bAlternateSetting:                 0x00
```

```
bNumEndpoints:                    0x03
bInterfaceClass:                  0xFF  -> Vendor Specific Device
bInterfaceSubClass:               0x00
*!*CAUTION:   This appears to be an invalid bInterfaceSubClass
bInterfaceProtocol:               0xFF
*!*WARNING:  must be set to PC_PROTOCOL_UNDEFINED 0 for this class
iInterface:                       0x00
*!*ERROR:  0xFF is the prerelease USB Video Class ID
```

Als Nächstes findet sich der Interface Descriptor, dessen Klassencode einen Drucker festlegt. Gemäß der für Drucker geltenden Klassendefinition in der Version 1.1 von Januar 2000 gibt es für Drucker zurzeit nur eine Unterklasse, nämlich 0x01 für Drucker. Im Datenfeld bInterfaceProtocol steht der Eintrag 0x02. Damit wird eine bidirektionale Druckerschnittstelle festgelegt, der Vorsichtshinweis von UVCView ist an dieser Stelle unnötig, denn dieses Protokoll ist gültig.

```
           ===>Interface Descriptor<===
bLength:                          0x09
bDescriptorType:                  0x04
bInterfaceNumber:                 0x01
bAlternateSetting:                0x00
bNumEndpoints:                    0x02
bInterfaceClass:                  0x07  -> This is a Printer USB Device
                                           Interface Class
bInterfaceSubClass:               0x01
bInterfaceProtocol:               0x02
CAUTION:  This may be an invalid bInterfaceProtocol
iInterface:                       0x00
```

Der letzte Interface Descriptor mit der Nummer 0x02 behandelt ein USB-Gerät aus der Klasse der Massenspeicher und ist somit für die Kartenlesereinheit des Multifunktionsgeräts zuständig.

```
           ===>Interface Descriptor<===
bLength:                          0x09
bDescriptorType:                  0x04
bInterfaceNumber:                 0x02
bAlternateSetting:                0x00
bNumEndpoints:                    0x02
bInterfaceClass:                  0x08  -> This is a Mass Storage USB Device
                                           Interface Class
bInterfaceSubClass:               0x06
bInterfaceProtocol:               0x50
iInterface:                       0x00
```

Ein Blick in die Einträge des Geräte-Managers zeigt, wie das Multifunktionsgerät Canon PIXMA MP510 vom Betriebssystem verwaltet wird. Es ist zunächst als USB-Verbundgerät deklariert.

Wenn man sich die Treiberdetails ansieht, lässt sich feststellen, dass es über den Treiber usbccgp.sys verwaltet wird. Das ist ein Prozess mit dem Namen USB Common Class Generic Parent Driver, der Bestandteil des Betriebssystems Windows XP ist.

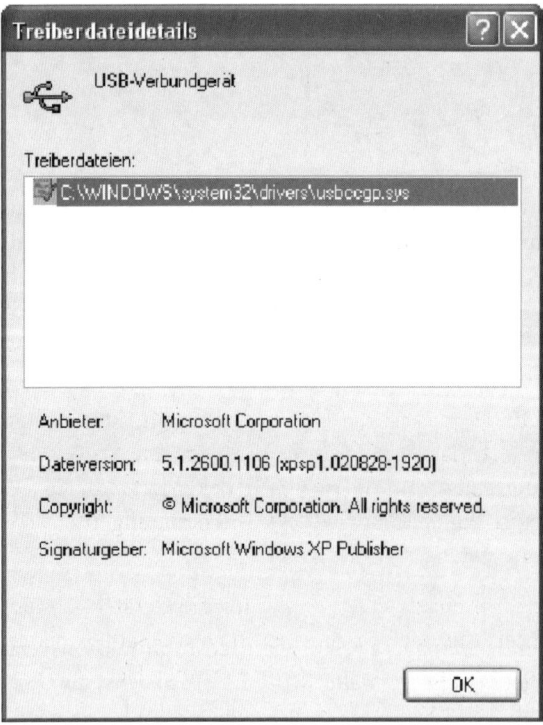

Ferner ist im Geräte-Manager die USB-Druckerunterstützung eingetragen. Hier verraten die Treiberdetails, dass sich dahinter der Prozess USB Printer Driver (usbprint.sys) verbirgt.

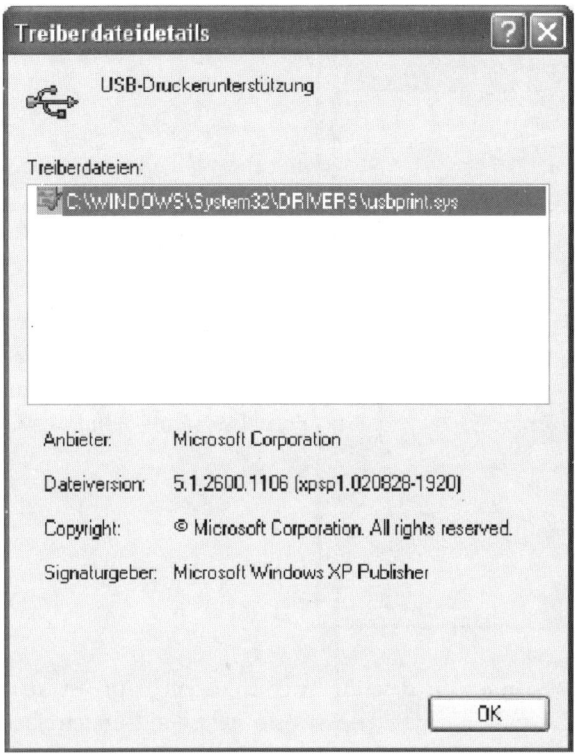

Dann ist noch der Prozess USBSTOR.SYS zur Verwaltung eines Massenspeichergeräts eingetragen. Das ist der betriebssystemeigene USB Mass Storage Class Driver von Microsoft.

Was man an dieser Stelle nicht findet, das ist die Unterstützung für den Scanner. Der Grund ist, wie vorher erläutert, dass der Scanner nicht in eine vorhandene USB-Klasse eingereiht ist, sondern als anbieterspezifisch deklariert wurde. Das Betriebssystem Windows XP kann daher keine eigene Unterstützung für dieses USB-Gerät anbieten.

Seit Windows XP wird von Microsoft eine Unterstützung für die Geräteklasse Still Image angeboten. Gemäß der unter http://support.microsoft.com/default.aspx?scid =kb;en-us;Q293356 einsehbaren Liste gibt es zahlreiche Scanner-Hersteller, die Geräte im Angebot haben, deren USB-Schnittstelle die Still Image Device Class

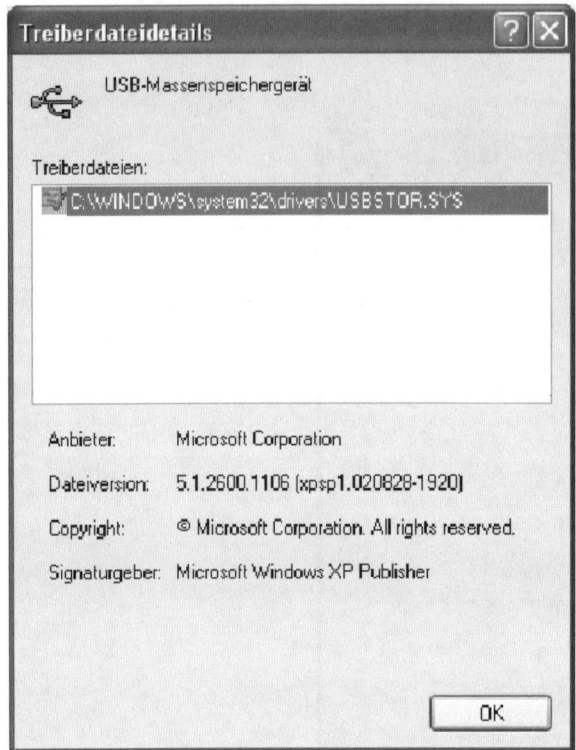

unterstützt. Wird ein solcher Scanner an den PC angeschlossen, dann ist kein gesonderter Treiber notwendig, sondern das Betriebssystem stellt den Gerätetreiber (Windows Image Acquisition Driver WIA) und mit dem Windows Picture Acqusition Wizard (Scanner- und Kamera Assistent wiaacmgr.exe) auch die Anwendungssoftware zur Verfügung. Einen Überblick des WIA-Konzepts findet man unter http://www.microsoft.com/whdc/device/stillimage/WIA-arch.mspx.

An diesem Beispiel wird deutlich, welchen Problemen der Anwender gegenübersteht. Sofern er nämlich eine Software einsetzen will, die für eine reinrassige USB-Geräteklasse geschrieben worden ist, kann er kein USB-Gerät gebrauchen, das mit einem nicht klassenkonformen Treiber arbeiten möchte, es sei denn, er findet eine Möglichkeit der Schnittstellenanpassung zwischen dem klassenfremden USB-Treiber und seiner klassenkonformen Anwendung.

3.3 Test- und Messgeräte mit USB-Schnittstelle

Entwickler, die heute ein Gerät projektieren, das in die Klasse der Test- und Messgeräte eingereiht werden kann und über eine USB-Schnittstelle verfügen soll, haben allen Grund, sich bei der Wahl der Geräteklasse für den Standard USBTMC zu entscheiden. Vielleicht nicht in nächster, aber doch in absehbarer Zukunft werden die Betreiber solcher Geräte selbstverständlich davon ausgehen, dass sie sich keine Gedanken über die Installation zu machen brauchen. Sie werden das Gerät auspacken, an ihren PC anschließen und damit arbeiten wollen, so wie sie es heute schon mit anderen USB-Geräten wie Mäusen, Tastaturen, Druckern, Memory Sticks, Kartenlesern, externen Massenspeichermedien oder Kameras tun. Die eingesetzte Anwendungssoftware, häufig LabVIEW, VEE Pro oder MATLAB (über VISA Connectivity Tools), unterstützt schon jetzt USBTMC. Die PC-Betriebssysteme werden ihren Support für USB-Klassen mit Sicherheit ebenfalls eher ausbauen als vernachlässigen. Klassenkonformität in den Schnittstellen muss damit für Test- und Messgeräte ein Entwicklungsziel hoher Priorität sein. Bevor in diesem Buch alles auf dieses Ziel gerichtet sein wird, soll kurz noch ein Blick auf die gegenwärtige Situation erfolgen.

3.4 Der aktuelle Stand der Entwicklung

Mit Einführung im Jahre 1996 und schnellen Verbreitung der USB-Schnittstelle in PCs entstand der ganz natürliche Wunsch, diese auch zur Fernbedienung von Mess-, Steuer- und Regelgeräten zu nutzen. Auf der PC-Seite unterstützte der USB als Erstes die Human Interface Device Class und kurz darauf gab es klassenkonforme Mäuse und Tastaturen zu kaufen. Auch für die Geräte-Seite gab es für die HID-Klasse schon früh Hardware, mit der Elektronik-Entwickler zu schnellen Ergebnissen gelangen konnten. In dem Buch „USB 2.0 Das Praxisbuch" klingt diese Zeit noch ein wenig nach. Darin ist über die HID-Klasse unter anderem zu lesen, dass sie *„Geräte, die keiner menschlichen Interaktion bedürfen, aber ähnliche Datenformate liefern, wie Barcode-Leser, Thermometer, Voltmeter"* unterstützt. Heute würde man zumindest das Thermometer und das Voltmeter unbedingt der Test and Measurement Class zuordnen. In noch früheren Zeiten hat man auf die Angabe der Geräteklassen keine Rücksicht genommen. So ist in dem Buch „Messen, Steuern und Regeln mit USB" über die Datenfelder bDeviceClass, bDeviceSubClass und bDeviceProtocol zu lesen: *„Die in diesem Buch behandelten Interfaces gehören zu keiner vordefinierten Klasse, sodass hier Nullbytes eingetragen sind"*. Weiter heißt es zu den Datenfeldern bInterfaceClass, bInterfaceSubClass und bInterfaceProtocol: *„Falls das Gerät zu einer Geräteklasse gehört, die bereits im Devic Descriptor angege-*

ben wurde, können die entsprechenden Informationen hier erneut eingegeben werden". Gemäß der geltenden Richtlinie zu USB-Geräteklassen ist diese Vereinbarung heutzutage nicht mehr zulässig. Zumindest das Datenfeld bInterfaceClass muss den Eintrag 0xFF erhalten, um das Gerät als anbieterspezifisch zu klassifizieren. An diesen Beispielen lässt sich leicht erkennen, dass seit der Einführung von USB 1.0 im Jahre 1996 sich einige Dinge geändert haben und Probleme beim Mischen von alter und neuer Hardware sowie beim Einsatz älterer USB-Geräte unter zeitgemäßen Betriebssystemen auftreten können. Stellvertretend für diese Situation soll jeweils ein Gerät des unteren und oberen Preissegments kurz vorgestellt werden.

3.5 „Missbrauch" der HID

Bis auf den heutigen Tag haben sich Messgeräteschnittstellen erhalten, die ihren Anschluss an den Computer über die Klasse HID suchen. Als Beispiel für das untere Preissegment soll hier das Produkt Pocket-CASSY der Firma Leybold Didactic herangezogen werden. Dieses Gerät ist eine Komponente der Lehrmittel-Hard- und Software, mit der sich zahlreiche naturwissenschaftliche Laborexperimente durchführen lassen. Nähere Informationen zu (Pocket-)CASSY finden sich unter http://www.leybold-didactic.com/software/index.html?cassy-s.html.

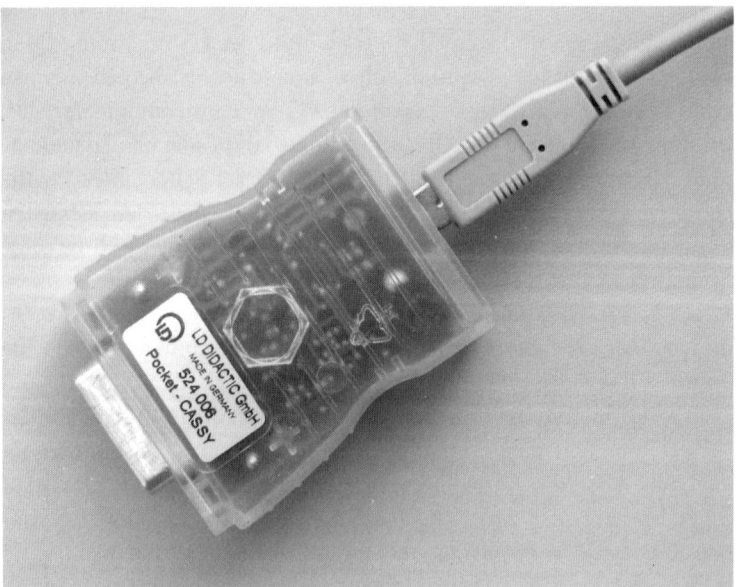

Abb. 3.2: Ein USB-Messgerät des unteren Preissegments

Wenn man Pocket-CASSY an den PC stöpselt, zeigt UVCView folgende Information:

```
        ---===>Device Information<===---
English product name: „Pocket-CASSY"
ConnectionStatus:
Current Config Value:           0x01  -> Device Bus Speed: Full
Device Address:                 0x01
Open Pipes:                        2
        ===>Endpoint Descriptor<===
bLength:                        0x07
bDescriptorType:                0x05
bEndpointAddress:               0x81  -> Direction: IN - EndpointID: 1
bmAttributes:                   0x03  -> Interrupt Transfer Type
wMaxPacketSize:               0x0020 = 0x20 bytes
bInterval:                      0x01
        ===>Endpoint Descriptor<===
bLength:                        0x07
bDescriptorType:                0x05
bEndpointAddress:               0x02  -> Direction: OUT - EndpointID: 2
bmAttributes:                   0x03  -> Interrupt Transfer Type
wMaxPacketSize:               0x0008 = 0x08 bytes
bInterval:                      0x01
        ===>Device Descriptor<===
bLength:                        0x12
bDescriptorType:                0x01
bcdUSB:                       0x0110
bDeviceClass:                   0x00  -> This is an Interface Class Defined
                                         Device
bDeviceSubClass:                0x00
bDeviceProtocol:                0x00
bMaxPacketSize0:                0x08 = (8) Bytes
idVendor:                      0x0F11idProduct:                      0x1010
bcdDevice:                    0x0102
iManufacturer:                  0x01
    English (United States)  "LD Didactic GmbH"
iProduct:                       0x02
    English (United States)  "Pocket-CASSY"
iSerialNumber:                  0x00
bNumConfigurations:             0x01
        ===>Configuration Descriptor<===
bLength:                        0x09
bDescriptorType:                0x02
wTotalLength:                 0x0029  -> Validated
bNumInterfaces:                 0x01
bConfigurationValue:            0x01
iConfiguration:                 0x00
bmAttributes:                   0x80  -> Bus Powered
MaxPower:                       0xFA = 500 mA
        ===>Interface Descriptor<===
```

```
bLength:                    0x09
bDescriptorType:            0x04
bInterfaceNumber:           0x00
bAlternateSetting:          0x00
bNumEndpoints:              0x02
bInterfaceClass:            0x03   -> HID Interface Class
bInterfaceSubClass:         0x00
bInterfaceProtocol:         0x00
CAUTION:  This may be an invalid bInterfaceProtocol
iInterface:                 0x00
        ===>HID Descriptor<===
bLength:                    0x09
bDescriptorType:            0x21
bcdHID:                     0x0110
bCountryCode:               0x00
bNumDescriptors:            0x01
bDescriptorType:            0x22
wDescriptorLength:          0x001B
```

Der Geräte-Manager sortiert Pocket-CASSY nicht in die Klasse der Test and Measurement Devices ein, sondern bei den Mensch-Maschine-Schnittstellen (HID), weil der Device Descriptor des Geräts ihm keine andere Wahl lässt.

- Eingabegeräte (Human Interface Devices)
    - HID-konformes Gerät
    - USB-HID (Human Interface Device)

3.6 Klassenlosigkeit

In das obere Preissegment gehört das nun beschriebene Gerät aus der optischen Messtechnik. Es handelt sich dabei um ein Infrarotspektrometer.

Das Gerät wird von der Firma Newport angeboten. Einzelheiten dazu finden sich unter www.newport.com/store/genproduct.aspx?id=378421&lang=1033&Section= Detail

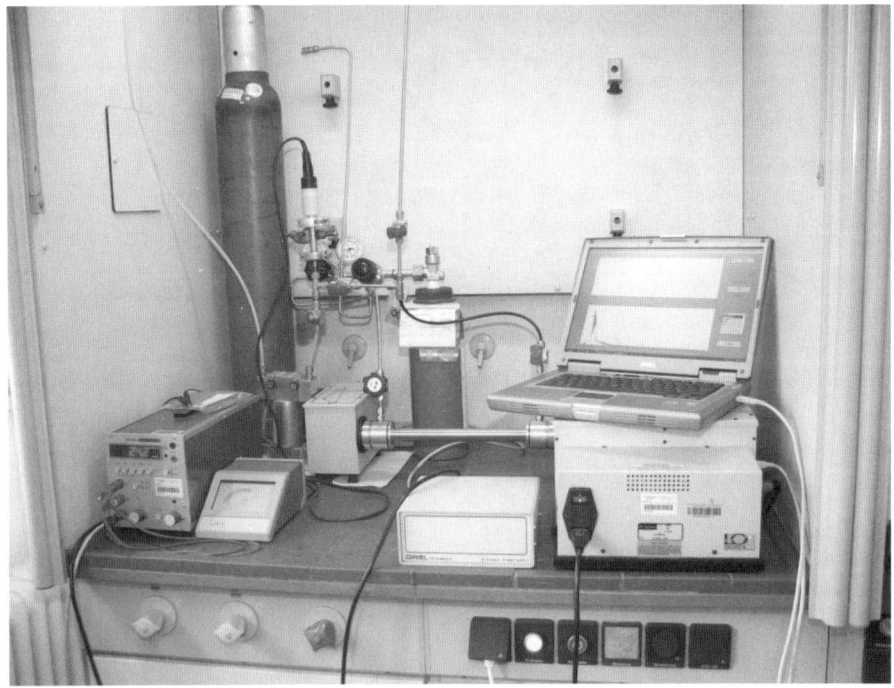

Abb. 3.3: Ein Messgerät mit USB-Schnittstelle bestimmt in einem Laborversuch das Absorptionsspektrum von Silan.

Zu diesem Gerät finden sich folgende USB-Informationen:

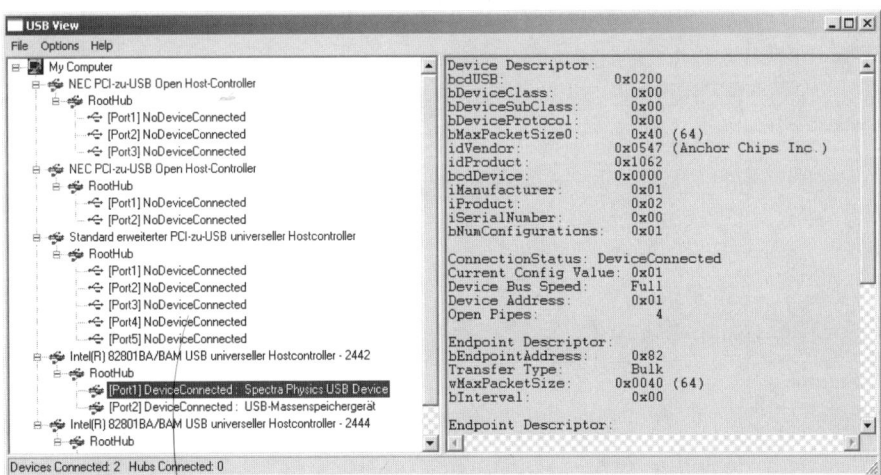

Die Deskriptoren haben auszugsweise diesen Inhalt:

```
Device Descriptor:
bcdUSB:              0x0200
bDeviceClass:        0x00
bDeviceSubClass:     0x00
bDeviceProtocol:     0x00
bMaxPacketSize0:     0x40 (64)
idVendor:            0x0547 (Anchor Chips Inc.)
idProduct:           0x1062
bcdDevice:           0x0000
iManufacturer:       0x01
0x0409: „USB-2"
iProduct:            0x02
0x0409: „VSE-SPECTRA"
iSerialNumber:       0x00
bNumConfigurations:  0x01
ConnectionStatus: DeviceConnected
Current Config Value: 0x01
Device Bus Speed:    Full
Device Address:      0x01
Open Pipes:          4
Endpoint Descriptor:
bEndpointAddress:    0x82
Transfer Type:       Bulk
wMaxPacketSize:      0x0040 (64)
bInterval:           0x00
Endpoint Descriptor:
bEndpointAddress:    0x01
Transfer Type:       Bulk
wMaxPacketSize:      0x0040 (64)
bInterval:           0x00
Endpoint Descriptor:
bEndpointAddress:    0x81
Transfer Type:       Bulk
wMaxPacketSize:      0x0040 (64)
bInterval:           0x00
Endpoint Descriptor:
bEndpointAddress:    0x08
Transfer Type:       Bulk
wMaxPacketSize:      0x0040 (64)
bInterval:           0x00
Configuration Descriptor:
wTotalLength:        0x002E
bNumInterfaces:      0x01
bConfigurationValue: 0x01
iConfiguration:      0x00
bmAttributes:        0x80 (Bus Powered )
MaxPower:            0x32 (100 Ma)
Interface Descriptor:
bInterfaceNumber:    0x00
bAlternateSetting:   0x00
```

```
bNumEndpoints:        0x04
bInterfaceClass:      0xFF
bInterfaceSubClass:   0x00
bInterfaceProtocol:   0x00
iInterface:           0x00
```

Als Geräteklasse, Unterklasse und Protokoll stehen bei diesem Gerät im Device Descriptor drei Nullbytes, also erfolgt die Klassifizierung im Interface Descriptor. Dort ist unter dem Bezeichner bInterfaceClass der Wert 0xFF eingetragen. Für Unterklasse (bInterfaceSubClass) und Protokoll (BInterfaceProtocol) findet man jeweils 0x00. Dieses Gerät gehört demnach zu keiner definierten Geräteklasse, sondern die Eigenschaften der USB-Schnittstelle werden vom Anbieter festgelegt. Der Anbieter muss in diesem Fall die erforderlichen Gerätetreiber bereitstellen und sich auch darum kümmern, dass diese Treiber mit den gewünschten Anwendungsprogrammen zusammenarbeiten.

3.7 Ein Messgerät aus der Klasse USBTMC

Als Beispiel für die Anwendung der Klasse USBTMC wird das Digitalspeicheroszilloskop TDS2022B der Firma Tektronix herangezogen, das im mittleren Preissegment für Messgeräte angesiedelt ist.

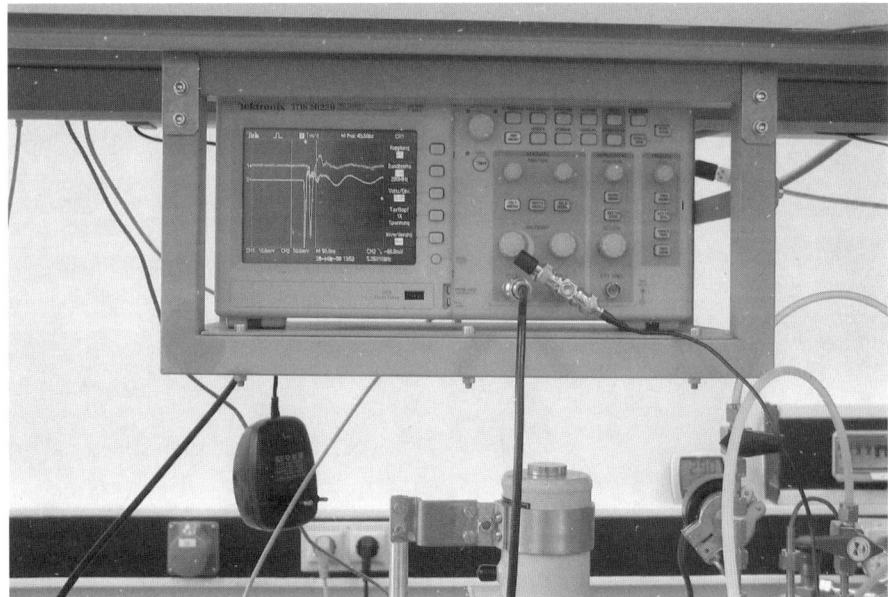

Abb. 3.4: Ein Messgerät der Klasse USBTMC im Laboreinsatz für ein Forschungsprojekt.

Details über dieses Produkt stehen unter http://www.tek.com/site/ps/0,,3G-19558-INTRO_EN,00.html bereit. Zunächst soll es mit UVCView angesehen werden, und dabei fällt auf, dass es der richtigen Klasse zugeordnet wird.

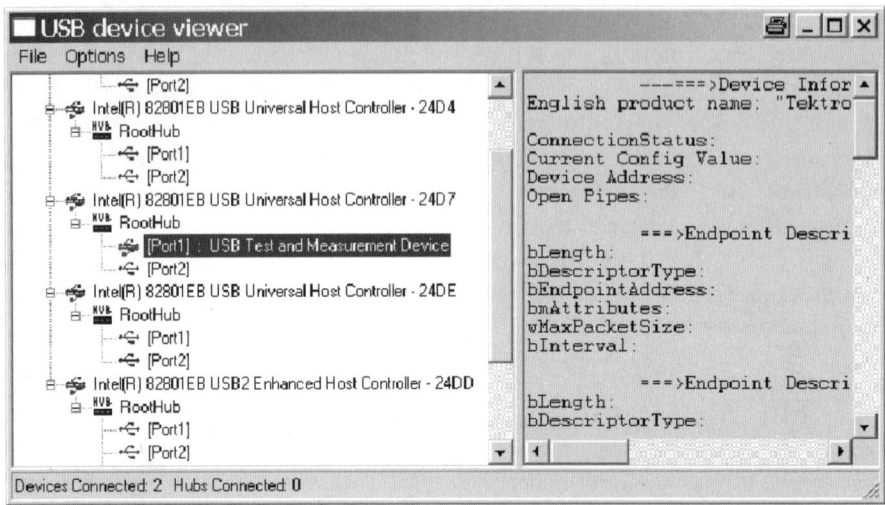

Der Blick auf die Deskriptoren zeigt folgende Information:

```
         ---===>Device Information<===---
English product name: „Tektronix TDS2022B"
ConnectionStatus:
Current Config Value:        0x01  -> Device Bus Speed: Full
Device Address:              0x01
Open Pipes:                     3
           ===>Endpoint Descriptor<===
bLength:                     0x07
bDescriptorType:             0x05
bEndpointAddress:            0x85  -> Direction: IN - EndpointID: 5
bmAttributes:                0x02  -> Bulk Transfer Type
wMaxPacketSize:            0x0040  = 0x40 bytes
bInterval:                   0x00
           ===>Endpoint Descriptor<===
bLength:                     0x07
bDescriptorType:             0x05
bEndpointAddress:            0x06  -> Direction: OUT - EndpointID: 6
bmAttributes:                0x02  -> Bulk Transfer Type
wMaxPacketSize:            0x0040  = 0x40 bytes
bInterval:                   0x00
           ===>Endpoint Descriptor<===
bLength:                     0x07
bDescriptorType:             0x05
bEndpointAddress:            0x87  -> Direction: IN - EndpointID: 7
```

```
bmAttributes:                   0x03  -> Interrupt Transfer Type
wMaxPacketSize:               0x0040 = 0x40 bytes
bInterval:                      0x08
            ===>Device Descriptor<===
bLength:                        0x12
bDescriptorType:                0x01
bcdUSB:                       0x0200
bDeviceClass:                   0x00  -> This is an Interface Class Defined
                                         Device
bDeviceSubClass:                0x00
bDeviceProtocol:                0x00
bMaxPacketSize0:                0x40 = (64) Bytes
idVendor:                     0x0699 = Tektronix, Inc.
idProduct:                    0x0369
bcdDevice:                    0x0042
iManufacturer:                  0x01
     English (United States)  "Tektronix, Inc."
iProduct:                       0x02
     English (United States)  "Tektronix TDS2022B"
iSerialNumber:                  0x03
     English (United States)  "C030672"
bNumConfigurations:             0x01
            ===>Configuration Descriptor<===
bLength:                        0x09
bDescriptorType:                0x02
wTotalLength:                 0x0027  -> Validated
bNumInterfaces:                 0x01
bConfigurationValue:            0x01
iConfiguration:                 0x00
bmAttributes:                   0xC0  -> Bus Powered
MaxPower:                       0x32 = 100 mA
            ===>Interface Descriptor<===
bLength:                        0x09
bDescriptorType:                0x04
bInterfaceNumber:               0x00
bAlternateSetting:              0x00
bNumEndpoints:                  0x03
bInterfaceClass:                0xFE  -> This is an Application Specific USB
                                         Device Interface Class
    -> This is a Test & Measurement Class (USBTMC) Application Specific USB Device
                                          Interface Class
bInterfaceSubClass:             0x03
bInterfaceProtocol:             0x01
CAUTION:  This may be an invalid bInterfaceProtocol
iInterface:                     0x00
```

Hier steht also der ersehnte Eintrag: „This is a Test & Measurement Class (USBTMC) Application Specific USB Device Interface Class". Der Warnhinweis zum Datenfeld bInterfaceProtocol scheint bei UVCView obligatorisch zu sein, denn das Protokoll 0x01 ist vollständig in Ordnung.

Zu guter Letzt zeigt an dieser Stelle ein Blick in den Geräte-Manager ebenfalls ein befriedigendes Ergebnis, eine neue Klasse wird benannt, unter der ein USB-Test and Measurement Device gemeldet ist, und so gehört es sich auch für ein Test- und Messgerät. Dort soll auch das in diesem Buch vorgestellte Beispielgerät seinen Eintrag erhalten und daher wird im Folgenden beschrieben, wie man als Entwickler dahin kommen kann, dass es auch klappt.

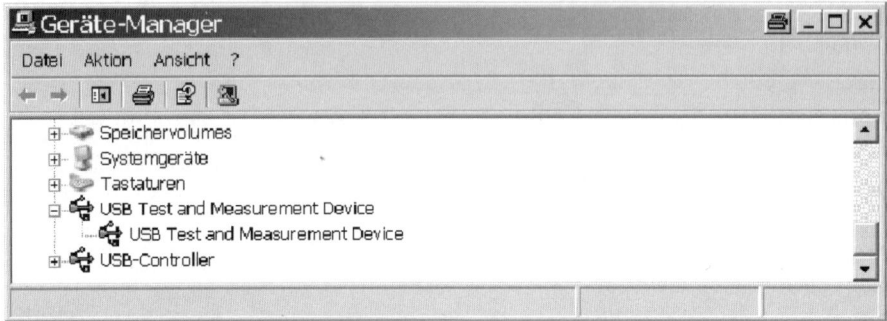

4 Die Geräte-Hardware

Es bietet sich an, ziemlich zu Anfang dieser Abhandlung auf die Hardware einzugehen, die dem vorgestellten Projekt den praktischen Bezug liefert. Leser, die parallel zum Erfassen des Texts auch ausprobieren möchten, wie das konkret vonstatten geht, werden vielleicht neben diesem Buch einen PC oder Laptop in greifbarer Nähe haben, um die praktischen Beispiele nachzuvollziehen. Dazu ist ein Gerät der Klasse USBTMC-USB488 vonnöten. Dieses Gerät kann nun entweder aus dem PCDEM FS USB Demo Board der Firma Microchip bestehen oder aus einem Eigenbau. In beiden Fällen muss das auf der CD zu diesem Buch mitgelieferte Anwendungsprogramm installiert werden, sofern nicht ein bereits damit programmierter Mikrocontroller erworben wurde. Das Anwendungsprogramm steht sowohl als Quellcode als auch als HEX-Datei zur Verfügung. Damit ist es möglich, entweder ein Debug-Werkzeug, wie z. B. MPLAB ICD 2, oder ein Programmiergerät einzusetzen, um das Anwendungsprogramm in den Mikrocontroller zu laden.

4.1 Das PICDEM FS USB Demo Board

Wenn das von der Firma Microchip angebotene Demo Board mit dem Derivat PIC18F4550 dazu verwendet werden soll, ein USBTMC-Gerät zu emulieren, dann muss hier einschränkend gesagt werden, dass die eigentliche Anwendung des Geräts versagt bleibt. Als Beispielgerät ist ein Signalrouter vorgesehen, der über vier Relais verfügt. Derartige Relais gibt es auf dem Demo Board nicht. Die Pins des PIC-Derivats, mit denen die Relais angesteuert werden würden, sind jedoch auf einem Pfostensteckverbinder kontaktierbar, sodass der Leser gegebenenfalls die fehlenden Komponenten auf eine Experimentierplatine löten und am Demo Board anschließen könnte. Sofern er über das PICDEM FS USB Demo Board verfügt, kennt er auch dessen Schaltbild. Ein Vergleich mit dem Schaltbild des im Folgenden präsentierten Beispielgeräts sollte dem sachkundigen Leser reichen, damit er weiß, was zu löten ist. Der Kommunikation über die USB-Schnittstelle tut es übrigens keinerlei Abbruch, dass die Relais nicht vorhanden sind. Die eigentlichen Funktionen der Fernsteuerbefehle eines USBTMC-Geräts können auch ohne diese erprobt werden.

Abb. 4.1: Das USB Demo Board von Microchip

4.2 Das Beispielgerät des Buchprojekts

Lassen es die Anforderungen an Speichergröße und Verarbeitungsgeschwindigkeit zu, den Mikrocontroller PIC18F4550 für sein Projekt einzusetzen, kommt man mit erfreulich wenigen zusätzlichen Bauteilen aus, um eine lauffähige Schaltung aufzubauen. Im Gesamtschaltbild des Beispielgeräts ist alles zu sehen, was für die im Buch behandelten Anwendungen benötigt wird. In der folgenden, knapp gehaltenen Schaltungsbeschreibung wird auf dieses Gesamtschaltbild Bezug genommen.

4.2.1 Spannungsversorgung

Es ist kein Aufwand für eine stabilisierte Spannungsversorgung nötig, die Qualität der Spannung VBUS, die über den USB-Steckverbinder X1 geliefert wird, reicht für die gestellten Aufgaben aus. Sie wird lediglich über zwei Induktivitäten (L1 und L2) gefiltert und mit einem kleinen Tantalkondensator (C1) gestützt. Die dreipolige Stiftleiste J1 dient zum Auswählen der Gesamtversorgungsspannung VDD über einen Jumper. In dem Buchbeispiel kommt sie über VBUS. Bei anderer Positionierung des Jumpers kann VDEX gewählt werden. Bei letztgenannter Wahl muss VDEX über die Pins A1 und C1 der Stiftleiste X2 zugeführt werden. Der Stützkondensator C4 ist nur in diesem Fall notwendig. Ebenso dient die LED V3 mit dem Vorwiderstand R16 nur dazu, die Versorgung über VDEX zu signalisieren. Diese Bauteile könnten also entfallen, wenn niemals externe Spannungsversorgung gefordert ist. Auch die Widerstände R21 und R22 können entfallen, weil sie nur notwendig sind, wenn das Vorhandensein von VBUS über den Port RA1 des Mikrocontrollers abgefragt werden soll. In der Firmware des Beispielprojekts wird diese Abfrage nicht vorgenommen, sie kann aber notwendig werden, wenn man das Gerät zu einem self-powered Device umbauen möchte, das über den USB ein- und ausgeschaltet werden soll. Zu diesem Zweck sind alle erforderlichen Netze auf die Erweiterungs-Stiftleiste X2 gelegt.

4.2.2 Relais und Relais-Treiberschaltung

Anwender, die in erster Linie die USB-Kommunikation interessiert und die sich nur am Rande mit der eigentlichen Gerätefunktion beschäftigen, können auf alle Komponenten verzichten, die für die Ansteuerung der Relais benötigt werden. Das sind zunächst die Relais K1 bis K4 selbst, dann die Freilaufdioden D1 bis D4 und die Steckverbinder X4 bis X7. Die Transistoren Q2 bis Q5, ihre Basiswiderstände R17 bis R20. Die Leuchtdioden 1 bis 4 und deren Vorwiderstände R12 bis R15 sind nur dann notwendig, wenn der theoretische Schaltzustand der weggelassenen Relais trotzdem angezeigt werden soll. Wer auch darauf verzichten möchte, kann diese ebenfalls getrost weglassen. Wenn die gesamte Relais-Funktion oder die beschriebene Teilausrüstung jedoch verwendet werden soll, dann muss auch der Steckverbinder J4 eingebaut werden sowie ein Jumper die Pins 1 und 2 von J4 verbinden.

4.2.3 Reset-Schaltung

Über den Schaltkreis aus C8, R8 und R9 wird ein Reset-Impuls erzeugt, der auf den Pin _MCLR des Mikrocontrollers gelangt, wenn die Versorgungsspannung VSS eingeschaltet wird. Damit startet die Firmware des Mikrocontrollers von einer definierten Startposition, und alle internen Register gehen in ihren Reset-Zustand, wie er im Datenblatt beschrieben ist [DataSheet: Tabellen 4_3 und 4–4]. Mit dem Taster S1 kann zusätzlich jederzeit ein Power-on-Reset ausgelöst werden, ohne die Versorgungsspannung VSS abschalten zu müssen. Wenn diese Möglichkeit nicht genutzt werden soll, kann S1 entfallen.

4.2.4 Load-Taster

Für das Beispielprogramm zu diesem Buch sind der Taster S2 sowie die Widerstände R10 und R11 und der Steckverbinder J3 erforderlich, wenn der Auslieferungszustand des EEPROM wiederhergestellt werden soll. Dann muss auch der Taster S1 bestückt sein. Nutzer, die die Firmware des Beispielprojekts so modifizieren möchten, dass der Boot Loader von Microchip installiert werden kann, brauchen ebenfalls diese beiden Taster, weil damit der Boot-load-Prozess gestartet wird. Wer beides nicht wünscht, kann somit auch auf diese Bauteile verzichten.

4.2.5 USB-Schnittstelle

Wesentliche Bestandteile der USB-Schnittstelle sind natürlich der Mikrocontroller U1 selbst, seine Stützkondensatoren C2 und C3, der Stützkondensator C9 für die im Mikrocontroller erzeugte Hilfsspannung VUSB und alle Bauteile des Primärosszillators. Das sind der Quarz Q1, der Widerstand R7 und die Kondensatoren C5 und C6. Ferner gehören zwingend zur USB-Schnittstelle: der USB-Stecker X1 und die Widerstände R1 und R2. Zusammen mit den bereits beschriebenen Bauteilen L1, L2, C1, J1 C8, R8 und R9 und einem Jumper zwischen den Pins 1 und 2 des Steckverbinders J1 sind diese zuletzt beschriebenen Bauteile die einzigen, die zum Betrieb des Beispielgeräts am USB erforderlich sind. Die LED Anzeigen V1 und V2 sowie die Vorwiderstände R3 bis R5 dienen nur der optischen Signalisierung interner Zustände der USB-Schnittstelle. Es ist komfortabel, sie zu haben, aber nicht unbedingt erforderlich. Wenn sie bestückt werden, dann sind auch der Steckverbinder J2 sowie ein Jumper zwischen den Pins 1 und 2 an J2 notwendig. Der erforderliche Bauteilaufwand zur Realisierung einer lauffähigen USB-Schnittstelle mit einem PIC18f4550 Mikrocontroller ist also recht gering und auch kostengünstig zu realisieren. Diese Aussage ist natürlich nur zutreffend, wenn keine Firmware in den Mikrocontroller geladen werden muss, weil er in bereits programmiertem Zustand eingebaut wurde, und keine Softwareentwicklung mit Debug-Prozess erfolgen soll. Soll das Beispielgerät an einer Entwicklungsumgebung betrieben werden, muss eine Verbindung zum verwendeten Werkzeug hergestellt werden können. Dazu ist der Steckverbinder X3 mit dem Stützkondensator C7 erforderlich.

4.2.6 Erweiterungs-Steckverbinder

Für das Buchbeispiel ist der gesamte Steckverbinder X2 nicht notwendig. Selbst wenn die Relais der Beispielanwendung wirklich genutzt werden sollen, reichen die Steckverbinder X4 bis X7 aus, um Zugang zu den Relaiskontakten zu erhalten. Wer jedoch eigene Ideen auf der Basis der USBTMC-Geräteklasse entwickeln will, wird X2 zu schätzen wissen. Über diesen Steckverbinder hat man Zugriff auf alle frei verfügbaren Pins des Mikrocontrollers. Ferner können durch Entfernen oder Umstecken der Jumper auch die vom Beispielgerät verwendeten Pins freigeschaltet werden. Ausnahme sind RD2 und RD3, die fest an die STATUS-LEDS gelegt sind. Aber auch diese Pins können wieder freigemacht werden, indem z. B. die Widerstände R5 und R6 entfernt werden. Damit steht der gesamte PORTD des Mikrocontrollers auch über X2 zur freien Verfügung.

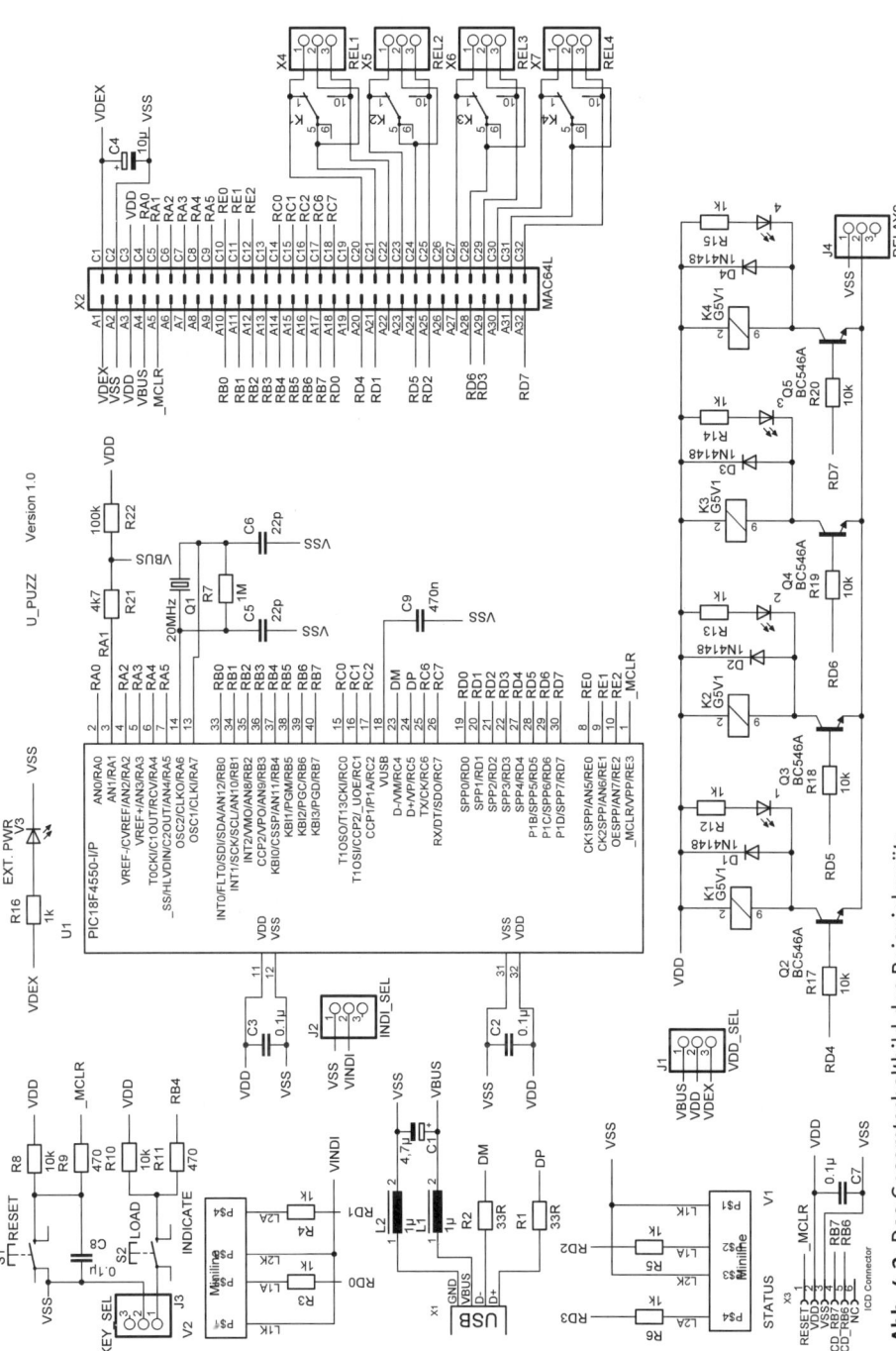

Abb. 4.2: Das Gesamtschaltbild des Beispielgeräts

4.2.7 Die Baugruppe

Der Autor hat die vorgestellte Schaltung praktisch erprobt, indem er sie auf einer Experimentierplatine komplett aufgebaut und zunächst mit der Entwicklungsumgebung MPLAB getestet hat. Anschließend hat er eine ohne Debug-Umgebung lauffähige Version der Firmware erzeugt und das Beispielgerät über USB betrieben. Parallel dazu hat der Autor mit einem Layout-Werkzeug eine gedruckte Schaltung erzeugt, deren Ansicht von der Bestückungsseite im folgenden Bild dargestellt ist. Sie kann als Positionierungshilfe für den Eigenbau dienen. Der Autor hat bewusst die Gehäusevariante PDIP-P für den Mikrocontroller eingesetzt, damit für den Nachbau der Baugruppe auf alle Arbeiten mit SMD-Bauteilen verzichtet werden kann. Das PDIP-Gehäuse ist außerdem preiswert und lässt sich unkompliziert in einem Sockel verwenden, so wie es im Autorenexemplar geschehen ist. Wer aus dem Buchprojekt zu einem Massenprodukt gelangen will, wird dafür vermutlich auf SMD-Bauteile wechseln wollen, was vollkommen unproblematisch zu realisieren ist, weil der Mikrocontroller in den unterschiedlichsten Gehäuseformen angeboten wird [DataSheet: 30.2].

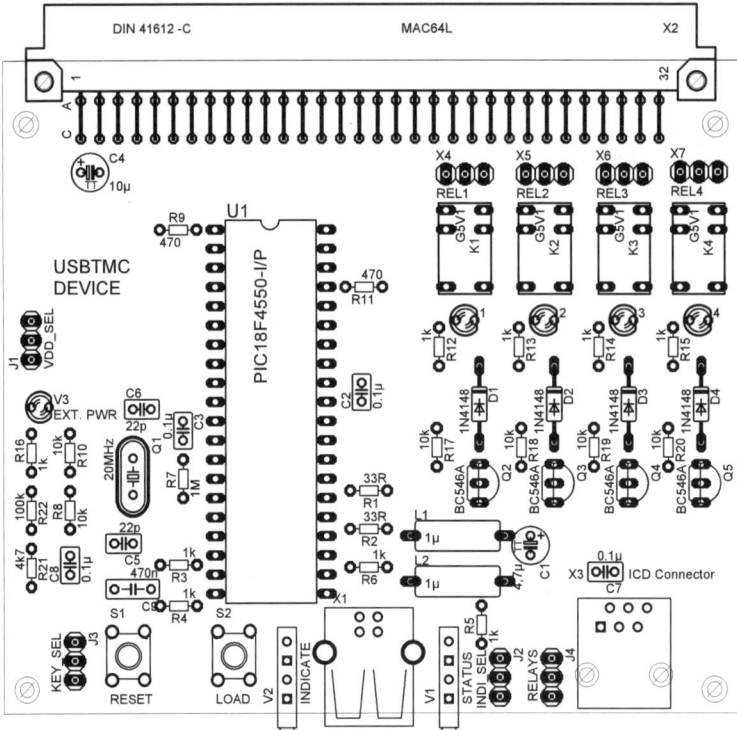

Abb. 4.3: Die Ansicht der Bestückungsseite

4.3 Die Bauteilliste

Die für das Beispielgerät erforderlichen Bauteile sind unproblematisch zu beschaffen. In der folgenden Liste sind alle Teile aufgeführt.

Lfd. Nr.	Position	Bauteilbezeichnung	Wert	Gehäuse
1	V1	LED	grün	3 mm
2	V2	LED	grün	3 mm
3	V3	LED	grün	3 mm
4	V4	LED	grün	3 mm
5	C1	Tantalkondensator	10 µF/16 V	TT2D5
6	C2	Keramikkondensator	0.1 µF/50 V	5.0x5.5 RM2.5
7	C3	Keramikkondensator	0.1 µF/50 V	5.0x5.5 RM2.5
8	C4	Tantalkondensator	10 µF/16 V	TT2D5
9	C5	Keramikkondensator	22 pF/100 V	5.0x5.5 RM2.5
10	C6	Keramikkondensator	22 pF/100 V	5.0x5.5 RM2.5
11	C7	Keramikkondensator	0.1 µF/50 V	5.0x5.5 RM2.5
12	C8	Keramikkondensator	0.1 µF/50 V	5.0x5.5 RM2.5
13	C9	Keramikkondensator	0.47 µF/50 V	7.5x9.0 RM5.0
14	D1	Diode	1N4148	DO35
15	D2	Diode	1N4148	DO35
16	D3	Diode	1N4148	DO35
17	D4	Diode	1N4148	DO35
18	J1	Jumper 0.15 Stück	VDD	SL10 RM 2.54
19	J2	Jumper 0.15 Stück	VINDI	SL10 RM 2.54
20	J3	Jumper 0.15 Stück		SL10 RM 2.54
21	J4	Jumper 0.15 Stück	RELAYS	SL10 RM 2.54
22	K1	Relais	Omron G5 V1	
23	K2	Relais	Omron G5 V1	
24	K3	Relais	Omron G5 V1	
25	K4	Relais	Omron G5 V1	
26	L1	Induktivität	1 µH/650 mA	BC12
27	L2	Induktivität	1 µH/650 mA	BC12
28	Q1	Quarz	20 MHz	HC49/US
29	V5	Transistor	BC546 A	TO92
30	V6	Transistor	BC546 A	TO92
31	V7	Transistor	BC546 A	TO92
32	V8	Transistor	BC546 A	TO92
33	R1	Widerstand	33R	MBA 0204

Lfd. Nr.	Position	Bauteilbezeichnung	Wert	Gehäuse
34	R2	Widerstand	33R	MBA 0204
35	R3	Widerstand	1k	MBA 0204
36	R4	Widerstand	1k	MBA 0204
37	R5	Widerstand	1k	MBA 0204
38	R6	Widerstand	1k	MBA 0204
39	R7	Widerstand	1M	MBA 0204
40	R8	Widerstand	10k	MBA 0204
41	R9	Widerstand	470R	MBA 0204
42	R10	Widerstand	10k	MBA 0204
43	R11	Widerstand	470R	MBA 0204
44	R12	Widerstand	1k	MBA 0204
45	R13	Widerstand	1k	MBA 0204
46	R14	Widerstand	1k	MBA 0204
47	R15	Widerstand	1k	MBA 0204
48	R16	Widerstand	10k	MBA 0204
49	R17	Widerstand	10k	MBA 0204
50	R18	Widerstand	10k	MBA 0204
51	R19	Widerstand	10k	MBA 0204
52	R20	Widerstand	10k	MBA 0204
53	R21	Widerstand	4k7	MBA 0204
54	R22	Widerstand	100k	MBA 0204
55	S1	Taster	RESET	FSMCD
56	S2	Taster	LOAD	FSMCD
57	U1	MCU	PIC18F4550-I/P	DIL40
58	V9	LED-Array	STATUS	MINI-LINE
59	V10	LED-Array	INDICATE	MINI-LINE
60	V11	LED	grün	3 mm
61	X1	Steckverbinder	USB 2.0	USB-B-H
62	X2	Steckverbinder	DIN 41612	
63	X3	Steckverbinder		RJ12
64	X4	Steckverbinder 0.15 Stück	REL1	SL10 RM 2.54
65	X5	Steckverbinder 0.15 Stück	REL2	SL10 RM 2.54
66	X6	Steckverbinder 0.15 Stück	REL3	SL10 RM 2.54
67	X7	Steckverbinder 0.15 Stück	REL4	SL10 RM 2.54

Abb. 4.4: Der Prototyp des Beispielgeräts als Laborversion

5 Grundsätzliches zur Datenübertragung

Auf physikalischer Ebene ist das USB-Gerät mit dem Host über vier elektrische Leitungen verbunden (auf optionale drahtlose USB-Kommunikation wird hier nicht Bezug genommen). Die Leitung mit der Bezeichnung GND bildet die Masseverbindung. An der Leitung VCC steht eine Versorgungsspannung von nominellen 5 V für das USB-Gerät zur Verfügung, die mit maximal 500 mA Strom belastet werden darf. Die beiden Leitungen D+ und D- dienen der Datenübertragung zwischen Host und Device. Die Daten werden als bidirektionale Differenzsignale über dieses Leitungspaar übertragen [USB2.0: 7.1.1]. Auf der Host-Seite erfolgt der Anschluss immer über einen Hub, der als Stammhub (root hub) bezeichnet wird und fester Bestandteil der Host-PC-Hardware ist. Die Datenübertragungsrichtung vom Host zum Gerät wird downstream genannt, die Gegenrichtung upstream.

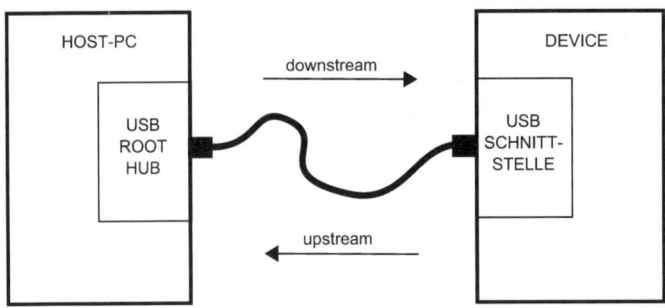

Die logische Datenübertragung zwischen Host und Device erfolgt über sogenannte Pipes. Pipes kanalisieren die Datenströme zwischen Host und diversen Endpunkten innerhalb des Geräts. Diese Endpunkte (Endpoints) sind physikalische Speicherbereiche, in die Daten vom Host gelangen oder aus denen Daten an den Host gesendet werden. Es kann auch bidirektionale Endpunkte geben, die wechselseitig Daten in beide Richtungen transportieren. Es ist Sache der Schnittstellen-Hardware, die tatsächliche Beschaffenheit dieser Endpoints zu definieren. Da alle Daten über dieselbe physikalische Verbindung übertragen werden, wird den Daten eine Endpunktadresse mitgegeben. Die Hardware der Schnittstelle sorgt dafür, dass die Daten in den richtigen Speicher gelangen. Diese Aufgabe übernimmt – neben anderen – ein Funktionsblock, der als Serial Interface Engine (SIE) bezeichnet wird. Jedes USB-Gerät besitzt mindestens einen bidirektionalen Endpunkt, den Control Endpoint.

Sinngemäß bezeichnet man die zugeordnete Pipe als Control Pipe. Dieser Endpunkt hat per Definition die Endpunktadresse null. Darüber hinaus lässt der Standard 15 weitere Endpunktadressen zu, denen jeweils eine Richtungsinformation
zugeordnet werden kann. Ein Endpunkt, in den Daten vom Host an das Gerät
gesendet werden, ist ein OUT Endpoint. Wenn aus dem Endpunkt Daten an den
Host gesendet werden, handelt es sich um einen IN Endpoint. Diese Richtungsbe-
zeichnung verwirrt Entwickler, die sich zum ersten Mal mit dem USB beschäftigen,
zunächst häufig, weil sie dazu neigen, die Datenflussrichtung aus der Geräteper-
spektive zu sehen, und für sie OUT somit die Richtung aus dem Gerät hinaus ist.
Gesendet werden Daten aber über den IN Endpoint, empfangen über den OUT
Endpoint. Mit 15 Adressen lassen sich also 15 OUT und 15 IN Endpoints adressie-
ren. Soweit zur Theorie. In der Praxis werden die Möglichkeiten vom verwendeten
Mikrocontroller und dessen Peripheriefunktionen vorgegeben. Bei dem im Beispielgerät eingesetzten Mikrocontroller wird z. B. auch der Control Endpoint aufgeteilt, und für beide Datenflussrichtungen muss ein eigener Speicherbereich definiert
werden. Somit sind hier insgesamt 32 Endpoints zu verwalten. Wie viele Endpoints
der Anwender aber wirklich braucht, hängt letztlich von der Konfiguration des realisierten Geräts ab. Die folgende Darstellung zeigt die Konfiguration eines Geräts
der Klasse USBTMC-USB488 [USBTMC: 2].

Neben dem bidirektionalen control Endpoint benötigt das Gerät einen Bulk-OUT,
einen Bulk-IN und einen Interrupt-IN Endpoint, wenn es alle Optionen der
Schnittstelle abdecken soll. Der Geräteentwickler muss diese Endpoints einrichten
und eine Treibersoftware entwickeln, die alle Funktionen der Datenübertragung
für diese Endpoints bereitstellt. Dieser Teil der Gerätesoftware wird allgemein

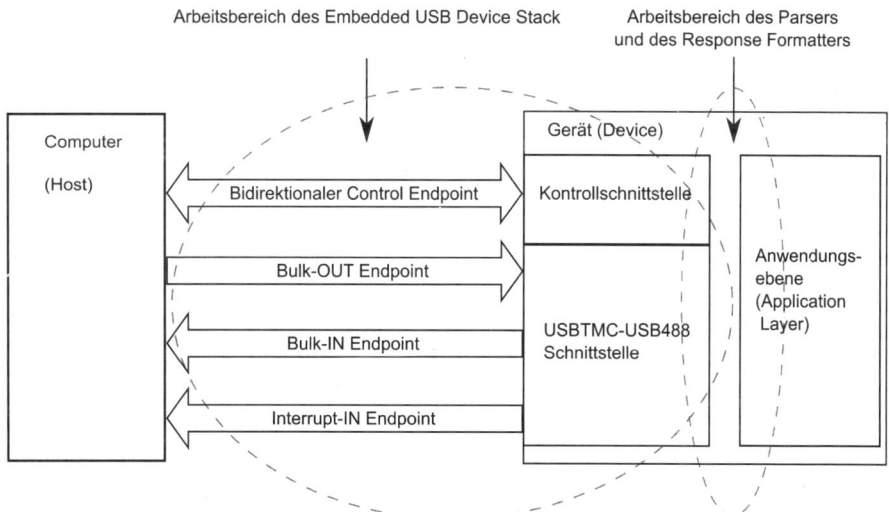

USB Device Stack genannt, gelegentlich findet sich auch die Bezeichnung Embedded USB Device Stack, weil dieser Teil der Software in die gesamte Gerätesoftware eingebettet werden muss. Damit aber noch nicht genug, muss ja auch ein Informationsaustausch mit der Anwendungsebene der Gerätesoftware stattfinden. Diese Arbeit wird weitgehend von zwei Programmteilen geleistet, die Bestandteil der Message Exchange Protocol Funktion (MEP) der Gerätesoftware sind (siehe Abschnitt 10.1). Der Parser untersucht über den Bulk-OUT Endpoint ankommende Daten darauf, ob gültige Fernsteuerbefehle an das Gerät übermittelt wurden. Der Response Formatter formatiert die Antworten, die das Gerät gegebenenfalls über den Bulk-IN Endpoint an den Host sendet. Letzte Stufe der Gerätesoftware ist dann die Anwendungsebene (Application Layer), jener Programmteil, der die eigentliche Gerätefunktion ermöglicht. Hier werden auch Fernsteuerbefehle ausgeführt und Antworten erzeugt. Alles das wird in den folgenden Abschnitten systematisch behandelt.

5.1 Konfiguration der USB-Schnittstelle

Der erste Schritt auf dem Weg zum Einsatz der USB-Schnittstelle besteht in der Konfiguration der Hardware des Mikrocontrollers. Die dazu erforderlichen Überlegungen haben zunächst weniger mit der USB-Thematik zu tun, sondern werden von den Eigenarten des gewählten Mikrocontrollers festgelegt. Verwender des PIC18F4550 müssen sich dabei zunächst um die Konfigurationsregister dieses Derivats kümmern. Die Konfigurationsregister verhalten sich wie FLASH-Speicher und sind im Adressbereich ab 0x300000 zu finden. Dieser Speicherbereich ist nur über Tabellen-Schreib- und Lesezugriffe erreichbar [DataSheet: 25.1]. Der Inhalt dieser Konfigurationsregister wird üblicherweise einmal festgelegt, wenn der FLASH-Speicher des Mikrocontrollers mit der Anwendungssoftware programmiert wird. Die Festlegung des Inhalts der Konfigurationsregister erfolgt im Quellcode über die Assemblerdirektive CONFIG [MPASM: 4.12]. Die mit der Direktive verknüpften Werte (setting=value), sind abhängig vom eingesetzten PIC18-Derivat. Im „PIC18 Configuration Settings Addendum" werden auf den Seiten 175 bis 179 die für den PIC18F4550 geltenden Werte aufgelistet [Addendum]. Der Anwender muss zunächst nur diejenigen Konfigurationsbits beachten, deren Hardwareeinstellungen seine aktuelle Konfiguration beeinflussen. Für Hardwarefunktionen, die nicht verwendet werden, muss allerdings geprüft werden, ob ihre Konfiguration unerwünschte Nebeneffekte haben könnte. Für den Betrieb der USB-Peripherie von PIC18F4550, wie sie im PICDEM FS USB DEMO-BOARD und im Beispielgerät eingesetzt wird, muss zunächst die Konfiguration der komplexen Takterzeugung festgelegt werden. Im folgenden Bild wird das gesamte Oszillatormodul von PIC18F4550 dargestellt, der wesentliche Signalpfad wurde in dieser Darstellung grafisch hervorgehoben [DataSheet: Bild 2–1].Für diesen Funktionsblock ist entscheidend, dass am Punkt „USB Peripheral" die für den Betrieb der USB-Baugruppe nötige Taktfrequenz vorhanden ist. Damit USB 2.0 unterstützt werden kann, muss der USB im Full-speed-Modus arbeiten können. Dazu braucht die USB-Peripherie von PIC18F4550 eine Taktfrequenz von 48 MHz [DataSheet: 2.3]. Dieser Takt wird aus dem internen Phasenregelkreis (96 MHZ PLL) gewonnen. Die hier eingesetzte Schaltung erzeugt eine feste Taktfrequenz von 96 MHz, die mit einer Eingangsfrequenz von 4 MHz synchronisiert werden muss. Ein Teiler halbiert die 96 MHz zu den gewünschten 48 MHz. Um diesen Signalweg innerhalb des Oszillatormoduls zu schalten, wird die Direktive CONFIG USBDIV = 2 verwendet. Der Primäroszillator (Primary Oscillator) des PIC18F4550 wird so beschaltet, dass er mit einem externen Quarz mit 20 MHz Oszillationsfrequenz getaktet wird [DataSheet: 2.2.2]. Dazu wird der Primäroszillator auf die Betriebsart High-speed-Crystal/Resonator (HS) eingestellt. Das ist eine von insgesamt zwölf Oszillatortypen, die mit dem PIC18F4550 möglich sind [DataSheet: 2.2.]. Dem Konfigurationsregister wird diese Betriebsart mit der Direktive CONFIG FOSC = HSPLL_HS mitgeteilt, die im Klartext etwa soviel heißt wie: „Verwende den High-speed-Oszillator, schalte die PLL ein und versorge die USB-Baugruppe mit diesem Taktsignal". Jetzt muss dafür gesorgt werden, dass die Phasenregelschleife mit dem richtigen Eingangtakt versorgt wird. Dazu muss der Eingangsteiler vor der PLL konfiguriert werden. Die PLL benötigt 4 MHz, somit müssen die 20 MHz des Primäroszillators durch 5 geteilt werden. Die Direktive dazu ist CONFIG PLLDIV = 5.

Da die PLL das Taktsignal liefert, ergibt sich als Nebeneffekt der Konfiguration zur USB-Taktversorgung, dass für einen geeigneten CPU-Takt gesorgt werden muss. Im folgenden Bild ist der Signalweg für den CPU-Takt hervorgehoben. Die CPU darf mit maximal 48 MHz getaktet werden, deshalb muss der PLL-Postselector die 96 MHz des PLL-Oszillators durch 2 teilen. Das geschieht mit der Direktive CONFIG CPUDIV = OSC1_PLL2.

Nachdem die Taktversorgung für USB und CPU konfiguriert ist, fehlt nur noch ein Detail, das im Zusammenhang mit den FLASH-Konfigurationsregistern berücksichtigt werden muss. Das USB-Modul braucht eine Versorgungsspannung von 3,3 V, die am Pin VUSB des PIC18F4550 anstehen muss [DataSheet: Bild 17_1]. Dafür gibt es zwei Möglichkeiten: Entweder wird eine externe Spannungsversorgung verwendet oder ein interner 3,3 V-Regler des USB-Moduls kommt zum Einsatz [DataSheet: 17.1]. Im Projekt zu diesem Buch wurde die zweite Möglichkeit gewählt. Die interne Versorgungsspannung muss deswegen eingeschaltet werden. Das geschieht mit der Direktive CONFIG VREGEN = ON.

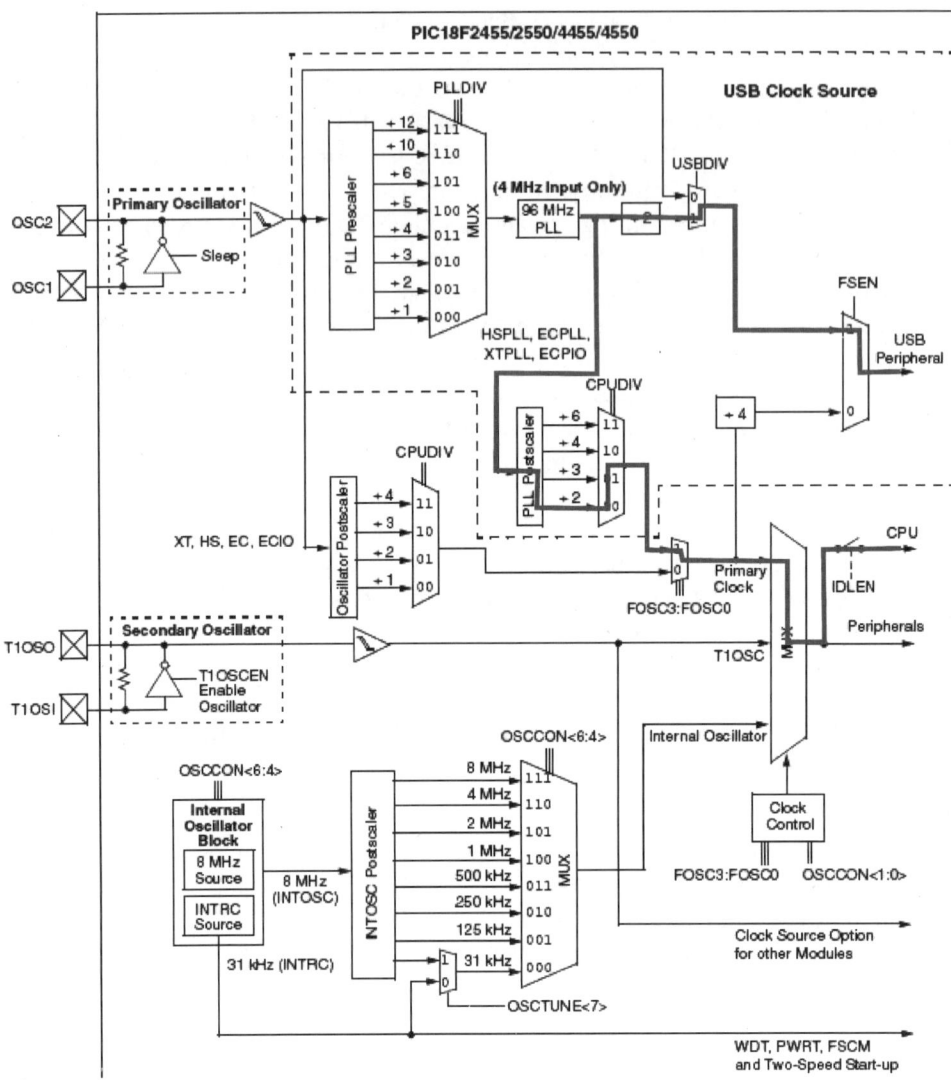

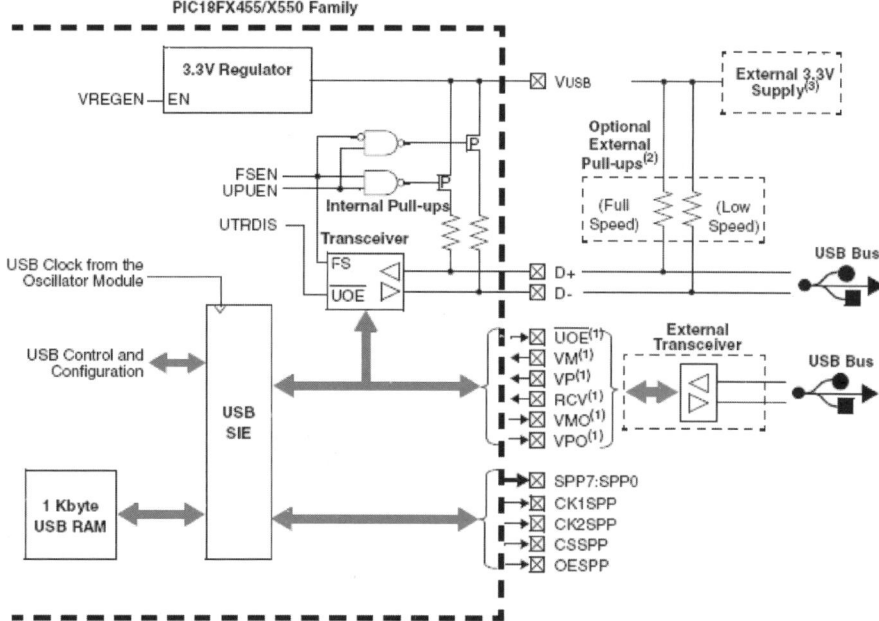

In der Summe ergibt sich folgendes Programmsegment für die Konfiguration der Hardware über die FLASH-Konfigurationsregister der CPU:

```
; Configuration bits settings according to the usage of the PCDEM FS USB Demo
  Board
    CONFIG PLLDIV = 5
    CONFIG CPUDIV = OSC1_PLL2
    CONFIG USBDIV = 2
    CONFIG FOSC = HSPLL_HS
    CONFIG VREGEN = ON
```

Der nächste Schritt bei der Konfiguration der USB-Hardware besteht in der Festlegung der Inhalte einiger RAM-Konfigurationsregister. Bei Initialisieren in der Startphase des Mikrocontrollers wird dazu zunächst das Unterprogramm USB_init aufgerufen.

```
; initialize USB interface
          call    USB_init
          call    USB_reset
```

Am Beginn von USB_init wird als Erstes das USB Control Register UCON auf 0x00 gestellt.

```
          clrf    UCON   ;clear USB Control Register
```

Das geschieht hier in der Absicht, alle beschreibbaren Bits dieses Registers in einen definierten Zustand zu versetzen, und ganz speziell das Bit USBEN innerhalb dieses Registers auf 0 zu stellen, womit das USB-Modul von PIC18F4550 zunächst inaktiv geschaltet wird. Für den Host ist damit das Gerät vom Bus abgetrennt, auch wenn das USB-Verbindungskabel zwischen Host und Device eingesteckt ist. Das Kabel versorgt in dieser Phase lediglich die Hardware mit Strom, und die CPU kann mit ihrer Arbeit beginnen. Die CPU hat trotz Deaktivieren des USB-Moduls Zugriff auf alle seine Register, die jetzt in aller Ruhe konfiguriert werden können, ohne irgendwelche unkontrollierten Aktivitäten des USB befürchten zu müssen, bevor nicht alle Initialisierungen abgeschlossen sind. Im Unterprogramm USB_init findet sich folgender Abschnitt, der im Zusammenhang mit dem oben dargestellten USB Interface jetzt betrachtet werden soll:

```
; USB Configuration (reference: DS39632C Section 17.2.2):
; no ping-pong buffers (Buffer Mode 00), full-speed device, on-chip transceiver
; active, on-chip pull-up resistors enable, %UOE inactive, no eye pattern test
    movlw  B'00010100'
    movwf  UCFG
```

5.1.1 Das Konfigurationsregister UCFG

Das Konfigurationsregister mit der Bezeichnung UCFG (für USB Configuration Register), das hier initialisiert wird, bestimmt im Wesentlichen, wie die vorhandene USB-Hardware eingesetzt wird [DataSheet: 17.2.2].

UCFG

UTEYE	UOEMON	–	UPUEN	UTRDIS	FSEN	PPB1	PPB0

FSEN und UPUEN

Die beiden Bits FSEN und UPUEN verwalten die eingebauten Pull-up-Widerstände (Internal Pull-ups) der USB-Schnittstelle. Mit UPUEN = 1 werden sie eingeschaltet, was im Beispielgerät und auf dem PICDEM FS USB DEMO-BOARD auch zu geschehen hat, weil keine externen Widerstände vorgesehen sind. Der Host-Controller wird durch diese Widerstände darüber informiert, ob ein Low-speed- oder ein High-speed-Gerät am Bus hängt. Die Auswahl wird mit dem Bit FSEN getroffen. Wie bereits erwähnt, arbeitet das Gerät in der High-speed-Betriebsart mit einem Takt von 48 MHz für die SIE. Deshalb muss FSEN auf 1 gesetzt werden.

UTRDIS und UOEMON

Der USB kann wahlweise mit einem internen oder externen Transceiver betrieben werden. Der Transceiver sorgt für die Signalpegel auf den Leitungen D+ und D- beim Senden und für den korrekten Datenempfang, in upstream-Richtung. Die

Möglichkeit, einen externen Transceiver einsetzen zu können, ist eine nützliche Eigenschaft des verwendeten Mikrocontrollers. Damit kann nämlich eine elektrische Trennung, (z. B. über Optokoppler) zwischen der Geräte-Elektronik und dem USB-Bussystem (und damit dem Host) ermöglicht werden. Besonders in Messtechnikanwendungen kann es von entscheidender Bedeutung sein, ob das Messgerät vom Bezugspotenzial des Bussystems getrennt werden kann, damit Masseschleifen, leitungsgebundene Störungen und Ausgleichsströme vermieden werden können. In der Beispielanwendung ist diese Maßnahme nicht vorgesehen, sondern es wird der interne Transceiver benutzt. Dazu muss UTRDIS auf 0 stehen. Wenn das Bit UOE-MON auf 1 gesetzt wird, wird die Monitorfunktion der Datenübertragungsrichtung aktiviert, sofern der interne Transceiver verwendet wird. Wenn UTRDIS auf 1 steht, ist die Monitorfunktion automatisch aktiv. Bei aktiver Monitorfunktion kann am Pin UOE-nicht gemessen werden, in welcher Richtung der Transceiver arbeitet [DataSheet: 17.2.2.6].

UTEYE
Wenn das BitUTEYE auf 1 gesetzt ist, wird über die SIE ein Testmuster erzeugt und über den Transceiver gesendet. Dieses Bit darf niemals auf 1 gesetzt sein, wenn das Gerät an einen USB angeschlossen ist [DataSheet: 17.2.2.7].

PPB1 und PPB0
Mit den beiden Bits PPB1 und PPB0 wird die Ping-Pong-Buffer-Konfiguration der USB-Schnittstelle eingestellt. Es besteht die Möglichkeit, für einen Endpoint zwei Speicherbereiche zu definieren, über die abwechselnd Daten übertragen werden. Damit lässt sich die Übertragungsrate erhöhen, weil jeweils ein Datenpuffer gleichzeitig für die SIE und die CPU zur Verfügung stehen [DataSheet 17.4.4]. Es stehen drei verschiedene Konfigurationen für Ping-Pong-Pufferung zur Verfügung. Wenn beide Bits auf 0 stehen, arbeitet kein Endpoint im Ping-Pong-Modus, und diese Variante wird im Beispielgerät gewählt [DataSheet Bild 17–7]. Mit der Einstellung der Bits PPB1 und PPB0 im Register UCFG wird automatisch festgelegt, wie die Buffer-Deskriptor-Tabelle der USB-Schnittstelle aufgebaut ist. In diese Tabelle wird die Konfiguration der einzelnen Endpoints eingetragen. Jeder Endpoint hat bei der gewählten Konfiguration ohne Ping-Pong-Buffer in dieser Tabelle 4 Bytes Platz. Somit umfasst die gesamte Tabelle 128 Bytes für alle 32 Endpoints. Die Tabelle liegt im RAM-Bereich des PIC18F4550 Mikrocontrollers, und zwar am Beginn des Speicherbereichs von 1 KByte USB RAM, auf den sowohl die SIE als auch die CPU zugreifen können. Dieser Bereich beginnt an der Adresse 0x0400 und endet bei 0x07FF. Der Bereich von 0x0400 bis 0x04FF ist für die Buffer-Deskriptor-Tabelle reserviert. Ab Adresse 0x0500 bis zu Adresse 0x07FF ist Platz für Endpoint-Speicherbereiche [DataSheet: Bild 17–5].

Buffer-Deskriptor-Tabelle

Speicheradresse	Endpoint-Bezeichnung	Registername
0x0400		BD0STAT
0x0401	EP0 OUT	BD0CNT
0x0402		BD0ADRL
0x0403		BD0ADRH
0x0404		BD1STAT
0x0405	EP0 IN	BD1CNT
0x0406		BD1ADRL
0x0407		BD1ADRH
0x0408		BD2STAT
0x0409	EP1 OUT	BD2CNT
0x040A		BD2ADRL
0x040B		BD2ADRH
0x040C		BD3STAT
0x040D	EP1 IN	BD3CNT
0x040E		BD3ADRL
0x040F		BD3ADRH
0x0410		BD4STAT
0x0411	EP2 OUT	BD4CNT
0x0412		BD4ADRL
0x0413		BD4ADRH
0x0414		BD5STAT
0x0415	EP2 IN	BD5CNT
0x0416		BD5ADRL
0x0417		BD5ADRH
0x0418		BD6STAT
0x0419	EP3 OUT	BD6CNT
0x041A		BD6ADRL
0x041B		BD6ADRH
0x041C		BD7STAT
0x041D	EP3 IN	BD7CNT
0x041E		BD7ADRL
0x041F		BD7ADRH

Speicheradresse	Endpoint-Bezeichnung	Registername
0x0420		BD8STAT
0x0421	EP4 OUT	BD8CNT
0x0422		BD8ADRL
0x0423		BD8ADRH
0x0424		BD9STAT
0x0425	EP4 IN	BD9CNT
0x0426		BD9ADRL
0x0427		BD9ADRH
0x0428		BD10STAT
0x0429	EP5 OUT	BD10CNT
0x042A		BD10ADRL
0x042B		BD10ADRH
0x042C		BD11STAT
0x042D	EP5 IN	BD11CNT
0x042E		BD11ADRL
0x042F		BD11ADRH
0x0430		BD12STAT
0x0431	EP6 OUT	BD12CNT
0x0432		BD12ADRL
0x0433		BD12ADRH
0x0434		BD13STAT
0x0435	EP6 IN	BD13CNT
0x0436		BD13ADRL
0x0437		BD13ADRH
0x0438		BD14STAT
0x0439	EP7 OUT	BD14CNT
0x043A		BD14ADRL
0x043B		BD14ADRH
0x043C		BD15STAT
0x043D	EP7 IN	BD15CNT
0x043E		BD15ADRL
0x043F		BD15ADRH
0x0440		BD16STAT
0x0441	EP8 OUT	BD16CNT
0x0442		BD16ADRL
0x0443		BD16ADRH

Speicheradresse	Endpoint-Bezeichnung	Registername
0x0444		BD17STAT
0x0445	EP8 IN	BD17CNT
0x0446		BD17ADRL
0x0447		BD17ADRH
0x0448		BD18STAT
0x0449	EP9 OUT	BD18CNT
0x044A		BD18ADRL
0x044B		BD18ADRH
0x044C		BD19STAT
0x044D	EP9 IN	BD19CNT
0x044E		BD19ADRL
0x044F		BD19ADRH
0x0450		BD20STAT
0x0451	EP10 OUT	BD20CNT
0x0452		BD20ADRL
0x0453		BD20ADRH
0x0454		BD21STAT
0x0455	EP10 IN	BD21CNT
0x0456		BD21ADRL
0x0457		BD21ADRH
0x0458		BD22STAT
0x0459	EP11 OUT	BD22CNT
0x045A		BD22ADRL
0x045B		BD22ADRH
0x045C		BD23STAT
0x045D	EP11 IN	BD23CNT
0x045E		BD23ADRL
0x045F		BD23ADRH
0x0460		BD24STAT
0x0461	EP12 OUT	BD24CNT
0x0462		BD24ADRL
0x0463		BD24ADRH
0x0464		BD25STAT
0x0465	EP12 IN	BD25CNT
0x0466		BD25ADRL
0x0467		BD25ADRH

Speicheradresse	Endpoint-Bezeichnung	Registername
0x0468		BD26STAT
0x0469	EP13 OUT	BD26CNT
0x046A		BD26ADRL
0x046B		BD26ADRH
0x046C		BD27STAT
0x046D	EP13 IN	BD27CNT
0x046E		BD27ADRL
0x046F		BD27ADRH
0x0470		BD28STAT
0x0471	EP14 OUT	BD28CNT
0x0472		BD28ADRL
0x0473		BD28ADRH
0x0474		BD29STAT
0x0475	EP14 IN	BD29CNT
0x0476		BD29ADRL
0x0477		BD29ADRH
0x0478		BD30STAT
0x0479	EP15 OUT	BD30CNT
0x047A		BD30ADRL
0x047B		BD30ADRH
0x047C		BD31STAT
0x047D	EP15 IN	BD31CNT
0x047E		BD31ADRL
0x047F		BD31ADRH

5.1.2 Die Register BDnADRL und BDnAdRH

Der Inhalt der beiden Register BDnADRL und BDnADRH enthält eine 16-Bit-Adresse, die den Anfangspunkt des Speicherbereichs im USB-RAM festlegt, der dem jeweiligen Endpoint zugeordnet ist. Die Adresse muss vom Anwender vergeben werden. Sie muss innerhalb des Speicherbereichs von Adresse 0x0500 bis zu Adresse 0x07FF liegen. Wenn sich festgelegte Speicherbereiche zwischen Endpoints überlappen, kann das zu undefinierten Inhalten im RAM führen. Es gibt keine Mechanismen, die die Speicheraufteilung überwachen. Die Verantwortung für die korrekte Verteilung liegt allein beim Firmware-Programmierer, der sich gegebenenfalls ein Überwachungsprogramm schreiben muss [DataSheet: 17.4.3].

BDnADRH								BDnADRL							
A15	A14	A13	A12	A11	A10	A9	A8	A7	A6	A5	A4	A3	A2	A1	A0

Zulässiger Adressbereich: 0x0500 bis 0x07FF

5.1.3 Die Register BDnSTAT und BDnCNT

Die Interpretation des Inhalts dieser beiden Register ist davon abhängig, ob CPU oder SIE den aktuellen Zugriff auf dieses Registerpaar haben. Die Zugriffssteuerung erfolgt mit dem Bit UOWN im Register BDnSTAT. Wenn UOWN = 0 ist, dann ist das Registerpaar im Besitz der CPU. Ist UOWN = 1, dann gehören die Register der SIE. Wenn der Anwender UOWN auf 1 setzt, übergibt er die Kontrolle dieser Register also an die SIE und hat damit keinen Einfluss mehr auf den Inhalt [DataSheet: 17.4.1.1].

Die Register BDnSTAT und BDnCNT im Besitz der CPU

BDnSTAT

UOWN	DTS	KEN	INCDIS	DTSEN	BSTALL	BC9	BC8

BDnCNT

BC7	BC6	BC5	BC4	BC3	BC2	BC1	BC0

UOWN
Wenn UOWN = 0 ist, wird das Registerpaar BDnStat und BDnCNT von der CPU verwaltet.

BDnCNT
Die zehn Bits BC0 bis BC9 sind das Byte-Count-Register des jeweiligen Endpoints n. Die beiden höchstwertigen Bits BC8 und BC9 befinden sich im Register BDnSTAT, gehören funktionell jedoch zum Register BDnCNT. Für IN-Endpoints muss hier die Anzahl der Bytes eingetragen werden, die bei der nächsten IN-Transaktion aus dem Endpoint an den Host gesendet werden sollen. Für OUT-Endpoints muss hier nach jedem Datenempfang von neuem eingetragen werden, wie viele Bytes der Endpoint maximal vom Host empfangen kann.

BSTALL
Ist dieses Bit auf 1 gesetzt, wird ein STALL-Handshake generiert, sobald dieser Endpoint vom Host benutzt werden soll. Damit wird dem Host signalisiert, dass dieser Endpoint zurzeit nicht bereit ist. Ein STALL muss z. B. im Control Endpoint für

sogenannte Request Errors erzeugt werden (siehe Abschnitt 5.8). Die SIE signalisiert eine STALL-Bedingung in einem Endpoint über das EPSTALL-Bit im Register
UEPn. Wenn ein Endpoint wieder freigegeben werden soll, müssen die BSTALL-
Bits und das EPSTALL-Bit zu 0 gelöscht werden, sobald die SIE die Kontrolle über
das BDnSTAT-Register an die CPU zurückgegeben hat.

DTSEN

Wird dieses Bit auf 1 gesetzt, ist für den betreffenden OUT-Endpoint die Data-
Toggle-Synchronisation aktiviert. Ein OUT-Endpoint ignoriert dann Datenpakete,
deren Toggle-Bit nicht mit dem aktuell eingestellten Synchronisationsbit überein-
stimmt. Die Daten gelangen nicht in das USB-RAM, aber die SIE sendet trotzdem
ein Acknowledge-Handshake an den Host. Transaction Complete Interrupts bleiben für den Endpoint in diesem Fall aus. Ausnahme ist die SETUP Transaction, die
immer empfangen wird [DataSheet: 17.4.1.2 und Tabelle 17–3].

INCDIS

Wird dieses Bit auf 1 gesetzt, wird der Adressenzähler des betreffenden Endpoints
abgeschaltet. Das darf nur für Endpoints vorgenommen werden, die Daten über die
Peripheriebaugruppe Streaming Parallel Port des PIC18F4550 austauschen [Data-
Sheet: 18.0]. Dieses Bit muss für alle im Beispielgerät verwendeten Endpoints auf 0
stehen, weil keine Daten über den Streaming Parallel Port ausgetauscht werden.

KEN

Wenn dieses Bit auf 1 gesetzt ist, wird der Endpoint ein für allemal an die SIE übergeben, nachdem UOWN auf 1 gesetzt wird. Diese Betriebsart ist vorgeschrieben,
wenn der Endpoint in Verbindung mit dem Streaming Parallel Port benutzt wird.
Für das Beispielgerät muss dieses Bit auf 0 stehen.

DTS

Dieses Bit steuert die Data Toggle Synchronisation. Wenn es auf 0 steht, werden von
OUT-Endpoints DATA0-Pakete erwartet, oder von IN-Endpoints gesendet. Wenn
es auf 1 steht, entsprechend DATA1 Pakete. Der Anwender muss sich jedes Mal um
dieses Bit kümmern, wenn Daten über IN-Endpoints gesendet werden sollen. Für
den Empfang von Daten ist im Beispielgerät vereinbart, dass DTSEN auf 0 steht.
Das heißt, die OUT-Endpoints empfangen alle Pakete, unabhängig vom aktuellen
Stand des Toggle-Bits (also DATA0- oder DATA1- Pakete).

Die Register BDnSTAT und BDnCNT im Besitz der SIE

BDnSTAT

UOWN	–	PID3	PID2	PID1	PID0	BC9	BC8

BDnCNT

BC7	BC6	BC5	BC4	BC3	BC2	BC1	BC0

UOWN

Wenn UOWN = 1 ist, wird das Registerpaar BDnStat und BDnCNT von der SIE verwaltet. Sobald der Anwender also UOWN auf 1 setzt, hat er keine Kontrolle mehr über die Bits in den Registern BDnSTAT und BDnCNT. Die SIE verändert diese Bits entsprechend ihres aktuellen internen Zustands dynamisch. Die können vom Anwender erst ausgewertet werden, wenn die SIE ihrerseits UOWN wieder auf 0 setzt und damit die Kontrolle an die CPU zurückgibt. Das geschieht jedoch nur, wenn KEN vorher auf 0 gestanden hat, wie bereits beschrieben wurde. Im Anwendungsprogramm sollte der Inhalt der beiden Register BDnSTAT und BDnCNT also erst ausgewertet werden, nachdem UOWN von der SIE von 1 zu 0 geändert worden ist. Der Standardfall ist, dass eine Transaktion beendet und für den betreffenden Endpoint deswegen ein Transaction Complete Interrupt erzeugt wurde.

BDnCNT

Die zehn Bits BC0 bis BC9 sind das Byte-Count-Register des jeweiligen Endpoints n. Die beiden höchst wertigsten Bits BC8 und BC9 befinden sich im Register BDnSTAT, gehören funktionell jedoch zum Register BDnCNT. Für IN-Endpoints steht hier die Anzahl der Bytes, die in der letzten Transaktion an den Host versendet wurden. Für OUT-Endpoints steht hier die Anzahl der Bytes, die in der letzten Transaktion vom Host in den Endpoint gesendet wurden.

BDnSTAT

Die Bits PID0 bis PID3 enthalten den beim letzten Transfer empfangenen Packet Identifier. Die Darstellung im Register BDnSTAT entspricht allerdings nicht dem Format, in dem der Packet Identifier gemäß dem USB-Standard aufgebaut ist [USB2.0: 8.3.1, Abb. 8.1 und Tabelle 8.1]. In der Form, wie der Packet Identifier im BDnSTAT-Register steht, hat er folgende Bedeutung:

Packet Identifier (PID)

PID3	PID2	PID1	PID0	Bedeutung
0	0	0	0	Reserviert für zukünftige Verwendung
0	0	0	1	OUT Transaktion Token
0	0	1	0	ACK Handshake
0	0	1	1	DATA0 Datenpaket
0	1	0	0	PING Prüfung
0	1	0	1	SOF (Start of Frame) Token
0	1	1	0	NYET Handshake

PID3	PID2	PID1	PID0	Bedeutung
0	1	1	1	DATA2 Datenpaket
1	0	0	0	SPLIT Transaktion
1	0	0	1	IN Transaktion Token
1	0	1	0	NAK Handshake
1	0	1	1	DATA1 Datenpaket
1	1	0	0	PRE (Präambel)
1	1	0	1	SETUP Token
1	1	1	0	STALL Handshake
1	1	1	1	MDATA

Nicht alle der möglichen Packet Identifier werden in der Beispielanwendung vom Host gesendet, und von den gesendeten PIDs werden in der Software des Beispielgeräts nur diejenigen ausgewertet, die für die Anwendung erforderlich sind. Ein guter Überblick zur Paketkennung mit PIDs und den zugehörigen Transaktionsphasen findet sich in Abschnitt 2.2.7 des Buchs „USB2.0 Handbuch für Entwickler".

Im Programmteil USB_init der Firmware des Beispielgeräts wird der gesamte Speicherbereich der Buffer-Descriptor-Tabelle zunächst mit dem Wert 0x00 beschrieben. Damit ist für alle Endpoints auch UOWN auf 0 gesetzt und die CPU hat die Kontrolle über alle Register. Nachfolgend ist diese Initialisierung dargestellt.

```
;clear the buffer descriptors
      movlw  0x00
      movwf  FSR0L
      movlw  0x04
      movwf  FSR0H
      movlw  0x00
      movwf  DescriptorPointer
erase_next_byte1
      movff  WREG,POSTINC0
      decfsz DescriptorPointer,F
      bra    erase_next_byte1
```

5.2 USB Endpoint Control

Für jede Endpoint-Adresse von EP0 bis EP15 gibt es ein jeweils gemeinsames Kontrollregister UEP0 bis UEP15, dessen Initialisierung ebenfalls maßgeblich zur Funktion des Endpoint-Paares beiträgt [DataSheet: 17.2.4]. Organisatorisch sind die möglichen 32 Endpoints also zu 16 bidirektionalen Endpoints zusammengefasst. Die 16 Kontrollregister sind alle identisch nach dem folgenden Schema aufgebaut:

UEPn

–	–	–	EPHSK	EPCONDIS	EPOUTEN	EPINEN	EPSTALL

EPSTALL

Wenn dieses Bit von der SIE auf 1 gesetzt worden ist, ist der Endpoint gesperrt (STALL-Bedingung). Sobald dieses Bit einmal auf 1 gesetzt wurde, muss es per Software auf 0 zurückgestellt werden. Wenn die SIE einen Reset erhält, werden alle EPSTALL-Bits automatisch zurückgesetzt [DataSheet: 17.2.4].

EPINEN

Wenn dieses Bit 1 ist, dann ist der Endpoint EPn IN zur Benutzung freigegeben. Wenn dieses Bit 0 ist, dann ist der Endpoint EPn IN inaktiv.

EPOUTEN

Wenn dieses Bit 1 ist, dann ist der Endpoint EPn OUT zur Benutzung freigegeben. Wenn dieses Bit 0 ist, dann ist der Endpoint EPn OUT inaktiv.

EPCONDIS

Steht dieses Bit auf 1, ist der betreffende Endpoint nicht für Control Transfers zugelassen. In der Dokumentation steht als Bedeutung für dieses Bit: „Bidirectional Endpoint Control Bit" [DataSheet: 17.2.4]. Richtiger wäre wohl die Bezeichnung Control Disable Bit. Dennoch hat die Bezeichnung in der Dokumentation einen Sinn, denn es hat nur Wirkung, wenn EPINEN und EPOUTEN beide auf 1 stehen und somit der Endpoint als bidirektionaler Endpoint benutzt wird. Theoretisch kann jeder Endpoint als Control Endpoint arbeiten, nicht nur derjenige mit der Endpunktadresse 0. Wenn EPCONDIS für den betreffenden Endpoint auf 1 steht, ignoriert er SETUP Transfers und arbeitet damit nicht als Control Endpoint.

EPHSK

Wenn dieses Bit auf 1 steht, arbeitet der Endpoint im Handshake-Mode. Das bedeutet, dass er dem Host die erfolgreiche Datenübertragung mit einem ACK-Token, die nicht erfolgreiche mit einem NAK-Token signalisiert. Dieses Bit sollte typischerweise nur für isochrone Datenübertragung auf 0 stehen, denn bei dieser Transfermethode wird nicht geprüft, ob die Daten korrekt übermittelt worden sind. Dafür wird aber eine feste Datenrate garantiert. Das ist z. B. nützlich bei der Übertragung von Toninformationen in Echtzeit, bei denen gelegentliche Datenfehler oder kurzzeitige Unterbrechungen zu verschmerzen sind [Entwicklerhandbuch: Abschnitt 3.4.5].

Zur Sicherheit werden in der Initialisierung alle UEPn-Register auf 0x00 gesetzt. Damit sind vor allem EPINEN und EPOUTEN auf 0, was bedeutet, dass zunächst alle Endpoints inaktiv sind.

```
movlw  0x00
movwf  UEP0
movwf  UEP1
movwf  UEP2
movwf  UEP3
movwf  UEP4
movwf  UEP5
movwf  UEP6
movwf  UEP7
movwf  UEP8
movwf  UEP9
movwf  UEP10
movwf  UEP11
movwf  UEP12
movwf  UEP13
movwf  UEP14
movwf  UEP15
```

5.3 Initialisation der Interruptstruktur

Die Kommunikation über die USB-Schnittstelle soll im Beispielgerät komplett interruptgesteuert erfolgen. Daher muss in der Initialisierungsphase dafür gesorgt werden, dass die Interrupt-Steuerlogik des Mikrocontrollers darauf vorbereitet wird, bevor die USB-Schnittstelle aktiviert wird. PIC18 Mikrocontroller besitzen eine recht komplizierte Interruptkultur, die Interrupts in zwei Prioritätsebenen gestattet. Sie werden in low priority und high priority interrupts gegliedert. Eine einführende Beschreibung ist in Abschnitt 3.7 des Buchs „Das große PIC-Micro Handbuch" zu finden [PIC-Micro: 3.7]. Die Interrupts der USB-Schnittstelle haben in der Software des Beispielgeräts die hohe Priorität erhalten. Für das realisierte Projekt werden einige Verzögerungszeiten benötigt, um LEDs aufblinken zu lassen und Relais-Flugzeiten abzuwarten. Dazu ist ein interruptgesteuerter Zeitgeber erforderlich. Da die Verzögerungszeiten nicht sonderlich präzise sein müssen, ist es unproblematisch, ihren Ablauf von USB-Transfers unterbrechen zu lassen. Deswegen hat der Zeitgeber die niedrige Interruptpriorität erhalten. Das bedeutet, dass Aktivitäten der USB-Schnittstelle vorrangig behandelt werden und den Zeitgeber unterbrechen können. Wäre das Beispielprojekt ein Präzisionszeitgeber mit USB-Schnittstelle, würde man sich gewiss genau andersherum entscheiden und der Zeitsteuerung die höhere Priorität zuweisen. Als Entwickler, der erfolgreich mit einem PIC18F4550 hantieren will, muss man sich primär mit zehn Registern beschäftigen, die Interruptaktivitäten kontrollieren. Es sind dies: RCON, INTCON, INTCON2, INTCON3 PIR1, PIR2, PIE1, PIE2, IPR1 und IPR2. Hinzu kommen noch die speziellen Register der eigentlichen Peripheriebaugruppen, die Interrupts anfordern können. Für die USB-Baugruppe des Derivats sind dies: UIR, UIE, UEIR und UEIE. Alle genannten Register sind Bitmap-Register, d. h., jedes einzelne Bit dieser Register ist für ein Detail der Konfiguration oder für einen speziellen Interrupt zuständig. Der Entwickler wird sich daher diese insgesamt 112 Bits genau ansehen müssen, damit alles richtig funktioniert. Ein kleiner Trost am Rande: Manche Bits haben keine Funktion. Die letztgenannten Register sollen zunächst interessieren, denn sie steuern das Interruptverhalten der USB-Schnittstelle. An anderer Stelle wird auch noch auf die speziellen interruptrelevanten Register für die Zeitverzögerung eingegangen, die ebenfalls genau untersucht werden müssen (siehe Abschnitt 7.11.8).

5.3.1 USB Interrupt Status Register (UIR)

In diesem Register melden alle Interruptquellen der USB-Schnittstelle ihren Status.

UIR

–	SOFIF-	STALLIF	IDLEIF	TRNIF	ACTVIF	UERRIF	URSTIF

Die Bits haben folgende Bedeutung:

URSIF
Ist dieses Bit 1 gesetzt, erfolgt ein Reset der USB-Schnittstelle über den Host. Dieser Interrupt muss vom USB-Treiberprogramm des Geräts unbedingt bearbeitet werden, denn er signalisiert unter Umständen, dass die Schnittstelle nicht mehr konfiguriert ist und auf die USB-Adresse 0x00 zurückgesetzt wurde.

UERRIF
Dieses Bit bildet die Sammelmeldung für alle nicht maskierten Fehlerbedingungen aus dem Register UEIR. Wenn es 1 ist, ist mindestens ein Fehler aufgetreten. In der Software des Beispielgeräts wird keiner dieser Fehler ausgewertet.

ACTVIF
Dieses Bit wird 1, wenn von der USB-Schnittstelle des Geräts Aktivität auf den Busleitungen D+ und D- festgestellt wird. Dieser Interrupt wird im Beispielgerät nur aktiviert, wenn zuvor die Busaktivität eingestellt worden ist, und das Gerät somit in einen Suspendiert-Zustand versetzt wurde (siehe Abschnitt 6.5.6).

TRNIF
Das ist das wichtigste Flag für den USB Device Stack überhaupt, denn es signalisiert mit einer 1 das Ende einer jeden Transaktion in irgendeinem Endpoint der USB-Schnittstelle und ist damit das Herz der USB-Kommunikation.

IDLEIF

Dieses Flag zeigt an, dass keine Bus-Aktivität vorliegt, wenn es 1 ist. Damit sollte der Suspendiert-Zustand des Geräts eingeleitet werden. Entgegen der sonst angewendeten Praxis wird in der Beispielsoftware dieses Ereignis nicht mit einem Interrupt detektiert, sondern dieses Bit wird in der Hauptprogrammschleife regelmäßig abgefragt (polling).

STALLIF

Wenn dieses Bit 1 wird, hat die Serial Interface Engine des Geräts einen STALL-Handshake mit dem Host abgewickelt. Dieser Interrupt muss unbedingt bearbeitet werden, wie in Abschnitt 5.8 noch gezeigt wird.

SOFIF

Immer wenn ein neuer Frame beginnt, erscheint mit diesem Flag eine Meldung. Im Beispielgerät wird diese Information nicht ausgewertet.

5.3.2 Besonderheiten bei Interrupts

Die Angelegenheit wird noch komplizierter, als sie bereits ist, weil das Derivat PIC18F4550 über einige tückische Eigenheiten verfügt, die dem Entwickler Umsicht abverlangen. Wenn man irgendeinen Interrupt aktiviert hat, darf man nicht den Befehl MOVFF verwenden, um irgendein Interrupt Control Register zu modifizieren [DataSheet: 9.0]. Die Methode des fast interrupt saving mithilfe des Befehls RETFIE FAST darf nicht angewendet werden, wenn sowohl high als auch low priority Interrupts aktiviert sind [DataSheet: 10.3.1.6, A3Errata: 4]. Wenn man sich nicht an die Einschränkungen hält, sind in beiden Fällen die Folgen unabsehbar. Für den letztgenannten Fall bedeutet das, dass innerhalb der Interrupt Service Routine des high priority interupts die Registerinhalte von WREG, STATUS und BSR nicht über den fast return stack gerettet werden können, sondern zu Beginn der Interrupt Service Routine zwischengespeichert und beim Verlassen wiederhergestellt werden müssen. Da im normalen Stack lediglich die Rücksprungadresse in das vom Interrupt unterbrochene Programmsegment abgelegt wird, muss der Entwickler penibel darauf achten, dass er den Inhalt aller Register, die in der Interrupt Service Routine verwendet werden, zwischenspeichert, um sie wiederherstellen zu können. Für die low priority interrupts reichen die bereits genannten drei Register.

```
; Low priority interrupt routine
LowInt
            movff   STATUS,STATUS_LOW   ;save STATUS register
            movff   WREG,WREG_LOW       ;save working register
            movff   BSR,BSR_LOW         ;save BSR register
```

Hier muss die eigentliche Interrupt Service Routine hinein, und dann müssen die Register wiederhergestellt werden.

```
LowInt_ex
          movff  BSR_LOW,BSR          ;restore BSR register
          movff  WREG_LOW,WREG        ;restore working register
          movff  STATUS_LOW,STATUS    ;restore STATUS register
          retfie
```

Im Falle der high priority Interrupts für den USB sind eine ganze Anzahl mehr Register zu retten.

```
; High priority interrupt routine
HighInt
; save working registers
          movff  STATUS,STATUS_HIGH
          movff  WREG,WREG_HIGH
          movff  BSR,BSR_HIGH
          movff  TBLPTRU,TBLPTRU_HIGH
          movff  TBLPTRH,TBLPTRH_HIGH
          movff  TBLPTRL,TBLPTRL_HIGH
          movff  TABLAT,TABLAT_HIGH
          movff  FSR0L,FSR0L_HIGH
          movff  FSR0H,FSR0H_HIGH
          movff  FSR1L,FSR1L_HIGH
          movff  FSR1H,FSR1H_HIGH
          movff  FSR2L,FSR2L_HIGH
          movff  FSR2H,FSR2H_HIGH
```

Nach der Ausführung aller Interrupt-Aktionen, die hier hineingehören, muss es dann zum Schluss heißen:

```
; this is all fast ISR's end
fast_end:
; restore working registers
          movff  FSR2H_HIGH,FSR2H
          movff  FSR2L_HIGH,FSR2L
          movff  FSR1H_HIGH,FSR1H
          movff  FSR1L_HIGH,FSR1L
          movff  FSR0H_HIGH,FSR0H
          movff  FSR0L_HIGH,FSR0L
          movff  TABLAT_HIGH,TABLAT
          movff  TBLPTRL_HIGH,TBLPTRL
          movff  TBLPTRH_HIGH,TBLPTRH
          movff  TBLPTRU_HIGH,TBLPTRU
          movff  BSR_HIGH,BSR
          movff  WREG_HIGH,WREG
          movff  STATUS_HIGH,STATUS
          retfie ;never use 'retfie fast' because of early silicon errors
```

Ganz gleich, was geschehen soll, für Interrupt Flagregister und deren Enable Register ist es immer gut, wenn sie auf null gebracht werden, bevor Interruptquellen aktiviert werden. Eine Besonderheit ist nun das Löschen des Interrupt-Bits ACTVIF. Dieses Bit kann nicht gelöscht werden, wenn das USB-Modul im Suspended-Zustand ist oder diesen Zustand gerade erst verlassen hat. Es braucht einige Taktzyklen, bis der interne Zustand der SIE synchronisiert worden ist. Vorher hat ein Löschbefehl auf ACTVIF keine Wirkung. Deswegen muss in einer Schleife abgefragt werden, ob ACTVIF wirklich gelöscht worden ist. Dazu gibt es das Unterprogramm clearACTVIF.

```
; Initialization of the USB interrupt funnel (reference: DS39632C Section 17.5)
        call    clearACTVIF
        clrf    UIR
        clrf    UIE
        clrf    UEIR
        clrf    UEIE
;*****************************************************************************
; Clear Bus Activity Detect Interrupt Bit, reference: DS39632C Section 17.5.1.1
;*****************************************************************************
clearACTVIF
        bcf     UCON,SUSPND
clrACTVIFloop
        btfss   UIR,ACTVIF
        bra     clrACTVIFdone
        bcf     UIR,ACTVIF
        bra     clrACTVIFloop
clrACTVIFdone
        return
```

An dieser Stelle ist alles soweit vorbereitet, dass das USB-Modul eingeschaltet werden kann, ohne dass mit irregulärem Verhalten gerechnet werden muss. Dazu muss lediglich das Bit USBEN im Register UCON auf 1 gesetzt werden.

```
; enable USB interface
        bsf     UCON,USBEN
```

Nun braucht es einige Zeit, bis die Spannungen auf den Leitungen D+ und D- eingeschwungen sind und damit nicht irrtümlich eine Reset-Bedingung detektiert wird. Dazu wird das Bit SE0 im Register UCON abgefragt. Solange dieses Bit 1 ist, ist der Einschwingvorgang auf den Leitungen noch nicht abgeschlossen. Wenn in dieser Zeit schon Interrupts freigegeben wären, könnte fälschlich ein USB Reset detektiert werden.

```
; After enabling the USB module, it takes some time for the voltage
; on the D+ or D- line to rise high enough to get out of the SE0 condition.
; The USB Reset interrupt should not be unmasked until the SE0 condition is
; cleared. This helps preventing the firmware from misinterpreting this
; unique event as a USB bus reset from the USB host.
```

```
USB_init_SE0Test
    btfsc  UCON,SE0
    bra    USB_init_SE0Test
```

Vorsorglich wird jetzt das Reset-Bit im Interrupt Status Register gelöscht, falls beim Einschalten der Schnittstelle ein USB Reset detektiert wurde. Danach können die erforderlichen Interrupts aktiviert werden. Das Beispielgerät reagiert zunächst auf drei Interruptereignisse: USB Reset, Endpoint stall und Transaction complete. Bei Bedarf wird noch eine weitere Interruptquelle zugelassen, und zwar der Bus Activity Interrupt (siehe Abschnitt 6.5.6).

```
    bcf    UIR,URSTIF   ;clear interrupt status flag
    bsf    UIE,URSTIE   ;enable reset interrupt
    bsf    UIE,STALLIE  ;enable stall interrupt
    bsf    UIE,TRNIE    ;enable transaction complete interrupt
```

5.4 Transaktionen

Die Software des USB Device Stack setzt im Wesentlichen bei den Transaktionen auf. Die USB-Hardware von PIC18F4550 lässt sich nämlich so konfigurieren, dass das Ende jeder Transaktion mit einer Programmunterbrechungsanforderung (Interrupt) signalisiert wird. Das gilt für beide Datenübertragungsrichtungen. Somit weiß der Anwender, dass bei einem Transaction Complete Interrupt entweder neue Daten im Gerät angekommen oder dass zum Senden freigegebene Daten vom Host empfangen worden sind. In der Interrupt Service Routine, also dem Unterprogramm, das den Interrupt bedient, muss zunächst der Grund dafür untersucht werden. Transaktionen können aus unterschiedlichen Paketen bestehen, die zwischen Host und Gerät versendet werden.

5.5 Transfers

Die gesamte zu liefernde Sendung kann aus diversen Teillieferungen bestehen, wobei jede Teillieferung ihrerseits mehrere Pakete umfassen kann. Das ist, kurz zusammengefasst, das Grundprinzip der USB-Datenübertragung. Die folgende Grafik soll dieses illustrieren. Damit sind drei wesentliche Begriffe eingeordnet, die im Zusammenhang mit USB immer wieder vorkommen: Transfers, Transaktionen und Pakete. Transfers als übergeordneter Begriff können nun von verschiedener Art sein. Im Buchbeispiel werden drei Transferarten erscheinen: Control Transfers, Bulk Transfers und Interrupt Transfers. Die Control Transfers sind der umfangreichste

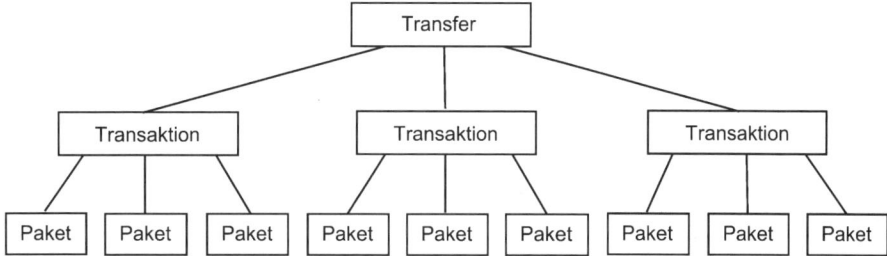

und komplizierteste Teil der gesamten Datenübertragung, weshalb sie einen wesentlichen Teil des folgenden Stoffs darstellen werden.

5.6 Control Transfers

Die Übermittlung der Standard Device Requests und der USBTMC und USB488 Device Requests erfolgt über Control Transfers. Das sind Datenübertragungen, die über die Control Pipe, also den bidirektionalen Control Endpoint des Geräts laufen. Derartige Typen von Datenübertragungen werden in der USB-2.0-Spezifikation als „I/O Request Packets" (kurz IRPs) bezeichnet [USB 2.0: 5.3.2]. Es gibt die folgenden Arten von IRPs: Control Transfer, Interrupt Transfer, Isochronous Transfer und Bulk Transfer [USB 2.0: 5.11.2]. Ferner gibt es drei Arten von Control Transfers: Control Write, Control Read und No-Data Control. Diesen ist gemeinsam, dass sie immer mit einer SETUP Transaction beginnen und mit einer Status-Transaktion enden. Eine SETUP Transaction wird immer vom Host an das Gerät gesendet, Statusmeldungen können entweder vom Host oder vom Gerät erfolgen. Control Write und Control Read Transfers können eine oder mehrere Daten-Transaktionen haben. Die USB-Software des Geräts muss diese drei Arten der Informationsübermittlung unterscheiden können und entsprechend reagieren. Dabei sind die jeweiligen Eigenarten der verwendeten USB-Schnittstelle zu berücksichtigen. Im vorliegenden Fall also die Eigenarten der USB-Schnittstelle des USB-Mikrocontrollers PIC18F4550 der Firma Microchip. Details zur Funktionsweise finden sich in Kapitel 17 der PIC18F4550-Dokumentation [DS39632: 17]. Allerdings reichen die dort vorgefundenen Informationen vermutlich den wenigsten Softwareentwicklern aus, um ein lauffähiges Programm schreiben zu können, selbst wenn als weitere Informationsquelle die USB-2.0-Dokumentation herangezogen wird. Um verstehen zu können, wie die Software anzulegen ist, ist es auf jeden Fall hilfreich, einige intensive Blicke in das Dokument „MCHPFSUSB Firmware User's Guide" von Microchip zu werfen (DS51679 A). Hier ist ein Rahmenwerk für einen USB Device Stack beschrieben, wie es auch im Demo-Board „PICDEM FS USB" der Firma Microchip verwendet wird. Mit diesem Demo-Board und dem kleinen Anwendungs-programm „PDFSUSB.exe" auf der Host-Seite kann eine Kommunikation via USB praktisch erprobt werden. Das gesamte Projekt samt Programmcode kann von der Microchip-Website heruntergeladen werden. Der Projekttitel lautet „MCHPFSUSB v1.2 USB Framework". Einem Firmware-Entwickler kann es durchaus weiterhelfen, sich die Quellcodes der Beispielprogramme anzusehen, um sich über die Funktionsweise der USB-Schnittstelle des PIC18F4550 klar zu werden, besonders wenn es darum geht, nicht in der PIC18F4550-Dokumentation beschriebene Phänomene entschlüsseln zu können. Soweit derartige Phänomene für das Beispielprojekt von Belang sind, werden sie allerdings auch in diesem Buch abgehandelt. Ein wesentlicher Unterschied zwischen dem MCHPFSUSB v1.2 USB Framework und der für dieses Buch entwickelten Software ist, dass alle Programmteile, die mit USB-Kommunikation zu tun haben, im Beispielprojekt dieses Buchs per Interrupt durchlaufen werden. Im USB Framework von Microchip erfolgt der Programmablauf im Polling-Betrieb. Im Buch wurde die Interrupt-Variante gewählt, weil im Gegensatz zum Microchip-Beispiel recht viel Programmlaufzeit für die eigentliche Anwendungssoftware, nämlich die Steuerung der Gerätefunktionen, verbraucht wird. Deswegen würde die USB-Schnittstelle seltener bedient werden, wenn sie im Polling auf Ereignisse abgefragt würde, was zu größeren Latenzzeiten in der Datenübertragung führen würde. Im Folgenden werden Transaktionen in Control Transfers beschrieben. Vorweg sei erwähnt, dass nach Beendigung einer jeden Transaktion ein Interrupt erfolgt. Dieser Transaction Complete Interrupt führt zum Aufruf eines Unterprogramms, in dem nach der Art der Transaktion gefragt und die jeweils entsprechende Reaktion des Geräts veranlasst wird.

5.7 Transaktionen in Control Transfers

Eine Transaktion im Allgemeinen ist die vollständige Übertragung von Daten aus einem OUT Endpoint in einen IN Endpoint, unabhängig davon, ob die Daten vom Host zum Gerät übertragen werden oder umgekehrt. Da Control Endpoints im Unterschied zu allen übrigen Endpoints bidirektional sind, unterscheidet man Transaktionen in Control Transfers als SETUP Transactions, Data Transactions und Status Transactions [USB 2.0: 5.11.2]. In einem PIC18F4550 bekommt man das Ende einer Transaktion gemeldet, indem das TRNIF (Transaction complete Interrupt) Bit im UIR (USB Interrupt Status) Register auf 1 gesetzt wird. Per Software muss untersucht werden, welcher Art diese Transaktion war und ob sie zu einem Control Transfer IRP gehört hat oder nicht. Je nach Lage der Dinge müssen dann die richtigen Maßnahmen für das Empfangen oder Senden der nächsten Transaktion ergriffen werden. Was das im Einzelnen bedeutet, soll nachfolgend dargestellt werden.

5.7.1 Control Write

Ein Control Write Transfer hat das nachstehend dargestellte Format.

IRP				
	SETUP Transaction	OUT Control Data Transaction	... OUT Control Data Transaction	IN Control Status Transaction

Control Write-Transaktionen kommen im Umfang der Standard Device Requests und der klassenspezifischen Requests für USBTMC-USB488-Geräte nicht vor, deshalb soll hier nicht zu detailliert darauf eingegangen werden. Die Software des Beispielprojekts ist so einfach wie irgend möglich gehalten. Deswegen werden OUT Control Data-Transaktionen und ebenfalls OUT Control Status-Transaktionen unbearbeitet zur Kenntnis genommen.

5.7.2 Control Read

Nachfolgend ist das Format für Control Read IRPs dargestellt.

Diese Art von I/O Request Packets kommt in Control Transfers recht häufig vor. In der Software des Beispielgeräts werden sie am Inhalt der mit der SETUP Transaction übermittelten Daten erkannt. Abweichend vom obigen Schema erfolgt nur eine einzige IN Control Data-Transaktion, weil alle Datenpakete, die als Antworten an den Host gesendet werden, nicht größer sind, als mit einer Transaktion übermittelt werden kann. Damit reduziert sich der Aufwand der Software nicht unerheblich. Sofern ein Entwickler die Absicht hat, das zu ändern und das Senden mehrerer IN Control Data-Transaktionen zulassen will, sei er auf das entsprechende Beispiel im MCHPFSUSB v1.2 USB Framework verwiesen. Der Host reagiert auf den Empfang der IN Transaktion mit dem Senden eines leeren Datenpakets als OUT Control Status-Transaktion. Die Firmware nimmt diese, wie im vorigen Abschnitt bereits erwähnt, einfach unbearbeitet zur Kenntnis.

5.7.3 No-Data Control

Ein No-Data Control IRP, wie nachstehend dargestellt, ist die simpelste Variante eines Control Transfers.

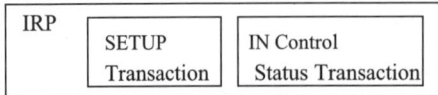

Der Host sendet eine SETUP Transaktion, das Gerät interpretiert aus den Daten, was es zu tun hat und bestätigt die Ausführung mit einem leeren Datenpaket als IN Control Status Transaktion. Auch diese Transaktionen kommen häufig vor.

5.8 Unbehandelte Control Transfers

Jede USB-Geräteschnittstelle muss damit rechnen, dass eine SETUP Transaktion einen Request enthält, der vom angesprochenen Gerät nicht bearbeitet wird. Ein Beispiel dafür ist der Request GET_OTHER_SPEED_CONFIGURATION_DES-CRIPTOR [USB 2.0: 9.6.4].

Wenn ein Gerät keine unterschiedlichen Übertragungsgeschwindigkeiten unterstützt, dann kann es diesen Deskriptor nicht übermitteln. Die USB-2.0-Dokumentation sieht vor, dass ein Gerät auf alle nicht unterstützten Requests mit einem STALL reagiert [USB 2.0: 9.4]. Das bedeutet, dass anstatt der Übermittlung einer IN Control Data-Transaktion oder einer IN Control Status-Transaktion, die Datenübertragung für den Control Endpoint einfach gesperrt wird. Dazu sendet das Gerät eine STALL-Information an den Host. Dieser Zustand wird als „Request Error" bezeichnet [USB 2.0: 9.2.4]. Die Software des Geräts muss also entsprechend reagieren und den Control OUT und Control IN Endpoint vom PIC18F4550 sperren. Der Host erkennt diesen Zustand und weiß, dass der betreffende Request vom Gerät nicht unterstützt wird. Nachdem diese Transaktion beendet wurde, muss das Gerät wieder in der Lage sein, den nächsten Control Transfer abzuhandeln, also muss der Control Endpoint aus dem Halt-Zustand in den normalen Betriebszustand zurückkehren. Dazu wird in der Beschreibung des PIC18F4550 ausgeführt, dass diese Rückkehr automatisch erfolgt, wenn eine neue SETUP Transaktion vom Host eintrifft [DS39632C: 17.4.1.2]. Die Praxis zeigt jedoch, dass dieses nicht immer der Fall ist. Gelegentlich bricht nach einem STALL die Kommunikation über den USB komplett zusammen und nur ein Reset der Schnittstelle kann den PIC18F4550 dazu bringen, wieder auf den USB zu reagieren. Das ist natürlich kein praktikables Verhalten und deswegen muss dieser Effekt per Software umgangen werden. Wie eingangs erwähnt, ist es nützlich, sich die Firmware des MCHPFSUSB v1.2 USB Framework von Microchip genauer anzusehen. Hier findet sich sowohl eine Beschreibung als auch eine Lösung für das beschriebene Problem. Sie ist nachstehend zitiert.

```
/******************************************************************************
* Function:        void USBStallHandler(void)
*
* PreCondition:    A STALL packet is sent to the host by the SIE.
*
* Input:           None
*
* Output:          None
*
* Side Effects:    None
*
* Overview:        The STALLIF is set anytime the SIE sends out a STALL
*                  packet regardless of which endpoint causes it.
*                  A Setup transaction overrides the STALL function. A stalled
*                  endpoint stops stalling once it receives a setup packet.
*                  In this case, the SIE will accepts the Setup packet and
*                  set the TRNIF flag to notify the firmware. STALL function
*                  for that particular endpoint pipe will be automatically
*                  disabled (direction specific).
*
*                  There are a few reasons for an endpoint to be stalled.
*                  1. When a non-supported USB request is received.
*                     Example: GET_DESCRIPTOR(DEVICE_QUALIFIER)
*                  2. When an endpoint is currently halted.
*                  3. When the device class specifies that an endpoint must
*                     stall in response to a specific event.
*                     Example: Mass Storage Device Class
*                             If the CBW is not valid, the device shall
*                             STALL the Bulk-In pipe.
*                             See USB Mass Storage Class Bulk-only Transport
*                             Specification for more details.
*
* Note:            UEPn.EPSTALL can be scanned to see which endpoint causes
*                  the stall event.
*                  If
******************************************************************************/
                                        void USBStallHandler(void)
                                        {
/*
* Does not really have to do anything here,
* even for the control endpoint.
* All BDs of Endpoint 0 are owned by SIE right now,
* but once a Setup Transaction is received, the ownership
* for EP0_OUT will be returned to CPU.
* When the Setup Transaction is serviced, the ownership
* for EP0_IN will then be forced back to CPU by firmware.
*
* NOTE: Above description is not quite true at this point.
*       It seems the SIE never returns the UOWN bit to CPU,
*       and a TRNIF is never generated upon successful
```

```
*        reception of a SETUP transaction.
*        Firmware work-around is implemented below.
*/
0015c0   a070   BTFSS   0x70,0x0,0x0   if(UEP0bits.EPSTALL == 1)
0015c2   d003   BRA     0x15ca
                                       {
0015c4   ec8b   CALL    0x1316,0x0       USBPrepareForNextSetupTrf();
                                         // Firmware Work-Around
0015c6   f009
0015c8   9070   BCF     0x70,0x0,0x0     UEP0bits.EPSTALL = 0;
                                       }
0015ca   9a68   BCF     0x68,0x5,0x0   UIRbits.STALLIF = 0;
0015cc   0012   RETURN  0x0            } //end USBStallHandler
```

Für die Firmware der Beispielanwendung in diesem Buch muss daher der STALL Interrupt der USB-Schnittstelle aktiviert werden, denn wie bereits erwähnt, läuft im Beispiel alles per Interruptsteuerung. Sofern ein STALL Interrupt detektiert wurde, läuft folgendes Programmsegment ab:

```
; this is an USB stall interrupt
HighIntStall
            bcf    UIR,STALLIF
            call   USBStallInterrupt
            bra    fast_end
```

Wenn ein STALL Interrupt generiert wurde, muss im Interrupt-Behandlungsprogramm (Interrupt Service Routine, kurz: ISR) ermittelt werden, ob ein STALL des Control Endpoint zum Interrupt geführt hat. Wenn ja, müssen beide Teile, also Control OUT- und Control IN-Teil, des bidirektionalen Endpoints wieder in den Normalbetrieb gebracht werden, so wie es im obigen Beispiel auch getan wird. Für das Beispielprogramm in diesem Buch sieht das folgendermaßen aus:

```
;*********************************************************************
; USB Stall Interrupt Service Routine
;*********************************************************************
; this has to be done, because the control endpoint doesn't always accept
; a new SETUP token automatically
USBStallInterrupt
        btfsc  UEP0,0x00
        bra    StallTrap
        return
StallTrap
; return ownership of control OUT endpoint to SIE
        movlw  0x00
        movwf  FSR0L
        movlw  0x04
        movwf  FSR0H
        movlw  0x80 ;10000000      ;turn ownership to SIE
```

```
        movff  WREG,INDF0
; return ownership of control IN endpoint to CPU
        movlw  0x04
        movwf  FSR0L
        movlw  0x04
        movwf  FSR0H
        movlw  0x00
        movff  WREG,INDF0
; reset EPSTALL-bit
        bcf    UEP0,0x00,0x00
        return
```

5.9 Maximal erlaubte Paketgrößen

Es ist dem Anwender nicht freigestellt, die Paketgrößen seiner Endpoints beliebig zu wählen – je nach Leistungsfähigkeit seiner Hardware. Die Paketgrößen dürfen definierte Standardwerte nicht überschreiten. Diese Einschränkungen sind notwendig, weil der Root-Hub auf der USB-Hostseite diese Paketgrößen ja auch verarbeiten können muss. Durch die Festlegung der Maximalwerte bleibt somit die Kompatibilität zwischen Device und Host unterschiedlichster Anbieter gewahrt. In der nachstehenden Tabelle sind die erlaubten Paketgrößen in Abhängigkeit der Busgeschwindigkeit und der Endpoints aufgelistet. In der letzten Zeile kann die jeweils anzuwendende Richtlinie ermittelt werden.

Maximal zulässige Paketgrößen in Bytes:

	Control Endpoint	**Bulk Endpoint**	**Interrupt Endpoint**	**Isochronous_ Endpoint**
Low-speed	8	(nicht erlaubt)	8	(nicht erlaubt)
Full-speed	8,16,32,64	8,16,32,64	64	1023
High-speed	64	512	1024	1024
Richtlinie	USB2.0: 5.5.3	USB2.0: 5.8.3	USB2.0: 5.7.3	USB2.0: 5.6.3

6 USB Kapitel 9 – Universal Serial Bus Specification 2.0

Ein Gerät mit USB-Schnittstelle kann in drei Ebenen zergliedert werden.

Unterste Ebene ist die Bus-Schnittstelle, die Datenpakete empfängt und sendet. Die mittlere Ebene vermittelt Daten zwischen den verschiedenen Endpoints des Geräts. Die Endpoints können dabei als Datensenken oder Datenquellen betrachtet werden. Die oberste Ebene beschreibt die eigentliche Funktion des Geräts.

Die unterste Ebene betrifft die physikalischen Eigenschaften und grundlegenden elektrischen und elektronischen Komponenten, die eine Verbindung über den USB möglich machen. Sie werden im vorliegenden Buch kaum behandelt, abgesehen von den notwendigen Dingen, die für die Entwicklung der Gerätesoftware vorausgesetzt werden müssen.

Die oberste Ebene gehört in dieses Buch, denn sie ist für den Anwender die entscheidende Stufe des gesamten Entwicklungsprojekts. Der Anwender möchte ja schließlich die geplanten Gerätefunktionen realisieren, und die USB-Schnittstelle ist dabei zwar von wichtiger, aber letztlich untergeordneter Bedeutung.

In Kapitel 9 der „Universal Serial Bus Specification" in der Revision 2.0 wird unter dem Titel „USB Device Framework" die mittlere Ebene eines USB-Geräts dargestellt. Genau genommen geht es hier um die gemeinsamen Merkmale und Funktionen, die der Kommunikation eines Geräts mit dem Host-Computer dienen. Der Begriff „Chapter 9" („Kapitel 9") ist fester Bestandteil der USB-Terminologie und kennzeichnet eben diese Merkmale eines Geräts mit USB-Schnittstelle. Jedes Gerät, das über USB mit einem PC verbunden wird, muss den minimalen gemeinsamen Anforderungen, die in Kapitel 9 festgelegt sind, entsprechen, damit es das Windows-Betriebssystem überhaupt erkennt. Die Anforderungen nach Kapitel 9 sind also gewissermaßen das Bindeglied zwischen der Funktionsebene des Mess- oder Testgeräts und dem Host. Dieses Bindeglied muss einwandfrei funktionieren, damit das Gerät sowohl vom Betriebssystem als auch von Anwendungsprogrammen unterstützt werden kann. Für einen Entwickler stellt sich daher zunächst die Aufgabe, alle erforderliche Software für Kapitel 9 zu schreiben und zu testen. Erst wenn diese Ebene realisiert ist, besteht die Möglichkeit, einen USB-Gerätetreiber auf dem Host zu installieren, mit dem die eigentliche Anwendungsschicht entwickelt und getestet werden kann. Diese unterste Stufe des USB-Projekts ist vermutlich die schwierigste, denn so lange auf dieser Ebene nicht jedes Detail stimmt, funktioniert bei der Kommunikation zwischen Host und Gerät überhaupt nichts.

Das ist eine der zwei primären Anforderungen an das zu entwickelnde Gerät. Die zweite Anforderung betrifft die Hardware. Der Entwickler muss bereits zu Beginn der Planung festlegen, wie sein Gerät mit Strom versorgt werden soll. Gemäß der USB-Spezifikation gibt es drei Möglichkeiten [USB2.0: 7.3.2], die im Folgenden beschrieben werden.

6.1 Low-power bus-powered functions

Das Gerät wird nur über den USB-Anschluss mit Strom versorgt und nimmt im vollen Betrieb nicht mehr als 100 mA Strom auf. Das trifft z. B. auf viele USB-Mäuse zu.

6.2 High-power bus-powered functions

Das Gerät wird nur über den USB-Anschluss mit Strom versorgt und nimmt bis zu 500 mA Strom auf. Bevor dieses Gerät konfiguriert wird, muss es sich wie ein Gerät der Klasse „low-power bus-powered functions" verhalten, darf also auch nur maximal 100 mA Strom aufnehmen. Wenn es konfiguriert wurde, gilt die 500-mA-Grenze für die Stromaufnahme. In diese Klasse gehört das Beispielgerät, das in diesem Buch abgehandelt wird. Bei derartigen Geräten muss es also eine Vorrichtung geben, die in Abhängigkeit vom aktuellen Zustand der USB-Schnittstelle des Geräts dafür sorgt, dass die Stromgrenzen eingehalten werden. Beim Beispielgerät wird das mit der Geräte-Software realisiert.

6.3 Self-powered functions

Das Gerät hat eine eigene Stromversorgung, es darf sich an der USB-Schnittstelle so verhalten wie ein Gerät der Klasse „low-power bus-powered functions". Damit darf es im konfigurierten Zustand bis zu 100 mA Strom über den USB-Anschluss aufnehmen. Allen weiteren Strombedarf muss es aus einer eigenen Stromversorgung decken. Ein Beispiel für diese Geräteklasse sind Drucker, die sich selbsttätig einschalten, wenn der PC einen Druckauftrag erteilt.

6.4 Plug-in

Diese beiden Grundanforderungen an Soft- und Hardware kommen in dem Moment zum Tragen, in dem ein USB-Gerät an einen freien USB-Anschluss des Host-Computers angeschlossen bzw. ein angeschlossenes Gerät eingeschaltet wird. Sofern es sich bei diesem Gerät um ein Entwicklungsmuster handelt, dass den ersten Buskontakt bekommen soll, können unangenehme und unerwartete Dinge geschehen. So könnte es beispielsweise sein, dass ein Kurzschluss zwischen den Versorgungsleitungen V_{BUS} und GND vorliegt. Das USB-Gerät wird dann natürlich nicht funktionieren und außerdem den Hub oder PC mit diesem Kurzschluss belasten. Gemäß der USB-Spezifikation müssen Hubs und Hosts mit solch einer Situation rechnen und über Schutzmechanismen verfügen, die eine Schädigung ausschließen. Diese Einrichtungen müssen selbsttätig in den normalen Betriebszustand zurückkehren, wenn die Störung beseitigt ist, ohne dass der Anwender mechanisch eingreift [USB2.0: 7.2.1.2.1]. Also kommen Schmelzsicherungen nicht infrage, sondern elektronische Sicherungen. Ähnlich liegt der Fall, wenn die Signalleitungen D+ und D- einen Kurzschluss untereinander oder gegen V_{BUS} oder GND aufweisen. Ein USB Bus Transceiver, der an diese Leitungen angeschlossen ist, sollte mindestens über 24 Stunden einen Kurzschluss aushalten können, ohne geschädigt zu werden. Die Empfehlung ist allerdings, dass er vorzugsweise unendlich lange einem Kurzschluss standhalten kann [USB2.0: 7.1.1]. Der Anwender sollte also von seinem Host-Rechner annehmen können, dass er einen Kurzschlussfehler des USB-Entwicklungsmusters unbeschadet überstehen wird. Etwas problematischer ist die Lage bei Überspannungen. Die USB-Spezifikation gestattet es einem USB-Gerät nicht, Strom in die Versorgungsleitung V_{BUS} einzuspeisen [USB2.0: 7.1.1]. Es ist Sache des Geräteentwicklers, strikt darauf zu achten, dass das nicht passieren wird, auch nicht bei gestörtem Betrieb des Geräts.

6.5 Betriebszustände eines angeschlossenen USB-Geräts

Zu Beginn des Kapitels 9 wird darauf hingewiesen, dass die USB-Spezifikation nur die Fälle definiert, in denen das USB-Gerät am Bus angeschlossen ist [USB2.0: 9.1.1.1], also muss zuerst der Anschluss erfolgen. Das USB-Gerät wird entweder direkt oder über einen Hub mit dem Host verbunden und wird aktiv. Um zu verstehen, was jetzt geschieht, oder besser: für welche Geschehnisse der Geräteentwickler zu sorgen hat, ist es hilfreich, sich die Betriebszustände eines USB-Geräts näher anzusehen. Dabei soll das folgende Zustandsdiagramm helfen, das eine abgewandelte Form von Abb. 9.1 aus der USB-2.0-Spezifikation darstellt. Das Diagramm stellt nur die Gerätezustände dar, in denen das Gerät am Bus angeschlossen ist und mit Spannung versorgt wird.

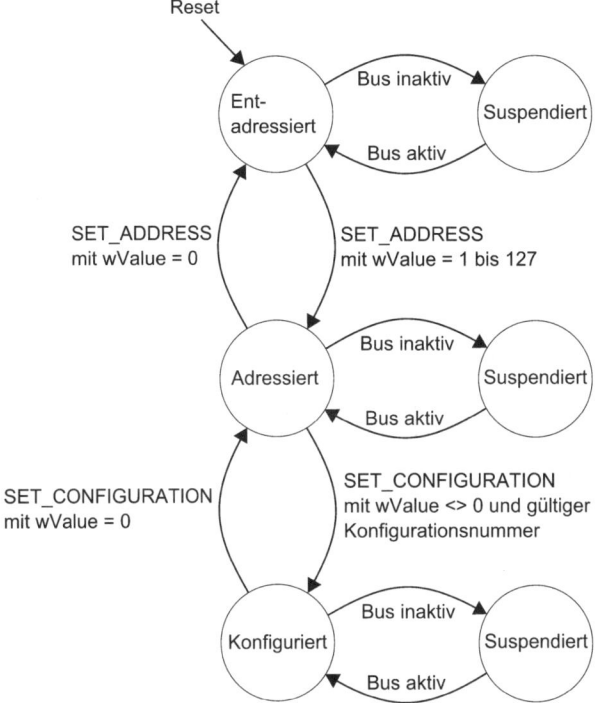

Die folgende Beschreibung der Ereignisse bezieht sich auf das Beispielgerät aus diesem Projekt, also ein Gerät aus der Klasse „High-power bus-powered functions." In den folgenden Erläuterungen wird auf dieses konkrete Gerät in Verbindung mit der erforderlichen Geräte-Software Bezug genommen.

6.5.1 Initialisierung des USB-Geräts

Im Moment des Einsteckens wird das Gerät über VBUS mit Spannung versorgt. Der Mikrocontroller erwacht zum Leben und erhält einen Power-on Reset-Impuls. Damit wird das Programm, das in dem Mikrocontroller gespeichert ist, an einem definierten Punkt gestartet. Der Softwareentwickler muss dafür sorgen, dass zunächst alle Maßnahmen zur Initialisierung der zum Betrieb erforderlichen Komponenten getroffen werden. Dazu gehört auch die USB-Schnittstelle im verwendeten Mikrocontroller PIC18F4550. Erst nachdem die Initialisierung abgeschlossen ist, kann der Host überhaupt bemerken, dass ein neues Gerät angeschlossen worden ist. Der Host veranlasst daraufhin, dass eine Reset-Nachricht über die Busleitungen erzeugt wird.

6.5.2 USB-Reset

Hier ist das Reset-Signal gemeint, das im Zustandsdiagramm dargestellt ist. Dieser Reset versetzt die USB-Schnittstelle des Geräts in den Zustand „entadressiert". Dieser Reset wird von der USB-Schnittstelle des Geräts daran erkannt, dass die USB-Signalleitungen D+ und D- beide gleichzeitig auf low geschaltet werden. Wenn Daten übertragen werden, dann sind diese Signale untereinander invertiert. In der USB-2.0-Spezifikation wird der Gerätezustand nach einem Reset „default" genannt. Das Reset-Signal kann nicht nur in Verbindung mit dem „plug in" des USB-Geräts auftreten, sondern es kann vom Host jederzeit veranlasst werden, vornehmlich wenn es Kommunikationsprobleme mit dem Gerät gibt, die sich nicht über Bus-Befehle der Kontrollebene beheben lassen.

6.5.3 Entadressiertes Gerät (Default)

Diesen Zustand nimmt jedes Gerät ein, das über USB mit einem Host verbunden wird, wenn es einen BUS-Reset empfangen hat. In diesem Zustand muss es auf Datenübertragungen über die Control-Pipe reagieren, die an ein Gerät mit der Busadresse 0 (default address) gerichtet sind [USB2.0: 8.3.2.1]. Es darf in diesem Zustand maximal 100 mA Strom über die Versorgungsspannungsleitung V_{BUS} aufnehmen. Das Gerät muss in der Lage sein, auf Anforderung des Hosts den Device Descriptor und Configuration Descriptor zu übertragen [USB2.0: 9.1.1.3]. Die Geräte-Software muss für diese Bedingungen sorgen, wenn ein USB-Reset erzeugt wurde. Sofern das Gerät bereits im Zustand „adressiert" ist, führt der Empfang eines SET_ADDRESS-Requests, der dem Gerät die Adresse 0 zuordnet, ebenfalls in den Zustand „entadressiert".

6.5.4 Adressiertes Gerät (Address)

Der Host kann jedem USB-Gerät eine Adresse zuordnen, die für die aktuelle Sitzung gilt. Das Betriebssystem des Host-Computers trägt die Verantwortung dafür, diese Adressen zuzuordnen und zu verwalten, genau so wie es den Strombedarf der angeschlossenen USB-Geräte zu überwachen hat. Sowohl im adressierten wie entadressierten Zustand muss das Gerät zu Datenübertragungen über die Control-Pipe in der Lage sein. Wenn dem Gerät eine Adresse zugewiesen worden ist, behält es diese Adresse auch im Zustand „Suspendiert" [USB2.0: 9.1.1.4].

6.5.5 Konfiguriertes Gerät (Configured)

Ein Gerät darf mehr als eine Schnittstellenkonfiguration besitzen. Es darf jedoch nur eine der möglichen Konfigurationen zur gleichen Zeit ausgewählt sein. Das Gerät übermittelt auf Anfrage mit dem Device Descriptor die Anzahl der möglichen Konfigurationen an den Host [USB2.0: Tabelle 9–8]. Der Host kann daraufhin mit der Anforderung SET_CONFIGURATION eine der möglichen Schnittstellenkonfigurationen aufrufen [USB2.0: 9.1.1.5]. Nach erfolgreicher Konfiguration stehen alle Pipes dieser Konfiguration zur Verfügung. Geräte der Energieklasse „High-power bus-powered functions" dürfen in diesem Zustand ihren maximalen Strom aus der Quelle V_{BUS} aufnehmen. Der Host kann den maximalen Strombedarf eines USB-Geräts aus dem Configuration Descriptor erfahren, indem es mit dem Request GET_DESCRIPTOR_CONFIGURATION danach fragt [USB2.0: Tabelle 9_10]. Der Strombedarf kann dabei je nach Konfiguration variieren. Wenn mit SET_CONFIGURATION der Wert 0 als gewählte Gerätekonfiguration übertragen wird, muss die Schnittstelle in den Zustand „adressiert" zurückkehren. Alle Pipes, außer der Control-Pipe, müssen geschlossen werden, der Strombedarf aus V_{BUS} muss wieder auf maximal 100 mA sinken.

6.5.6 Vom USB suspendiertes Gerät (Suspended)

Wie im Zustandsdiagramm dargestellt ist, gibt es ausgehend von den drei Hauptzuständen „Entadressiert", „Adressiert" und „Konfiguriert" jeweils einen Übergang in einen „Suspendiert"-Zustand. In der USB-2.0-Spezifikation steht hier das Wort „suspended", das umgangssprachlich eigentlich nicht mit „suspendiert" übersetzt wird, denn dort wird es allgemein nur im Zusammenhang mit Beamten oder Geistlichen verwendet, die ihren Dienst nicht ausüben. Aber genau das trifft auch auf eine USB-Schnittstelle zu, die im Zustand „suspendiert" ist. Sie kann weder Daten senden noch empfangen, solange dieser Zustand anhält, sie dient also zu nichts. Ein Gerät muss diesen Zustand unbedingt detektieren können, weil es seinen Strombedarf aus der Versorgungsleitung V_{BUS} darauf anpassen muss. Es gilt nämlich, dass ein Gerät im Zustand „Suspended", wenn es nicht über die Remote-Wakeup-Fähigkeit verfügt oder diese Fähigkeit abgeschaltet worden ist, maximal 500 µA Strom aus der V_{BUS}-Leitung ziehen darf. Das gilt ohne Einschränkung auch für Geräte aus der Klasse „High-power bus-powered functions", zu der auch das Beispielgerät gehört [Checklist 4.1.2, HP8]. Die Firmware muss entsprechend dieser Bedingung Maßnahmen zur Stromreduzierung treffen. Komplettes Abschalten des Geräts ist kaum möglich, weil es ja selbsttätig aus dem Zustand „Suspended" in den davor gültigen Zustand zurückkehren muss. Der verwendete Mikrocontroller muss sich daher sowohl diesen Zustand merken und auch die Rückkehr der Busaktivität detektieren können. Der im Beispielgerät eingesetzte Mikrocontroller PIC18F4550 verfügt über insgesamt sieben verschiedene Leistungszustände, die der Anwender mithilfe der Firmware auswählen kann [DataSheet: Tabelle 3.1]. Der Stromverbrauch des Mikrocontrollers hängt maßgeblich davon ab, mit welcher Frequenz CPU und Peripheriemodule getaktet werden. Die normale Betriebsart, in der CPU und Peripherie vom Primäroszillator getaktet werden, nennt sich PRI_RUN. In dieser Betriebsart muss der Mikrocontroller arbeiten, wenn die USB-Schnittstelle funktionieren soll.

In dieser Betriebsart wird kein Strom gespart. Anstelle des Primäroszillators können wahlweise zwei andere Taktquellen verwendet werden. Entweder kommt der Takt aus dem Timer1 Oszillator des Derivats oder aus einem internen Oszillator. Beide Alternativen führen zu Stromeinsparungen infolge geringerer Taktrate. Diese Betriebsarten sind SEC_RUN bzw. RC_RUN. Eine weitere Einsparung ergibt sich, wenn die CPU nicht getaktet wird, sondern nur die Peripheriemodule. Das sind die Stromsparbetriebsarten PRI_IDLE, SEC_IDLE oder RC_IDLE. Alle die bisher aufgeführten Möglichkeiten sind ungeeignet, die von USB 2.0 vorgegebene Forderung zu erfüllen, den Stromverbrauch auf maximal 500 µA zu begrenzen. Das gelingt nur in der Betriebsart SLEEP, in welcher weder CPU noch Peripherie mit Taktsignalen versorgt werden. Wenn daher der Zustand „Suspended" eingenommen werden soll, muss der PIC18F4550 in den Stromsparzustand SLEEP gebracht werden. Zuvor muss aber per Software dafür gesorgt werden, dass keine Komponente der eingesetzten Hardware im statischen Zustand, der durch SLEEP verursacht wird, Strom aufnimmt. Für das Beispielgerät gilt, dass alle LEDs und alle Relais ausgeschaltet werden müssen, bevor CPU und Peripherie schlafen gehen. USB-Busaktivität muss den Mikrocontroller wieder aufwecken. Dazu muss der entsprechende Interrupt aktiviert werden, bevor der Stromsparzustand SLEEP eingenommen worden ist. Im folgenden Listing wird deutlich, wie der Zustand „Suspended" erreicht wird. In der Hauptprogrammschleife MainLoop der Firmware wird gleich zu Beginn überprüft, ob Busaktivität vorhanden ist. Wenn nicht, wird nach MainLoop_suspend verzweigt. An dieser Stelle wird das USB-Modul von PIC18F4550 in den Zustand „Suspended" gebracht. Der Schaltzustand aller LEDs und Relais wird gemerkt, damit er beim Aufwachen rekonstruiert werden kann. Darauf werden alle LEDs und Relais abgeschaltet. Dann wird dafür gesorgt, dass der Interrupt zum Aufwecken aktiviert ist, und danach wird der Stromspar-Zustand „SLEEP" veranlasst. Nach dem Aufwachen wird das Programm mit dem Befehl nach dem sleep-Kommando fortgesetzt, nachdem zuvor die zugehörige Interrupt Service Routine durchlaufen wurde.

```
MainLoop
; check bus activity
            btfsc  UIR,IDLEIF
            bra    MainLoop_suspend
            call   DEVICE ;this is the test and measurement device's main routine
            goto   MainLoop
; Set USB interface to suspend state
MainLoop_suspend
            bsf    UCON,SUSPND    ;set suspend mode for the USB module
            movff  PORTD,PORTD_RESUME          ;save conditions
            movlw  0x00
            movwf  PORTD
            bsf    UIE,ACTVIE     ;enable bus activity interrupt
            sleep
            bra    MainLoop
```

Mit dem vorstehenden Listing ist bereits die komplette Hauptprogrammschleife der Firmware dargestellt. Das Unterprogramm DEVICE umfasst alle gerätespezifischen Funktionen des Beispielgeräts. Alle USB-Funktionen der Software werden per Interrupt ausgeführt und sind deshalb nicht in der Hauptprogrammschleife MainLoop zu finden. Dazu zählt auch die im Folgenden dargestellte Interrupt Service Routine, die beim Aufwachen durchlaufen wird.

```
;**************************************************************************
; USB Resume Interrupt Service Routine
;**************************************************************************
USBresumeInterrupt
        call   clearACTVIF
; set oscillator to primary clock source
        bcf            OSCCON,SCS1
        bcf            OSCCON,SCS0
        bsf            OSCCON,IDLEN
        bcf            UIE,ACTVIE     ;disable bus activity interrupt
        bcf            UIR,IDLEIF
        movff  PORTD_RESUME,PORTD
        return
```

Der Schaltzustand aller LEDs und Relais wird wiederhergestellt und CPU und Peripherie werden wieder vom Primäroszillator getaktet. Zuvor wird jedoch das den Interrupt verursachende Flag ACTVIF gelöscht. Dazu ist die folgende Prozedur nötig:

```
;**************************************************************************
; Clear Bus Activity Detect Interrupt Bit, reference: DS39632C Section 17.5.1.1
;**************************************************************************
clearACTVIF
        bcf    UCON,SUSPND
clrACTVIFloop
        btfss  UIR,ACTVIF
        bra    clrACTVIFdone
```

```
      bcf    UIR,ACTVIF
      bra    clrACTVIFloop
clrACTVIFdone
      return
```

Wie dem Kommentar des Listings bereits entnommen werden kann, ist der Sinn dieser Methode im Datenblatt zu finden [DataSheet: 17.5.1.1]. Der Primäroszillator muss nämlich angeschwungen sein und wieder den für den USB-Betrieb erforderlichen Takt von 96 MHz aus der PLL liefern (siehe Abschnitt 5.1). Außerdem muss der Zustandsautomat des USB-Moduls Zeit zum Synchronisieren haben. Erst danach kann das Flag ACTVIF sicher zu null gelöscht werden. Die Prozedur clearACTVIF überwacht das korrekte Zurücksetzen dieses Bits. Wenn dieses Bit sich zurücksetzen lässt, arbeitet das USB_Peripheriemodul wieder einwandfrei. Damit kann dann auch die Interruptprozedur guten Gewissens zu Ende gebracht werden.

Mit der hier erklärten Methode sind am Beispielgerät folgende Ströme zu messen, die mit den nach USB 2.0 erlaubten Strömen verglichen werden.

Stromaufnahme aus der Versorgungsspannung VBUS

Zustand	Maximale Stromaufnahme des Beispielgeräts	Erlaubte Stromaufnahme
Suspendiert	350 µA	500 µA
Entadressiert	48 mA	100 mA
Adressiert	48 mA	100 mA
Konfiguriert*	minimal: 51 mA, maximal: 140 mA	500 mA

* Der minimale Strom fließt, wenn lediglich die LED leuchtet, die den Konfiguriert-Zustand signalisiert. Der maximale Strom fließt, wenn zusätzlich alle anderen LEDs leuchten und alle Relais eingeschaltet sind.

6.5.7 Besondere Erfordernisse des Suspended-Zustands

Der Geräteentwickler muss bereits in einer sehr frühen Projektphase sorgfältig klären, wie er die recht geringe erlaubte Stromaufnahme von 500 µA im Suspended-Zustand der USB-Schnittstelle realisieren will. Die erste Frage, die der Entwickler beantworten muss, ist, ob es akzeptabel ist, dass sein Gerät nur über USB mit Strom versorgt wird. In diesem Fall muss immer mit dem Ereignis gerechnet werden, dass das Gerät in den Suspended-Zustand gelangt. Das Beispielgerät aus diesem Buchprojekt schaltet dann z. B. alle Relais ab, um die geforderte Stromaufnahme zu ermöglichen. Für Demonstrationszwecke mag das zu akzeptieren sein, aber in einem Messsystem sicherlich nicht. Ein professioneller Router darf den Schaltzustand der Relais nicht ändern, nur weil vom Host ein Suspendiert-Zustand eingeleitet wurde. Demnach wird er eine eigene Stromversorgung haben müssen. Aber selbst wenn ein Gerät eine eigene Stromversorgung bekommen soll, muss beim Schaltungsdesign sichergestellt werden, dass VBUS im Suspended-Zustand nicht zu hoch belastet werden kann. Eine sorgfältige Trennung der Versorgungsnetze zwischen der USB-Schnittstellenbaugruppe und der Geräte-Funktionsbaugruppe muss gewährleistet sein. Es gilt zu bedenken, dass der obligatorische Bus Pull-up-Widerstand, der dem Host die Busgeschwindigkeit mitteilt, bereits Strom aufnimmt, schlimmstenfalls 238 μA [USB 2.0 Handbuch: 16.3.2]. Es muss ferner darauf geachtet werden, dass kein Strom von der internen Versorgungsspannung in das VBUS-Netz fließen kann, und es darf auch nicht passieren, dass das Gerät versucht, den Strombedarf über VBUS zu decken, wenn es zwar am USB angeschlossen, aber abgeschaltet worden ist. Das Design der Stromversorgung von Geräten mit einer Mischung aus bus-powered- und self-powered-Funktionen ist deswegen besonders knifflig. Erst wenn das Power-Management sicher abgeklärt ist, lohnt es sich, die eigentliche Geräteentwicklung anzugehen. Für High-power-Geräte gibt es eine kleine Erleichterung, wenn sie für die Betriebsart remote wakeup ausgelegt sind. Sofern diese Eigenschaft aktiviert und das Gerät konfiguriert ist, darf es im Suspended-Zustand 2,5 mA Strom aufnehmen [USB2.0: 7.2.3]. Es wird aus diesem Grund von einigen Entwicklern und Testern als Sondergenehmigung gesehen, diesen Stromwert für alle Suspended-Zustände als erlaubt im Sinne eines nachträglichen Qualitätsverzichts zu interpretieren. Schöner ist natürlich, wenn man nicht auf dieses Zugeständnis angewiesen ist.

6.6 USB-Tests mit Prototypen

Jeder Geräteentwickler möchte in einer möglichst frühen Entwicklungsphase mit den Tests der USB-Treibersoftware beginnen können. Das erleichtert die Fehlersuche und führt zu einer von Anfang an robusten, zuverlässigen Firmware. Eine gute Testmöglichkeit bietet sich mit dem USB Command Verifier Compliance Test (USBCV), der vom USB Implementers Forum (USB_IF) bereitgestellt wird. USBCV ist das offizielle Testwerkzeug für die „Chapter 9" Anforderungen an USB-Geräte. Als dieses Buch verfasst wurde, stand USBCV in der Beta-Version 1.3 zur Verfügung und konnte unter http://www.usb.org/developers/tools heruntergeladen werden. Die Installation sollte problemlos erfolgen. Danach findet sich unter dem Pfad \Windows\Programme folgende Verzeichnisstruktur:

Im Unterverzeichnis „Documents" ist als PDF-Datei unter anderem die USBCV-Testspezifikation zu finden ([USBCVSpec1.2). In diesem Dokument werden alle Tests in ihrem Ablauf genau beschrieben. Das ist dem Entwickler eine unschätzbare Hilfe für die Fehlersuche, wenn der Prototyp nicht das tut, was er soll. Um die Test-umgebung zu vervollständigen, sollte jetzt noch die Datei „usb.if" von http://www.usb.org/developers/tools geladen werden. Man findet sie dort unter dem Stichwort „Company List". Diese Datei muss in das Unterverzeichnis „lib" gespeichert wer-den. In dieser Datei finden sich alle Gerätehersteller, die über eine gültige Anbieter-Identifikationsnummer (VID) verfügen. Im Verlauf des Compliance Tests wird geprüft, ob die VID des zu testenden Geräts in dieser Datei steht. UBCV darf kos-tenlos zu privaten, nichtkommerziellen Zwecken auf dem eigenen PC genutzt wer-den. Die Software wurde für das Betriebssystem Windows XP SP2 in der englischen Version geschrieben. Sie benötigt zusätzlich die Microsoft Softwarebibliothek MSXML und einen Webbrowser zur Darstellung der Testresultate. Auf dem Test-computer des Autors läuft USBCV mit MSXML 4.0 (Service Pack 2) und dem Browser Mozilla Firefox unter der englischen Version von XP. Ein Versuch ergab allerdings, dass USBCV auch unter der deutschen XP-Variante läuft. Mit diesem Testwerkzeug kann man außer den Chapter 9 Tests noch eine Reihe weiterer Tests durchführen, bis hin zu kompletten Klassentests für Hubs, Mass Storage-, Video Class und Human Interface Devices. Auch ein Test zur Stromaufnahme von USB-Geräten kann mit USBCV gefahren werden. Der Testcomputer muss über einen EHCI Host Controller verfügen, an den das zu testende USB-Gerät jedoch nicht direkt angeschlossen wird. Es muss im Falle des im Buch behandelten Beispielgeräts ein High-speed USB 2.0 Hub zwischengeschaltet werden.

6.7 Erste Tests eines Prototypen ohne Treibersoftware

Ein beträchtlicher Vorteil von USBCV besteht darin, dass für das zu testende USB-Gerät keinerlei Gerätetreiber installiert werden müssen. In dem Augenblick, wo das zu tes-tende Gerät am Downstream-Port des USB 2.0 Hubs angeschlossen wird, quillt aus der Taskleiste von Windows XP eine Sprechblase, die in der deutschen Version mitteilt: „Neue Hardware gefunden Product". Es mag sein, dass dieser Text zwischendurch in „Neue Hardware gefunden USB Test and Measurement Device" geändert wird. Der USB Host Driver liest offenbar einige Informationen aus diesem unbekannten USB-Gerät, denn „Product" steht im jungfräulichen Beispielgerät als Produktname in einem String Descriptor. Die Klassenbezeichnung „USB Test and Measurement Device" findet sich als Schlüsselnummer im erweiterten Configuration Descriptor des Geräts. Übli-cherweise meldet sich Windows XP danach mit dem Hardware-Suchassistenten.

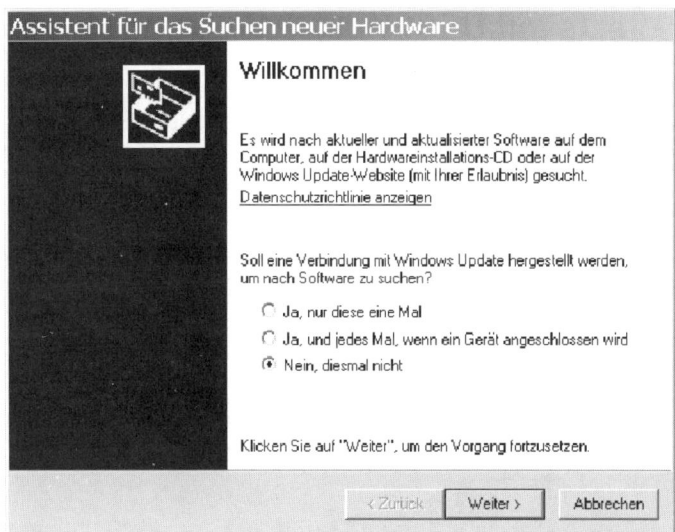

Da kein Treiber für das Gerät installiert werden soll, wird die Schaltfläche „Abbrechen" angeklickt und damit der Assistent geschlossen. Hier sei der Hinweis gestattet, dass USBCV offiziell nur mit der englischen Version von Windows XP getestet wurde und für andere Sprachversionen keine Funktionsgarantie besteht. Im Englischen würde natürlich Folgendes zu sehen sein:

Wie die Praxis zeigt, funktioniert USBCV aber auch bei deutschsprachigem XP.

6.8 Chapter 9 Tests mit USBCV

Die USB Compliance Test Suite wird mit „USBCV.exe" gestartet. Nun erscheint die folgende Meldung auf dem Display:

In dieser Ausführungsphase geschieht Folgendes: Der original USB Host Driver Stack des Betriebssystems wird durch einen eigenen Driver Stack ersetzt, den die Firma Intel extra für das Programm USBCV geschrieben hat. Er befindet sich im Unterverzeichnis „TestStackDriver" der „USB-IF Test Suite". Damit gelangt der USB des Host-Computers in den Besitz des Testprogramms. Nachdem der neue Stack geladen worden ist, erscheint die Oberfläche des Testprogramms. Gelegentlich spukt der Hardware-Suchassistent dort noch einmal herum. Er muss dann energisch durch Anklicken des „Abbrechen"-Felds zurückgewiesen werden.

Im linken, oberen Feld kann der Radio-Button „Compliance Test" aktiviert werden, um einen vollständigen, automatischen Testlauf zu starten. Dazu muss am unteren linken Rand die Schaltfläche „Run" angeklickt werden. Nun wird ein Fenster geöffnet, das eine Liste der gefundenen USB-Geräte anzeigt. Im Beispiel gibt es den Hub, der mit der USB-Adresse 1 und der Anbieterkennnummer 0x5e3 sowie der Produktnummer 0606 gelistet ist. Dann gibt es noch das Beispielgerät, dem die USB-Adresse 2 zugewiesen wurde. Es ist mit der VID 0x0123 und der PID 0456 gelistet, also mit den Identifikationsnummern, die werkseitig im Beispielgerät voreingestellt sind. Es besteht die Möglichkeit, zunächst den Hub darauf zu testen, ob er alle Anforderungen einhält, darauf soll aber an dieser Stelle verzichtet werden. Es wird also das Beispielgerät in der Liste ausgewählt und dann auf „OK" geklickt.

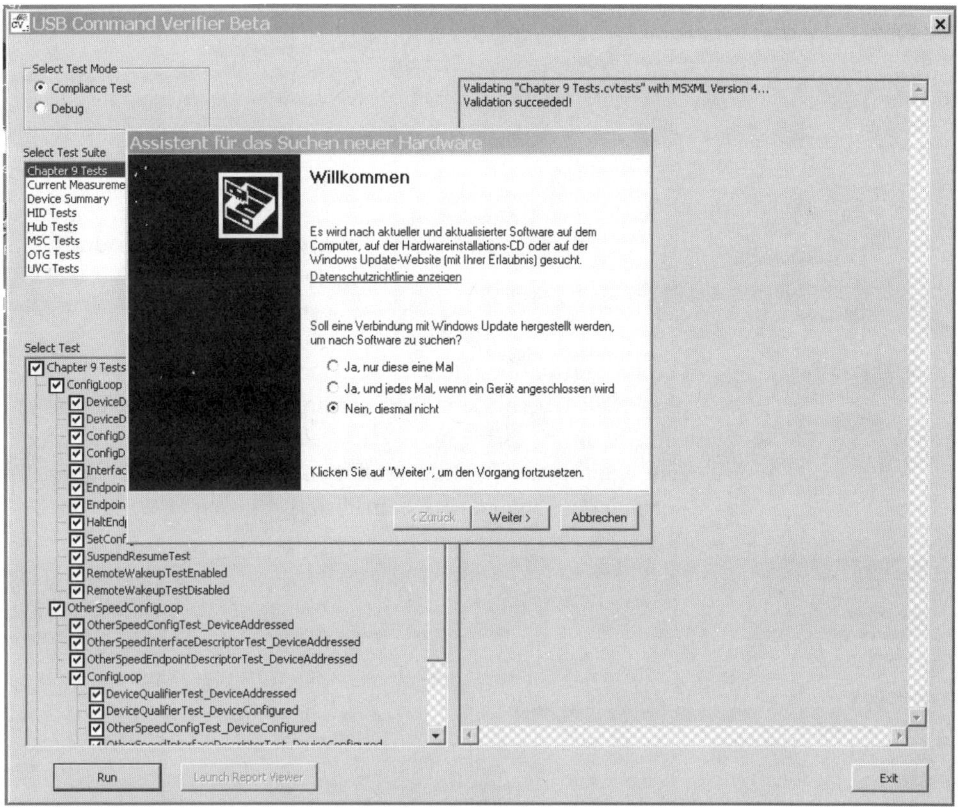

Der Test läuft an, und die einzelnen Testschritte werden nach der Durchführung farblich markiert: bestandene Tests grün, fehlerhafte Tests rot, übersprungene Tests gelb. Der abschließende Test besteht darin, das Gerät 150-mal zu enumerieren. Dieser Test benötigt einige Zeit.

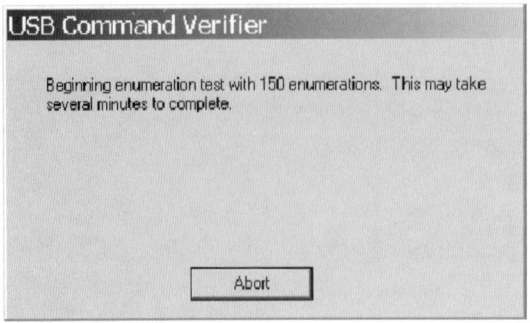

Wenn alle Testphasen durchlaufen sind, gibt es eine Voll-
zugsmeldung.

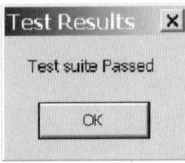

Die Programmoberfläche zeigt danach den Status aller Testphasen als Überblick an. Auf der linken Seite sind die einzelnen Abschnitte farbig markiert, wie oben erwähnt. Die rechte
Seite gibt generelle Informationen preis und führt kurze
Kommentare zu den einzelnen Testergebnissen an.

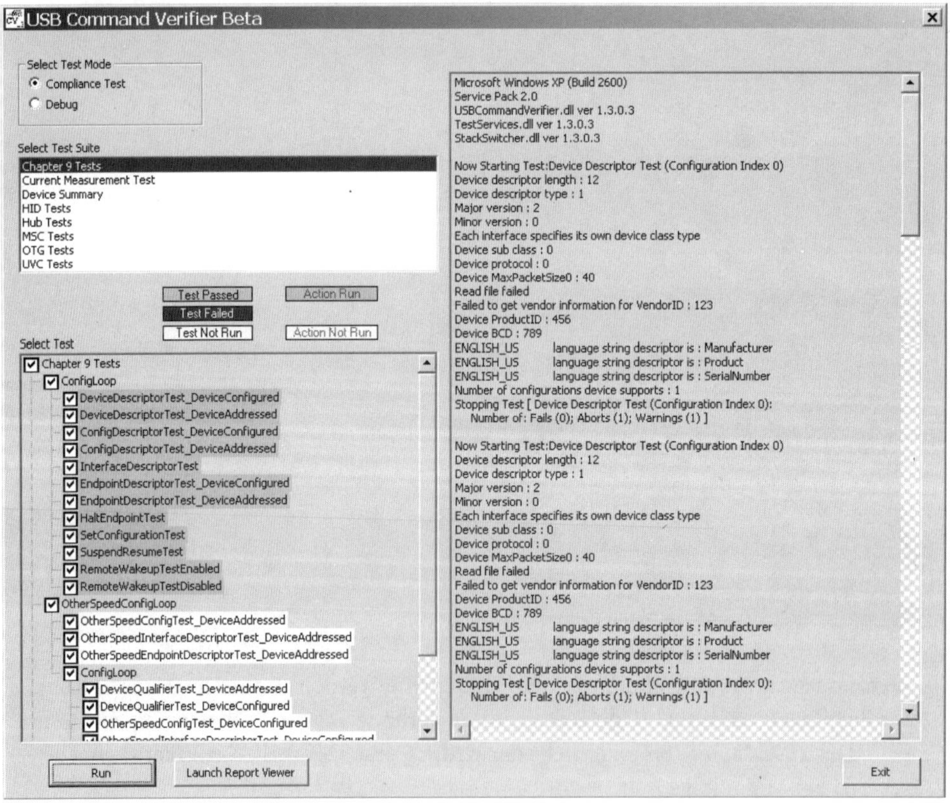

Detaillierte Ergebnisse zu den einzelnen Testphasen erhält man allerdings erst, wenn man die Schaltfläche „Launch Report Viewer" anklickt. Das Ergebnis wird in Form einer HTML-Datei angezeigt, indem ein Browser gestartet und die Datei darin geöffnet wird. Diese Testergebnisse werden im Unterverzeichnis „Reports" der „USB-IF Test Suite" unter „Datum" und „Uhrzeit" gespeichert. Dort gibt es auch eine zugehörige Log-Datei, die prinzipiell den Inhalt des rechten Fensters der Testoberfläche mitprotokolliert hat. Man kann sie mit einem Texteditor lesen. Gelegentlich sollte man sich dieses Unterverzeichnis einmal ansehen und alte Reports und Logs löschen, denn jeder Klick auf „Run" erzeugt jeweils eine neue HTML- und Log-Datei. Die HTML-Datei gibt zunächst allgemeine Informationen zu System, Testzeit und Ergebnis.

WORKSTATION: LAMA23
DATE: Sunday, January 20, 2008
TIME: 08:51:16 AM
OPERATOR: Administrator
NUMBER OF TESTS: 13
RESULT: passed

Es folgen Angaben über die Testsoftware.

```
InitializeTestSuite
INFO    Microsoft Windows XP (Build 2600)
INFO    Service Pack 2.0
INFO    USBCommandVerifier.dll ver 1.3.0.3
INFO    TestServices.dll ver 1.3.0.3
INFO    StackSwitcher.dll ver 1.3.0.3
```

Dann zeigt sich das Ergebnis des ersten Tests. Er besteht darin, dass das Beispielgerät konfiguriert wird und in diesem Zustand der Device Descriptor ausgelesen wird. Die einzelnen Schritte für diesen Test sind [USBCVSpec1.2: 3.1]:

- Der USB Host Controller erhält einen Reset.
- Für alle Ports des USB Host Controllers wird die Versorgungsspannung eingeschaltet.
- Es wird eine Sekunde gewartet, bis die Versorgungsspannungen eingeschwungen sind.
- Es wird für 50 ms ein Port-Reset ausgeführt.
- Der Zustand der einzelnen Ports wird geprüft. Sofern der Port im Zustand „Enable" ist, wird jetzt das daran angeschlossene Gerät enumeriert. Das läuft in folgenden Schritten:
  - Der Device Descriptor des Geräts wird mit einer maximalen Paketgröße von 64 Bytes gelesen.

– Dem Gerät wird die nächste freie USB-Adresse zugewiesen.
– Der Device Descriptor des adressierten Geräts wird mit der tatsächlichen Paketgröße gelesen.
– Der Configuration Descriptor wird gelesen, wobei nur der Anteil gelesen wird, der der Größe des Configuration-Descriptor Teils entspricht (der Configuration Descriptor ist im Allgemeinen wesentlich länger, weil er noch Unter-Deskriptoren enthält).
– Das Gerät wird mit der ersten möglichen Konfigurationsnummer konfiguriert (im Beispielgerät gibt es nur die eine Konfiguration mit der Nummer 1).
– Es wird nochmals der Configuration-Descriptor Teil des Configuration Descriptor gelesen.
– Der gesamte Configuration Descriptor mit allen Unterdeskriptoren wird gelesen.

So weit, so gut. Jetzt erfolgt der eigentliche Test, indem nach dem erfolgreichen Ablauf der zuvor angeführten Prozedur zunächst der Device Descriptor des Beispielgeräts gelesen wird.

```
DeviceDescriptorTest_DeviceConfigured                                    Passed
INFO    Now Starting Test:Device Descriptor Test (Configuration Index 0)
INFO    Device descriptor length : 12
INFO    Device descriptor type : 1
INFO    Major version : 2
INFO    Minor version : 0
INFO    Each interface specifies its own device class type
INFO    Device sub class : 0
INFO    Device protocol : 0
INFO    Device MaxPacketSize0 : 40
ABORT   Read file failed
WARNING Failed to get vendor information for VendorID : 123
INFO    Device ProductID : 456
INFO    Device BCD : 789
INFO    ENGLISH_US            language string descriptor is : Manufacturer
INFO    ENGLISH_US            language string descriptor is : Product
INFO    ENGLISH_US            language string descriptor is : SerialNumber
INFO    Number of configurations device supports : 1
INFO    Stopping Test [ Device Descriptor Test (Configuration Index 0):
        Number of: Fails (0); Aborts (1); Warnings (1) ]
```

Dieser Testabschnitt liefert als Gesamtergebnis zwar null Fehler, aber einen Abbruch mit einem Warnhinweis: „Failed to get vendor information for VendorID : 123". Was ist geschehen? Der Vergleich der Anbieter-Identifikationsnummer 0x0123 mit der Liste in der Datei „usb.if" ist fehlgeschlagen. Die VID 0x0123 ist keiner Firma zugeordnet. An dieser Stelle ist es angebracht, eine kleine Exkursion zum Thema Vendor ID vorzunehmen.

6.8.1 Die Hersteller-Identifikationsnummer (Vendor ID)

Wenn man von einem Kraftfahrzeug die Nummernschilder abnimmt, kann man trotzdem immer noch mit ihm fahren. Ein USB-Gerät hingegen funktioniert nicht, wenn es keine Hersteller-Identifikationsnummer hat. Der Platz von zwei Bytes im Device Descriptor des Geräts ist fest vorgesehen, man kann ihn nicht weglassen. Selbst wenn man hier als Wert 0x0000 eintragen würde, hätte das Gerät also die Vendor ID 0x0000. Mit dieser Nummer soll der Anbieter des Geräts identifiziert werden, damit das Betriebssystem den geeigneten USB-Gerätetreiber aufspüren und installieren kann. Das ist die Grundidee des Ganzen. Da nur zwei Bytes zur Verfügung stehen, kann es also maximal 65536 Geräteanbieter geben. Da man von unserem Planeten als einem globalen Dorf spricht, sind das lachhaft wenige, aber dennoch ist die Liste der angemeldeten Anbieter noch lange nicht voll. Wie kann man nun zu einer Vendor ID (VID) gelangen, um USB-Produkte zu legalisieren? Unter der Adresse www.usb.org/developers/vendor/ ist die Antwort zu finden. Dort werden drei Wege aufgezeigt, von denen zwei vorgezogen werden.

1. Werde Mitglied der USB-IF. Das kostet im Jahr 4000 US Dollar.

2. Werde ein nicht USB-IF Logo Lizenznehmer. Die Gebühr beträgt 2000 US Dollar für jeweils zwei Jahre.

Diese beiden Möglichkeiten schließen ein, dass der Anbieter berechtigt ist, seine Produkte mit dem USB-Logo zu versehen, sofern diese die USB-Eignungstests bestanden haben.

Die dritte Möglichkeit besteht darin, einmalig eine Verwaltungsgebühr von 2000 US Dollar zu entrichten und damit eine Vendor ID (VID) zu erwerben. Allerdings darf man dann nicht das USB-Logo verwenden.

Es gibt noch andere Lösungen, um die Produkte mit einer mehr oder weniger offiziellen VID zu versehen und sie zu verkaufen. Manche Hersteller von USB-Bauteilen oder USB-Software gestatten es ihren Kunden, ihre VID mit zu benutzen, gelegentlich gegen Gebühr.

All das kann man sich durch den Kopf gehen lassen, wenn man ein vermarktungswürdiges Produkt vorzuweisen hat. Zu Testzwecken am eigenen PC muss man sich zunächst wenig Gedanken um eine legale Vendor ID machen. Man kann eine x-beliebige Hexadezimalzahl in die beiden dafür vorgesehenen Bytes eintragen. Da man Herr seiner Maschinen ist, kann man persönlich darauf achten, dass die vergebene Vendor ID nicht mit offiziellen Zahlen kollidiert, und man weiß auch, welche USB-Treiber man für sein Gerät zu installieren hat. Das ist ganz ähnlich wie bei Media Access Control (MAC) Adressen von Ethernet Hardware. Solange MAC-

Adressen in lokalen Netzwerken vergeben werden, kann man machen, was man will. Kaufen muss man sie erst, wenn die Produkte Zugang zum World Wide Web haben könnten. Im Beispielgerät dieses Buchs ist die Vendor ID deshalb im überschreibbaren, aber nichtflüchtigen EEPROM-Speicherbereich abgelegt, und es gibt eine einfache Methode, die Vendor ID nach Belieben zu ändern. Dasselbe trifft nebenbei auch auf die Produkt-Identifikationsnummer (PID) und die Geräte BCD-Nummer (Device BCD) zu. Zunächst wird als VID ein Wert eingetragen, der laut aktueller Liste des USB-IF nicht verkauft ist. Das traf beim Verfassen dieses Buchs auf die VID 0x0123 zu. Ebenfalls werkseitig voreingestellt sind die Produkt-Identifikationsnummer 456 und die Gerätenummer 789. Auch die drei String-Deskriptoren, für die im Device Descriptor Indexadressen eingetragen sind, liefern die werkseitige Grundeinstellung mit „Manufacturer" als Herstellername, „Product" als Produktbezeichnung und „SerialNumber" als Seriennummer des Geräts. Alle diese Einträge lassen sich kundenspezifisch verändern, wie später in Abschnitt 11.6 erklärt wird.

Der letzte Eintrag im Device Descriptor (Number of configurations device supports) zeigt, dass das Gerät nur eine Konfiguration unterstützt. Die Produktbezeichnung „Product" ist der vom Windows USB Host Driver erkannte String Descriptor, der in der Sprechblase „Neue Hardware gefunden Product" beim Plug-in des Beispielgeräts gemeldet wurde.

Als nächster Test wird noch einmal der Device Descriptor gelesen. Zuvor wird das Gerät jedoch entkonfiguriert, indem ihm die Konfiguration 0 zugewiesen wird. Gemäß dem Statusdiagramm befindet es sich dann im Zustand „Adressiert". Das Ergebnis ist dasselbe wie im vorigen Test, also gibt es wegen der unzulässigen VID auch hier wieder einen Abbruch mit der Warnung „Failed to get vendor information for VendorID :123". Das ergibt in der Summe am Ende des HTML-Files die folgende Meldung:

```
Summary
INFO    Summary Log Counts [ Fails (0); Aborts (2); Warnings (2) ]
```

Als Nächstes wird zweimal der Configuration Descriptor gelesen, zunächst wieder für ein konfiguriertes und danach für ein adressiertes Gerät. Beide Durchläufe produzieren wieder dasselbe Ergebnis. In diesem Protokoll ist gut zu erkennen, dass der eigentliche Configuration Descriptor 9 Bytes, der vollständige Descriptor mit allen Untereinträgen dagegen 27 Bytes lang ist. Ferner ist zu entnehmen, dass das Gerät nur über ein USB-Interface verfügt und das dessen Name USBTMC ist. Außerdem wird mitgeteilt, dass das Gerät nicht über die Remote Wakeup Fähigkeit verfügt und dass es maximal 200 mA Strom aus V_{BUS} aufnimmt.

```
ConfigDescriptorTest_DeviceConfigured                                    Passed
INFO    Now Starting Test:Configuration Descriptor Test (Configuration Index 0)
INFO    Number of interface descriptors found 1
INFO    Number of alternate interface descriptors found : 0
INFO    Number of endpoint descriptors found : 3
INFO    Configuration descriptor length : 9
INFO    Configuration descriptor type : 2
INFO    Configuration descriptor TotalLength : 27
INFO    Configuration descriptor NumInterfaces : 1
INFO    Configuration descriptor ConfigurationValue: 1
INFO    ENGLISH_US          language string descriptor is : USBTMC
INFO    Configuration descriptor bmAttributes : 80
INFO    Device does not support remote wake up
INFO    Maximum power device requires : 200 mA
INFO    Device is BUS POWERED
INFO    Device is currently BUS POWERED
INFO    Currently remote wakeup is DISABLED
INFO    Stopping Test [ Configuration Descriptor Test (Configuration Index 0):
        Number of: Fails (0); Aborts (0); Warnings (0) ]
```

Der anschließende Test gibt Aufschluss über das Interface mit Namen „USBTMC",
indem der Interface Descriptor, der eine Ergänzung des Configuration Descriptor
darstellt, interpretiert wird. Der Compliance Test ermittelt im Wesentlichen, dass
dieses Interface drei Endpoints hat und die Geräteklasse „USB Test and Measurement Device" unterstützt. Weiterhin findet sich der Hinweis, dass das Protokoll
„USBTMC USB488" gilt.

```
InterfaceDescriptorTest                                                  Passed
INFO    Now Starting Test:Interface Descriptor Test (Configuration Index 0)
INFO    Bandwidth check passed
INFO    Testing Interface number : 0 Alternate setting : 0
INFO    Interface descriptor length : 9
INFO    Interface descriptor bDescriptorType : 4
INFO    Interface descriptor bAlternateSetting : 0
INFO    Interface descriptor bNumEndPoints: 3
INFO    Interface descriptor bInterfaceClass reserved for assignment by the
USB-IF : fe
INFO    Interface class code indicates [Application-Specific] Interface
INFO    Interface sub class : 3 (USB Test and Measurement Device)
INFO    Interface protocol : 1 (USB Test and Measurement Device (USBTMC USB488))
INFO    Interface descriptor bInterfaceSubClass : 3
INFO    Interface descriptor bInterfaceProtocol assigned by the USB-IF : 1
INFO    ENGLISH_US          language string descriptor is : USB488
INFO    Stopping Test [ Interface Descriptor Test (Configuration Index 0):
        Number of: Fails (0); Aborts (0); Warnings (0) ]
```

Nun wird der verbliebene Rest des gesamten Configuration Descriptor interpretiert. Dieser Abschnitt ist der Endpoint Descriptor des selektierten Interfaces. Auch
dieser Test wird zunächst mit einem konfigurierten, danach mit einem adressierten
Gerät vorgenommen.

```
EndpointDescriptorTest_DeviceConfigured                              Passed
INFO    Now Starting Test:Endpoint Descriptor Test (Configuration Index 0)
INFO    Testing Interface number : 0 Alternate setting : 0
INFO    Endpoint descriptor length : 7
INFO    Endpoint descriptor type : 5
INFO    Endpoint Type : Bulk, Number : 1, Direction : OUT
INFO    Endpoint descriptor bmAttributes : 2
INFO    Endpoint descriptor raw MaxPacketSize : 40
INFO    Endpoint descriptor interval : ff
INFO    Endpoint descriptor length : 7
INFO    Endpoint descriptor type : 5
INFO    Endpoint Type : Bulk, Number : 2, Direction : IN
INFO    Endpoint descriptor bmAttributes : 2
INFO    Endpoint descriptor raw MaxPacketSize : 40
INFO    Endpoint descriptor interval : ff
INFO    Endpoint descriptor length : 7
INFO    Endpoint descriptor type : 5
INFO    Endpoint Type : Interrupt, Number : 3, Direction : IN
INFO    Endpoint descriptor bmAttributes : 3
INFO    Endpoint descriptor raw MaxPacketSize : 2
INFO    Endpoint descriptor interval : a
INFO    Stopping Test [ Endpoint Descriptor Test (Configuration Index 0):
        Number of: Fails (0); Aborts (0); Warnings (0) ]
```

USBCV findet insgesamt drei Endpoints: einen Bulk-OUT, einen Bulk-IN und einen Interrupt-IN Endpoint, so wie es für ein korrekt konfiguriertes USB-Gerät der Klasse USBTMC-USB488 zu erwarten ist. Nun werden diese Endpoints der Reihe nach darauf geprüft, ob man ihre Datenübertragung per Control Transfer stoppen kann, obwohl das Gerät nicht konfiguriert ist.

```
HaltEndpointTest                                                     Passed
INFO    Now Starting Test:Halt Endpoint Test (Configuration Index 0)
INFO    Testing Interface number : 0 Alternate setting : 0
INFO    Testing EndPoint type : Bulk, Address : 1
INFO    Endpoint is currently not halted
INFO    Endpoint is halted
INFO    Cleared endpoint halt
INFO    Testing EndPoint type : Bulk, Address : 82
INFO    Endpoint is currently not halted
INFO    Endpoint is halted
INFO    Cleared endpoint halt
INFO    Testing EndPoint type : Interrupt, Address : 83
INFO    Endpoint is currently not halted
INFO    Endpoint is halted
INFO    Cleared endpoint halt
INFO    Stopping Test [ Halt Endpoint Test (Configuration Index 0):
        Number of: Fails (0); Aborts (0); Warnings (0) ]
```

Nach erfolgreichem Testabschnitt wird das Gerät wieder konfiguriert.

```
SetConfigurationTest                                              Passed
INFO    Now Starting Test:SetConfiguration Test (Configuration Index 0)
INFO    SetConfiguration with configuration value : 1
INFO    Unconfigured the device
INFO    SetConfiguration with configuration value : 1
INFO    Stopping Test [ SetConfiguration Test (Configuration Index 0):
        Number of: Fails (0); Aborts (0); Warnings (0) ]
```

Das konfigurierte Gerät wird nun in den Zustand „Suspendiert" versetzt.

```
SuspendResumeTest                                                 Passed
INFO    Now Starting Test:Suspend/Resume Test (Configuration Index 0)
INFO    Suspended the parent port of the device
INFO    Stopping Test [ Suspend/Resume Test (Configuration Index 0):
        Number of: Fails (0); Aborts (0); Warnings (0) ]
```

Falls das Gerät über die Eigenschaft Remote Wakeup verfügt, wird jetzt ausprobiert werden, ob sich diese Betriebsart ein- bzw. ausschalten lässt. Das Beispielgerät besitzt jedoch diese Fähigkeit nicht, also werden die nächsten zwei Tests ausgelassen.

```
RemoteWakeupTestEnabled                                          Passed
INFO    Now Starting Test:Remote Wakeup Test (Configuration Index 0)
INFO    The device does not support remote wakeup
INFO    Stopping Test [ Remote Wakeup Test (Configuration Index 0):
        Number of: Fails (0); Aborts (0); Warnings (0) ]
```

```
RemoteWakeupTestDisabled                                         Passed
INFO    Now Starting Test:Remote Wakeup Test (Configuration Index 0)
INFO    The device does not support remote wakeup
INFO    Stopping Test [ Remote Wakeup Test (Configuration Index 0):
        Number of: Fails (0); Aborts (0); Warnings (0) ]
```

Damit sind alle bisherigen Funktionen des Control Transfers überprüft worden, die jedes USB-Gerät gemäß Kapitel 9 der USB-2.0-Spezifikation beherrschen muss. Es folgt jedoch noch ein letzter Testabschnitt, in dem das Gerät seine Zuverlässigkeit beim Enumerieren beweisen soll. Es werden 150 Testzyklen ausgeführt, in denen dem Gerät jeweils unterschiedliche USB-Adressen zugewiesen werden. Der einzelne Zyklus läuft folgendermaßen ab [USBCVSpec1.2: TD.1.12]:

- Der Device Descriptor des Geräts wird mit einer maximalen Paketgröße von 64 Bytes gelesen.
- Dem Gerät wird die nächste freie USB-Adresse zugewiesen.
- Der Device Descriptor des adressierten Geräts wird mit der tatsächlichen Paketgröße gelesen.
- Der Configuration Descriptor wird gelesen, wobei nur der Anteil gelesen wird, der der Größe des Configuration-Descriptor-Teils entspricht.

- Das Gerät wird mit der ersten möglichen Konfigurationsnummer konfiguriert.
- Es wird nochmals der Configuration-Descriptor-Teil des Configuration Descriptor gelesen.
- Der gesamte Configuration Descriptor mit allen Unterdeskriptoren wird gelesen.

```
EnumerationTest                                                    Passed
INFO    Now Starting Test:Enumeration Test (repeat 150 times)
INFO    Device speed is Full
INFO    Stopping Test [ Enumeration Test (repeat 150 times):
        Number of: Fails (0); Aborts (0); Warnings (0) ]
```

Sofern der Test des Prototyps bis zu diesem Punkt gekommen ist und alle Testabschnitte mit „Passed" durchlaufen wurden, bestehen reelle Chancen dafür, dass das Test- und Messgerät sich erfolgreich über den USB fernsteuern lassen wird. Alle weiteren Probleme, die es bei der Entwicklung des USBTMC-komplatiblen USB Device Stack noch geben wird, liegen nach erfolgreichem Absolvieren des USB Compliance Tests höchstwahrscheinlich in einem gut lösbaren Bereich. Nicht zuletzt deswegen, weil man jetzt auf eine Testumgebung höherer Ebene wechseln kann. Denn wenn „Chapter 9" funktioniert, kann man für das USB-Gerät einen Gerätetreiber installieren, der einschließlich seiner Anwendungsprogramme ganz normal unter Windows XP arbeitet. Doch soll nicht leichtfertig davon ausgegangen werden, dass bis zu diesem Punkt alles problemlos funktioniert. USBCV kann aber auch in diesem Fall sehr nützlich sein.

6.9 Debuggen mit USBCV

Die Benutzeroberfläche des USB Command Verifier bietet die Möglichkeit, jeden einzelnen Testabschnitt für sich allein auszuführen. Dazu kann im Feld „Select Test Mode" der Radio-Button „Debug" ausgewählt werden. Im folgenden Beispiel soll demonstriert werden, wie eine einzelne Enumeration getestet wird. Im Fenster „Select Test" wird nur ein Haken in das Kästchen vor dem „Enumeration Test" gesetzt und danach die Schaltfläche „Run" angeklickt.

Nach Auswahl des zu testenden Geräts und Anklicken der „OK"-Schaltfläche, öffnet sich ein Fenster, in dem man eintragen kann, wie viele Testzyklen ausgeführt werden sollen.

Wird hier „1" eingetragen, wird USBCV genau einmal versuchen, das Gerät zu enumerieren. Da sich der Testdokumentation ja entnehmen lässt, welche einzelnen Schritte bei der Enumeration durchlaufen werden, hat der Entwickler ideale Mög-

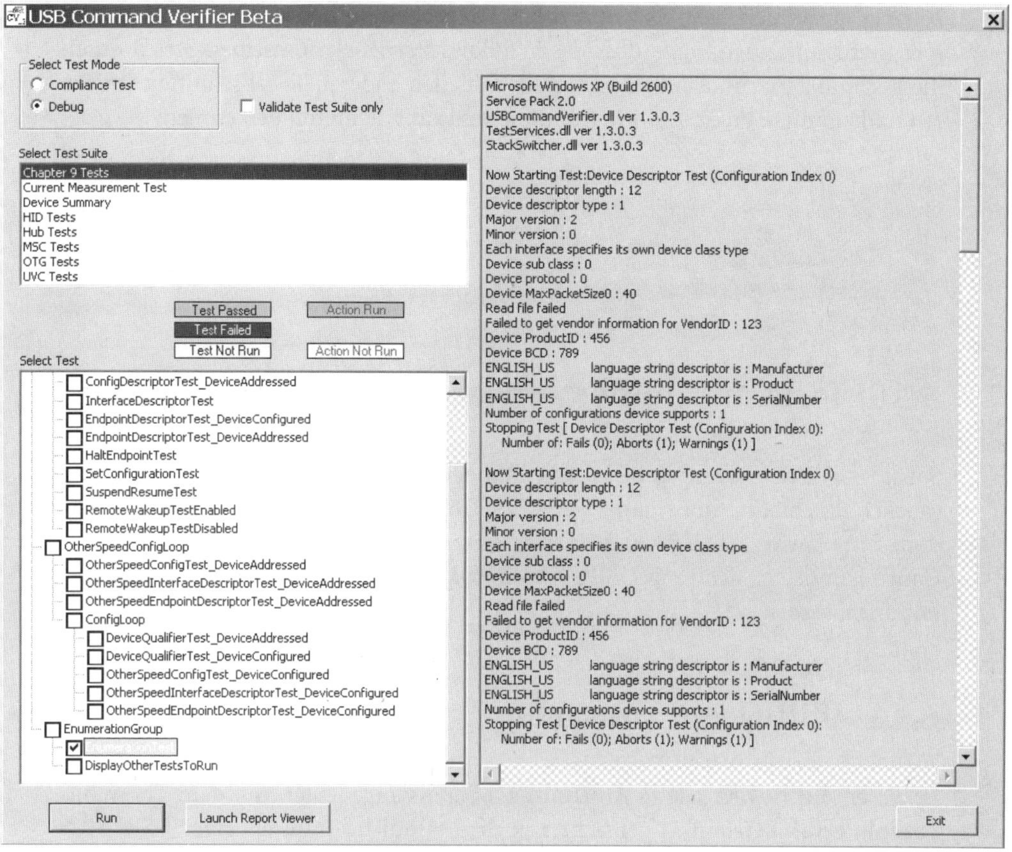

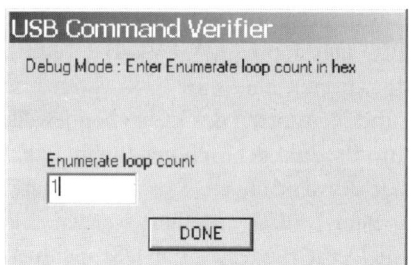

USB Command Verifier Beta screenshot:

Select Test Mode
- ○ Compliance Test
- ● Debug   ☐ Validate Test Suite only

Select Test Suite
- Chapter 9 Tests
- Current Measurement Test
- Device Summary
- HID Tests
- Hub Tests
- MSC Tests
- OTG Tests
- UVC Tests

[Test Passed] [Action Run]
[Test Failed]
[Test Not Run] [Action Not Run]

Select Test
- ☐ ConfigDescriptorTest_DeviceAddressed
- ☐ InterfaceDescriptorTest
- ☐ EndpointDescriptorTest_DeviceConfigured
- ☐ EndpointDescriptorTest_DeviceAddressed
- ☐ HaltEndpointTest
- ☐ SetConfigurationTest
- ☐ SuspendResumeTest
- ☐ RemoteWakeupTestEnabled
- ☐ RemoteWakeupTestDisabled
- ☐ OtherSpeedConfigLoop
  - ☐ OtherSpeedConfigTest_DeviceAddressed
  - ☐ OtherSpeedInterfaceDescriptorTest_DeviceAddressed
  - ☐ OtherSpeedEndpointDescriptorTest_DeviceAddressed
  - ☐ ConfigLoop
    - ☐ DeviceQualifierTest_DeviceAddressed
    - ☐ DeviceQualifierTest_DeviceConfigured
    - ☐ OtherSpeedConfigTest_DeviceConfigured
    - ☐ OtherSpeedInterfaceDescriptorTest_DeviceConfigured
    - ☐ OtherSpeedEndpointDescriptorTest_DeviceConfigured
- ☐ EnumerationGroup
  - ☑
  - ☐ DisplayOtherTestsToRun

[Run] [Launch Report Viewer]   [Exit]

```
Microsoft Windows XP (Build 2600)
Service Pack 2.0
USBCommandVerifier.dll ver 1.3.0.3
TestServices.dll ver 1.3.0.3
StackSwitcher.dll ver 1.3.0.3

Now Starting Test:Device Descriptor Test (Configuration Index 0)
Device descriptor length : 12
Device descriptor type : 1
Major version : 2
Minor version : 0
Each interface specifies its own device class type
Device sub class : 0
Device protocol : 0
Device MaxPacketSize0 : 40
Read file failed
Failed to get vendor information for VendorID : 123
Device ProductID : 456
Device BCD : 789
ENGLISH_US        language string descriptor is : Manufacturer
ENGLISH_US        language string descriptor is : Product
ENGLISH_US        language string descriptor is : SerialNumber
Number of configurations device supports : 1
Stopping Test [ Device Descriptor Test (Configuration Index 0):
     Number of: Fails (0); Aborts (1); Warnings (1) ]

Now Starting Test:Device Descriptor Test (Configuration Index 0)
Device descriptor length : 12
Device descriptor type : 1
Major version : 2
Minor version : 0
Each interface specifies its own device class type
Device sub class : 0
Device protocol : 0
Device MaxPacketSize0 : 40
Read file failed
Failed to get vendor information for VendorID : 123
Device ProductID : 456
Device BCD : 789
ENGLISH_US        language string descriptor is : Manufacturer
ENGLISH_US        language string descriptor is : Product
ENGLISH_US        language string descriptor is : SerialNumber
Number of configurations device supports : 1
Stopping Test [ Device Descriptor Test (Configuration Index 0):
     Number of: Fails (0); Aborts (1); Warnings (1) ]
```

USB Command Verifier

Debug Mode : Enter Enumerate loop count in hex

Enumerate loop count
[1]

[DONE]

lichkeiten für das Debugging der Geräte-Software. Man weiß, was auf der Host-Seite Schritt für Schritt passieren wird und kann z. B. durch Setzen von Breakpoints in der Entwicklungsumgebung ebenso Stück für Stück überprüfen, ob das USB-Treiberprogramm des Geräts korrekt reagiert. Auch eventuelle Hardwarefehler lassen sich bei dieser Prozedur möglicherweise leichter finden, weil sich die Prozedur beliebig oft wiederholen lässt und dabei Messungen an der Hardware vorgenommen werden können, ohne dass das Windows-Betriebssystem einen Strich durch die Rechnung macht. Ähnlich kann man mit allen anderen Testabschnitten verfahren und auf diese Weise sein Programm irgendwann fehlerfrei bekommen.

```
EnumerationTest                                               Passed
INFO   Now Starting Test:Enumeration Test (repeat 1 times)
INFO   Device speed is Full
INFO   Stopping Test [ Enumeration Test (repeat 1 times):
       Number of: Fails (0); Aborts (0); Warnings (0) ]
```

6.10 Tests mit Treibersoftware

Sobald das Entwicklungsprojekt den Stand erreicht hat, dass USBCV ohne zu mucken durchläuft, muss man einen USB-Treiber installieren, der auf der Anwendungsseite mehr Möglichkeiten bietet als die Kommunikation über elementare Control Transfers, denn mit USBCV können keine klassenspezifischen Tests vorgenommen werden.

6.11 USBIO von Thesycon

In diesem Buch wird, wie in Abschnitt 1.4 bereits angedeutet, von dem Thesycon-Produkt USBIO Gebrauch gemacht, mit dem sämtliche Transfers eines USBTMC-Geräts vorgenommen werden können. Die aktuelle Version kann von http://www.thesycon.de/deu/home.shtml heruntergeladen und installiert werden. Die aktuelle Version war bei Entstehung dieses Buchs USBIO Development Kit V2.41 (Demo). Die Demoversion ist uneingeschränkt lauffähig, besitzt aber eine Zeitbegrenzung von vier Stunden. Nach dem Herunterfahren und Neustarten des PC stehen jeweils erneut vier Stunden Testzeit zur Verfügung. Zum Produkt gehören neben einer ausführlichen Dokumentation auch zwei wichtige Anwendungen. Das Beispielgerät sollte vom USB des PCs entfernt werden, auf dem USBIO installiert werden soll. Nach erfolgreicher Installation kann das Beispielgerät wieder an der USB-Schnittstelle angeschlossen werden. Es wird nach wie vor als unbekanntes Gerät behandelt, weshalb sich wie gewohnt der Hardware Wizard melden wird. Er muss wieder mit „Cancel" abgewürgt werden.

6.11.1 Der USBIO Installation Wizard

Nun muss die Anwendung USBIO Installation Wizard gestartet werden, die mit dem folgenden Fenster begrüßt.

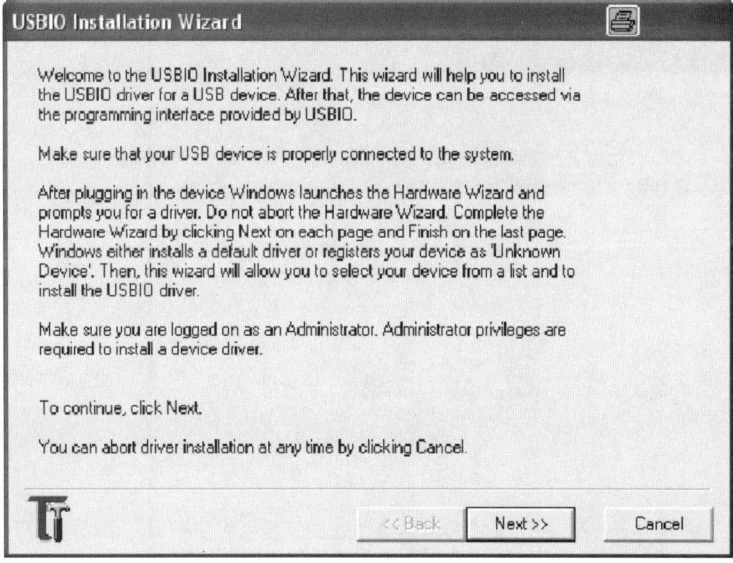

Nachdem „Next" angeklickt wurde, wird der Wizard hoffentlich das Beispielgerät als >>Unknown<< in die Liste der von ihm gefundenen USB-Geräte eintragen. Er sollte das Produkt unter seiner VID (0123) und seiner PID (0456) sowie der Geräte-Versionsnummer (0789) identifiziert und das unter „Hardware ID:" vermerkt haben.

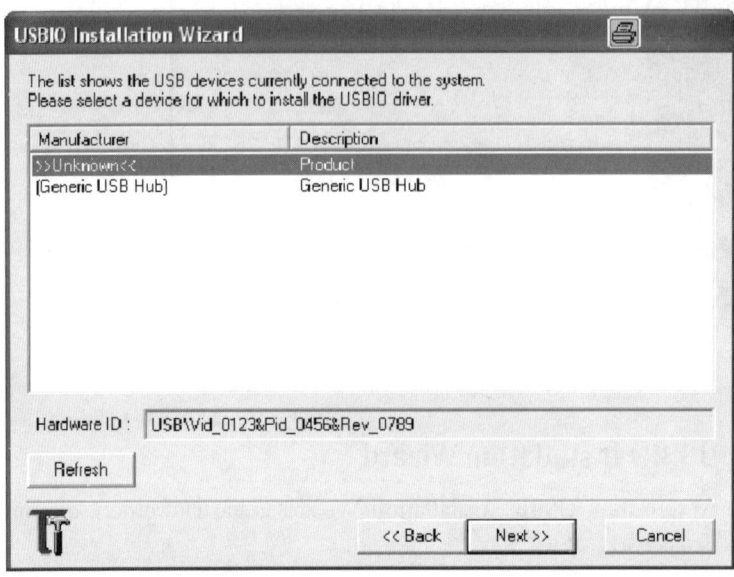

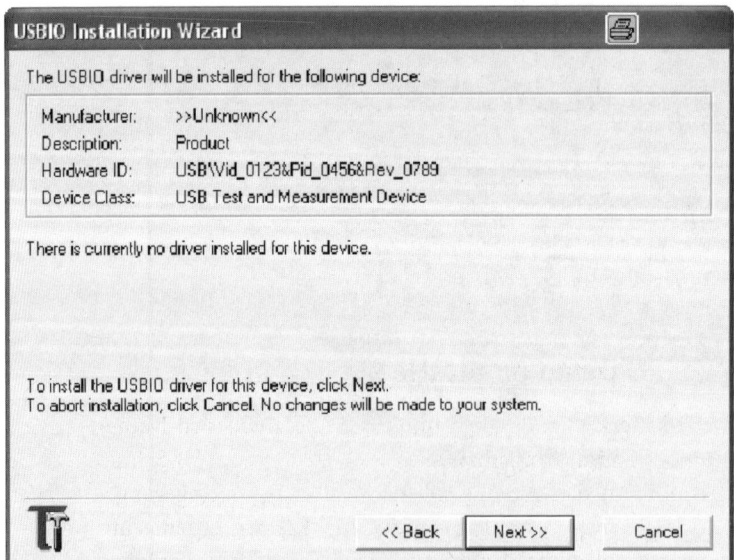

Ein Klick auf „Next" informiert darüber, was für einen Treiber USBIO generieren möchte. Der Hexenmeister kennt hier bereits die Geräteklasse und meldet unter „Device Class:" ein „USB Test and Measurement Device". Ein weiteres „Next" startet die Generierung der erforderlichen Treiber.

Mit einem Klick auf die Schaltfläche „Show INF Files" könnte man sich ansehen, welche Dateien der Wizard erzeugt hat. Wenn man sich den Geräte-Manager von Windows ansieht, ist das Gerät bereits jetzt ordentlich eingetragen, ohne dass das System neu gestartet werden müsste:

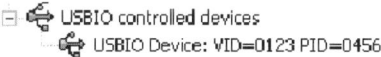

Der Klick auf „Run USBIO Application" im Wizard-Fenster ist aber ungleich spannender, weil er die zweite nützliche Anwendung startet, die der Suite beigegeben ist.

6.11.2 Die USBIO Demo Application

Mit dem nützlichen Werkzeug, das sich unter dem bescheidenen Namen „USBIO Demo Application" verbirgt, kann man alles testen, was die USB-Schnittstelle des Beispielgeräts hergibt. An dieser Stelle soll nur kurz darauf eingegangen werden, weil im Folgenden intensiver Gebrauch von den Möglichkeiten gemacht und dabei deutlich wird, wie wertvoll dieses Produkt ist. In der Liste der verfügbaren Geräte

(Available Devices) wird das Beispielgerät z. B. als „Device0" erscheinen, sofern nicht viele andere Geräte am USB angeschlossen sind.

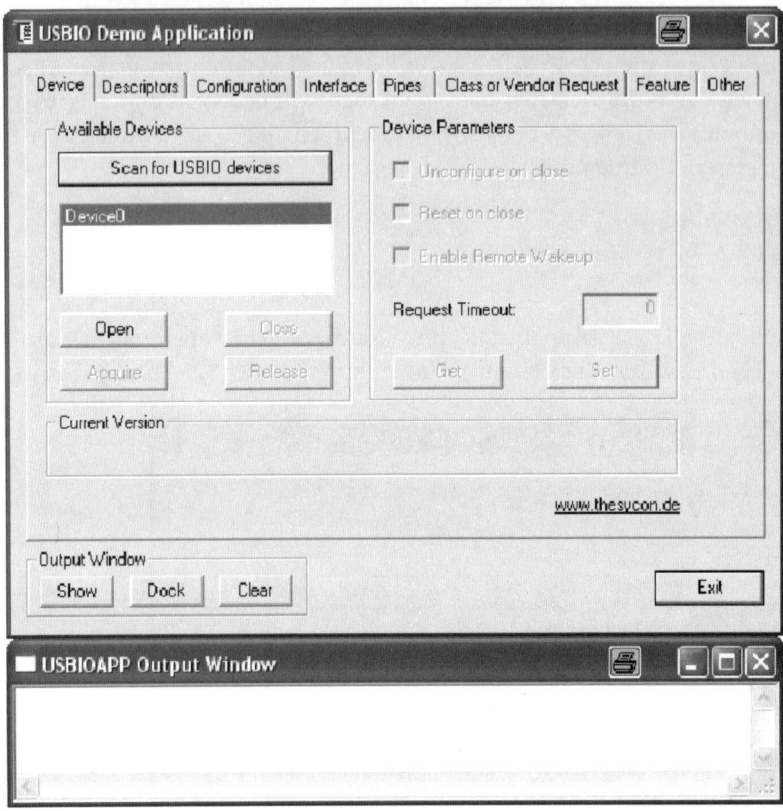

Nach Aktivieren und einem Klick auf die Schaltfläche „Open", zeigt sich im Ausgabefenster (Output Window) der Applikation der folgende Hinweis:

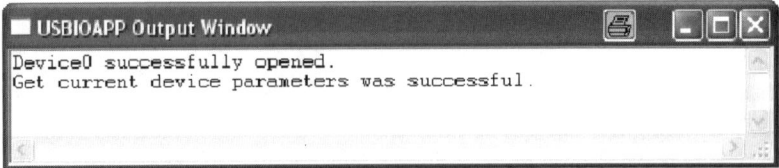

Ein erster Kommunikationstest könnte darin bestehen, sich den Device Descriptor des Geräts anzusehen. Dazu muss die Registerkarte „Descriptors" gewählt und dort die Schaltfläche „Get Device Descriptor" angeklickt werden.

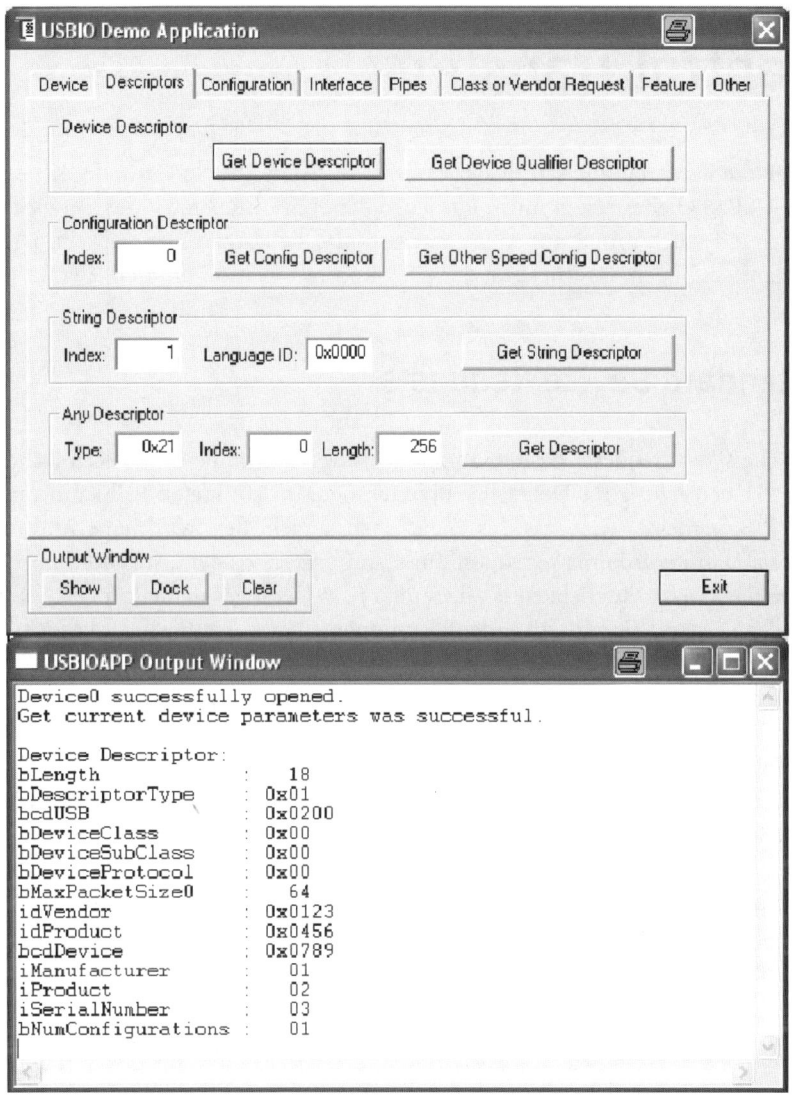

Das Ausgabefenster sollte jetzt den Inhalt des Device Descriptors präsentieren. Wenn man bis hierhin gekommen ist, besteht guter Grund zu der Annahme, dass alles richtig funktioniert und nunmehr das Beispielgerät mit der USBIO Demo Application ausgiebigen Tests unterzogen werden kann. Wer sich an dieser Stelle mit dem Produkt vertraut macht, indem er etwas herumprobiert und auch der ausführlichen Dokumentation Beachtung schenkt, wird schnell feststellen, dass dieses Werkzeug eine ganz entscheidende Hilfe bei der Entwicklung von USB-Geräte-Software ist.

7 Control Transfers

Es folgt nun die Beschreibung sämtlicher Control Transfers, die ein Gerät der Klasse USBTMC-USB488 beherrschen muss. Für jeden dieser Transfers muss der Entwickler demnach ein Stück Programmcode schreiben, um sie korrekt abzuwickeln. Die Control Transfers bilden das Rückgrat der USB-Kommunikation mit dem Gerät.

7.1 Standard Device Requests

Das englische Wort „request" besitzt eine Bedeutungsvielfalt, die es schwer macht, eine griffige Übersetzung ins Deutsche vorzunehmen. Im konkreten Fall kann mit „request" z. B. gemeint sein, dass das Gerät dazu aufgefordert wird, eine Aktion auszuführen. Dann würde man „request" mit „auffordern" (oder „Aufforderung") übersetzen. Die zweite Möglichkeit ist, dass man vom Gerät gern eine Information, z. B. über den Zustand einer bestimmten Komponente hätte. Dann wäre „abfragen" („Abfrage") die bessere Übersetzung. Wie so oft ist es wohl das Beste, den Begriff einzudeutschen und als Request stehen zu lassen und dabei im Sinn zu behalten, dass damit sowohl Aufforderung (oder Bitte, Antrag, Gesuch, Ansinnen, Anliegen) als auch Abfrage (oder Anfrage, Rückfrage, Anforderung, Nachfrage) gemeint sein kann, je nach Lage der Dinge. Die Standard Device Requests nach USB 2.0 sind die Requests, die (mit Einschränkungen) jedes USB-Gerät erkennen und verarbeiten muss. Sie werden über die Control Endpoints abgewickelt und ermöglichen die Kommunikation zwischen Host und Device auf unterster Ebene. Standard Device Requests spielen die Hauptrolle, wenn ein USB-Gerät an einen PC angeschlossen wird und vom Betriebssystem die Meldung kommt, dass ein neues Gerät erkannt worden ist. In diesem Abschnitt werden alle Standard Device Requests behandelt, die ein USBTMC- bzw. USB488-kompatibles Gerät behandeln muss, sie werden in Abschnitt 9.4 der USB-2.0-Spezifikation erläutert (siehe auch USBTMC: 4.1 und USB488: 3.1). Alle Requests bestehen aus einem 8 Bytes langen Control Transfer, der vom Host zum Device in dessen Control-OUT Endpoint erfolgt. In der darauf folgenden zweiten Phase des Control Transfers hat das Gerät die Möglichkeit, Daten aus dem Control-In Endpoint an den Host zu übermitteln. Der Host erwartet jedoch nicht für jeden Request eine Antwort, wobei wir wieder beim eingangs erörterten Bedeutungsproblem des Worts „request" wären. Ein Gerät muss nicht alle denkbaren Requests bearbeiten können. Wenn es einen Request empfängt, der nicht bearbeitet werden kann, muss es mit einem Request Error antworten. Das geschieht, indem ein STALL-PID an den Host übertragen wird, vorzugsweise während der nächsten Data Stage Transaktion des Control Endpoints [USB 2.0: 9.2.7]. In diesem Abschnitt werden nur die Standard Device Requests behandelt, die für ein USB488-Gerät gültig sind. Der Firmware-Entwickler muss dafür sorgen, dass alle weiteren (und nicht nur Standard Device) Requests, die das Gerät empfangen mag, ordnungsgemäß mit einem Request Error beendet werden. Zusätzliche Informationen zu allen Standard Device Requests finden sich in dem bereits erwähnten Abschnitt USB 2.0: 9.4 und den dort verzeichneten Querverweisen. Alle Requests bestehen aus einem 8 Bytes langen Control Transfer in den Control-OUT Endpoint des Geräts mit der folgenden Bedeutung:

bmRequestType

Das erste Byte im Control-OUT Endpoint sagt etwas über den Typ des Requests aus [USB 2.0: 9.3.1]. Es hat den im Bild dargestellten Aufbau.

Aufbau des Datenfelds bmRequestType:

D7	D6	D5	D4	D3	D2	D1	D0
Richtung	Typ		Empfänger				

Bedeutung der Bits von bmRequestType:

D7

Hier wird die Übertragungsrichtung für die Daten in der zweiten Phase des Control Transfers (Data Stage) angezeigt.

D7	Übertragungsrichtung
0	vom Host zum Device (Request im Sinne von „Aufforderung")
1	vom Device zum Host (Request im Sinne von „Abfrage")

D6, D5

Diese Bits zeigen an, um welche Art Request es sich handelt. Als Class specific Requests werden im Folgenden auch noch die Requests behandelt werden, die der Geräteklasse USBTMC sowie der Unterklasse USBTMC-USB488 zugeordnet sind. Vendor specific Requests, also spezielle Requests, die der Hersteller eines Geräts festgelegt hat, gibt es bei USBTMC-USB488-kompatiblen Geräten grundsätzlich nicht.

D6	D5	Art des Requests
0	0	Standard Device Request
0	1	Class specific Request
1	0	Vendor specific Request
1	1	Reserviert

D4, D3, D2, D1, D0

Diese Bits legen fest, wer genau der Empfänger des Requests sein soll. Gegenwärtig sind nur die ersten vier aller möglichen 32 Bitkombinationen vergeben, alle übrigen sind reserviert. Der Request kann an das Gerät oder an ein bestimmtes USB-Interface innerhalb des Geräts, oder an einen bestimmten Endpoint innerhalb eines Interfaces gerichtet sein.

D4	D3	D2	D1	D0	Empfänger des Requests
0	0	0	0	0	Device
0	0	0	0	1	Interface
0	0	0	1	0	Endpoint
0	0	0	1	1	Andere
x	x	1	x	x	Reserviert
x	1	x	x	x	Reserviert
1	x	x	x	x	Reserviert

bRequest

Das zweite Byte, das der Host zum Device sendet, beschreibt, um welchen speziellen Request es sich handelt. Es gibt insgesamt 11 unterschiedliche Typen von Standard Device Requests [USB 2.0: 9.4 und Tabelle 9–3[. Einer dieser Typen ist SYNCH_FRAME, der nur für Isochronous Endpoints genutzt wird [USB 2.0: 9.4.11]. USBTMC-USB488-kompatible Geräte besitzen keine Isochronous Endpoints, deswegen wird zu diesem Request hier auch nichts weiter ausgeführt.

wValue

Das dritte und vierte übertragene Byte bilden gemeinsam ein 16 Bit Word, mit dem der Request einen Parameter übertragen kann. Die Bedeutung von wValue ist abhängig vom Typ des Requests [USB 2.0: 9.3.3].

wIndex

Das fünfte und sechste übertragene Byte bilden ebenso wie wValue ein 16 Bit Word zur Übermittlung von Parametern. Es wird in vielen Requests verwendet, um einen Endpoint oder ein Interface zu spezifizieren [USB 2.0: 9.3.4].

wLength

Die beiden letzten Bytes bilden ein 16 Bit Word, mit dem die Länge der Datenübertragung während der zweiten Phase des Control Transfer angezeigt wird. Wenn der Inhalt null ist, hat der Control Transfer keine Datenphase. Wenn Daten vom Device zum Host gesendet werden sollen, dann dürfen nicht mehr Bytes übertragen werden, als mit wLength genehmigt werden. Für den Firmware-Entwickler ist diese Information ein wichtiges Kriterium, weil es durchaus sein kann, dass der Host unterschiedlich viele Bytes anfordert, wenn er Deskriptoren abruft. Wenn wLength für diese Datenrichtung den Wert null hat, muss das Gerät ein leeres Paket über den

Control-In Endpoint senden. Es ist einem Gerät jedoch erlaubt, weniger Bytes zu senden, als wLength gestattet. In der Gegenrichtung teilt wLength immer die exakte Anzahl von Bytes mit, die in der Datenphase übermittelt wird [USB 2.0: 9.3.5].

7.2 Empfang eines Standard Device Requests

Die vorstehend beschriebenen 8 Bytes werden vom Host in den Control-OUT Endpoint des Geräts übertragen. Die USB-Schnittstelle des Beispielgeräts erzeugt einen Transaction Complete Interrupt, wenn die Übertragung von Daten in den Control-OUT Endpoint abgeschlossen ist [DataSheet: 17.5.1]. Im Buffer Descriptor Status Register des Endpoints steht nach dem Interrupt unter anderem der Packet Identifier (PID), der mit dieser Datenübertragung gesendet worden ist [DataSheet: 17.4.1.3]. Die Firmware muss den PID auswerten. Wenn er ein SETUP Token Packet anzeigt, dann sind die empfangenen Daten darauf zu untersuchen, ob ein Standard Device Request empfangen wurde [USB 2.0: 8.3.1 und Tabelle 8–1, 9.3.1].

```
;last transaction was an OUT or SETUP token
transcmplOUT_0
; test Packet Identifier (reference: USB2.0 Table 8-1)
      movlw  0x00
      movwf  FSR0L
      movlw  0x04
      movwf  FSR0H
      movff  INDF0,TINKER
      movlw  0x3C
      andwf  TINKER ;isolate PID
      movlw  0x34
      cpfseq TINKER ;PID is SETUP Token
      bra    transtest_over_ctl_out ;if not SETUP
; compute a SETUP Token
      call   getSETUP ;transfer request to RAM
      bcf           UCON,PKTDIS ;clear packet transfer disable
      movlw  0x00
      cpfseq bmRequestType
      bra    reqTypeTest_2
      bra    requestType_00
reqTypeTest_2
      movlw  0x01
      cpfseq bmRequestType
      bra    reqTypeTest_3
      bra    requestType_01
reqTypeTest_3
      movlw  0x02
      cpfseq bmRequestType
      bra    reqTypeTest_4
      bra    requestType_02
```

```
reqTypeTest_4
     movlw  0x80
     cpfseq bmRequestType
     bra    reqTypeTest_5
     bra    requestType_80
reqTypeTest_5
     movlw  0x81
     cpfseq bmRequestType
     bra    reqTypeTest_6
     bra    requestType_81
reqTypeTest_6
     movlw  0x82
     cpfseq bmRequestType
     bra    reqTypeTest_7
     bra    requestType_82
reqTypeTest_7
     movlw  0xA1
     cpfseq bmRequestType
     bra    reqTypeTest_8
     bra    requestType_A1
reqTypeTest_8
     movlw  0xA2
     cpfseq bmRequestType
     bra    transtest_stall_0 ; no other conditions accepted
     bra    requestType_A2
```

Wenn ein SETUP Token identifiziert wurde, wird der Inhalt des Control-OUT Endpoints in einen RAM-Bereich kopiert, damit er erhalten bleibt, wenn der Endpoint für neuen Datenempfang freigegeben ist.

```
;*************************************************************************
; transfer control request (SETUP) data from control OUT endpoint to RAM
;*************************************************************************
getSETUP
     movlw  LOW bmRequestType
     movwf  FSR1L
     movlw  HIGH bmRequestType
     movwf  FSR1H
     movlw  0x00
     movwf  FSR0L
     movlw  0x05
     movwf  FSR0H
     movlw  0x08
     movwf  DescriptorPointer
getSETUPloop
     movff  POSTINC0,WREG
     movff  WREG,POSTINC1
     decfsz DescriptorPointer,F
     bra    getSETUPloop
     return
```

Danach muss die Firmware den empfangenen Standard Device Request in eine der folgenden Gruppen einordnen: Get Status, Clear Feature, Set Feature, Set Address, Get Descriptor, Get Configuration, Set Configuration, Get Interface, Set Interface.

```
; compute requests
requestType_00
     movlw  0x05
     cpfseq bRequest
     bra            req00Test_2
     bra            SET_ADDRESS
req00Test_2
     movlw  0x09
     cpfseq bRequest
     bra            transtest_stall_0 ; no other 00-requests accepted
     bra            SET_CONFIGURATION
requestType_01
     movlw  0x0B
     cpfseq bRequest
     bra            transtest_stall_0 ; no other 01-requests accepted
     bra            SET_INTERFACE
requestType_02
     movlw  0x01
     cpfseq bRequest
     bra            req02Test_2
     bra            clearHalt
req02Test_2
     movlw  0x03
     cpfseq bRequest
     bra            transtest_stall_0 ; no other 02-requests accepted
     bra            setHalt
clearHalt
     movlw  0x00
     cpfseq wIndexLOW
     bra            clearHalt_2
     bra            CLEAR_HALT_CONTROL_OUT
clearHalt_2
     movlw  0x80
     cpfseq wIndexLOW
     bra            clearHalt_3
     bra            CLEAR_HALT_CONTROL_IN
clearHalt_3
     movlw  0x01
     cpfseq wIndexLOW
     bra            clearHalt_4
     bra            CLEAR_HALT_BULK_OUT
clearHalt_4
     movlw  0x82
     cpfseq wIndexLOW
     bra            clearHalt_5
```

```
        bra            CLEAR_HALT_BULK_IN
clearHalt_5
        movlw   0x83
        cpfseq  wIndexLOW
        bra            transtest_stall_0 ; no other clear halts accepted
        bra            CLEAR_HALT_INTERRUPT_IN
setHalt
        movlw   0x00
        cpfseq  wIndexLOW
        bra            setHalt_2
        bra            SET_HALT_CONTROL_OUT
setHalt_2
        movlw   0x80
        cpfseq  wIndexLOW
        bra            setHalt_3
        bra            SET_HALT_CONTROL_IN
setHalt_3
        movlw   0x01
        cpfseq  wIndexLOW
        bra            setHalt_4
        bra            SET_HALT_BULK_OUT
setHalt_4
        movlw   0x82
        cpfseq  wIndexLOW
        bra            setHalt_5
        bra            SET_HALT_BULK_IN
setHalt_5
        movlw   0x83
        cpfseq  wIndexLOW
        bra            transtest_stall_0 ; no other set halts accepted
        bra            SET_HALT_INTERRUPT_IN
requestType_80
        movlw   0x00
        cpfseq  bRequest
        bra            req80Test_2
        bra            GET_STATUS_DEVICE
req80Test_2
        movlw   0x06
        cpfseq  bRequest
        bra            req80Test_3
        bra            getdesstring
req80Test_3
        movlw   0x08
        cpfseq  bRequest
        bra            transtest_stall_0 ; no other 80-requests accepted
        bra            GET_CONFIGURATION
getdesstring
        movlw   0x00
        cpfseq  wValueLOW
```

```
        bra             getstring
        bra             getdescriptor
getstring
        movlw   0x01
        cpfseq  wValueLOW
        bra             getstring_2
        bra             GET_STRING_MANUFACTURER
getstring_2
        movlw   0x02
        cpfseq  wValueLOW
        bra             getstring_3
        bra             GET_STRING_PRODUCT
getstring_3
        movlw   0x03
        cpfseq  wValueLOW
        bra             getstring_4
        bra             GET_STRING_SERIAL_NUMBER
getstring_4
        movlw   0x04
        cpfseq  wValueLOW
        bra             getstring_5
        bra             GET_STRING_CONFIGURATION
getstring_5
        movlw   0x05
        cpfseq  wValueLOW
        bra             transtest_stall_0 ; no other get_strings accepted
        bra             GET_STRING_INTERFACE
getdescriptor
        movlw   0x01
        cpfseq  wValueHIGH
        bra             getdescriptor_2
        bra             GET_DESCRIPTOR_DEVICE
getdescriptor_2
        movlw   0x02
        cpfseq  wValueHIGH
        bra             getdescriptor_3
        bra             GET_DESCRIPTOR_CONFIGURATION
getdescriptor_3
        movlw   0x03
        cpfseq  wValueHIGH
        bra             transtest_stall_0 ; no other get descriptors accepted
        bra             GET_DESCRIPTOR_LANGUAGE
requestType_81
        movlw   0x00
        cpfseq  bRequest
        bra             req81Test_2
        bra             GET_STATUS_INTERFACE
req81Test_2
        movlw   0x0 A
```

```
        cpfseq bRequest
        bra             transtest_stall_0 ; no other get interfaces accepted
        bra             GET_INTERFACE
requestType_82
        movlw  0x00
        cpfseq bRequest
        bra             transtest_stall_0 ; no other get status accepted
        movlw  0x00
        cpfseq wIndexLOW
        bra             getstatus_2
        bra             GET_STATUS_CONTROL_OUT
getstatus_2
        movlw  0x80
        cpfseq wIndexLOW
        bra             getstatus_3
        bra             GET_STATUS_CONTROL_IN
getstatus_3
        movlw  0x01
        cpfseq wIndexLOW
        bra             getstatus_4
        bra             GET_STATUS_BULK_OUT
getstatus_4
        movlw  0x82
        cpfseq wIndexLOW
        bra             getstatus_5
        bra             GET_STATUS_BULK_IN
getstatus_5
        movlw  0x83
        cpfseq wIndexLOW
        bra             transtest_stall_0 ; no other get status endpoints accepted
        bra             GET_STATUS_INTERRUPT_IN
requestType_A1
        movlw  0x05
        cpfseq bRequest
        bra             reqA1Test_2
        bra             INITIATE_CLEAR
reqA1Test_2
        movlw  0x06
        cpfseq bRequest
        bra             reqA1Test_3
        bra             CHECK_CLEAR_STATUS
reqA1Test_3
        movlw  0x07
        cpfseq bRequest
        bra             reqA1Test_4
        bra             GET_CAPABILITIES
reqA1Test_4
        movlw  0x40
        cpfseq bRequest
```

```
      bra             reqA1Test_5
      bra             INDICATOR_PULSE
reqA1Test_5
      movlw  0x80
      cpfseq bRequest
      bra             reqA1Test_6
      bra             READ_STATUS_BYTE
reqA1Test_6
      movlw  0xA0
      cpfseq bRequest
      bra             reqA1Test_7
      bra             REN_CONTROL
reqA1Test_7
      movlw  0xA1
      cpfseq bRequest
      bra             reqA1Test_8
      bra             GO_TO_LOCAL
reqA1Test_8
      movlw  0xA2
      cpfseq bRequest
      bra             transtest_stall_0 ; no other A1 requests accepted
      bra             LOCAL_LOCKOUT
requestType_A2
      movlw  0x01
      cpfseq bRequest
      bra             reqA2Test_2
      bra             INITIATE_ABORT_BULK_OUT
reqA2Test_2
      movlw  0x02
      cpfseq bRequest
      bra             reqA2Test_3
      bra             CHECK_ABORT_BULK_OUT_STATUS
reqA2Test_3
      movlw  0x03
      cpfseq bRequest
      bra             reqA2Test_4
      bra             INITIATE_ABORT_BULK_IN
reqA2Test_4
      movlw  0x04
      cpfseq bRequest
      bra             transtest_stall_0 ; no other requests accepted
      bra             CHECK_ABORT_BULK_IN_STATUS
```

7.3 Get Status

Mit dieser Gruppe von Requests wird der Zustand des Geräts, des Interfaces und der Endpoints abgefragt. Für ein USBTMC-USB488-kompatibles Gerät kommen folgende Get Status Requests infrage, die jeweils innerhalb von 500 ms ausgeführt werden müssen [USB 2.0: 9.2.6.4]:

7.3.1 GET_STATUS_DEVICE

Ein Gerät kann zwei Zustände melden: erstens, ob die Fähigkeit, beim Aufwachen aus dem Standby-Zustand die Kommunikation über USB wieder aufzunehmen (Remote Wakeup), eingeschaltet ist, oder nicht. Zweitens, ob das Gerät über die eigene Spannungsversorgung oder über das USB-Kabel betrieben wird [USB 2.0: 9.4.5 und Abb. 9.4].

Datenfeld	Wert	Bedeutung
bmRequestType	10000000	Standard, Device to Host, Recipient: Device
bRequest	00000000	GET_STATUS
wValue	0x0000	Keine Features
wIndex	0x0000	Keine Interface- oder Endpoint-Adresse
wLength	0x0002	Es werden 2 Bytes vom Gerät erwartet

Antwort:

D15	D14	D13	D12	D11	D10	D9	D8
0	0	0	0	0	0	0	0

D7	D6	D5	D4	D3	D2	D1	D0
0	0	0	0	0	0	Remote	Power

Bedeutung der Bits:

Power = 0:   Das Gerät wird über den USB mit Spannung versorgt.
Power = 1:   Das Gerät wird über die eigene Spannungsversorgung betrieben.
Remote = 0: Die Remote Wakeup-Fähigkeit ist abgeschaltet.
Remote = 1: Die Remote Wakeup-Fähigkeit ist eingeschaltet.

Im Beispiel wird das Gerät über USB versorgt und besitzt keine Remote Wakeup-Fähigkeit, daher sind alle Bits null.

Dieser Request kann mit der USBIO Demo Application getestet werden, indem auf der Registerkarte „Other" das Feld „Get Status" mit folgenden Einstellungen angeklickt wird:

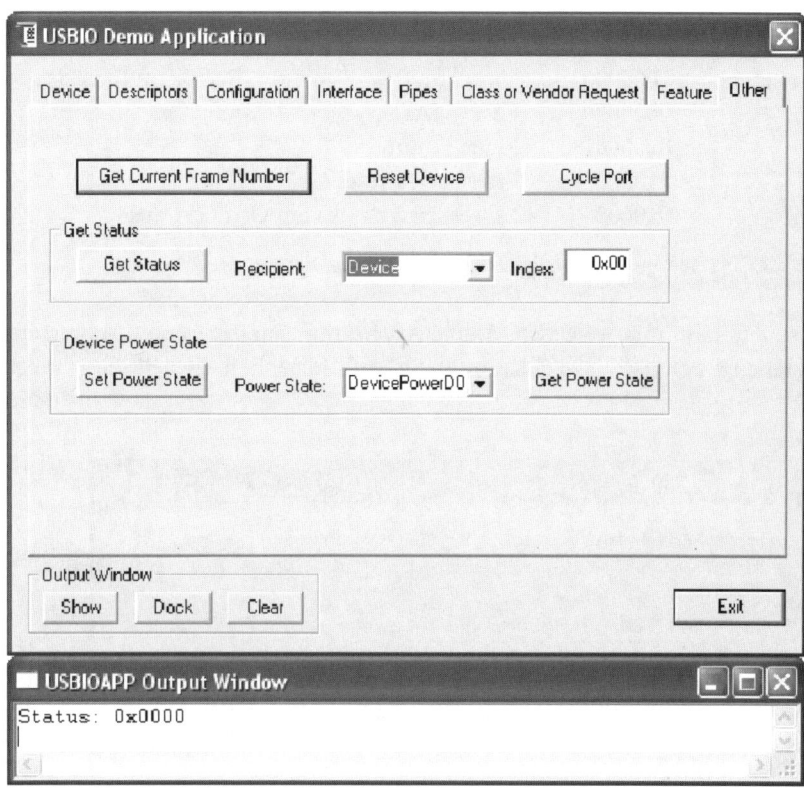

```
;*********************************************************************
; USB Standard Request: GET_STATUS_DEVICE
;*********************************************************************
; Reference: USB2.0 Figure 9-4
GET_STATUS_DEVICE
      movlw  0x00
      movff  WREG,wStatusLOW
      movff  WREG,wStatusHIGH
      call   transmitSTATUS
      bra    transtest_over_ctl_out
```

7.3.2 GET_STATUS_INTERFACE

Die Antwort auf diesen Request muss immer 0x0000 sein [USB 2.0: 9.4.5 und Abb. 9.5].

Datenfeld	Wert	Bedeutung
bmRequestType	10000001	Standard, Device to Host, Recipient: Interface
bRequest	00000000	GET_STATUS
wValue	0x0000	Keine Features
wIndex	0x0000	Interface-Adresse *
wLength	0x0002	Es werden 2 Bytes vom Gerät erwartet

* Ein USB488-Gerät hat nur ein einziges Interface, und zwar das mit der Adresse 0.

Dieser Request kann mit der USBIO Demo Application getestet werden, indem auf der Registerkarte „Other" das Feld „Get Status" mit folgenden Einstellungen ange-klickt wird:

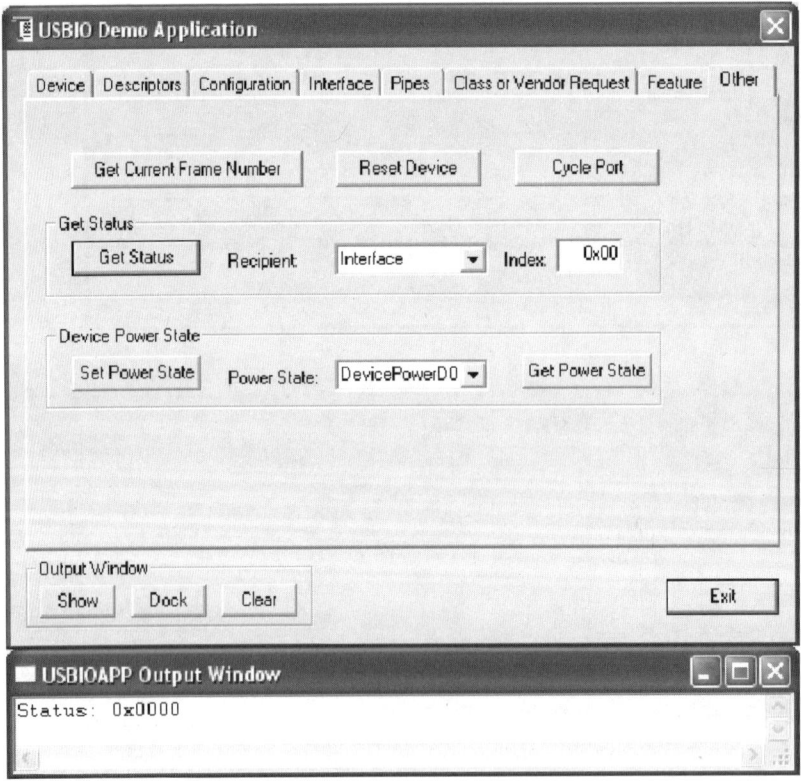

```
;************************************************************************
; USB Standard Request: GET_STATUS_INTERFACE
;************************************************************************
; Reference: USB2.0 Figure 9-5
GET_STATUS_INTERFACE
        movlw  0x00
        movff  WREG,wStatusLOW
        movff  WREG,wStatusHIGH
        call   transmitSTATUS
        bra    transtest_over_ctl_out
```

7.3.3 GET_STATUS_CONTROL_OUT

Datenfeld	Wert	Bedeutung
bmRequestType	10000010	Standard, Device to Host, Recipient: Endpoint
bRequest	00000000	GET_STATUS
wValue	0x0000	Keine Features
wIndex	0x0000	Recipient: Control-OUT Endpoint
wLength	0x0002	Es werden 2 Bytes vom Gerät erwartet #

```
;************************************************************************
; USB Standard Request: GET_STATUS_CONTROL_OUT
;************************************************************************
; Reference: USB2.0 Figure 9-6
GET_STATUS_CONTROL_OUT
        movlw  0x01
        movwf  TINKER
        movff  UEP0,WREG
        andwf  TINKER
        movff  TINKER,wStatusLOW
        movlw  0x00
        movff  WREG,wStatusHIGH
        call   transmitSTATUS
        bra    transtest_over_ctl_out
```

Dieser Request kann mit der USBIO Demo Application getestet werden, indem auf der Registerkarte „Other" das Feld „Get Status" angeklickt wird, nachdem Recipient und Index korrekt ausgewählt worden sind.

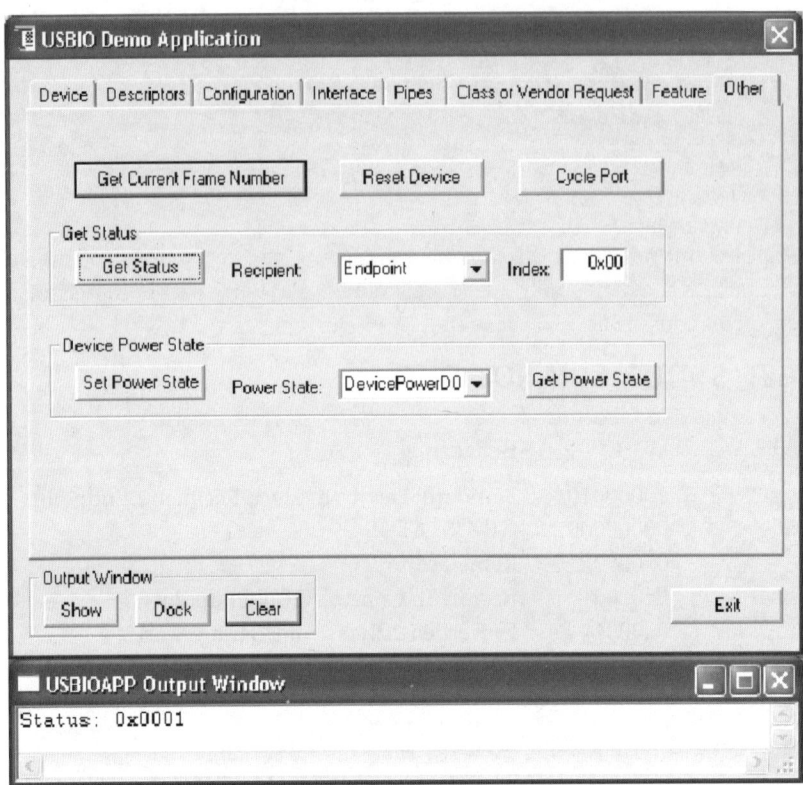

7.3.4 GET_STATUS_CONTROL_IN

Datenfeld	Wert	Bedeutung
bmRequestType	10000010	Standard, Device to Host, Recipient: Endpoint
bRequest	00000000	GET_STATUS
wValue	0x0000	Keine Features
wIndex	0x0080	Recipient: Control-OUT Endpoint
wLength	0x0002	Es werden 2 Bytes vom Gerät erwartet #

```
;******************************************************************************
; USB Standard Request: GET_STATUS_CONTROL_IN
;******************************************************************************
; Reference: USB2.0 Figure 9-6
GET_STATUS_CONTROL_IN
     movlw  0x01
     movwf  TINKER
```

```
movff  UEP0,WREG
andwf  TINKER
movff  TINKER,wStatusLOW
movlw  0x00
movff  WREG,wStatusHIGH
call   transmitSTATUS
bra    transtest_over_ctl_out
```

Dieser Request kann mit der USBIO Demo Application getestet werden, indem auf der Registerkarte „Other" das Feld „Get Status" angeklickt wird, nachdem Recipient und Index korrekt ausgewählt worden sind.

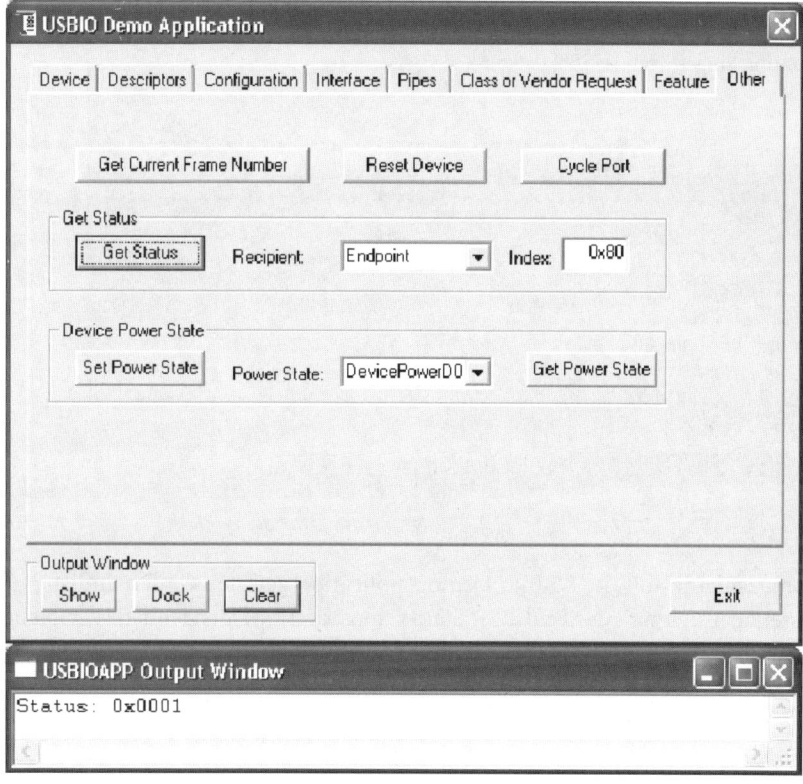

7.3.5 GET_STATUS_BULK_OUT

Datenfeld	Wert	Bedeutung
bmRequestType	10000010	Standard, Device to Host, Recipient: Endpoint
bRequest	00000000	GET_STATUS
wValue	0x0000	Keine Features
wIndex	0x0001	Recipient: Bulk-OUT Endpoint*
wLength	0x0002	Es werden 2 Bytes vom Gerät erwartet #

* Der Wert 0x0001 für das Datenfeld wIndex gilt nur dann, wenn der Bulk-OUT Endpoint wirklich die Adresse 01 hat. Im Unterschied zu den Adressen der Control Endpoints, die festgelegt sind, sind alle übrigen Endpoint-Adressen von der aktiven Konfiguration der USB-Schnittstelle abhängig. Die gültigen Adressen sind in den Endpoint Deskriptoren der Konfiguration eingetragen [USB 2.0: 9.6.6].

```
;********************************************************************
; USB Standard Request: GET_STATUS_BULK_OUT
;********************************************************************
; Reference: USB2.0 Figure 9-6
GET_STATUS_BULK_OUT
        movlw   0x01
        movwf   TINKER
        movff   UEP1,WREG
        andwf   TINKER
        movff   TINKER,wStatusLOW
        movlw   0x00
        movff   WREG,wStatusHIGH
        call    transmitSTATUS
        bra     transtest_over_ctl_out
```

Dieser Request kann mit der USBIO Demo Application getestet werden, indem auf der Registerkarte „Other" das Feld „Get Status" angeklickt wird, nachdem Recipient und Index korrekt ausgewählt worden sind.

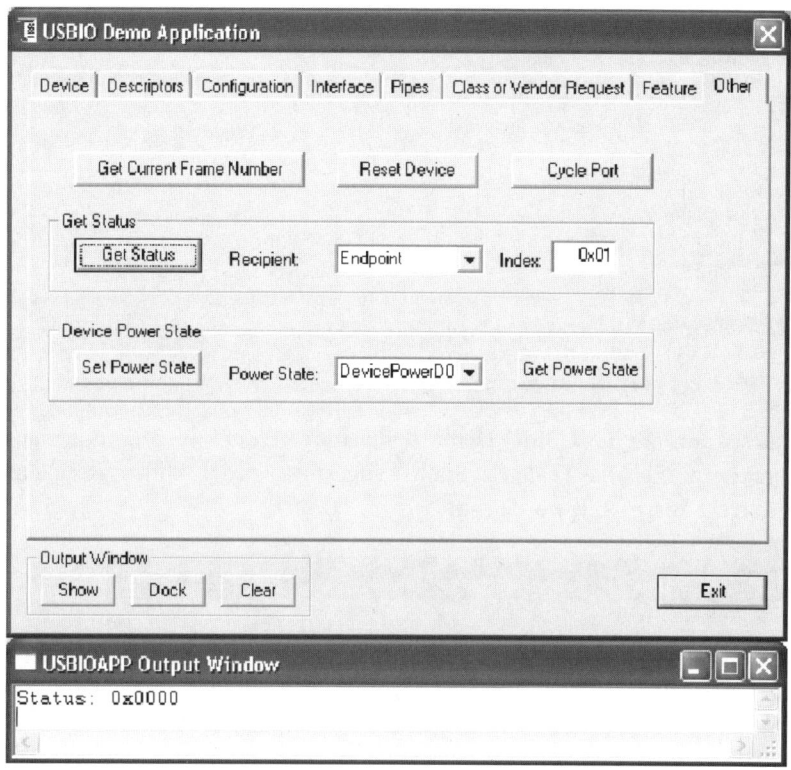

7.3.6 GET_STATUS_BULK_IN

Datenfeld	Wert	Bedeutung
bmRequestType	10000010	Standard, Device to Host, Recipient: Endpoint
bRequest	00000000	GET_STATUS
wValue	0x0000	Keine Features
wIndex	0x0082	Recipient: Bulk-In Endpoint*
wLength	0x0002	Es werden 2 Bytes vom Gerät erwartet #

* Der Wert 0x0082 für das Datenfeld wIndex gilt nur dann, wenn der Bulk-In Endpoint wirklich die Adresse 82 hat. Im Unterschied zu den Adressen der Control Endpoints, die festgelegt sind, sind alle übrigen Endpoint-Adressen von der aktiven Konfiguration der USB-Schnittstelle abhängig. Die gültigen Adressen sind in den Endpoint Deskriptoren der Konfiguration eingetragen [USB 2.0: 9.6.6].

```
;**********************************************************************
; USB Standard Request: GET_STATUS_BULK_IN
;**********************************************************************
; Reference: USB2.0 Figure 9-6
GET_STATUS_BULK_IN
        movlw   0x01
        movwf   TINKER
        movff   UEP2,WREG
        andwf   TINKER
        movff   TINKER,wStatusLOW
        movlw   0x00
        movff   WREG,wStatusHIGH
        call    transmitSTATUS
        bra     transtest_over_ctl_out
```

Dieser Request kann mit der USBIO Demo Application getestet werden, indem auf der Registerkarte „Other" das Feld „Get Status" angeklickt wird, nachdem Recipient und Index korrekt ausgewählt worden sind.

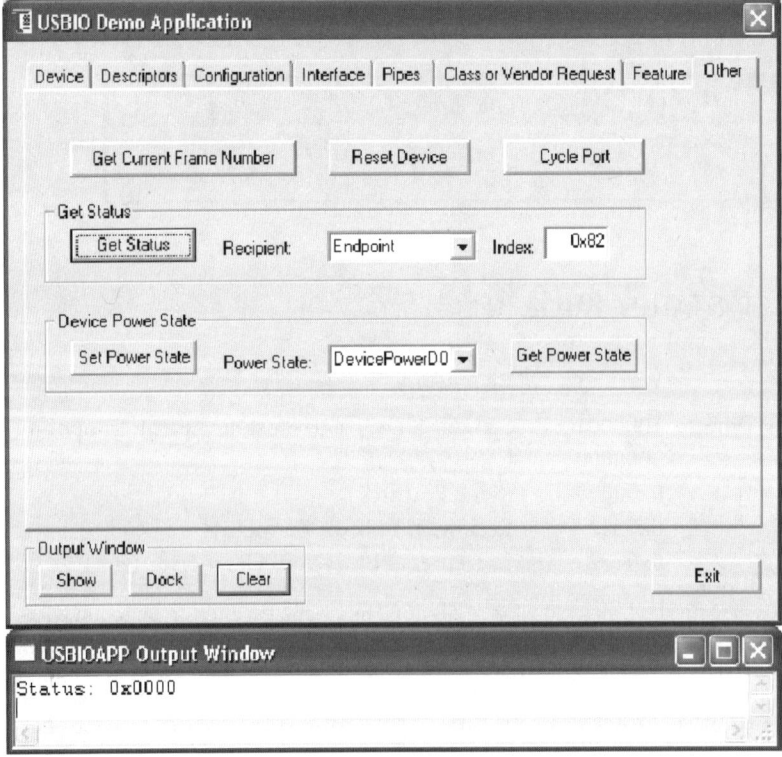

7.3.7 GET_STATUS_INTERRUPT_IN

Datenfeld	Wert	Bedeutung
bmRequestType	10000010	Standard, Device to Host, Recipient: Endpoint
bRequest	00000000	GET_STATUS
wValue	0x0000	Keine Features
wIndex	0x0083	Recipient: Interrupt-In Endpoint*
wLength	0x0002	Es werden 2 Bytes vom Gerät erwartet #

* Der Wert 0x0083 für das Datenfeld wIndex gilt nur dann, wenn der Interrupt-In Endpoint wirklich die Adresse 83 hat. Im Unterschied zu den Adressen der Control Endpoints, die festgelegt sind, sind alle übrigen Endpoint-Adressen von der aktiven Konfiguration der USB-Schnittstelle abhängig. Die gültigen Adressen sind in den Endpoint Deskriptoren der Konfiguration eingetragen [USB 2.0: 9.6.6].

```
;************************************************************************
; USB Standard Request: GET_STATUS_INTERRUPT_IN
;************************************************************************
; Reference: USB2.0 Figure 9-6
GET_STATUS_INTERRUPT_IN
        movlw   0x01
        movwf   TINKER
        movff   UEP3,WREG
        andwf   TINKER
        movff   TINKER,wStatusLOW
        movlw   0x00
        movff   WREG,wStatusHIGH
        call    transmitSTATUS
        bra     transtest_over_ctl_out
```

Dieser Request kann mit der USBIO Demo Application getestet werden, indem auf der Registerkarte „Other" das Feld „Get Status" angeklickt wird, nachdem Recipient und Index korrekt ausgewählt worden sind.

Antwort auf alle GET_STATUS Requests, die einen Endpoint adressieren.

Der einzige Zustand, der von einem Endpoint gemeldet werden kann ist, ob er sich im Haltezustand befindet, oder nicht [USB 2.0: 9.4.5 und Bild 9–6].

Antwort:

D15	D14	D13	D12	D11	D10	D9	D8
0	0	0	0	0	0	0	0

D7	D6	D5	D4	D3	D2	D1	D0
0	0	0	0	0	0	0	Halt

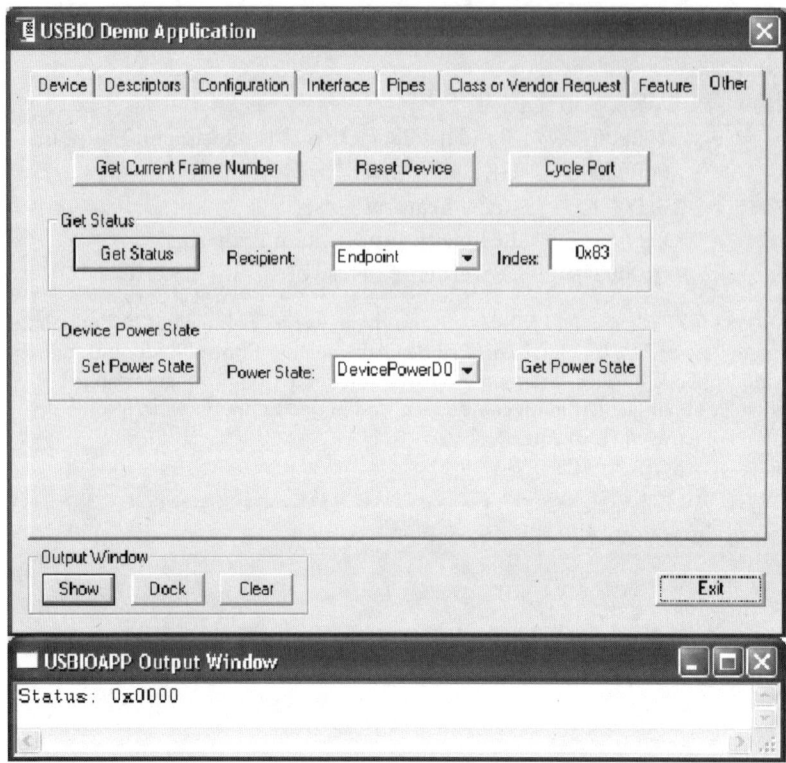

Bedeutung des Bits:

Halt = 0: Der Endpoint ist nicht im Haltezustand.

Halt = 1: Der Endpoint ist im Haltezustand.

```
;********************************************************************************
; transfer status information to control IN endpoint
;********************************************************************************
transmitSTATUS
      movlw   controlINlow
      movwf        FSR0L
      movlw   controlINhigh
      movwf   FSR0H
      movff   wStatusLOW,POSTINC0
      movff   wStatusHIGH,POSTINC0
; set the byte counter to 0x0002
      movlw   0x05
      movwf        FSR0L
      movlw   0x04
      movwf   FSR0H
      movlw   0x02
```

```
      movff  WREG,POSTDEC0
      movlw  0xC0   ;return ownership to SIE and declare DATA1 packet
      movff  WREG,INDF0
      return
```

7.4 Clear Feature

Diese Gruppe von Requests beschreibt die Aufforderungen, eine bestimmte Eigenschaft zurückzunehmen (abzuschalten). Gegenwärtig kennt der USB drei unterschiedliche Eigenschaften bei Geräten:

ENDPOINT_HALT sperrt einen Endpoint für die Datenübertragung. DEVICE_REMOTE_WAKEUP ist die Fähigkeit eines Geräts, die USB Kommunikation wieder aufzunehmen, wenn es aus dem Standby-Betrieb aufwacht. Diese Eigenschaft ist z. B. sinnvoll für USB-Mäuse an akkubetriebenen Laptops, weil damit Strom gespart werden kann, wenn die Maus nicht bewegt wird. Auch für USB488-Geräte ist eine praktische Anwendung denkbar, wenn z. B. ein Messsystem aufgebaut werden soll, das in einem Fahrzeug installiert ist und aus Batterien versorgt werden muss. Die praktischen Anwendungen in diesem Buch besitzen die Fähigkeit des DEVICE_REMOTE_WAKEUP jedoch nicht.

TEST_MODE unterstützt grundsätzlich Hardwaretests für Ausgangsimpedanz, Einschwingverhalten und Spannungspegel der Leitungstreiber sowie andere Eigenschaften, die in Verbindung mit der High-speed-Betriebsart des USB stehen. USB Host Controller, Hubs und sonstige Funktionen, die hochgeschwindigkeitsfähig sind, müssen die in USB 2.0, Abschnitt 7.1.20 festgelegten Fähigkeiten für Testprozeduren besitzen. Für USB488-Geräte entfallen diese Fähigkeiten, weil sie nicht im High-speed-Modus betrieben werden. Für Geräte besteht darüber hinaus die Möglichkeit, herstellerspezifische Tests ausführen zu lassen [USB 2.0: 9.4.9]. In diesem Buch wird diese Möglichkeit nicht behandelt.

Die Clear Feature Requests gehören zu der Gruppe von Requests, auf die keine Antwort erwartet wird. In der Data-Stage des Control Transfers wird daher vom Gerät ein leeres Datenpaket übertragen.

```
;**************************************************************************
; transfer no data to control IN endpoint
;**************************************************************************
transmitNONE
; fill in an empty packet to control IN
      movlw  0x05
      movwf  FSR0L
```

```
movlw  0x04
movwf  FSR0H  ;lower packet counter in BD0in
movlw  0x00
movff  WREG,POSTDEC0 ;zero data
movlw  0xC0   ;return ownership to SIE and declare DATA1 packet
movff  WREG,INDF0
return
```

Für ein USBTMC-USB488-kompatibles Gerät kommen folgende Clear Feature Requests infrage, die jeweils innerhalb von 50 ms ausgeführt werden müssen [USB 2.0: 9.2.6.4]:

7.4.1 CLEAR_HALT_CONTROL_OUT

Dieser Request hebt die Sperrung für die Datenübertragung des Control-OUT Endpoint auf. Dieser Request ist möglich, aber grundsätzlich sinnlos, weil der Control-OUT Endpoint automatisch die Sperrung aufhebt, wenn er einen SETUP Packet Identifier empfängt, der einen Control Transfer ankündigt [USB 2.0: 8.5.3]. Diese Eigenschaft ist Bestandteil der Interface-Hardware und soll dafür sorgen, dass ein USB-Gerät immer für den Empfang von Control Transfers bereit ist, ganz gleich, was die Software des Geräts auch anordnen mag. Wenn ein Host diesen Request fordert, kann davon ausgegangen werden, dass ein Fehler in der Kommunikation aufgetreten ist. In diesem Fall ist es sinnvoll, einen Neustart der USB-Schnittstelle des Geräts auszuführen [USB 2.0: 9.4].

Datenfeld	Wert	Bedeutung
bmRequestType	00000010	Standard, Host to Device, Recipient: Endpoint
bRequest	00000001	CLEAR_FEATURE
wValue	0x0000	Feature: ENDPOINT_HALT
wIndex	0x0000	Recipient: Control-OUT Endpoint
wLength	0x0000	Keine Antwort vom Gerät

```
;*******************************************************************************
; USB Standard Request: CLEAR_HALT_CONTROL_OUT
;*******************************************************************************
; Reference: USB2.0 Chapter 9.4.1       response data: none
CLEAR_HALT_CONTROL_OUT
        call   USB_init
        bra    transtest_over_ctl_out    ;*1
```

7.4.2 CLEAR_HALT_CONTROL_IN

Dieser Request ist das Gegenstück zum zuvor abgehandelten, denn die Control-OUT und Control-In Endpoints bilden eine Einheit. Prinzipiell ist dieser Request aber ebenfalls möglich und muss daher von der Firmware des Geräts bearbeitet werden.

Datenfeld	Wert	Bedeutung
bmRequestType	00000010	Standard, Host to Device, Recipient: Endpoint
bRequest	00000001	CLEAR_FEATURE
wValue	0x0000	Feature: ENDPOINT_HALT
wIndex	0x0080	Recipient: Control-In Endpoint
wLength	0x0000	Keine Antwort vom Gerät

```
;****************************************************************
; USB Standard Request: CLEAR_HALT_CONTROL_IN
;****************************************************************
; Reference: USB2.0 Chapter 9.4.1        response data: none
CLEAR_HALT_CONTROL_IN
        call    USB_init
        bra     transtest_over_ctl_out    ;*1
;*1:Clearing the halt condition of control endpoints will be done only if control
; transfers are impossible. According to USB2.0 Chapter 9.4 this should force a
; device-reset
```

Wenn die beiden vorstehenden Requests mit der USBIO Demo Application von Thesycon ausprobiert werden, dann wird die USB-Schnittstelle des Geräts in Übereinstimmung mit USB 2.0, Abschnitt 9.4 initialisiert. Dazu muss die Registerkarte „Feature" aufgerufen und wie nachfolgend aufgeführt ausgefüllt werden. Anstelle 0x0080 (Control-In) kann als Index auch 0x0000 (Control-OUT) eingetragen werden. Wenn dann das Feld „Clear Feature" angeklickt wird, erhält man als Ergebnis eine Neuinitialisation der Schnittstelle. Wenn man danach mit dem Gerät weiterarbeiten möchte, müssen die Operationen „Open" auf der Registerkarte „Device" und „Set Configuration" auf der Registerkarte „Configuration" wiederholt werden.

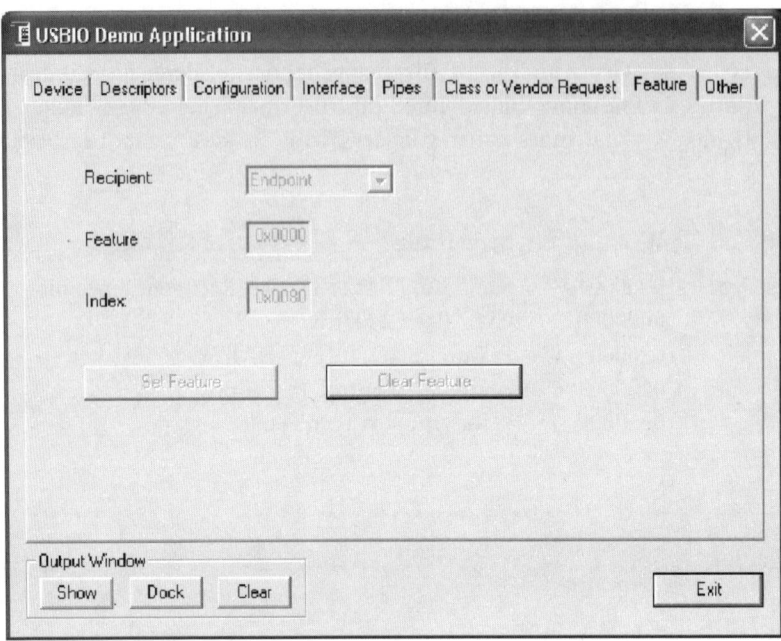

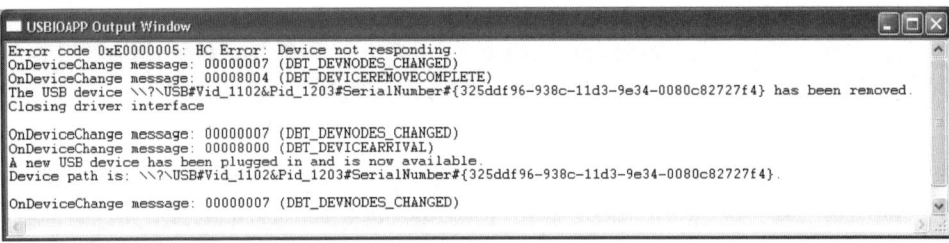

7.4.3 CLEAR_HALT_BULK_OUT

Dieser Request hebt die Sperrung des Bulk-OUT Endpoint auf. Für USBTMC-Geräte gilt noch folgende Zusatzvereinbarung: Wenn der Host einen CLEAR_HALT_BULK_OUT Request gesendet hat, muss er den nächsten Bulk-OUT Transfer mit einem Bulk-OUT Header beginnen. Dementsprechend muss das Gerät diesen Transfer als mit einem Bulk-OUT Header beginnend interpretieren (USBTMC: 4.1.1.1).

Datenfeld	Wert	Bedeutung
bmRequestType	00000010	Standard, Host to Device, Recipient: Endpoint
bRequest	00000001	CLEAR_FEATURE
wValue	0x0000	Feature: ENDPOINT_HALT
wIndex	0x0001	Recipient: Bulk-OUT Endpoint*
wLength	0x0000	Keine Antwort vom Gerät

* Der Wert 0x0001 für das Datenfeld wIndex gilt nur dann, wenn der Bulk-OUT Endpoint wirklich die Adresse 01 hat. Im Unterschied zu den Adressen der Control Endpoints, die festgelegt sind, sind alle übrigen Endpoint-Adressen von der aktiven Konfiguration der USB-Schnittstelle abhängig. Die gültigen Adressen sind in den Endpoint Deskriptoren der Konfiguration eingetragen [USB 2.0: 9.6.6].

```
;*********************************************************************
; USB Standard Request: CLEAR_HALT_BULK_OUT
;*********************************************************************
CLEAR_HALT_BULK_OUT
    bcf     UEP1,EPSTALL ;unstall bulk endpoint
    call    transmitNONE ;send an empty packet trough control IN
    bra     transtest_over_ctl_out
```

7.4.4 CLEAR_HALT_BULK_IN

Der Request hebt die Sperrung des Bulk-IN Endpoints auf. Für USBTMC-Geräte gilt noch folgende Zusatzvereinbarung: Wenn der Host einen CLEAR_HALT_BULK_IN Request gesendet hat, muss er den nächsten Datentransfer vom Gerät als mit einem Bulk-IN Header beginnend interpretieren. Dementsprechend muss das Gerät den Transfer auch mit einem Bulk-IN Header beginnen lassen, allerdings erst, wenn es eine entsprechende Aufforderung zum Senden erhalten hat [USBTMC 4.1.1.2]. Die erste Datenübertragung nach einem CLEAR_HALT_BULK_IN muss immer vom Typ DATA0 sein, selbst wenn der Endpoint vor diesem Request gar nicht im Haltzustand gewesen ist [USB 2.0: 9.4.].

Datenfeld	Wert	Bedeutung
bmRequestType	00000010	Standard, Host to Device, Recipient: Endpoint
bRequest	00000001	CLEAR_FEATURE
wValue	0x0000	Feature: ENDPOINT_HALT
wIndex	0x0082	Recipient: Bulk-IN Endpoint*
wLength	0x0000	Keine Antwort vom Gerät

* Der Wert 0x0082 für das Datenfeld wIndex gilt nur dann, wenn der Bulk-IN Endpoint wirklich die Adresse 82 hat. Im Unterschied zu den Adressen der Control Endpoints, die festgelegt sind, sind alle übrigen Endpoint-Adressen von der aktiven Konfiguration der USB-Schnittstelle abhängig. Die gültigen Adressen sind in den Endpoint Deskriptoren der Konfiguration eingetragen [USB 2.0: 9.6.6].

```
;**************************************************************************
; USB Standard Request: CLEAR_HALT_BULK_IN
;**************************************************************************
CLEAR_HALT_BULK_IN
        bcf     UEP2,EPSTALL ;unstall bulk endpoint
        call    transmitNONE ;send an empty packet trough control IN
        bra     transtest_over_ctl_out
```

7.4.5 CLEAR_HALT_INTERRUPT_IN

Hebt die Sperrung des Interrupt-IN Endpoint auf. Die erste Datenübertragung nach einem CLEAR_HALT_INTERRUPT_IN muss immer vom Typ DATA0 sein, selbst wenn der Endpoint vor diesem Request gar nicht im Haltzustand gewesen ist [USB 2.0: 9.4.5].

Datenfeld	Wert	Bedeutung
bmRequestType	00000010	Standard, Host to Device, Recipient: Endpoint
bRequest	00000001	CLEAR_FEATURE
wValue	0x0000	Feature: ENDPOINT_HALT
wIndex	0x0083	Recipient: Interrupt-IN Endpoint*
wLength	0x0000	Keine Antwort vom Gerät

* Der Wert 0x0083 für das Datenfeld wIndex gilt nur dann, wenn der Interrupt-IN Endpoint wirklich die Adresse 83 hat. Im Unterschied zu den Adressen der Control Endpoints, die festgelegt sind, sind alle übrigen Endpoint-Adressen von der aktiven Konfiguration der USB-Schnittstelle abhängig. Die gültigen Adressen sind in den Endpoint Deskriptoren der Konfiguration eingetragen [USB 2.0: 9.6.6].

```
;**************************************************************************
; USB Standard Request: CLEAR_HALT_INTERRUPT_IN
;**************************************************************************
CLEAR_HALT_INTERRUPT_IN
        bcf     UEP3,EPSTALL ;unstall interrupt endpoint
        call    transmitNONE ;send an empty packet trough control IN
        bra     transtest_over_ctl_out
```

Für USBTMC-Geräte gelten über die Standard Device Requests des Typs CLEAR_HALT hinaus noch folgende zusätzliche Vereinbarungen: Wenn ein Gerät feststellt, dass es keinen Grund mehr dafür gibt, einen Endpoint für die Datenübertragung zu sperren, dann muss es die Sperrung aufheben [USBTMC: 4.1.1].

7.4.6 CLEAR_DEVICE_REMOTE_WAKEUP

Schaltet die Fähigkeit eines Geräts aus, beim Aufwachen aus dem Standby-Zustand beim Host die automatische Wiederaufnahme der Kommunikation über den USB einzuleiten [USB 2.0: 10.2.7]. Dieser Request ist im Beispielgerät nicht realisiert.

Datenfeld	Wert	Bedeutung
bmRequestType	00000000	Standard, Host to Device, Recipient: Device
bRequest	00000001	CLEAR_FEATURE
wValue	0x0001	Feature: REMOTE_WAKEUP
wIndex	0x0000	Keine Endpoint- oder Interface-Adresse
wLength	0x0000	Keine Antwort vom Gerät

7.5 Set Feature

Diese Gruppe von Requests ist das Gegenstück zu Clear Feature. Mit diesen Requests werden die vorher beschriebenen Fähigkeiten eingeschaltet. Für ein USBTMC-USB488-kompatibles Gerät kommen folgende Set Feature Requests infrage, die jeweils innerhalb von 50 ms ausgeführt werden müssen [USB 2.0: 9.2.6.4]:

7.5.1 SET_HALT_CONTROL_OUT

Dieser Request stoppt den Datenempfang des Control-OUT Endpoints. Allerdings hebt der Empfang eines Setup Token automatisch diese Sperrung auf.

Datenfeld	Wert	Bedeutung
bmRequestType	00000010	Standard, Host to Device, Recipient: Endpoint
bRequest	00000011	SET_FEATURE
wValue	0x0000	Feature: ENDPOINT_HALT
wIndex	0x0000	Recipient: Control-OUT Endpoint
wLength	0x0000	Keine Antwort vom Gerät

```
;****************************************************************
; USB Standard Request: SET_HALT_CONTROL_OUT
;****************************************************************
SET_HALT_CONTROL_OUT
      bsf     UEP0,EPSTALL ;stall control endpoint
      call    transmitNONE ;send an empty packet trough control IN
      bra     transtest_over_ctl_out ;*2
```

7.5.2 SET_HALT_CONTROL_IN

Dieser Request stoppt den Datenempfang des Control-IN Endpoints. Allerdings hebt der Empfang eines Setup Token automatisch diese Sperrung auf.

Datenfeld	Wert	Bedeutung
bmRequestType	00000010	Standard, Host to Device, Recipient: Endpoint
bRequest	00000011	SET_FEATURE
wValue	0x0000	Feature: ENDPOINT_HALT
wIndex	0x0080	Recipient: Control-IN Endpoint
wLength	0x0000	Keine Antwort vom Gerät

```
;****************************************************************************
; USB Standard Request: SET_HALT_CONTROL_IN
;****************************************************************************
SET_HALT_CONTROL_IN
     bsf    UEP0,EPSTALL  ;stall control endpoint
     call   transmitNONE  ;send an empty packet trough control IN
     bra    transtest_over_ctl_out    ;*2
;*2: A functional STALL on default control endpoints is unusual but must be
; supported by a robust firmware.
```

7.5.3 SET_HALT_BULK_OUT

Der Request sperrt den Bulk-OUT Endpoint.

Datenfeld	Wert	Bedeutung
bmRequestType	00000010	Standard, Host to Device, Recipient: Endpoint
bRequest	00000011	SET_FEATURE
wValue	0x0000	Feature: ENDPOINT_HALT
wIndex	0x0001	Recipient: Bulk-OUT Endpoint*
wLength	0x0000	Keine Antwort vom Gerät

* Der Wert 0x0001 für das Datenfeld wIndex gilt nur dann, wenn der Bulk-OUT Endpoint wirklich die Adresse 01 hat. Im Unterschied zu den Adressen der Control Endpoints, die festgelegt sind, sind alle übrigen Endpoint-Adressen von der aktiven Konfiguration der USB-Schnittstelle abhängig. Die gültigen Adressen sind in den Endpoint Deskriptoren der Konfiguration eingetragen [USB 2.0: 9.6.6].

```
;****************************************************************************
; USB Standard Request: SET_HALT_BULK_OUT
;****************************************************************************
SET_HALT_BULK_OUT
     bsf    UEP1,EPSTALL  ;stall bulk endpoint
     call   transmitNONE  ;send an empty packet trough control IN
     bra    transtest_over_ctl_out
```

7.5.4 SET_HALT_BULK_IN

Dieser Request sperrt den Bulk-IN Endpoint.

Datenfeld	Wert	Bedeutung
bmRequestType	00000010	Standard, Host to Device, Recipient: Endpoint
bRequest	00000011	SET_FEATURE
wValue	0x0000	Feature: ENDPOINT_HALT
wIndex	0x0082	Recipient: Bulk-IN Endpoint*
wLength	0x0000	Keine Antwort vom Gerät

* Der Wert 0x0082 für das Datenfeld wIndex gilt nur dann, wenn der Bulk-IN Endpoint wirklich die Adresse 82 hat. Im Unterschied zu den Adressen der Control Endpoints, die festgelegt sind, sind alle übrigen Endpoint-Adressen von der aktiven Konfiguration der USB-Schnittstelle abhängig. Die gültigen Adressen sind in den Endpoint Deskriptoren der Konfiguration eingetragen [USB 2.0: 9.6.6].

```
;***************************************************************************
; USB Standard Request: SET_HALT_BULK_IN
;***************************************************************************
SET_HALT_BULK_IN
      bsf     UEP2,EPSTALL ;stall bulk endpoint
      call    transmitNONE ;send an empty packet trough control IN
      bra     transtest_over_ctl_out
```

7.5.5 SET_HALT_INTERRUPT_IN

Dieser Request sperrt den Interrupt-IN Endpoint.

Datenfeld	Wert	Bedeutung
bmRequestType	00000010	Standard, Host to Device, Recipient: Endpoint
bRequest	00000011	SET_FEATURE
wValue	0x0000	Feature: ENDPOINT_HALT
wIndex	0x0083	Recipient: Interrupt-IN Endpoint*
wLength	0x0000	Keine Antwort vom Gerät

* Der Wert 0x0083 für das Datenfeld wIndex gilt nur dann, wenn der Interrupt-IN Endpoint wirklich die Adresse 83 hat. Im Unterschied zu den Adressen der Control Endpoints, die festgelegt sind, sind alle übrigen Endpoint-Adressen von der aktiven Konfiguration der USB-Schnittstelle abhängig. Die gültigen Adressen sind in den Endpoint Deskriptoren der Konfiguration eingetragen [USB 2.0: 9.6.6].

```
;*********************************************************************
; USB Standard Request: SET_HALT_INTERRUPT_IN
;*********************************************************************
SET_HALT_INTERRUPT_IN
     bsf    UEP3,EPSTALL ;stall interrupt endpoint
     call   transmitNONE ;send an empty packet trough control IN
     bra    transtest_over_ctl_out
```

Stellvertretend für den Test der SET und CLEAR HALT Requests mit der USBIO Demo Application ist im folgenden Beispiel das Sperren und wieder Freigeben des Bulk-IN Endpoints (Adresse 0x82) dargestellt. Zunächst wird der aktuelle Status mit dem GET_STATUS_BULK_IN Request abgefragt.

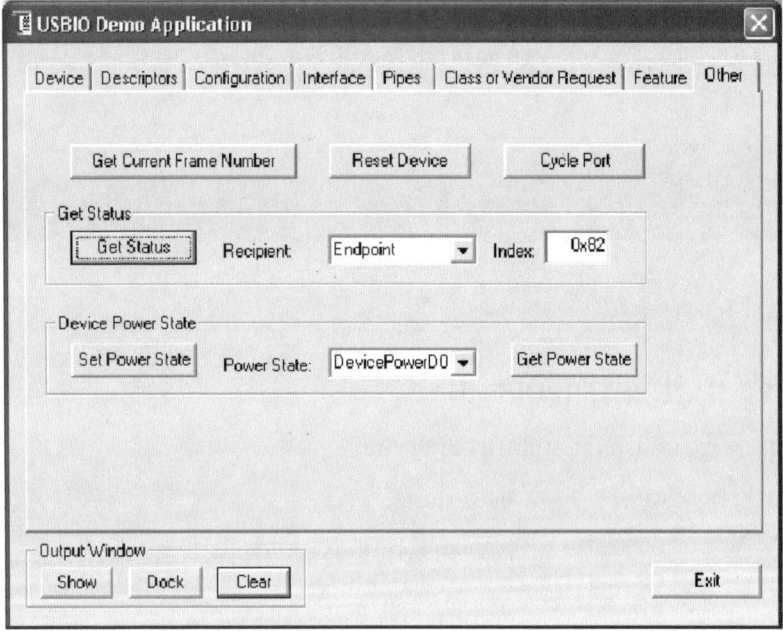

Aus der Antwort lässt sich ersehen, dass der Endpoint nicht für die Datenübertragung gesperrt ist.

Durch Anklicken von „Set Feature" auf der Registerkarte „Feature" wird für den Endpoint 0x0082 ein SET_ENDPOINT_HALT Request ausgeführt.

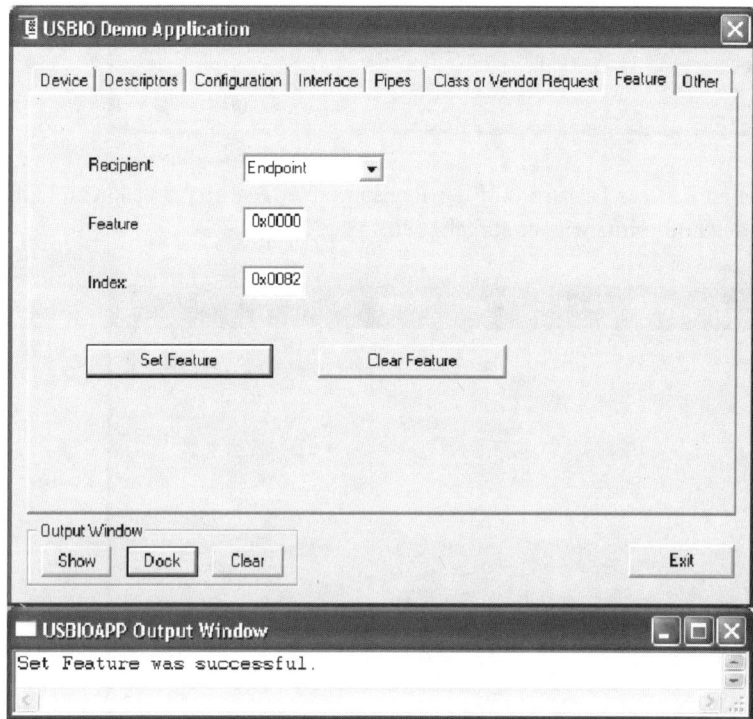

Danach ergibt die Statusabfrage einen gesperrten Bulk-IN Endpoint.

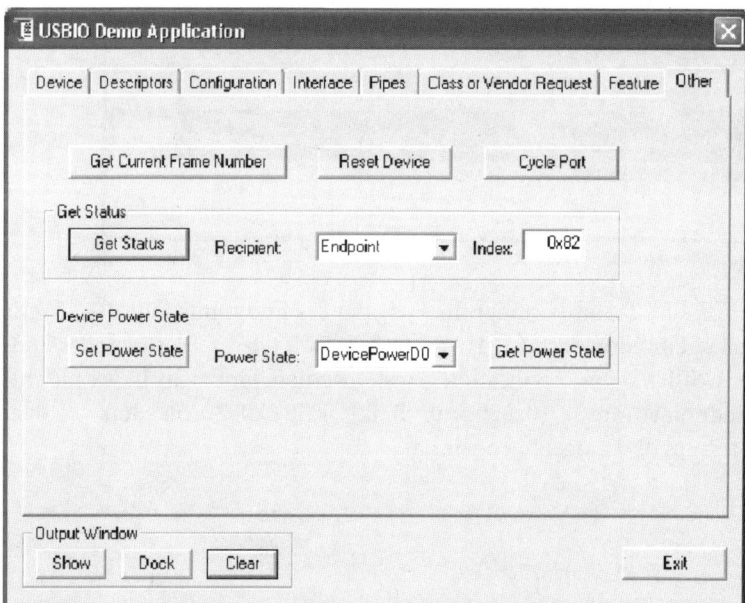

Wird anschließend „Clear Feature" auf der Registerkarte „Feature" angeklickt, wird die Sperrung des Endpoints wieder aufgehoben.

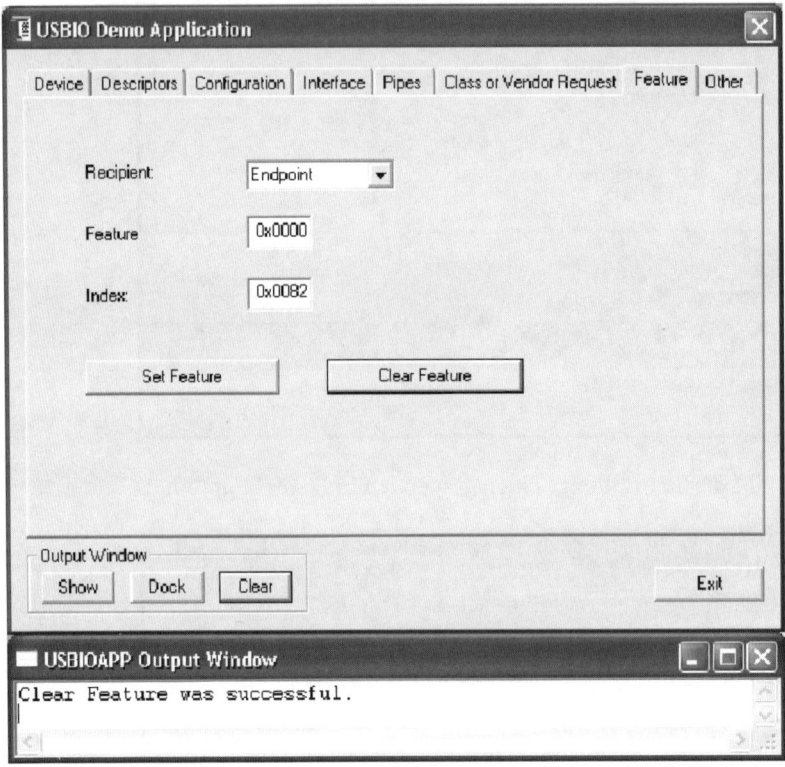

Erneutes Abfragen des Status bestätigt die Freigabe des Endpoints. Auf diese Weise kann die korrekte Funktion der SET_HALT und CLEAR_HALT Features aller Endpoints mit der USBIO Demo Application getestet werden, indem als Index die entsprechende Endpoint-Adresse (0x0001 für Bulk-OUT, 0x0082 für Bulk-IN oder 0x0083 für Interrupt-IN) eingetragen wird.

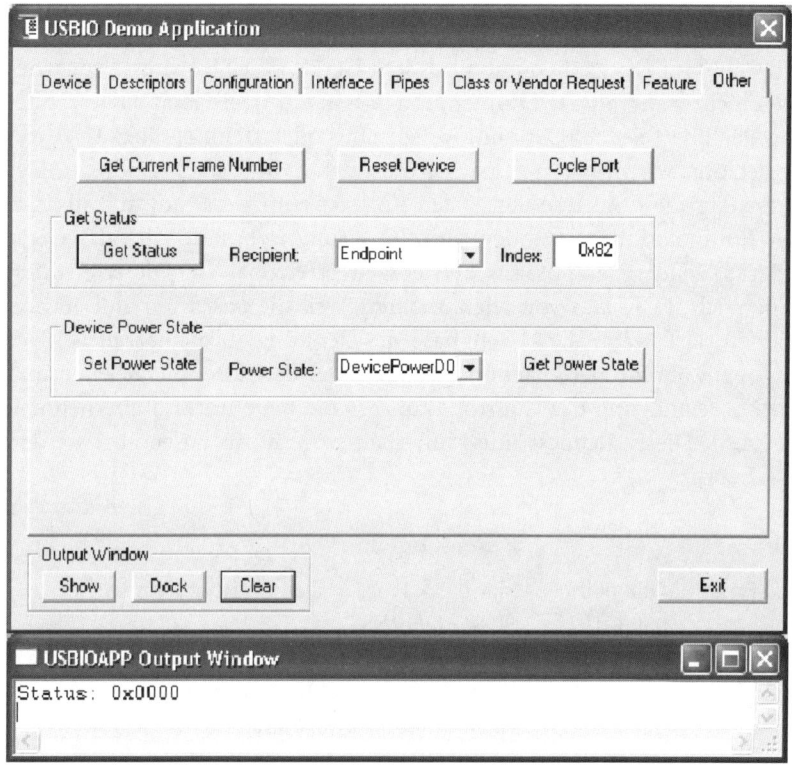

7.5.6 SET_DEVICE_REMOTE_WAKEUP

Der Request schaltet die Fähigkeit eines Geräts ein, beim Aufwachen aus dem Standby-Zustand beim Host die automatische Wiederaufnahme der Kommunikation über den USB einzuleiten [USB 2.0: 10.2.7]. Dieser Request ist im Beispielgerät nicht realisiert.

Datenfeld	Wert	Bedeutung
bmRequestType	00000000	Standard, Host to Device, Recipient: Device
bRequest	00000011	SET_FEATURE
wValue	0x0001	Feature: REMOTE_WAKEUP
wIndex	0x0000	Keine Endpoint- oder Interface-Adresse
wLength	0x0000	Keine Antwort vom Gerät

7.5.7 SET_ADDRESS

Mit diesem Standard Device Request wird dem Gerät die USB-Adresse zugewiesen. Das geschieht während der Enumeration. Wenn ein USB-Gerät eingeschaltet wird (entweder über eigene Spannungsversorgung oder wenn es über USB mit Spannung versorgt wird), hat es zunächst die Adresse 0 (Default Address). Der Host nimmt über diese Adresse den ersten Kontakt zum Gerät auf, um ihm im Verlauf der Enumeration eine andere Adresse zuzuweisen, unter der das Gerät während der folgenden temporären Betriebszeit erreichbar ist. Dieser Request unterscheidet sich im Ablauf von allen anderen, weil die auszuführende Aktion erst stattfinden darf, wenn die Datenphase des Requests abgeschlossen ist. Das Gerät muss also während der Datenphase noch unter der Adresse 0 arbeiten und darf erst nach Beendigung des Control Transfers die neue Adresse übernehmen [USB 2.0: 9.4.6]. Dieser Request muss innerhalb von 50 ms ausgeführt werden [USB 2.0: 9.2.6.4].

Datenfeld	Wert	Bedeutung
bmRequestType	00000000	Standard, Host to Device, Recipient: Device
bRequest	00000101	SET_ADDRESS
wValue	(1–127)	Temporäre USB-Adresse
wIndex	0x0000	Keine Endpoint- oder Interface-Adresse
wLength	0x0000	Keine Antwort vom Gerät

```
;****************************************************************
;
; USB Standard Request: SET_ADRESS
;****************************************************************
;
; Reference: USB2.0 Chapter 9.4.6        response data: none
; Achtung! the new address transmitted must not be written into the UADDR
; register unless the status stage is completed with the current address
SET_ADDRESS
        movff   wValueLOW,USBAddress ; keep the new address value
        movlw   0xFF
        movwf   SetAddress ; note this request for IN control status transaction
        call    transmitNONE ;send an empty packet trough control IN
        bra     transtest_over_ctl_out
```

Es ist Angelegenheit der Interrupt Service Routine, die bei beendeten IN Token abläuft, festzustellen, ob das Gerät neu adressiert werden muss. Dabei gilt zu beachten, dass auch die Adresse 0 übermittelt werden kann und ein Gerät damit entadressiert wird. Es verliert damit seine Konfiguration.

```
;*****************************************************************************
; transaction complete in physical endpoint 0
;*****************************************************************************
transcmpl_0
; next must be done ASAP, refer ERRATA DS80220G sec 10
      bcf    UCON,PKTDIS ;clear packet transfer disable
; ******
      btfss  USTAT,DIR
      bra    transcmplOUT_0          ;last transaction was an OUT or SETUP token
;last transaction was an IN token
transcmplIN_0
; test if this is the IN control status transaction of a SET_ADDRESS request
      movlw  0x00
      cpfseq SetAddress
      bra    insert_address
      bra    transtest_over
insert_address
      movff  USBAddress,UADDR
      clrf   SetAddress
;*****************************************************************************
;********** The USB interface of the device is addressed now  ************
;*****************************************************************************
      movlw  0x00
      cpfseq USBAddress
      bra    insert_nonzero
; if the address is zero, the device must be unconfigured
      call   USB_unconfig
insert_nonzero
      bra    transtest_over
```

7.6 Get Descriptor

Mit diesem Standard Device Request werden alle Deskriptoren (Beschreiber) abgefragt, die für ein Gerät infrage kommen. Der Inhalt der Deskriptoren ist weitgehend von der Geräteklasse, von der individuellen Ausstattung der USB-Schnittstelle und von den Festlegungen des Geräteherstellers abhängig. Deswegen werden in diesem Buch die Deskriptoren so dargestellt, wie sie für ein Gerät der Klasse USB488 typisch sind.

7.6.1 GET_DESCRIPTOR_DEVICE

Dieser Request fragt den Device Descriptor des Geräts ab. Ein Gerät hat nur einen einzigen Device Descriptor. [USB 2.0: 9.6.1].

Datenfeld	Wert	Bedeutung
bmRequestType	10000000	Standard, Device to Host, Recipient: Device
bRequest	00000110	GET_DESCRIPTOR
wValue	0x0100	Typ: Device Descriptor
wIndex	0x0000	Keine Endpoint- oder Interface-Adresse
wLength	*	Erwartete Anzahl von Bytes

```
;********************************************************************
; USB Standard Request: GET_DESCRIPTOR_DEVICE
;********************************************************************
GET_DESCRIPTOR_DEVICE
        movlw   UPPER DeviceDescriptor
        movwf   TBLPTRU
        movlw   HIGH DeviceDescriptor
        movwf   TBLPTRH
        movlw   LOW DeviceDescriptor
        movwf   TBLPTRL
        call    IN_Descriptor
        bra     transtest_over_ctl_out
```

Aufbau des Device Descriptors vom Beispielgerät

Das Grundgerüst des Device Descriptors mit seinen unveränderlichen Bestandteilen ist im Festspeicher hinterlegt. Da man im Beispielgerät aber die Datenfelder idVendor, idProduct und bcdDevice auf die eigenen Bedürfnisse ändern kann, werden die Inhalte dieser Datenfelder nur durch Platzhalter vertreten. Nach der Übertragung des Deskriptors in den Control-In Endpoint werden die Einträge mit Werten aus dem EEPROM überschrieben. Im EEPROM muss folgender Block reserviert werden:

```
; variables for Device Descriptor
; 0x80
variableIdvendor    DE    0,0
; 0x82
variableIdproduct   DE    0,0
; 0x84
variableBcddevice   DE    0,0
```

Alle Deskriptoren folgen im Aufbau dem Schema des Device Descriptors. Die ersten beiden Bytes werden nicht in den Control-In Endpoint übernommen, sondern dienen dem Unterprogramm „IN_Descriptor" als Parameter zur Angabe der Paketlänge.

```
DeviceDescriptor
; Length
        DB      .18     ;packet length (lower byte)
        DB      0       ;packet length (higher byte)
; USB-part:
        DB      .18     ;bLength size of descriptor
        DB      0x01    ;bDescriptorType $01 is Device Descriptor
        DB      0x00    ;bcdUSB USB version (lower byte)
        DB      0x02    ;bcdUSB USB version (higher byte) USB 2.0
        DB      0x00    ;bDeviceClass
        DB      0x00    ;bDeviceSubClass
        DB      0x00    ;bDeviceProtocol
        DB      .64     ;bMaxPacketSize0
        DB      0xAD    ;idVendor (lower byte)  place holder*
        DB      0x0 A   ;idVendor (higher byte) place holder*
        DB      0x01    ;idProduct (lower byte) place holder*
        DB      0x01    ;idProduct (higher byte)place holder*
        DB      0x01    ;bcdDevice (lower byte) place holder*
        DB      0x00    ;bcdDevice (higher byte)place holder*
        DB      0x01    ;iManufacturer string index
        DB      0x02    ;iProduct string index
        DB      0x03    ;iSerialNumber string index
        DB      0x01    ;bNumConfigurations
;* final values are filled in from EEPROM-locations
```

Alle Daten, die bei Get Descriptor Requests übertragen werden müssen, werden grundsätzlich mit dem folgenden Unterprogramm in den Control-In Endpoint geschrieben. Ausnahme sind die Get String Descriptor Requests, mit denen Strings gelesen werden, deren Inhalt vom Anwender verändert werden können. Das sind Herstellername, Typenbezeichnung und Seriennummer des Geräts.

```
;********************************************************************************
; Load a descriptor into the control IN endpoint
;********************************************************************************
IN_Descriptor
; The descriptor's content is loaded to the control IN file register space
; Descriptor is accessed via Table-Pointer
; the first byte of the descriptor is the descriptor's packet length
; load FSR0 with Control IN base address
; check UOWN-bit
        movlw   0x04
        movwf       FSR0L
        movlw   0x04
        movwf   FSR0H
        movff   INDF0,WREG
        btfsc   WREG,7 ;UOWN-bit of BDOSTAT
        bra     IN_Descriptor ;wait until SIE has released the control IN endpoint
        tblrd   *+
        movff   TABLAT,DescriptorPointer ;packet length (lower byte)
```

```
        movff  TABLAT,PREINC0
        tblrd  *+  ;skip higher byte of descriptor's packet length
; compare descriptor length with the requested packet length (wLength)
        movff  wLengthLOW,WREG
        cpfslt DescriptorPointer
        bra    insert_wlength
        bra    insert_descriptorLength
insert_wlength
        movff  wLengthLOW,DescriptorPointer
        bra    insert_packet_length
insert_descriptorLength
        nop
        nop
insert_packet_length
; set the byte counter to requested packet length
        movlw  0x05
        movwf         FSR0L
        movlw  0x04
        movwf  FSR0H
        movff  DescriptorPointer,WREG
        movff  WREG,INDF0
        movlw  controlINlow
        movwf         FSR0L
        movlw  controlINhigh
        movwf  FSR0H
IN_Descriptor_next_byte
        tblrd  *+
        movff  TABLAT,POSTINC0
        decfsz DescriptorPointer,F
        bra    IN_Descriptor_next_byte
; set DATA1 packet and return ownership to SIE
        movlw  0x04
        movwf         FSR0L
        movlw  0x04
        movwf  FSR0H
        movlw  0xC0
        movff  WREG,INDF0
        return
```

Danach folgt gegebenenfalls die Anpassung von Daten, die zunächst nur als Platz-halter eingetragen wurden.

Der Device Descriptor kann mit der USBIO Demo Application ausgelesen werden, indem auf der Registerkarte „Descriptors" das Feld „Get Device Descriptor" ange-klickt wird.

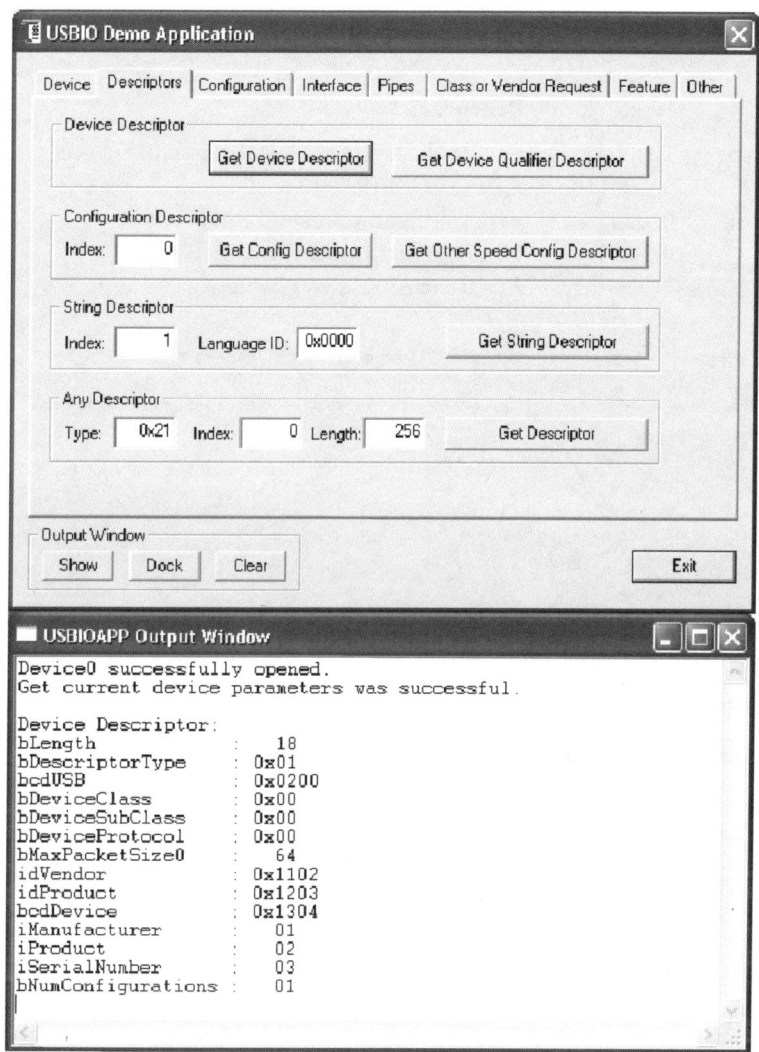

7.6.2 GET_DESCRIPTOR_CONFIGURATION

Mit diesem Request wird der Configuration Descriptor des Geräts abgefragt. Das hier im Buch beschriebene USB488-Gerät besitzt nur eine einzige Konfiguration, auch wenn das nicht zwingend vorgeschrieben ist. Bei Geräten, die über mehrere Konfigurationen verfügen, steht im unteren Byte von wValue der Index, der den angefragten Configuration Descriptor exakt adressiert (beginnend mit 0 für den ersten Descriptor). Die Anzahl der möglichen Konfigurationen steht im Datenfeld *bNumConfigurations* des Device Descriptors (beginnend mit 1, für nur eine Konfiguration).

Datenfeld	Wert	Bedeutung
bmRequestType	10000000	Standard, Device to Host, Recipient: Device
bRequest	00000110	GET_DESCRIPTOR
wValue	0x0200	Typ: Configuration Descriptor
wIndex	0x0000	Keine Endpoint- oder Interface-Adresse
wLength	*	Erwartete Anzahl von Bytes

```
;*****************************************************************
; USB Standard Request: GET_DESCRIPTOR_CONFIGURATION
;*****************************************************************
;
GET_DESCRIPTOR_CONFIGURATION
        movlw   UPPER ConfigurationDescriptor
        movwf   TBLPTRU
        movlw   HIGH ConfigurationDescriptor
        movwf   TBLPTRH
        movlw   LOW ConfigurationDescriptor
        movwf   TBLPTRL
        call    IN_Descriptor
        bra     transtest_over_ctl_out
```

Aufbau des Configuration Descriptors vom Beispielgerät

```
ConfigurationDescriptor
; Length:
        DB      .39     ;packet length (lower byte)
        DB      .0      ;packet length (higher byte)
; USB-part:
        DB      .9      ;bLength size of descriptor
        DB      0x02 ;bDescriptorType $02 is Configuration Descriptor
        DB      .39     ;wTotalLength (lower byte)
        DB      0x00 ;wTotalLength (higher byte)
        DB      0x01 ;bNumInterfaces
        DB      0x01 ;ConfigurationValue
        DB      0x04 ;iConfiguration string index
        DB      0x80 ;bmAttributes
        DB      .100 ;MaxPower
;(InterfaceDescriptor:)
        DB      .9      ;bLength size of descriptor
        DB      0x04 ;bDescriptorType $04 is Interface Descriptor
        DB      0x00 ;bInterfaceNumber
        DB      0x00 ;bAlternateSetting
        DB      0x03 ;bNumEndpoints
        DB      0xFE ;bInterfaceClass $FE is
        DB      0x03 ;bInterfaceSubClass ($03 is USB488 interface)
        DB      0x01 ;bInterfaceProtocol ($01 us USB488 interface protocol)
        DB      0x05 ;iInterface string index
```

```
;(EndpointDescriptor EP1 OUT:)
      DB    .7     ;bLength size of descriptor
      DB    0x05 ;bDescriptorType $05 is Endpoint Descriptor
      DB    0x01 ;bEndpointAddress EP1-OUT
      DB    0x02 ;bmAttributes Bulk Transfer
      DB    0xFF ;wMaxPacketSize (lower byte) 255 bytes
      DB    0x00 ;wMaxPacketSize (higher byte)
      DB    0xFF ;bInterval polling interval
;(EndpointDescriptor EP2 IN:)
      DB    .7     ;bLength size of descriptor
      DB    0x05 ;bDescriptorType $05 is Endpoint Descriptor
      DB    0x82 ;bEndpointAddress EP2-IN
      DB    0x02 ;bmAttributes Bulk Transfer
      DB    0xFF ;wMaxPacketSize (lower byte) 255 bytes
      DB    0x00 ;wMaxPacketSize (higher byte)
      DB    0xFF ;bInterval polling interval
;(EndpointDescriptor EP3 IN:)
      DB    .7     ;bLength size of descriptor
      DB    0x05 ;bDescriptorType $05 is Endpoint Descriptor
      DB    0x83 ;bEndpointAddress EP3-in
      DB    0x03 ;bmAttributes Interrupt Endpoint
      DB    .2   ;wMaxPacketSize (lower byte) 2 bytes
      DB    0x00 ;wMaxPacketSize (higher byte)
      DB    .10 ;bInterval polling interval
```

Durch Anklicken des Felds „Get Config Descriptor" kann der aktuelle Configuration Descriptor ausgelesen werden.

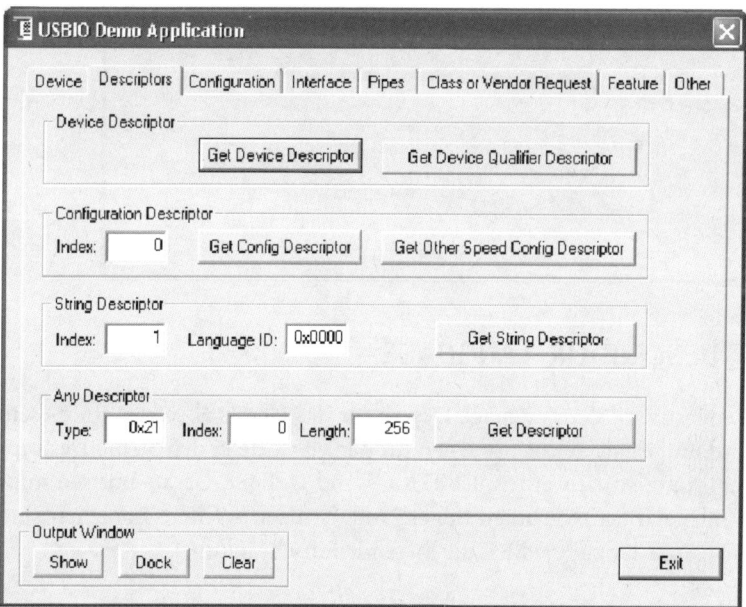

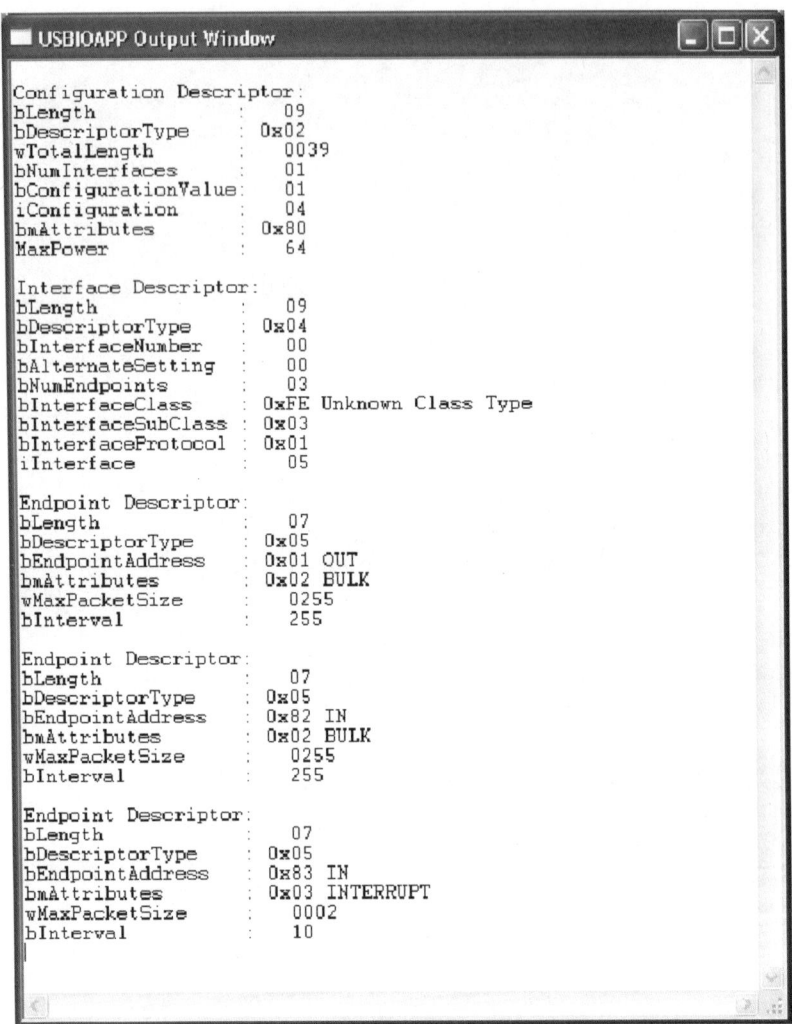

```
■ USBIOAPP Output Window                          [ - ][ □ ][ X ]

Configuration Descriptor:
bLength              :      09
bDescriptorType      :   0x02
wTotalLength         :      0039
bNumInterfaces       :      01
bConfigurationValue:       01
iConfiguration       :      04
bmAttributes         :   0x80
MaxPower             :      64

Interface Descriptor:
bLength              :      09
bDescriptorType      :   0x04
bInterfaceNumber     :      00
bAlternateSetting    :      00
bNumEndpoints        :      03
bInterfaceClass      :   0xFE  Unknown Class Type
bInterfaceSubClass   :   0x03
bInterfaceProtocol   :   0x01
iInterface           :      05

Endpoint Descriptor:
bLength              :      07
bDescriptorType      :   0x05
bEndpointAddress     :   0x01  OUT
bmAttributes         :   0x02  BULK
wMaxPacketSize       :      0255
bInterval            :      255

Endpoint Descriptor:
bLength              :      07
bDescriptorType      :   0x05
bEndpointAddress     :   0x82  IN
bmAttributes         :   0x02  BULK
wMaxPacketSize       :      0255
bInterval            :      255

Endpoint Descriptor:
bLength              :      07
bDescriptorType      :   0x05
bEndpointAddress     :   0x83  IN
bmAttributes         :   0x03  INTERRUPT
wMaxPacketSize       :      0002
bInterval            :      10
```

7.6.3 GET_DESCRIPTOR_LANGUAGE

Mit diesem Request wird der Language Descriptor des Geräts abgefragt. In diesem Deskriptor wird festgelegt, welche Sprachen für die Klartexte in den String Deskriptoren vom Gerät unterstützt werden. USBTMC- und USB488-Geräte müssen mindestens die Sprache „English, United States" unterstützen. Weitere Sprachen sind zulässig. Für alle Sprachen gilt jedoch die folgende Einschränkung:

Verbotene Zeichen im USBTMC String Descriptor

Hex-Wert	Zeichen	ASCII-Namen
0x22	„	double quote
0x2A	*	asterisk
0x2F	/	forward-slash
0x3A	:	colon
0x3F	?	question-mark
0x5C	\	backslash

Alle übrigen Zeichen müssen aus dem hexadezimalen Wertebereich 0x20 bis 0x7E sein [USBTMC 5.7.1]. String Deskriptoren werden kenntlich gemacht, indem im Datenfeld wValue im oberen Byte der Wert 0x03 und im unteren Byte die Indexadresse des angeforderten String Deskriptors eingetragen wird. Der Index 0x00 adressiert dabei immer den Language Descriptor. Alle anderen Werte, die als Index eingetragen werden, müssen mit den Indizes im Device Descriptor korrespondieren. Wenn der String Descriptor einer bestimmten Sprache abgefragt wird, dann steht im Datenfeld wIndex die geforderte Sprache. Der hier einzutragende Wert entspricht dem Standard, der im Dokument LANGIDs vom USB Implementers Forum festgelegt worden ist. Das Beispielgerät aus diesem Buch kennt nur die LANGID 0x0409 für „English, United States".

Datenfeld	Wert	Bedeutung
bmRequestType	10000000	Standard, Device to Host, Recipient: Device
bRequest	00000110	GET_DESCRIPTOR
wValue	0x0300	Typ: String (hier Language) Descriptor
wIndex	0x0000	Keine Sprachauswahl
wLength	*	Erwartete Anzahl von Bytes

```
;****************************************************************************
; USB Standard Request: GET_DESCRIPTOR_LANGUAGE
;****************************************************************************
GET_DESCRIPTOR_LANGUAGE
        movlw   UPPER LanguageDescriptor
        movwf   TBLPTRU
        movlw   HIGH LanguageDescriptor
        movwf   TBLPTRH
        movlw   LOW LanguageDescriptor
        movwf   TBLPTRL
        call    IN_Descriptor
        bra     transtest_over_ctl_out
```

Aufbau des Language String Descriptors vom Beispielgerät

```
; Language String Descriptor (Index 0)
LanguageDescriptor
        DB      .4      ;packet length (lower byte)
        DB      .0      ;packet length (higher byte)
; USB-part:
        DB      .4      ;length of descriptor
        DB      0x03    ;Descriptor-Type (0x03 = String-Descriptor)
        DB      0x09    ;Country Code (lower Byte)
        DB      0x04    ;Country Code (higher Byte)
```

Der Language Descriptor kann mit der USBIO Demo Application abgefragt werden, indem auf der Registerkarte „Descriptors" für den String Descriptor der Index 0 und für die Sprachauswahl 0x0000 im Feld Language ID eingetragen wird.

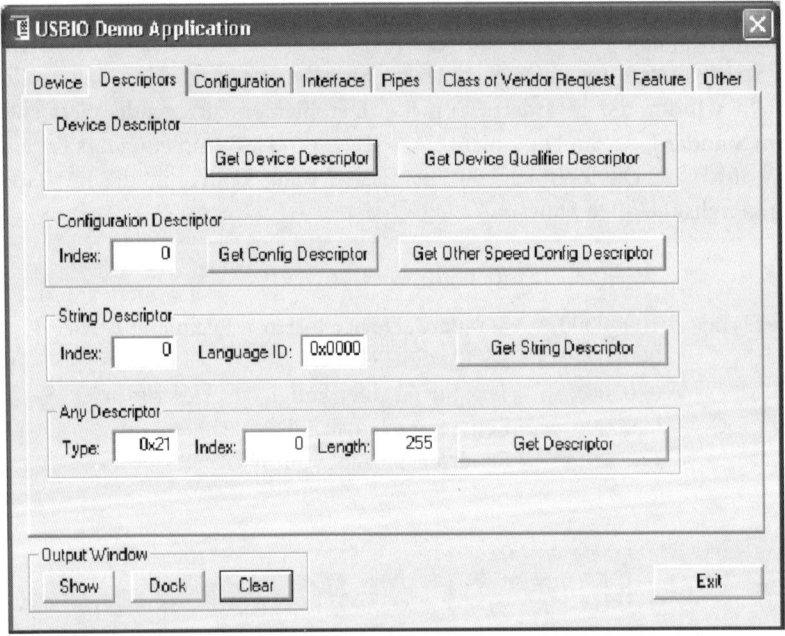

Die Antwort zeigt, dass dieses Gerät für String Deskriptoren nur die Sprache English, United States unterstützt.

7.6.4 GET_STRING_MANUFACTURER

Zu der Gruppe der Deskriptoren gehören auch die gerade vorher erwähnten String-Deskriptoren. Aus diesen Deskriptoren holen sich z. B. der Host während der Enumeration oder ein USB-Anwendungsprogramm die Klartextbezeichnungen, deren String-Indizes im Device Descriptor enthalten sind. Im Wesentlichen sind das der Name des Geräteherstellers, der Produktname und die Seriennummer, wie im Folgenden dargestellt. Im Device Descriptor des USB488-Geräts, das in diesem Buch als Beispiel beschrieben wird, hat das Datenfeld *iManufacturer*, das den Index für die Herstellernamen festlegt, den Wert 0x01.

Datenfeld	Wert	Bedeutung
bmRequestType	10000000	Standard, Device to Host, Recipient: Device
bRequest	00000110	GET_DESCRIPTOR
wValue	0x0301	Typ: String Descriptor, hier: *iManufacturer*
wIndex	0x0409	Sprache: English, United States
wLength	*	Erwartete Anzahl von Bytes

```
;********************************************************************
; USB Standard Request: GET_STRING_MANUFACTURER
;********************************************************************
GET_STRING_MANUFACTURER
        movlw   0x00
        movff   WREG,EEADR    ;pointer to string
        call    IN_StringDescriptor
        bra     transtest_over_ctl_out
```

Ausgelesen wird der Klartext mit dem Index 1 im Indexfeld und der Language ID 0x0409 des String Descriptor, indem nach dem Eintrag das Feld „Get String Descriptor" angeklickt wird.

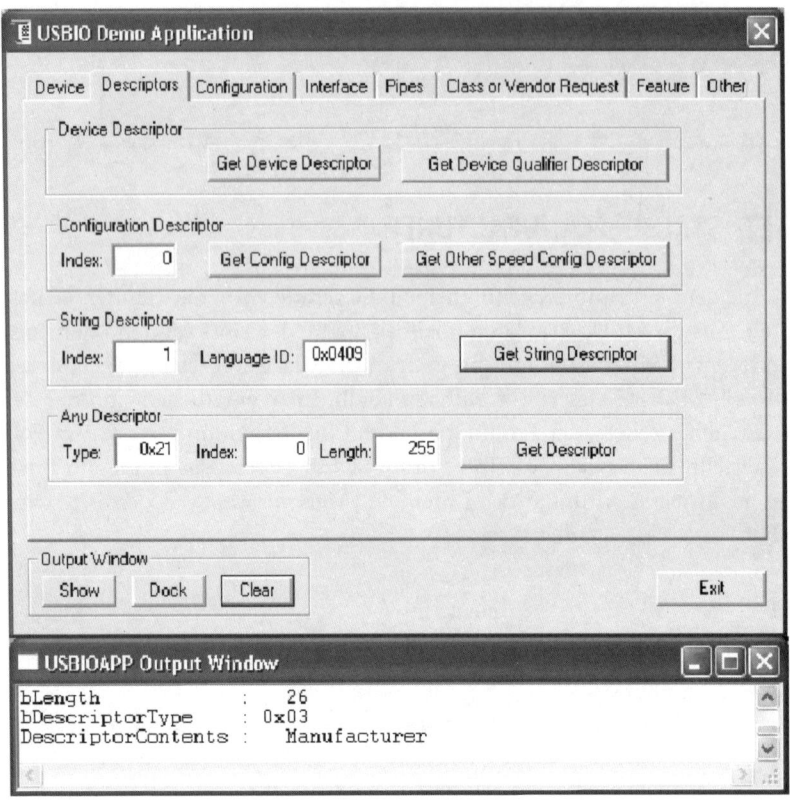

7.6.5 GET_STRING_PRODUCT

Im Device Descriptor des USB488-Geräts, das in diesem Buch als Beispiel beschrieben wird, hat das Datenfeld *iProduct*, das den Index für den Produktnamen festlegt, den Wert 0x02.

Datenfeld	Wert	Bedeutung
bmRequestType	10000000	Standard, Device to Host, Recipient: Device
bRequest	00000110	GET_DESCRIPTOR
wValue	0x0302	Typ: String Descriptor, hier: *iProduct*
wIndex	0x0409	Sprache: English, United States
wLength	*	Erwartete Anzahl von Bytes

```
;**************************************************************************
; USB Standard Request: GET_STRING_PRODUCT
;**************************************************************************
GET_STRING_PRODUCT
    movlw  0x20
    movff  WREG,EEADR   ;pointer to string
    call   IN_StringDescriptor
    bra    transtest_over_ctl_out
```

Wenn der Index 2 gewählt wird, erhält man beim Anklicken des Felds „Get String Descriptor" folgende Antwort:

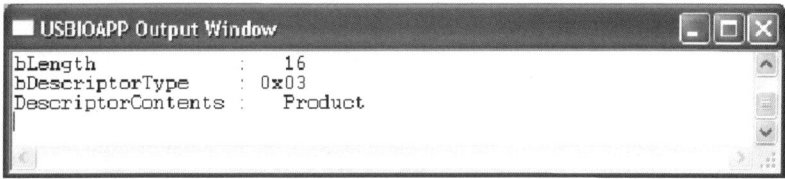

7.6.6 GET_STRING_SERIAL_NUMBER

Im Device Descriptor des USB488-Geräts, das in diesem Buch als Beispiel beschrieben wird, hat das Datenfeld *iSerialNumber*, das den Index für die Seriennummer festlegt, den Wert 0x03.

Datenfeld	Wert	Bedeutung
bmRequestType	10000000	Standard, Device to Host, Recipient: Device
bRequest	00000110	GET_DESCRIPTOR
wValue	0x0303	Typ: String Descriptor, hier: *iSerialNumber*
wIndex	0x0409	Sprache: English, United States
wLength	*	Erwartete Anzahl von Bytes

Die Seriennummer eines USB488-Geräts ist ein wichtiges Kriterium zur Unterscheidung von identischen Geräten in einem Messsystem. In der Praxis kommt es häufig vor, dass ein Host mehrere baugleiche Messgeräte, z. B. Multimeter oder Stromversorgungsgeräte, in einem System verwalten muss. Natürlich unterscheiden sich identische Geräte zumindest durch ihre temporären USB-Adressen, nur ist die Adresse kein eindeutiges Kriterium für die korrekte Adressierung eines bestimmten Geräts unter baugleichen Geräten. Die USB-Adresse kann sich ändern, wenn z. B. ein weiteres USB-Gerät in das System eingefügt wird, oder eines der vorhandenen Systemgeräte abgeschaltet worden ist. Deswegen muss der String Descriptor, der die Seriennummer enthält, für alle baugleichen Geräte einen unterschiedlichen Eintrag enthalten. Für Firmware-Entwickler bedeutet das, dass dieser Descriptor nicht im Festspeicher stehen darf, es sei denn, man möchte für jedes baugleiche Gerät die Seriennummer aus dem Quellcode kompilieren und programmieren. Das würde voraussetzen, dass man für jedes Gerät eine individuelle Firmware erstellen müsste. Im praktischen Beispiel, das in diesem Buch behandelt wird, steht dieser String Descriptor daher im User-flash-Speicherbereich.

```
;********************************************************************
; USB Standard Request: GET_STRING_SERIAL_NUMBER
;********************************************************************
GET_STRING_SERIAL_NUMBER
        movlw  0x40
        movff  WREG,EEADR    ;pointer to string
        call   IN_StringDescriptor
        bra    transtest_over_ctl_out
```

Wenn der Index 2 gewählt wird, erscheint bei Anklicken des Felds „Get String Descriptor" folgende Antwort:

Die drei vorstehenden String Deskriptoren werden aus dem EEPROM-Bereich gelesen und von ASCII in UNICODE transformiert, bevor sie mit dem folgenden Unterprogramm in den Control-IN Endpoint übertragen werden.

```
;********************************************************************
; Load a string descriptor into the control IN endpoint
;********************************************************************
IN_StringDescriptor
; The string is read out of EEPROM and transformed to UNICODE and loaded to the
; control IN file register space. The string is accessed via EEADR
; check UOWN-bit
        movlw  0x04
        movwf        FSR0L
        movlw  0x04
        movwf  FSR0H
        movff  INDF0,WREG
        btfsc  WREG,7 ;UOWN-bit of BDOSTAT
        bra    IN_StringDescriptor ;wait until SIE has released the control IN
                          endpoint
; load FSR0 with Control IN base address;
        clrf   ByteCounter
```

```
        movlw   controlINlow
        movwf        FSR0L
        movlw   controlINhigh
        movwf   FSR0H
        call    ReadEepromInc
        movff   EEDATA,DescriptorPointer ;first byte is the length of the string
        movff   EEDATA,WREG
        rlncf   WREG    ;multiply string length with 2
        bcf     WREG,0
        incf    WREG
        incf    WREG    ;add 2
        movff   WREG,POSTINC0 ;first byte is descriptor length
        incf    ByteCounter
        movlw   0x03
        movff   WREG,POSTINC0 ;second byte is descriptor type 0x03 = string
                                 descriptor
        incf    ByteCounter
; next bytes are characters in UNICODE
IN_StringDescriptor_next_byte
        call    ReadEepromInc
        movff   EEDATA,POSTINC0
        incf    ByteCounter
        clrf    WREG
        movff   WREG,POSTINC0
        incf    ByteCounter
        decfsz  DescriptorPointer,F
        bra     IN_StringDescriptor_next_byte
; set the byte counter to string descriptor packet length
        movlw   0x05
        movwf        FSR0L
        movlw   0x04
        movwf   FSR0H
        movff   ByteCounter,WREG
        movff   WREG,POSTDEC0
; return ownership to SIE
; set DATA1 packet and return ownership to SIE
        movlw   0xC0
        movff   WREG,INDF0
        return
```

Aufbau der String Deskriptoren des Beispielgeräts

Der Inhalt der vorstehenden drei String Deskriptoren kann vom Anwender geändert werden, damit Herstellername, Typenbezeichnung und Seriennummer angepasst werden können. Deswegen stehen diese Daten im EEPROM des Geräts. Jeder String ist hier in ASCII abgelegt und darf 31 Zeichen lang sein. Beim Übertragen in den Control-IN Endpoint wird der Text automatisch in UNICODE umgewandelt. Als Platzhalter sind nach dem Programmieren der MCU des Beispielgeräts die folgenden Texte eingetragen:"Manufacturer" (als Herstellername), „Product" (als Typenbezeichnung) und „SerialNumber" (als Seriennummer).

```
;EEPROM data
; Data to be programmed into the Data EEPROM is defined here
eeprom            code_pack    0xf00000
; string with string index 0x01
; EEADR start = 0x00
stringManufacturer         DE    .12,"Manufacturer",0,0,0,0,0,0,0,0,0,0,0,0,0,
                                        0,0,0,0,0,0

; string with string index 0x02
; EEADR start = 0x20
stringProduct              DE    .07,"Product",0,0,0,0,0,0,0,0,0,0,0,0,0,0,0,0,
                                        0,0,0,0,0,0,0,0

; string with string index 0x03
; EEADR start = 0x40
stringSerialNumber         DE    .12,"SerialNumber",0,0,0,0,0,0,0,0,0,0,0,0,0,
                                        0,0,0,0,0,0
```

7.6.7 GET_STRING_CONFIGURATION

Im Configuration Descriptor des USB488-Geräts, das in diesem Buch als Beispiel beschrieben wird, hat das Datenfeld *iConfiguration*, das den Index für die Bezeichnung der Schnittstellen-Konfiguration festlegt, den Wert 0x04.

Datenfeld	Wert	Bedeutung
bmRequestType	10000000	Standard, Device to Host, Recipient: Device
bRequest	00000110	GET_DESCRIPTOR
wValue	0x0304	Typ: String Descriptor, hier: *iConfiguration*
wIndex	0x0409	Sprache: English, United States
wLength	*	Erwartete Anzahl von Bytes

```
;*******************************************************************************
; USB Standard Request: GET_STRING_CONFIGURATION
;*******************************************************************************
GET_STRING_CONFIGURATION
        movlw   UPPER stringConfiguration
        movwf   TBLPTRU
        movlw   HIGH stringConfiguration
        movwf   TBLPTRH
        movlw   LOW   stringConfiguration
        movwf   TBLPTRL
        call    IN_Descriptor
        bra     transtest_over_ctl_out
```

Configuration String des Beispielgeräts

Da das Gerät nur eine Konfiguration kennt, wurde diese „USBTMC" genannt.

```
; string with string index 0x04
stringConfiguration
    DB     .14 ;packet length (lower byte)
    DB     .0      ;packet length (higher byte)
; USB-part:
    DB     .14
    DB     0x03   ;descriptor Type
    DB     „U",0x00
    DB     „S",0x00
    DB     „B",0x00
    DB     „T",0x00
    DB     „M",0x00
    DB     „C",0x00
```

Die Abfrage mit der USBIO Demo Application erfolgt über den Index 4.

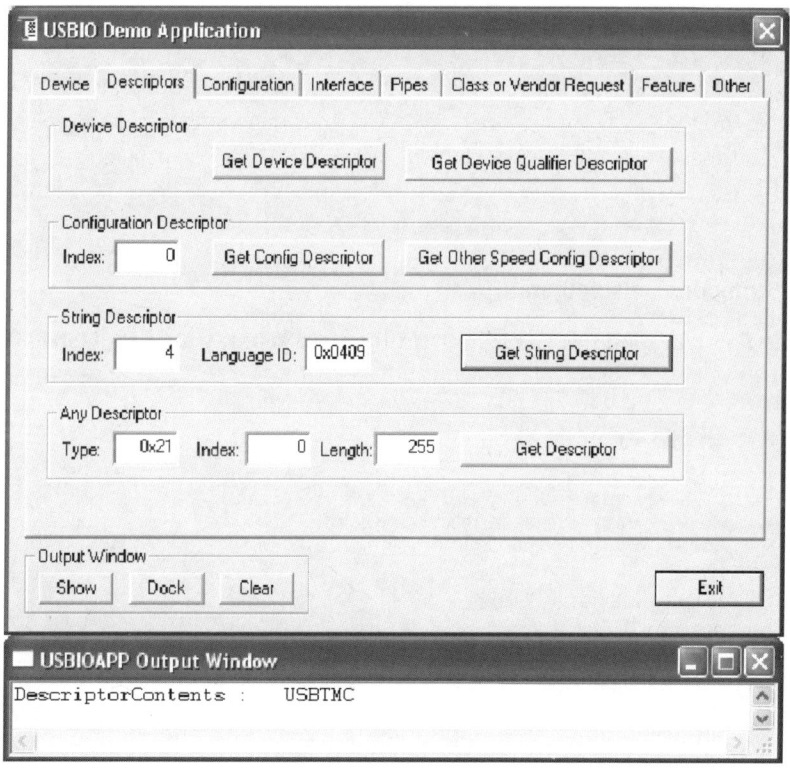

7.6.8 GET_STRING_INTERFACE

Im Interface Descriptor des USB488-Geräts, das in diesem Buch als Beispiel beschrieben wird, hat das Datenfeld *iInterface*, das den Index für die Bezeichnung des Interface festlegt, den Wert 0x05.

Datenfeld	Wert	Bedeutung
bmRequestType	10000000	Standard, Device to Host, Recipient: Device
bRequest	00000110	GET_DESCRIPTOR
wValue	0x0305	Typ: String Descriptor, hier: *iInterface*
wIndex	0x0409	Sprache: English, United States
wLength	*	Erwartete Anzahl von Bytes

```
;****************************************************************************
; USB Standard Request: GET_STRING_INTERFACE
;****************************************************************************
GET_STRING_INTERFACE
        movlw   UPPER stringInterface
        movwf   TBLPTRU
        movlw   HIGH stringInterface
        movwf   TBLPTRH
        movlw   LOW   stringInterface
        movwf   TBLPTRL
        call    IN_Descriptor
        bra     transtest_over_ctl_out
```

Interface String des Beispielgeräts

Da die eine Konfiguration des Geräts nur ein Interface kennt, wurde es „USB488" genannt.

```
; string with string index 0x05
stringInterface
        DB    .14 ;packet length (lower byte)
        DB    .0     ;packet length (higher byte)
; USB-part:
        DB    .14
        DB    0x03   ;descriptor Type
        DB    „U",0x00
        DB    „S",0x00
        DB    „B",0x00
        DB    „4",0x00
        DB    „8",0x00
        DB    „8",0x00
```

*Die erwartete Länge des Deskriptors legt der Host für den einzelnen Request individuell fest. Ein Gerät darf als Antwort maximal so viele Bytes senden, wie im Datenfeld wLength angegeben ist, es darf allerdings auch weniger Bytes senden. Wenn der Deskriptor länger ist, als wLength erlaubt, dann muss das Gerät den Anfang des Deskriptors in der Anzahl der in wLength erlaubten Bytes übertragen [USB 2.0: 9.4.3]. Der Wert von wLength kann für denselben Deskriptor variieren, je nach Anforderung des Hosts.

Die Abfrage mit der USBIO Demo Application erfolgt über den Index 5 und liefert die folgende Antwort:

7.7 GET_CONFIGURATION

Mit diesem Request fragt der Host, welche Konfiguration des USB-Geräts gerade aktiv ist. Wenn sich ein USB-Gerät sich in der Enumeration befindet, muss es als Antwort auf diesen Request eine Null zurückmelden, solange es zwar adressiert, aber noch nicht konfiguriert ist. Wenn die Konfiguration erfolgt ist, meldet das Gerät die Nummer der aktiven Konfiguration zurück [USB 2.0: 9.4.2]. Das USB488-Gerät aus dem in diesem Buch behandelten Beispiel kennt nur eine Konfiguration, daher muss die Antwort auf diesen Request entweder Null oder Eins sein. Das Beispielgerät schaltet die CONF-LED ein, wenn es konfiguriert worden ist. Für den Anwender signalisiert diese LED, dass das Gerät erfolgreich beim Host angemeldet worden ist und somit Daten über den USB austauschen kann.

Datenfeld	Wert	Bedeutung
bmRequestType	10000000	Standard, Device to Host, Recipient: Device
bRequest	00001000	GET_CONFIGURATION
wValue	0x0000	Kein Parameter
wIndex	0x0000	Kein Parameter
wLength	0x0001	Es wird ein Byte als Antwort erwartet

```
;*******************************************************************
; USB Standard Request: GET_CONFIGURATION
;*******************************************************************
; Reference: USB2.0 Chapter 9.4.2
GET_CONFIGURATION
        movff   bConfigurationValue,wStatusLOW
        call    transmitBYTE
        bra     transtest_over_ctl_out
```

7.8 SET_CONFIGURATION

Im Datenfeld wValue wird im unteren Byte die Nummer der gewünschten Konfiguration mitgeteilt. Wenn dieser Wert null ist, dann wird das Gerät in den Adressiert-Zustand geschaltet, sofern es vorher im Konfiguriert-Zustand war. Aus dem Adressiert-Zustand wird es in den Konfiguriert-Zustand gebracht, sofern eine gültige Konfigurationsnummer mit wValue übermittelt wird [USB 2.0: 9.4.7]. Das Beispielgerät aus diesem Buch kennt nur eine Konfiguration (wValue = 0x0001).

Datenfeld	Wert	Bedeutung
bmRequestType	00000000	Standard, Host to Device, Recipient: Device
bRequest	00001001	SET_CONFIGURATION
wValue	(0x0001)*	Konfiguration Nr. 1
wIndex	0x0000	Kein Parameter
wLength	0x0000	Keine Antwort vom Gerät

* Wenn wValue den Wert 0x0000 anstatt 0x0001 hat, dann wird mit diesem Request die Konfiguration des Geräts aufgehoben. Es ist dann im Unkonfiguriert_Zustand, wobei der Adressiert_Zustand erhalten bleibt.

```
;*******************************************************************
; USB Standard Request: SET_CONFIGURATION
;*******************************************************************
; Reference: USB2.0 Chapter 9.4.7        response data: none
SET_CONFIGURATION
        movlw   0x01
        cpfseq  wValueLOW
        bra     SET_CO_zero
        bra     SET_CO
SET_CO_zero
        movlw   0x00
        cpfseq  wValueLOW
        bra     transtest_stall_0 ;accept no other wValues than 0x0000 or 0x0001
        call    USB_unconfig
```

```
        call    transmitNONE  ;send an empty packet trough control IN
        bra     transtest_over_ctl_out
SET_CO
        call    USB_config1
        call    transmitNONE  ;send an empty packet trough control IN
        bra     transtest_over_ctl_out
```

Wenn das Gerät konfiguriert wird, müssen die Endpoints der gewählten Konfiguration initialisiert werden.

```
;****************************************************************************
; configuration 1 (the one and only) is USBTMC-USB488 compatible
;****************************************************************************
USB_config1
        movlw   0x01
        movff   WREG,bConfigurationValue    ;this will be read back with „GET-CON-
; FIGURATION
; USB Endpoint Control (reference: DS39632C Section 17.2.4)
; Physical Endpoint 1 is used as transfer OUT endpoint
; Endpoint handshake enabled, disable for control transfers, output disable
; input enable, not stalled
        movlw   B'00011100'
        movwf   UEP1
; Physical Endpoint 2 is used as transfer IN endpoint
; Endpoint handshake enabled, disable for control transfers, output enable
; input disable, not stalled
        movlw   B'00011010'
        movwf   UEP2
; Physical Endpoint 3 is used as transfer IN endpoint
; Endpoint handshake enabled, disable for control transfers, output enable
; input disable, not stalled
        movlw   B'00011010'
        movwf   UEP3
; ************* BULK-OUT ENDPOINT ****************************************
; USB Buffer Description (reference: DS39632C Section 17.4):
; buffer descriptor base address 0x408
; Buffer Mode 00
        movlw   0x0B
        movwf           FSR0L
        movlw   0x04
        movwf   FSR0H
; Bulk OUT Buffer Descriptor
; can receive 255 bytes
; buffer starts at adress 0x0600
        movlw   0x06
        movff   WREG,POSTDEC0 ;BD2 ADRH
        movlw   0x00
        movff   WREG,POSTDEC0 ;BD2 ADRL
        movlw   0xFF
        movff   WREG,POSTDEC0 ;BD2CNT
```

```
      movlw  B'11000000'             ;UOWN, DTSEN
      movff  WREG,POSTDECO ;BD2STAT
; ************* BULK-IN ENDPOINT ****************************************
; buffer descriptor base address 0x414 to file selection register 0
; Buffer Mode 00
      movlw  0x14
      movwf          FSROL
      movlw  0x04
      movwf  FSROH
; Bulk IN Buffer Descriptor
; buffer starts at address 0x0700
      movlw  0x00 ;00000000
      movff  WREG,POSTINCO ;BD5STAT
      movlw  0x00
      movff  WREG,POSTINCO ;BD5CNT
      movlw  0x00
      movff  WREG,POSTINCO ;BD5 ADRL
      movlw  0x07
      movff  WREG,POSTINCO ;BD5 ADRH
; DATAO packet must be transmitted at the first transaction
; (toggling is made by every transfer complete interrupt)
      movlw  0x00
      movwf  DATA_IN
; ************* INTERRUPT-IN ENDPOINT **********************************
; buffer descriptor base address 0x41C to file selection register 0
; Buffer Mode 00
      movlw  0x1C
      movwf          FSROL
      movlw  0x04
      movwf  FSROH
; Interrupt IN Buffer Descriptor
; buffer starts at address 0x0580
      movlw  0x00 ;00000000
      movff  WREG,POSTINCO ;BD7STAT
      movlw  0x00
      movff  WREG,POSTINCO ;BD7CNT
      movlw  0x80
      movff  WREG,POSTINCO ;BD7 ADRL
      movlw  0x05
      movff  WREG,POSTINCO ;BD7 ADRH
; DATAO packet must be transmitted at the first transaction
; (toggling is made by every transfer complete interrupt)
      movlw  0x00
      movwf  INTR_IN
      call   USBindicatorCONFIG
      return
```
Außerdem wird im Beispielgerät der Konfiguriert-Zustand mit einer LED angezeigt.

```
;*****************************************************************************
; USB CONFIG indicator LED on (should be done if USB is configured properly)
;*****************************************************************************
USBindicatorCONFIG
    movff PORTD,WREG
    iorlw B'00000001'
    movwf LATD
    movwf PORTD
    return
```

Dieser Request kann mit der USBIO Demo Application der Firma Thesycon überprüft werden, indem die Registerkarte „Configuration" geöffnet und das Feld „Set Configuration" angeklickt wird. Nachdem im USBIOAPP Output Window eine erfolgreiche Konfiguration des Geräts gemeldet worden ist, lässt sich durch Anklicken des Feldes „Get Configuration" die Nummer der aktuellen Konfiguration abfragen. Sie muss den Wert 1 haben. Gleichzeitig muss die LED, die am Beispielgerät den Konfiguriert-Zustand anzeigt, leuchten.

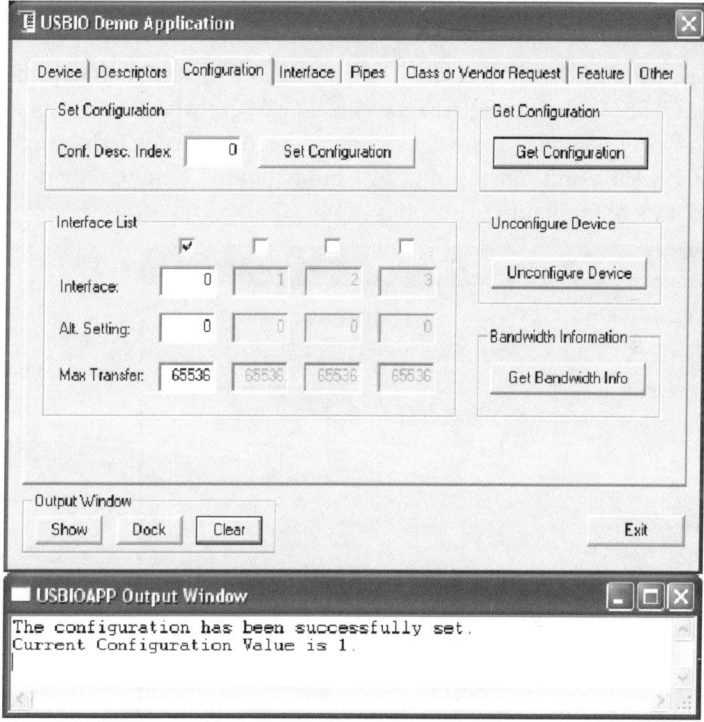

Sofern im Datenfeld wValue der Wert 0x0000 übermittelt wurde, wird das Gerät in den Unkonfiguriert-Zustand gebracht.

```
;*******************************************************************
; unconfigure
;*******************************************************************
USB_unconfig
      movlw   0x00
      movff   WREG,bConfigurationValue   ;this will be read back with „GET_CON-
; FIGURATION
      call    USBindicatorUNCONFIG
      return
```

Die LED, die den Konfiguriert-Zustand des Beispielgeräts anzeigt, muss ausgeschaltet werden.

```
;*******************************************************************
; USB CONFIG indicator LED off
;*******************************************************************
USBindicatorUNCONFIG
      movff   PORTD,WREG
      andlw   B'11111110'
      movwf   LATD
      movwf   PORTD
      return
```

Diese Funktion des Requests kann mit der USBIO Demo Application überprüft werden, indem das Schaltfeld „Unconfigure Device" angeklickt wird. Die entsprechende LED des Beispielgeräts geht aus. Nachdem die Ausführung erfolgreich gemeldet worden ist, kann mit dem Feld „Get Configuration" ermittelt werden, dass das Gerät nicht mehr konfiguriert ist.

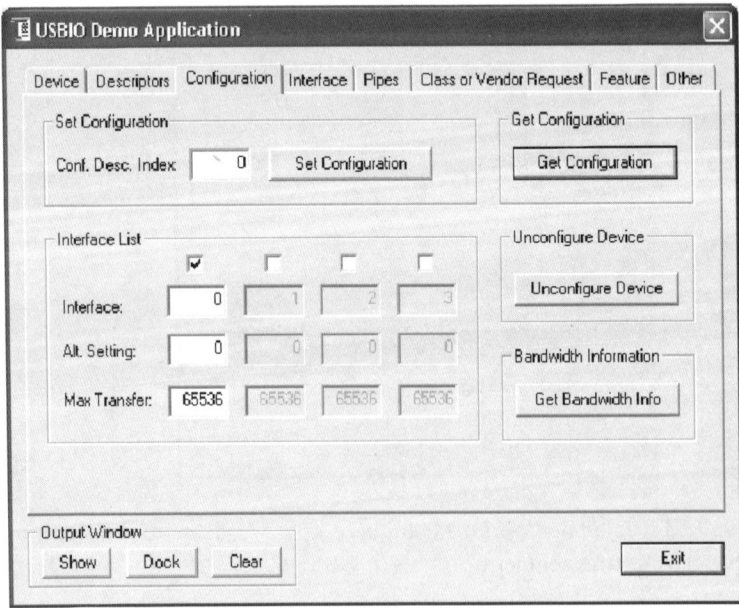

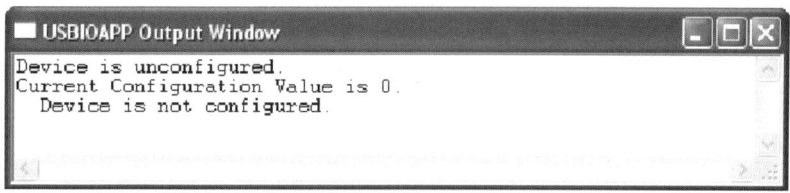

7.9 GET_INTERFACE

Es ist möglich, einer Konfiguration mehrere Interfaces zuzuordnen. Es kann jeweils ein Interface aktiv sein. Wenn eine Konfiguration mehrere Interfaces besitzt, wird das im Datenfeld *bNumInterfaces* des aktiven Configuration Descriptors mitgeteilt. Wenn dieser Wert null ist, dann besitzt die Konfiguration genau ein Interface [USB 2.0: 9.4.4, 9.6.5]. So ist es auch bei dem in diesem Buch behandelten Beispielgerät. Der Get Interface Request liefert als Antwort in einem Byte die Nummer des aktiven Interfaces.

Datenfeld	Wert	Bedeutung
bmRequestType	10000001	Standard, Device to Host, Recipient: Interface
bRequest	00001010	GET_INTERFACE
wValue	0x0000	Kein Parameter
wIndex	0x0000	Kein Parameter
wLength	0x0001	Es wird ein Byte als Antwort erwartet

```
;**********************************************************************
; USB Standard Request: GET_INTERFACE
;**********************************************************************
; Reference: USB2.0 Chapter 9.4.4
GET_INTERFACE
        movlw   0x01
        cpfseq  bConfigurationValue
        bra             transtest_stall_0 ;device is not configured
        clrf    WREG
        movff   WREG,wStatusLOW
        call    transmitBYTE
        bra     transtest_over_ctl_out
```

7.10 SET_INTERFACE

Im Datenfeld wValue wird im unteren Byte die Nummer des gewünschten Interfaces mitgeteilt [USB 2.0: 9.4.10]. Bei einem Gerät mit nur einem Interface in der aktiven Konfiguration ist dieser Wert null. Das Beispielgerät aus diesem Buch kennt nur ein Interface in einer Konfiguration (wValue = 0x0000). Demzufolge kann davon ausgegangen werden, dass das Beispielgerät diesen Request niemals empfangen wird, weil es keinen Anlass dafür gibt, bearbeiten können muss es ihn aber trotzdem.

Datenfeld	Wert	Bedeutung
bmRequestType	00000001	Standard, Host to Device, Recipient: Interface
bRequest	00001011	SET_INTERFACE
wValue	0x0000	Interface Nr. 1
wIndex	0x0000	Kein Parameter
wLength	0x0000	Keine Antwort vom Gerät

```
;******************************************************************************
; USB Standard Request: SET_INTERFACE
;******************************************************************************
; Reference: USB2.0 Chapter 9.4.10              response data: none
SET_INTERFACE
     movlw 0x01
     cpfseq bConfigurationValue
     bra    transtest_stall_0 ;device is not configured
call transmitNONE          ;send an empty packet trough control IN
     bra transtest_over_ctl_out
```

In der folgenden Tabelle sind alle vorstehend beschriebenen Standard Device Requests für USB488-Geräte übersichtlich zusammengefasst.

Tabelle: Übersicht der Standard Device Requests für USB488-Geräte

Request	Recipient	Type oder Wert	Antwort	Bemerkungen
Get Status	Device	GET_STATUS_DEVICE	<device status>	
	Interface	GET_STATUS_INTERFACE	0x0000	Muss 0 sein.
	Endpoint	GET_STATUS_CONTROL_OUT	<endpoint status>	
		GET_STATUS_CONTROL_IN	<endpoint status>	
		GET_STATUS_BULK_OUT	<endpoint status>	
		GET_STATUS_BULK_IN	<endpoint status>	
		GET_STATUS_INTERRUPT_IN	<endpoint status>	

Request	Recipient	Type oder Wert	Antwort	Bemerkungen
Clear Feature	Device	CLEAR_DEVICE_REMOTE_WAKEUP	empty packet	
	Endpoint	CLEAR_HALT_CONTROL_OUT	empty packet	
		CLEAR_HALT_CONTROL_IN	empty packet	
		CLEAR_HALT_BULK_OUT	empty packet	
		CLEAR_HALT _BULK_IN	empty packet	
		CLEAR_HALT _INTERRUPT_IN	empty packet	
Set Feature	Device	SET_DEVICE_REMOTE_WAKEUP	empty packet	
	Endpoint	SET_HALT_CONTROL_OUT	empty packet	
		SET_HALT _CONTROL_IN	empty packet	
		SET_HALT _BULK_OUT	empty packet	
		SET_HALT _BULK_IN	empty packet	
		SET_HALT _INTERRUPT_IN	empty packet	
Set Address	Device	<address>	empty packet	Die Transaktion muss noch mit der default address 00 abgeschlossen werden.
Get Descriptor	Device	GET_DESCRIPTOR_DEVICE	<device descriptor>	*idVendor, idProduct* und *bcdDevice* konfigurierbar vom Anwender.
		GET_DESCRIPTOR_CONFIGURATION	<configuration descriptor>	Liefert auch die Interface und Endpoint Deskriptoren.
		GET_DESCRIPTOR_LANGUAGE	<language>	0x0409 für „English"
		GET_STRING_MANUFACTURER	<manufacturer>	Konfigurierbar vom Anwender.
		GET_STRING_PRODUCT	<product>	Konfigurierbar vom Anwender.
		GET_STRING_SERIAL_NUMBER	<serial number>	Konfigurierbar vom Anwender.
		GET_STRING_CONFIGURATION	<configuration string>	„USBTMC"
		GET_STRING_INTERFACE	<interface string>	„USB488"
Get Configuration	Device		<configuration>	0x00, wenn nicht konfiguriert.
Set Configuration	Device	0x00 oder 0x01	empty packet	Es gibt nur eine Konfiguration.
Get Interface	Interface		<interface>	
Set Interface	Interface	0x00	empty packet	Es gibt keine alternativen Interfaces.

7.11 USBTMC Device Requests

Die erste Ergänzung der Standard Device Requests sind die geräteabhängigen Requests, die gemäß dem USBTMC-Standard vorgeschrieben sind. Sie gehören in die Gruppe der Class specific Requests. Zur Erinnerung ist hier noch einmal das Byte dargestellt, das als bmRequestType Datenfeld vom Control-OUT Endpoint des Geräts empfangen wird, es ist das erste der 8 Bytes eines Control Transfers. Eine komplette Beschreibung der Datenfelder ist im Abschnitt „Standard Device Requests" zu finden.

Aufbau des Datenfelds bmRequestType:

D7	D6	D5	D4	D3	D2	D1	D0
Richtung	Typ	Empfänger					

D6	D5	Art des Requests
0	0	Standard Device Request
0	1	Class specific Request
1	0	Vendor specific Request
1	1	Reserviert

Wenn D6 und D5 den Typ Class specific Request melden, dann muss über die USB-Treibersoftware des Geräts nach den nun folgenden Requests gesucht werden: Initiate Abort Bulk OUT, Check Abort Bulk OUT Status, Initiate Abort Bulk IN, Check Abort Bulk IN Status, Initiate Clear, Check Clear Status, Get Capabilities und Indicator Pulse. Die Unterscheidung wird mit dem Datenfeld bRequest getroffen.

```
requestType_A1
        movlw   0x05
        cpfseq  bRequest
        bra     reqA1Test_2
        bra     INITIATE_CLEAR
reqA1Test_2
        movlw   0x06
        cpfseq  bRequest
        bra     reqA1Test_3
        bra     CHECK_CLEAR_STATUS
reqA1Test_3
        movlw   0x07
        cpfseq  bRequest
        bra     reqA1Test_4
        bra     GET_CAPABILITIES
```

```
reqA1Test_4
    movlw  0x40
    cpfseq bRequest
    bra    reqA1Test_5
    bra    INDICATOR_PULSE
...
requestType_A2
    movlw  0x01
    cpfseq bRequest
    bra    reqA2Test_2
    bra    INITIATE_ABORT_BULK_OUT
reqA2Test_2
    movlw  0x02
    cpfseq bRequest
    bra    reqA2Test_3
    bra    CHECK_ABORT_BULK_OUT_STATUS
reqA2Test_3
    movlw  0x03
    cpfseq bRequest
    bra    reqA2Test_4
    bra    INITIATE_ABORT_BULK_IN
reqA2Test_4
    movlw  0x04
    cpfseq bRequest
    bra    transtest_stall_0 ; no other requests accepted
    bra    CHECK_ABORT_BULK_IN_STATUS
```

Mit der USBIO Demo Application der Firma Thesycon lassen sich auch die klassenspezifischen Requests testen. Wenn das Gerät erfolgreich geöffnet und konfiguriert worden ist, können die folgenden Class Requests ausprobiert werden, indem in der Anwendung die Registerkarte „Class or Vendor Request" angeklickt wird und dort die jeweils beschriebenen Einträge vorgenommen werden, bevor auf die Schaltfläche „Send Request" geklickt wird.

7.11.1 INITIATE_ABORT_BULK_OUT

Der Host kann mit diesem Request einen Bulk-OUT Transfer abbrechen und die Datenübertragung synchronisieren. Das darf er aber erst vornehmen, wenn er zuvor die Kommunikation mit dem Bulk-OUT Endpoint beendet hat. Im unteren Byte von wValue muss die Nummer des Tags stehen, mit dem der abzubrechende Transfer gekennzeichnet ist. Diese Nummer steht im Header, mit dem der abzubrechende Transfer eingeleitet worden ist [USBTMC: 4.2.1.2, 3.2 und Tabelle 1].

Datenfeld	Wert	Bedeutung
bmRequestType	10100010	Class specific, Device to Host, Recipient: Endpoint
bRequest	00000001	INITIATE_ABORT_BULK_OUT
wValue	(Tag)	Im unteren Byte wird ein tag übertragen
wIndex	0x0001	Endpoint-Adresse des Bulk-OUT Endpoints*
wLength	0x0002	Es werden 2 Bytes vom Gerät erwartet

* Der Wert 0x0001 für das Datenfeld wIndex gilt nur dann, wenn der Bulk-OUT Endpoint wirklich die Adresse 01 hat. Im Unterschied zu den Adressen der Control Endpoints, die festgelegt sind, sind alle übrigen Endpoint-Adressen von der aktiven Konfiguration der USB-Schnittstelle abhängig. Die gültigen Adressen sind in den Endpoint Deskriptoren der Konfiguration eingetragen [USB 2.0: 9.6.6].

Antwort:

Datenfeld	Wert	Bedeutung
USBTMC_status	(Status)	Aktueller Status gemäß nachstehender Tabelle
bTag	(Tag)	Tag des laufenden Transfers

USBTMC_Status nach INITIATE_BULK_OUT:

Wert	Bezeichnung
0x01	STATUS_SUCCESS
0x80	STATUS_FAILED
0x81	STATUS_TRANSFER_NOT_IN_PROGRESS

Bedeutung der Status

Siehe dazu USBTMC: Tabellen 20 und 16.

STATUS_SUCCESS

Dieser Status wird vom Gerät gemeldet, wenn der mit bTag spezifizierte Transfer im Gange ist. Das Gerät muss den Bulk-OUT Endpoint für Transaktionen sperren und dann den Request beantworten. Danach muss es, wenn irgend möglich, alle Datenzugriffe auf den Endpoint beenden und noch im Endpoint verbliebene Daten löschen. Sofern eine Operation, die mit dem aktuellen Inhalt des Bulk-OUT Endpoints durchgeführt wird, nicht abgebrochen werden kann, darf diese jetzt noch zu Ende geführt werden. Als bTag wird das Tag des spezifizierten Transfers geantwortet. Der Host muss nach dieser Antwort den Status des Bulk-OUT Endpoints mit einem CHECK_ABORT_BULK_OUT_STATUS Request prüfen.

STATUS_FAILED

Wenn überhaupt kein Transfer im Gange ist und der Bulk-OUT Endpoint leer ist, antwortet das Gerät mit diesem Status. Der Endpoint wird dann nicht für Transaktionen gesperrt. Als bTag wird 0x00 gemeldet, wenn vorher noch nie ein Transfer gelaufen ist. Andernfalls wird das bTag des letzten Transfers übermittelt.

STATUS_TRANSFER_NOT_IN_PROGRESS

Für diesen Status kann es folgende Gründe geben:

1. Das bTag des laufenden Transfers stimmt nicht mit dem bTag des Requests überein. In diesem Fall wird als bTag das Tag des laufenden Transfers zurückgemeldet.

2. Es ist zwar kein Transfer im Gange, aber der Bulk-OUT Endpoint ist nicht leer. Als bTag wird das Tag des letzten laufenden Transfers gemeldet.

In beiden vorstehenden Fällen wird der Transfer des Bulk-OUT Endpoints nicht gesperrt.

```
;**********************************************************************
; USBTMC Request: INITIATE_ABORT_BULK_OUT
;**********************************************************************
; Reference: USBTMC Chapter 4.2.1.2
INITIATE_ABORT_BULK_OUT
        movlw   controlINlow+1
        movwf      FSR0L
        movlw   controlINhigh
        movwf   FSR0H
        movff  BULKOUT_TAG,POSTDEC0 ;second byte is the bTag of the transfer
; transfer in progress?
        movlw   0x00
        cpfseq  BULKOUT_PROGRESS
        bra     IABO_TestTag
        bra     IABO_TestProgress
; tags matching?
IABO_TestTag
        movlw   BULKOUT_TAG
        cpfseq  wValueLOW     ;the bTag value associated with the transfer to abort
        bra     IABO_NoProgress
        bra     IABO_Success
; endpoint empty?
IABO_TestProgress
        movlw   0x00
        cpfseq  BULKOUT_CONTENT
        bra     IABO_NoProgress
        bra     IABO_Fail
IABO_Success
        bsf     UEP1,EPSTALL ;stall bulk endpoint
        movlw   0x01    ;STATUS_SUCCESS
        bra     IABO_exit
IABO_NoProgress
        movlw   0x81    ;STATUS_TRANSFER_NOT_IN_PROGRESS
        bra     IABO_exit
IABO_Fail
        movlw   0x80    ;STATUS_FAILED
```

```
IABO_exit
        movff   WREG,INDF0
; set the byte counter to 0x0002
        movlw   0x05
        movwf           FSR0L
        movlw   0x04
        movwf   FSR0H
        movlw   0x02
        movff   WREG,POSTDEC0
        movlw   0xC0    ;return ownership to SIE and declare DATA1 packet
        movff   WREG,INDF0
        bra     transtest_over_ctl_out
```

Im Beispielgerät kann ein Transfer nicht länger sein als eine Transaktion. Wenn eine Transaktion abgeschossen ist, wird der Inhalt des Bulk-OUT Endpoints vom Parser komplett zu Ende bearbeitet, wenn ein INITIATE_BULK_OUT empfangen wurde. Erst danach wird vom Parser der Endpoint als leer deklariert. Der Transfer wird allerdings bereits als beendet gemeldet, wenn per Interrupt der Empfang einer Bulk-OUT Transaktion gemeldet wurde und als vollständige Transaktion identifiziert werden konnte. Sofern das nicht der Fall ist, wird der Bulk-OUT Endpoint vom Beispielgerät angehalten.

Dieser Request kann mit der USBIO Demo Application der Firma Thesycon getestet werden, indem der folgende Class Request gesendet wird:

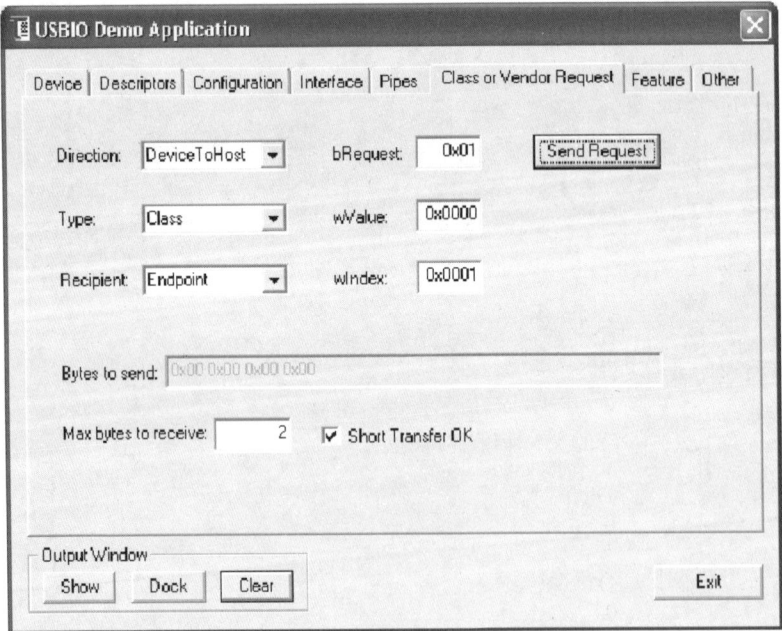

Die Antwort ist in diesem Beispiel STATUS_FAILED mit bTag 0x00, weil kein Bulk-OUT Transfer läuft und auch nicht gelaufen ist.

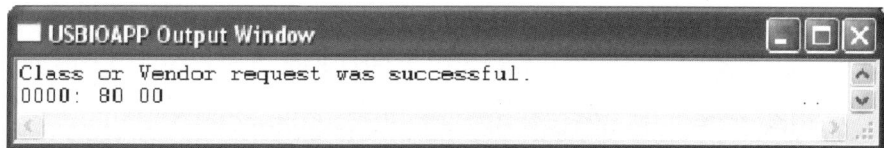

7.11.2 CHECK_ABORT_BULK_OUT_STATUS

Mit diesem Request überprüft der Host, welchen Status der Bulk-OUT Endpoint hat, nachdem das Gerät zuvor einen INITIATE_ABORT_BULK_OUT Request bearbeitet hat [USBTMC: 4.2.1.3].

Datenfeld	Wert	Bedeutung
bmRequestType	10100010	Class specific, Device to Host, Recipient: Endpoint
bRequest	00000010	CHECK_ABORT_BULK_OUT_STATUS
wValue	0x0000	Reserviert
wIndex	0x0001	Endpoint-Adresse des Bulk-OUT Endpoints *
wLength	0x0008	Es werden 8 Bytes vom Gerät erwartet

* Der Wert 0x0001 für das Datenfeld wIndex gilt nur dann, wenn der Bulk-OUT Endpoint wirklich die Adresse 01 hat. Im Unterschied zu den Adressen der Control Endpoints, die festgelegt sind, sind alle übrigen Endpoint-Adressen von der aktiven Konfiguration der USB-Schnittstelle abhängig. Die gültigen Adressen sind in den Endpoint-Deskriptoren der Konfiguration eingetragen [USB 2.0: 9.6.6].

Antwort:

Datenfeld	Wert	Bedeutung
USBTMC_status	(Status)	Aktueller Status gemäß nachstehender Tabelle
Reserviert	0x000000	3 Bytes
NBYTES_RXD	(n)	4 Bytes

USBTMC_Status nach CHECK_ABORT_BULK_OUT_STATUS:

Wert	Bezeichnung
0x02	STATUS_PENDING
0x01	STATUS_SUCCESS

Bedeutung der Status

Siehe dazu USBTMC: Tabellen 21 und 16.

STATUS_PENDING

Das Gerät hat den INITIATE_ABORT_BULK_OUT Request noch nicht fertig bearbeitet. Der Host darf keine Daten an den Bulk-OUT Endpoint senden und muss zu einem späteren Zeitpunkt diesen Request wiederholen. Der Wert für NBYTES_RXD wird übermittelt, ist jedoch ungültig.

STATUS_SUCCESS

Das Gerät hat den spezifizierten Transfer erfolgreich abgebrochen. Im Datenfeld NBYTES_RXD meldet das Gerät die Anzahl der Netto-Datenbytes (also ohne Bulk-OUT Header und Füllbytes), die es aus dem abgebrochenen Transfer verarbeitet hat. Der Host sollte nach diesem Request den Bulk-OUT Endpoint mit einem CLEAR_HALT_BULK_OUT Request wieder für Transaktionen freigeben. Für USBTMC-Geräte gelten über die Standard Device Requests des Typs CLEAR_HALT hinaus noch folgende zusätzliche Vereinbarungen: Stellt ein Gerät fest, dass kein Grund mehr besteht, einen Endpoint für die Datenübertragung zu sperren, dann muss es die Sperrung aufheben [USBTMC: 4.1.1]. Sofern der Host also nicht mit dem entsprechenden Request reagiert, wird das Gerät selbstständig die Haltebedingung aufheben.

```
;********************************************************************
; USBTMC Request: CHECK_ABORT_BULK_OUT_STATUS
;********************************************************************
; Reference: USBTMC Chapter 4.2.1.3
CHECK_ABORT_BULK_OUT_STATUS
        movlw   controlINlow
        movwf           FSR0L
        movlw   controlINhigh
        movwf   FSR0H
        movlw   0x00
        cpfseq  BULKOUT_PROGRESS
        bra     CHECK_OUT_PENDING
        movlw   0x01
        movff   WREG,POSTINC0 ;STATUS_SUCCESS
CHECK_OUT_Cont
        movlw   0x00
        movff   WREG,POSTINC0 ;reserved
        movff   WREG,POSTINC0 ;reserved
        movff   WREG,POSTINC0 ;reserved
        movff   BULKOUT_RXD,POSTINC0
        movff   BULKOUT_RXD+1,POSTINC0
        movff   BULKOUT_RXD+2,POSTINC0
        movff   BULKOUT_RXD+3,POSTINC0
```

```
; set the byte counter to 0x0008
    movlw   0x05
    movwf        FSR0L
    movlw   0x04
    movwf   FSR0H
    movlw   0x08
    movff   WREG,POSTDEC0
    movlw   0xC0    ;return ownership to SIE and declare DATA1 packet
    movff   WREG,INDF0
    bra     transtest_over_ctl_out
CHECK_OUT_PENDING
    movlw   0x02
    movff   WREG,POSTINC0 ;STATUS_PENDING
    bra     CHECK_OUT_Cont
```

Dieser Request kann mit der USBIO Demo Application der Firma Thesycon getestet werden, indem der folgende Class Request gesendet wird:

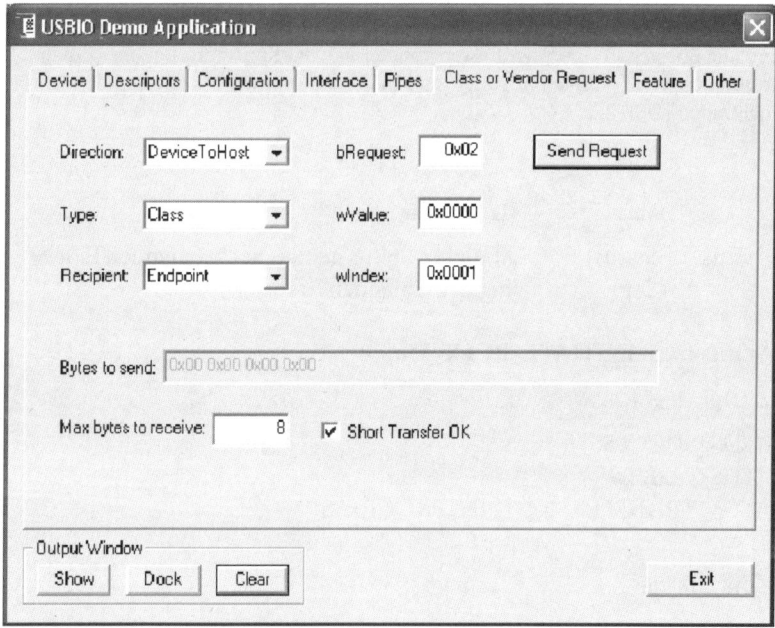

Die Antwort ist in diesem Beispiel STATUS_SUCCESS mit NBYTES_RXD 0x00000000 weil kein Bulk-OUT Transfer gelaufen ist.

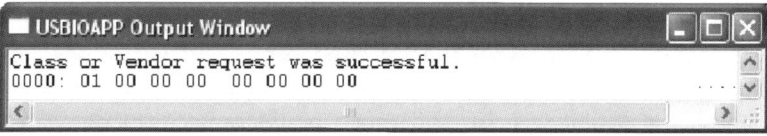

7.11.3 INITIATE_ABORT_BULK_IN

Der Host kann mit diesem Request einen Bulk-IN Transfer abbrechen, um die Datenübertragung zu synchronisieren. Bevor der Host diesen Request sendet, muss er prüfen, ob ein Bulk-OUT Transfer im Gange ist, der eine Antwort erwartet. Wenn dem so ist, dann muss der Host zunächst diesen Transfer beenden [USBTMC: 4.2.1.4].

Datenfeld	Wert	Bedeutung
bmRequestType	10100010	Class specific, Device to Host, Recipient: Endpoint
bRequest	00000011	INITIATE_ABORT_BULK_IN
wValue	(Tag)	Im unteren Byte wird ein tag übertragen
wIndex	0x0082	Endpoint-Adresse des Bulk-OUT Endpoints *
wLength	0x0002	Es werden 2 Bytes vom Gerät erwartet

* Der Wert 0x0082 für das Datenfeld wIndex gilt nur dann, wenn der Bulk-IN Endpoint wirklich die Adresse 82 hat. Im Unterschied zu den Adressen der Control Endpoints, die festgelegt sind, sind alle übrigen Endpoint-Adressen von der aktiven Konfiguration der USB-Schnittstelle abhängig. Die gültigen Adressen sind in den Endpoint Deskriptoren der Konfiguration eingetragen [USB 2.0: 9.6.6].

Antwort:

Datenfeld	Wert	Bedeutung
USBTMC_status	(Status)	Aktueller Status gemäß nachstehender Tabelle
bTag	(Tag)	Tag des laufenden Transfers.

USBTMC_Status nach INITIATE_BULK_IN:

Wert	Bezeichnung
0x01	STATUS_SUCCESS
0x80	STATUS_FAILED
0x81	STATUS_TRANSFER_NOT_IN_PROGRESS

Bedeutung der Status

Siehe dazu USBTMC: Tabellen 26 und 16.

STATUS_SUCCESS

Dieser Status wird vom Gerät gemeldet, wenn der mit bTag spezifizierte Transfer im Gange ist. Das Gerät muss den Transfer abbrechen, und zwar auf folgende Weise: Es sollen keine Datenbytes, die bereits im Endpoint sind, daraus entfernt werden. Alle laufenden Prozesse, die Daten für den Bulk-IN Endpoint erzeugen, müssen angehalten werden, sofern das möglich ist. Andernfalls muss das Beenden abgewartet werden. Nach erfolgreicher Ausführung dieses Requests muss das Gerät ein short packet in den Bulk-IN Endpoint schreiben, falls das noch nicht geschehen ist, um das Ende der Übertragung zu signalisieren. Dazu muss es gegebenenfalls warten, bis diese Operation möglich ist. Ein short packet kann 0 Datenbytes enthalten oder jede Anzahl von Datenbytes bis wMaxPacketSize-1. Damit muss es mindestens 1 Byte kürzer sein als die maximale Paketgröße, die der Endpoint aufnehmen kann [USBTMC: 3.3, 10. Regel]. Der Host muss mit einem CHECK_ABORT_BULK_IN_ STATUS Request laufend überprüfen, ob der Bulk-IN Endpoint leer ist.

STATUS_FAILED
Sofern kein Transfer über den Bulk-IN Endpoint im Gange ist und der Endpoint leer ist, wird dieser Status gemeldet.

STATUS_TRANSFER_NOT_IN_PROGRESS
Für diesen Status kann es folgende Gründe geben:

1. Das bTag des laufenden Transfers stimmt nicht mit dem bTag des Requests überein. In diesem Fall wird als bTag das Tag des laufenden Transfers zurückgemeldet.

2. Es ist zwar kein Transfer im Gange, aber der Bulk-IN Endpoint ist nicht leer. Als bTag wird das Tag des letzten laufenden Transfers gemeldet.

```
;**************************************************************************
; USBTMC Request: INITIATE_ABORT_BULK_IN
;**************************************************************************
; Reference: USBTMC Chapter 4.2.1.4
INITIATE_ABORT_BULK_IN
      movlw  controlINlow+1
      movwf          FSR0L
      movlw  controlINhigh
      movwf  FSR0H
       movff BULKIN_TAG,POSTDEC0  ;second byte is the bTag of the transfer
; transfer in progress?
      movlw  0x00
      cpfseq BULKIN_PROGRESS
      bra    IABI_TestTag
      bra    IABI_TestProgress
; tags matching?
IABI_TestTag
      movlw  BULKIN_TAG
      cpfseq wValueLOW     ;the bTag value associated with the transfer to abort
      bra    IABI_NoProgress
      bra    IABI_Success
; endpoint empty?
IABI_TestProgress
      movlw  0x00
      cpfseq BULKIN_CONTENT
      bra    IABI_NoProgress
      bra    IABI_Fail
```

```
IABI_Success
      bsf    UEP2,EPSTALL ;stall bulk endpoint
      movlw  0x01   ;STATUS_SUCCESS
      bra    IABI_exit
IABI_NoProgress
      movlw  0x81   ;STATUS_TRANSFER_NOT_IN_PROGRESS
      bra    IABI_exit
IABI_Fail
      movlw  0x80   ;STATUS_FAILED
IABI_exit
      movff  WREG,INDF0
; set the byte counter to 0x0002
      movlw  0x05
      movwf          FSR0L
      movlw  0x04
      movwf  FSR0H
      movlw  0x02
      movff  WREG,POSTDEC0
      movlw  0xC0   ;return ownership to SIE and declare DATA1 packet
      movff  WREG,INDF0
      bra    transtest_over_ctl_out
```

Da beim Beispielgerät ein Transfer nicht länger sein darf als eine Transaktion, wird vom Parser der Bulk-IN Endpoint als leer und die Transaktion als beendet gemeldet, sobald die Daten aus dem Endpoint übertragen worden sind.

Dieser Request kann mit der USBIO Demo Application der Firma Thesycon getestet werden, indem der folgende Class Request gesendet wird:

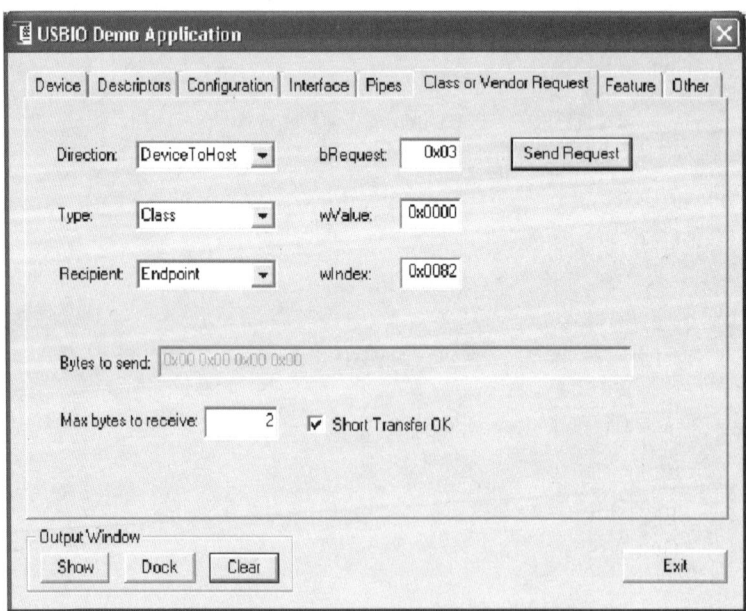

Die Antwort ist in diesem Beispiel STATUS_FAILED mit bTag 0x00, weil kein Bulk-IN Transfer läuft und auch nicht gelaufen ist.

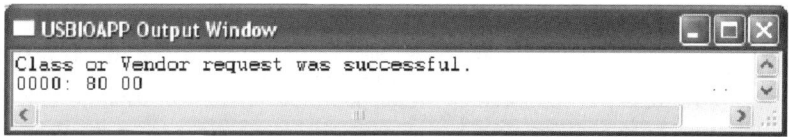

7.11.4 CHECK_ABORT_BULK_IN_STATUS

Mit diesem Request überprüft der Host, welchen Status der Bulk-OUT Endpoint hat, nachdem das Gerät zuvor einen INITIATE_ABORT_BULK_OUT Request bearbeitet hat. Der Host soll diesen Request erst senden, nachdem er ein short packet vom Bulk-IN Endpoint empfangen hat [USBTMC: 4.2.1.5].

Datenfeld	Wert	Bedeutung
bmRequestType	10100010	Class specific, Device to Host, Recipient: Endpoint
bRequest	00000100	CHECK_ABORT_BULK_IN_STATUS
wValue	0x0000	Reserviert
wIndex	0x0082	Endpoint-Adresse des Bulk-OUT Endpoints*
wLength	0x0008	Es werden 8 Bytes vom Gerät erwartet

* Der Wert 0x0082 für das Datenfeld wIndex gilt nur dann, wenn der Bulk-IN Endpoint wirklich die Adresse 82 hat. Im Unterschied zu den Adressen der Control Endpoints, die festgelegt sind, sind alle übrigen Endpoint-Adressen von der aktiven Konfiguration der USB-Schnittstelle abhängig. Die gültigen Adressen sind in den Endpoint Deskriptoren der Konfiguration eingetragen [USB 2.0: 9.6.6].

Antwort:

Datenfeld	Wert	Bedeutung
USBTMC_status	(Status)	Aktueller Status gemäß nachstehender Tabelle
bmAbortBulkIn	Bitmap	Zustand des Endpoints gemäß nachstehender Erklärung
Reserviert	0x0000	2 Bytes
NBYTES_TXD	(n)	4 Bytes

USBTMC_Status nach CHECK_ABORT_BULK_IN_STATUS:

Wert	Bezeichnung
0x02	STATUS_PENDING
0x01	STATUS_SUCCESS

Bedeutung der Status

Siehe dazu USBTMC: Tabellen 29 und 16.

STATUS_PENDING
Wird vom Gerät gesendet, wenn es noch kein short packet über den Bulk-IN Endpoint abliefern konnte oder wenn das Gerät gar kein USBTMC-Kommando empfangen hat, das eine Antwort generiert. Wenn das Gerät noch ein oder mehr Pakete abzuliefern hat, dann muss es bmAbortBulkIn auf 0x01 setzen. Wenn es gar keine Pakete liefern kann, muss es bmAbortBulkIn auf 0x00 setzen. NBYTES_TXD ist auf 0x00000000 zu setzen.

STATUS_SUCCESS
Dieser Status wird gemeldet, wenn das Gerät in der Lage war, ein short packet abzuliefern, der Bulk-IN Endpoint leer ist und es in der Lage ist, ein neues USBTMC-Kommando zu empfangen, das eine Antwort generiert. NBYTES_TXD muss die Anzahl der mit dem IN-Transfer übertragenen Nettobytes melden, bmAbortBulkIn muss auf 0x00 gesetzt sein.

```
;********************************************************************
; USBTMC Request: CHECK_ABORT_BULK_IN_STATUS
;********************************************************************
; Reference: USBTMC Chapter 4.2.1.5
CHECK_ABORT_BULK_IN_STATUS
      movlw   controlINlow
      movwf            FSR0L
      movlw   controlINhigh
      movwf   FSR0H
      movlw   0x00
      cpfseq  BULKIN_PROGRESS
      bra     CHECK_IN_PENDING
      movlw   0x01
      movff   WREG,POSTINC0 ;STATUS_SUCCESS
CHECK_IN_Cont
      movlw   0x00
      movff   WREG,POSTINC0 ;bulk-IN FIFO is empty
      movff   WREG,POSTINC0 ;reserved
      movff   WREG,POSTINC0 ;reserved
      movff   BULKIN_TXD,POSTINC0
      movff   BULKIN_TXD+1,POSTINC0
      movff   BULKIN_TXD+2,POSTINC0
      movff   BULKIN_TXD+3,POSTINC0
; set the byte counter to 0x0008
      movlw   0x05
      movwf            FSR0L
      movlw   0x04
      movwf   FSR0H
      movlw   0x08
```

```
        movff  WREG,POSTDECO
        movlw  0xCO    ;return ownership to SIE and declare DATA1 packet
        movff  WREG,INDFO
        bra    transtest_over_ctl_out
CHECK_IN_PENDING
        movlw  0x02
        movff  WREG,POSTINCO ;STATUS_PENDING
        bra    CHECK_IN_Cont
```

Dieser Request kann mit der USBIO Demo Application der Firma Thesycon getestet werden, indem der folgende Class Request gesendet wird:

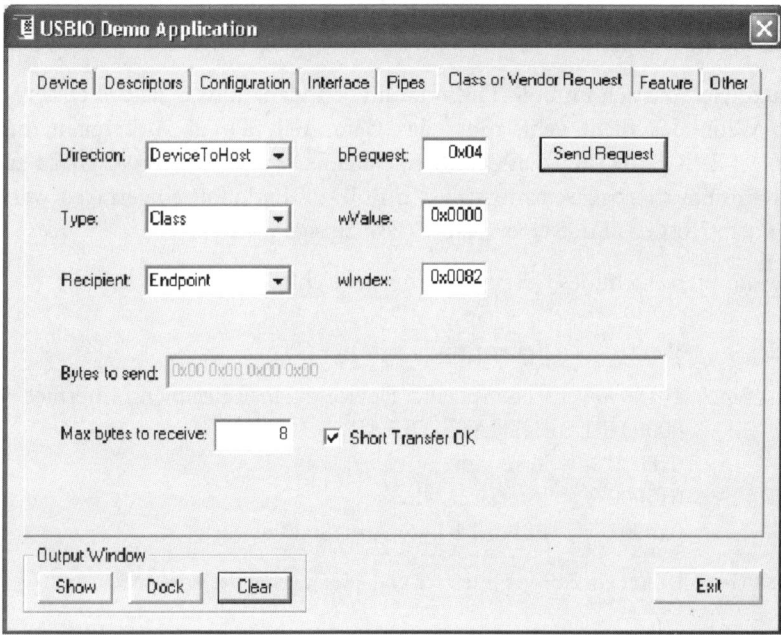

Die Antwort ist in diesem Beispiel STATUS_SUCCESS mit NBYTES_TXD 0x00000000, weil kein Bulk-IN Transfer gelaufen ist.

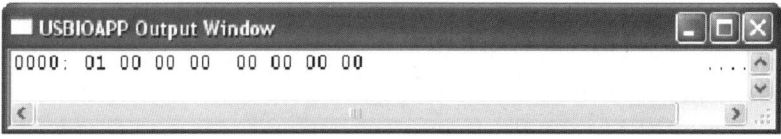

7.11.5 INITIATE_CLEAR

Löscht die Inhalte des Bulk-OUT und Bulk-IN Endpoints [USBTMC: 4.2.1.6]. Dazu müssen folgende Schritte ausgeführt werden [USBTMC: Tabelle 32]:

1. Der Bulk-OUT Endpoint muss angehalten werden. Wenn eine Operation Datenbytes aus dem Bulk-OUT Endpoint bearbeitet, dann muss sie damit aufhören. Es muss abgewartet werden, bis dieser Vorgang ausgeführt worden ist.

2. Alle Datenbytes, die noch im Bulk-OUT Endpoint stehen, müssen gelöscht werden.

3. Wenn eine Operation Daten in den Bulk-IN Endpoint schreibt, muss sie damit aufhören. Es muss abgewartet werden, bis dieser Vorgang ausgeführt worden ist.

4. Alle Datenbytes, die sich im Bulk-IN Endpoint befinden, müssen daraus entfernt werden. Wenn das nicht geht, muss das Gerät sich darauf vorbereiten, im CHECK_CLEAR_STATUS_RESPONSE im Datenfeld bmClear den Wert 0x01 zu übermitteln. Ein short packet muss in den Bulk-IN Endpoint eingetragen werden, um dem Host das Ende einer Transaktion zu signalisieren.

5. Die Anwendungsschicht des Geräts muss benachrichtigt werden.

Datenfeld	Wert	Bedeutung
bmRequestType	10100001	Class specific, Device to Host, Recipient: Interface
bRequest	00000101	INITIATE_CLEAR
wValue	0x0000	Reserviert
wIndex	0x0000	Interface-Adresse *
wLength	0x0001	Es wird 1 Byte vom Gerät erwartet

* Ein USB488-Gerät hat nur ein einziges Interface und zwar das mit der Adresse 0.

Antwort:

Datenfeld	Wert	Bedeutung
USBTMC_status	(Status)	Aktueller Status gemäß nachstehender Tabelle

USBTMC_Status nach INITIATE_CLEAR:

Wert	Bezeichnung
0x01	STATUS_SUCCESS

Bedeutung des Status

STATUS_SUCCESS

Der Request ist ausgeführt worden.

Im Beispielgerät ist ein Transfer nicht länger als eine Transaktion. Deswegen kann das Entleeren der Bulk Endpoints entfallen. Es reicht, den Bulk-OUT Endpoint anzuhalten, das kurze (leere) Paket über den Bulk-IN Endpoint zu senden und die Anwendungsschicht (MEP) zu benachrichtigen. Der Parser wird daraufhin jede weitere Bearbeitung des Bulk-OUT Endpoints beenden und somit auch keine Daten in den Bulk-IN Endpoint schreiben.

```
;****************************************************************************
; USBTMC Request: INITIATE_CLEAR
;****************************************************************************
; Reference: USBTMC Chapter 4.2.1.6
INITIATE_CLEAR
      bsf     UEP1,EPSTALL ;stall bulk OUT endpoint
; transmit a short packet out of the bulk-IN endpoint
      call    TransmitEmptyPacket
; notify the function layer
      movlw   0x00
      movwf   BULKOUT_PROGRESS
      movwf   BULKOUT_CONTENT
      movwf   BULKIN_PROGRESS
      movwf   BULKIN_CONTENT
; transfer STATUS_SUCESS
      movlw   0x01
      movff   WREG,wStatusLOW
      call    transmitBYTE
      bra     transtest_over_ctl_out
;****************************************************************************
; Transmit Empty Packet via Bulk IN
;****************************************************************************
TransmitEmptyPacket
; buffer descriptor base address 0x414 to file selection register 0
; Buffer Mode 00
      movlw   0x15
      movwf           FSR0L
      movlw   0x04
      movwf   FSR0H
      movlw   0x00
      movff   WREG,POSTINC0 ;BD5CNT
      movlw   0x00
      cpfseq  DATA_IN
      bra     empacket1
      bra     empacket0
empacket1
      movlw   0x14
```

```
        movff  WREG,FSROL
        movlw  0x04
        movff  WREG,FSROH     ;BD5STAT
        movlw  B'11000000'
        movff  WREG,INDFO
        return
empacket0
        movlw  0x14
        movff  WREG,FSROL
        movlw  0x04
        movff  WREG,FSROH     ;BD5STAT
        movlw  B'10000000'
        movff  WREG,INDFO
        return
```

Dieser Request kann mit der USBIO Demo Application der Firma Thesycon getestet werden, indem der folgende Class Request gesendet wird:

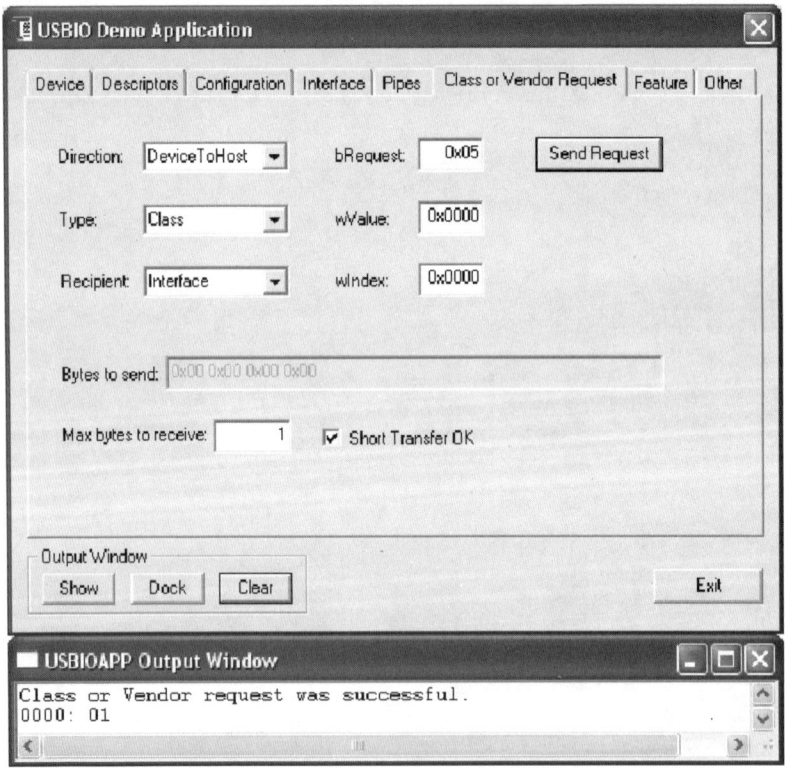

7.11.6 CHECK_CLEAR_STATUS

Dieser Request wird an das Gerät geschickt, nachdem ein INITIATE_CLEAR Request verarbeitet wurde, um zu überprüfen, ob alle damit verbundenen Vorgänge abgeschlossen worden sind [USBTMC: 4.2.1.7].

Datenfeld	Wert	Bedeutung
bmRequestType	10100001	Class specific, Device to Host, Recipient: Interface
bRequest	00000110	CHECK_CLEAR_STATUS
wValue	0x0000	Reserviert
wIndex	0x0000	Interface-Adresse *
wLength	0x0002	Es werden 2 Bytes vom Gerät erwartet

* Ein USB488-Gerät hat nur ein einziges Interface und zwar das mit der Adresse 0.

Antwort:

Datenfeld	Wert	Bedeutung
USBTMC_status	(Status)	Aktueller Status gemäß nachstehender Tabelle
bmClear	Bitmap	Siehe nachstehende Erklärung

USBTMC_Status nach CHECK_CLEAR_STATUS:

Wert	Bezeichnung
0x02	STATUS_PENDING
0x01	STATUS_SUCCESS

Bedeutung der Status

Siehe dazu USBTMC: Tabellen 35 und 16.

STATUS_PENDING

Das Gerät ist noch nicht mit den Aktionen fertig, die mit dem INITIATE_CLEAR Request ausgelöst worden sind. Sofern der Bulk-IN Endpoint noch nicht leer ist, muss der Wert im Datenfeld bmClear 0x01 sein, andernfalls 0x00. Der Host sollte so lange den Bulk-IN Endpoint auslesen, bis er ein short packet empfangen hat, und dann den CHECK_CLEAR_STATUS Request wiederholen. Dann sollte bmClear mit 0x00 gemeldet werden. So lange die Anwendungsschicht des Geräts nicht bereit für Transfers ist, wird auch STATUS_PENDING gemeldet.

STATUS_SUCCESS

Das Gerät hat Bulk-IN und Bulk-OUT Endpoint geleert und die Anwendungsschicht ist bereit für neue Transfers. Im Datenfeld bmClear muss dann der Wert 0x00 gemeldet werden.

```
;**********************************************************************
; USBTMC Request: CHECK_CLEAR_STATUS
;**********************************************************************
; Reference: USBTMC Chapter 4.2.1.7
CHECK_CLEAR_STATUS
        call    release_bulk_OUT    ;unstalls bulk out endpoint
        movlw   0x01
        movff   WREG,wStatusLOW
        movlw   0x00
        movff   WREG,wStatusHIGH
        call    transmitSTATUS
        bra     transtest_over_ctl_out
```

Der Bulk-OUT Endpoint wurde mit dem INITIATE_CLEAR Request angehalten. In Übereinstimmung mit den zusätzlichen Vereinbarungen für USBTMC-Geräte wird mit diesem Request auch die Sperrung des Endpoints aufgehoben, weil dafür kein Grund mehr besteht[USBTMC: 4.1.1].

```
release_bulk_OUT
; USB Buffer Description (reference: DataSheet Section 17.4):
; buffer descriptor base address 0x408 to file selection register 0
; Buffer Mode 00
        movlw   0x09
        movwf           FSR0L
        movlw   0x04
        movwf   FSR0H
; Bulk OUT Buffer Descriptor
; can receive 255 bytes
; buffer starts at adress 0x0600
        movlw   0x00
        movlw   0xFF
        movff   WREG,POSTDEC0 ;BD2CNT
        movlw   B'11000000'        ;UOWN
        movff   WREG,POSTDEC0 ;BD2STAT
        return
```

Dieser Request kann mit der USBIO Demo Application der Firma Thesycon getestet werden, indem der folgende Class Request gesendet wird:

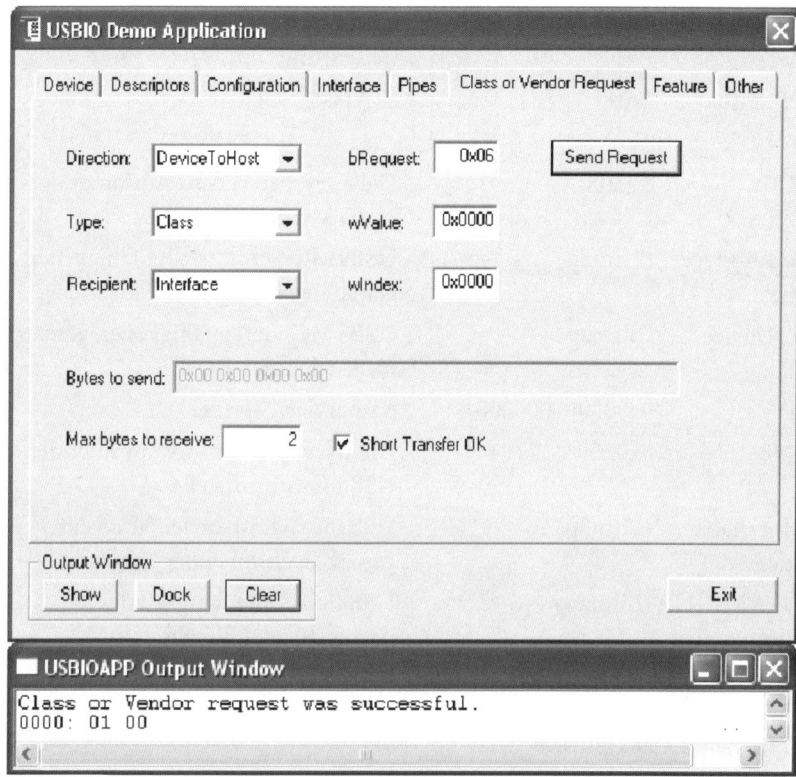

7.11.7 GET_CAPABILITIES

Mit diesem Request fragt der Host nach zusätzlichen Attributen und Fähigkeiten des USBTMC Interface [USBTMC: 4.2.1.8].

Datenfeld	Wert	Bedeutung
bmRequestType	10100001	Class specific, Device to Host, Recipient: Interface
bRequest	00000111	GET_CAPABILITIES
wValue	0x0000	Reserviert
wIndex	0x0000	Interface-Adresse *
wLength	0x0018	Es werden 24 Bytes vom Gerät erwartet

* Ein USB488-Gerät hat nur ein einziges Interface, und zwar das mit der Adresse 0.

Antwort:

Datenfeld	Wert	Bedeutung
USBTMC_status	0x01	STATUS_SUCCESS
Reserviert	0x00	
bcdUSBTMC	0x0100	Die relevante Versionsnummer der USBTMC-Schnittstelle
USBTMC Interface Capabilities	(Bitmap)	USBTMC-Schnittstellenfähigkeiten gemäß nachstehender Tabelle
USBTMC Device Capabilities	(Bitmap)	USBTMC-Gerätefähigkeiten gemäß nachstehender Tabelle
Reserviert	0x000000000000	6 reservierte Bytes
bcdUSB488	0x0100	Die relevante Versionsnummer der USB488-Schnittstelle
USB488 Interface Capabilities	(Bitmap)	USB488-Schnittstellenfähigkeiten gemäß nachstehender Tabelle
USB488 Device Capabilities	(Bitmap)	USB488-Gerätefähigkeiten gemäß nachstehender Tabelle
Reserviert	0x0000000000000000	8 reservierte Bytes

USBTMC Interface Capabilities:

D7	D6	D5	D4	D3	D2	D1	D0
0	0	0	0	0	Indicator	ton	lon

Bedeutung der Bits

Indicator
Wenn dieses Bit 0 ist, akzeptiert diese USBTMCSchnittstelle keinen INDICATOR_ PULSE Request. Sofern sie trotzdem diesen Request empfängt, muss sie mit einem Request Error reagieren. Wenn dieses Bit 1 ist, akzeptiert die Schnittstelle den INDICATOR_PULSE Request. Das Beispielgerät akzeptiert den INDICATOR_ PULSE Request, deswegen muss dieses Bit immer 1 sein (Details, siehe Abschnitt INDICATOR_PULSE).

ton
Wenn dieses Bit 1 ist, dann ist die USBTMC-Schnittstelle nur Sprecher (talk-only). Das Beispielgerät ist sowohl Sprecher als auch Hörer, deswegen muss dieses Bit immer 0 sein.*

lon

Wenn dieses Bit 1 ist, dann ist die USBTMC-Schnittstelle nur Hörer (listen-only). Das Beispielgerät ist sowohl Hörer als auch Sprecher, deswegen muss dieses Bit immer 0 sein.*

USBTMC Device Capabilities:

D7	D6	D5	D4	D3	D2	D1	D0
0	0	0	0	0	0	0	TermChar

Bedeutung des Bits TermChar

Wenn dieses Bit 1 ist, dann unterstützt das Gerät die Beendigung eines Bulk-IN Transfers über das USBTMC Interface, wenn ein spezifiziertes Terminierungszeichen gesendet wird. Im Beispielgerät wird diese Fähigkeit nicht unterstützt, deswegen ist dieses Bit 0. Wäre dieses Bit 1, könnte ein Host bei der Übertragung eines REQUEST_DEV_DEP_MSG_IN Bulk-OUT Headers im Datenfeld TermChar des besagten Headers ein Terminierungszeichen vereinbaren, mit dem ein Bulk-IN Transfer beendet wird, sobald dieses Zeichen gesendet wird. Weitere Bedingung ist, dass in diesem Header im Datenfeld bmTransfer Attributes das Bit D1 auf 1 gesetzt ist [USBTMC: 3.2.1.2 und Tabelle 4].

USB488 Interface Capabilities:

D7	D6	D5	D4	D3	D2	D1	D0
0	0	0	0	0	488.2	REN	Trigger

Bedeutung der Bits

Trigger

Wenn dieses Bit 1 ist, dann akzeptiert die Schnittstelle den USBTMC-Trigger-Befehl und gibt ihn an die Anwendungsschicht des Geräts weiter. Für diesen Befehl gibt es einen Wert für die Variable MsgID, die über den Bulk-OUT Endpoint gesendet wird. Wenn dieses Bit 0 ist, muss die Schnittstelle beim Empfang des Trigger-Befehls den Bulk-OUT Endpoint in den Halte-Zustand versetzen [USB488: Tabelle 8]. Das Beispielgerät unterstützt den USBTMC-Trigger-Befehl nicht.

REN

Wenn dieses Bit 1 ist, verfügt die Schnittstelle über die Remote-Local-Schnittstellenfunktion und akzeptiert die Requests REN_CONTROL, GO_TO_LOCAL und LOCAL LOCKOUT. Ist dieses Bit 0, müssen die genannten Requests als unbekannt

---

* Bei USB488-Geräten ist das Bedingung, wenn sie ebenfalls 488.2-kompatibel sind [USB488: Tabellen 8 und 27].

behandelt werden, indem ein STALL Handshake Paket über den Control Endpoint gesendet wird [USB488: Tabelle 8]. Das Beispielgerät besitzt diese Schnittstellenfunktion.

488.2

Wenn dieses Bit 1 ist, dann ist die Schnittstelle eine 488.2-USB488Schnittstelle, andernfalls ist sie lediglich eine USB488-Schnittstelle [USB488: Tabelle 8]. 488.2-USB488-Schnittstellen unterstützen die Datenformate, die Syntax und die verbindlichen allgemeinen Befehle des Standards IEEE 488.2. Die Schnittstelle muss einen Interrupt-IN Endpoint besitzen und das Nachrichtenaustauschprotokoll (MEP) des Standards IEEE 488.2 unterstützen [USB488: Tabelle 8 und IEEE 488.2: 6]. Bei dem Beispielgerät ist das der Fall. MEP wird in Abschnitt 10.1 beschrieben.

USB488 Device Capabilities:

D7	D6	D5	D4	D3	D2	D1	D0
0	0	0	0	SCPI	SR	RL	DT

Bedeutung der Bits

DT

Wenn dieses Bit 1 ist, besitzt das Gerät die Device-Trigger-Funktion nach IEEE 488.1: 2.11. Das Beispielgerät unterstützt diese Funktion nicht.

RL

Ist dieses Bit1, besitzt das Gerät die Remote-Local-Funktion nach IEEE 488.1: 2.8. Das Beispielgerät unterstützt diese Funktion. Die Remote-Local-Funktion ist in Abschnitt 7.12.4 beschrieben.

SR

Wenn dieses Bit 1 ist, dann ist das Gerät in der Lage, eine Bedienungsanforderung an den Host zu senden. Dazu muss es die Service-Request Funktion nach IEEE 488.1: 2.7 sowie einen Interrupt-IN Endpoint besitzen. Das Beispielgerät unterstützt diese Funktion. Sie wird in Abschnitt 11.2.8 beschrieben.

SCPI

Wenn dieses Bit 1 ist, dann versteht das Gerät alle verbindlichen SCPI-Befehle, wie sie in SCPI_1: 4.2.1 aufgelistet sind. Das sind die folgenden Befehle:

:SYSTem:ERRor[:NEXT]?
:SYSTem:VERSion?
:STATus:OPERation[EVENt]?
:STATus:OPERation:CONDition?
:STATus:OPERation:ENABle

:STATus:OPERation:ENABle?
:STATus:QUEStionable[:EVENt]?
:STATus:QUEStionable:CONDition?
:STATus:QUEStionable:ENABle
:STATus:QUEStionable:ENABle?
:STATus:PRESet

Im Beispielgerät ist keiner dieser Befehle realisiert, deswegen muss SCPI = 0 gesetzt sein.

Für die Einträge in den Bitmaps USB488 Device Capabilities und USB488 Interface Capabilities gelten zusätzlich folgende Regeln [USB488: 4.2.2]:

1. Wenn DT=1 ist, dann muss Trigger=1 sein (im Beispielgerät beides 0).
2. Wenn RL=1 ist, dann muss REN=1 sein (im Beispielgerät realisiert).
3. Wenn 488.2 =1 ist, dann muss SR=1 sein (im Beispielgerät realisiert).
4. Wenn SCPI=1 ist, dann muss SR=1 und 488.2=1 sein (im Beispielgerät ist SCPI=0).

```
;*************************************************************************
; USBTMC Request: GET_CAPABILITIES
;*************************************************************************
; References: USBTMC Chapter 4.2.1.8, USB488 Chapter 4.2.2
GET_CAPABILITIES
        movlw   UPPER CapabilitiesDescriptor
        movwf   TBLPTRU
        movlw   HIGH CapabilitiesDescriptor
        movwf   TBLPTRH
        movlw   LOW   CapabilitiesDescriptor
        movwf   TBLPTRL
        call    IN_Descriptor
; replace USB488 InterfaceCapabilities and DeviceCapabilities data fields with
  respective EEPROM contents
        movlw   0x86
        movff   WREG,EEADR    ;pointer to EEPROM USB488 IntCap data field
; load FSR0 with Control IN offset address for IntCap
        movlw   controlINlow+.14
        movwf        FSR0L
        movlw   controlINhigh
        movwf   FSR0H
        call    ReadEepromInc
        movff   EEDATA,POSTINC0
        call    ReadEepromInc
        movff   EEDATA,INDF0 ;this is the USB488 DevCap data field
        call    Transmit_IN_Descriptor
        bra     transtest_over_ctl_out
```

Als Antwort auf diesen Request wird der im folgenden Listing dargestellte Deskriptor ausgegeben, der hier CapabilitiesDescriptor getauft worden ist. Es ist dabei zu beachten, dass dieser Deskriptor, ähnlich wie der Device Descriptor, über Platzhalter verfügt, deren Inhalt durch den EEPROM-Speicherbereich des Geräts endgültig festgelegt wird, nachdem das Deskriptor-Skelett in den Speicherbereich des Bulk-IN Endpoints übertragen worden ist. Die veränderlichen Parameter werden aus dem EEPROM nachgeladen. Damit ist eine individuelle Konfiguration einiger Parameter möglich (variableIntCap, variableDevCap), die die Unterklasse USBTMC-USB488 betreffen. Die Konfiguration dieser Variablen erfolgt über spezielle Fernsteuerbefehle, die in Abschnitt 11.6 beschrieben sind.

```
CapabilitiesDescriptor
       DB    .24    ;packet length (lower byte)
       DB    .0     ;packet length (higher byte)
; USB-part:
       DB   0x01 ;USBTMC_status
       DB   0x00 ;reserved
       DB   0x00 ;bcdUSBTMC
       DB   0x01 ;(0x0100 or greater)
; USBTMC interface Capabilities
       DB   0x04 ;accepts INDICATOR_PULSE, LISTEN, TALK
; USBTMC Device Capabilities
       DB   0x00 ;does not support ending Bulk-IN transfer by TermChar
; Reserved
       DB   0x00 ;reserved
       DB   0x00 ;reserved
       DB   0x00 ;reserved
       DB   0x00 ;reserved
       DB   0x00 ;reserved
       DB   0x00 ;reserved
; USBTMC-USB488 Subclass Capabilities
       DB   0x00 ;bcdUSB488
       DB   0x01 ;(0x0100 or greater)
; USB488 Interface Capabilities
       DB   0x00 ;place holder (usb488.2 interface, REN_CONTROL)*
; USBTMC Device Capabilities
       DB   0x00 ;place holder (SR1, RL1)*
; Reserved
       DB   0x00 ;reserved
       DB   0x00 ;reserved
       DB   0x00 ;reserved
       DB   0x00 ;reserved
       DB   0x00 ;reserved
       DB   0x00 ;reserved
       DB   0x00 ;reserved
;* final values are filled in from EEPROM-locations
```

Im EEPROM-Speicherbereich sind die folgenden Vereinbarungen zu treffen:

```
; variables for USBTMC-USB488 Capabilities
; 0x86
variableIntCap      DE      B'00000110' ;488.2 device, accepts REN, GTL, LLO,
                                        ;doesn't accept TRIGGER
; 0x87
variableDevCap      DE      B'00000110' ;doesn't understand all mandatory SCPI
                                        ;commands, SR1 capable, RL1 capable, DTO
```

Dieser Request kann mit der USBIO Demo Application der Firma Thesycon getestet werden, indem der folgende Class Request gesendet wird:

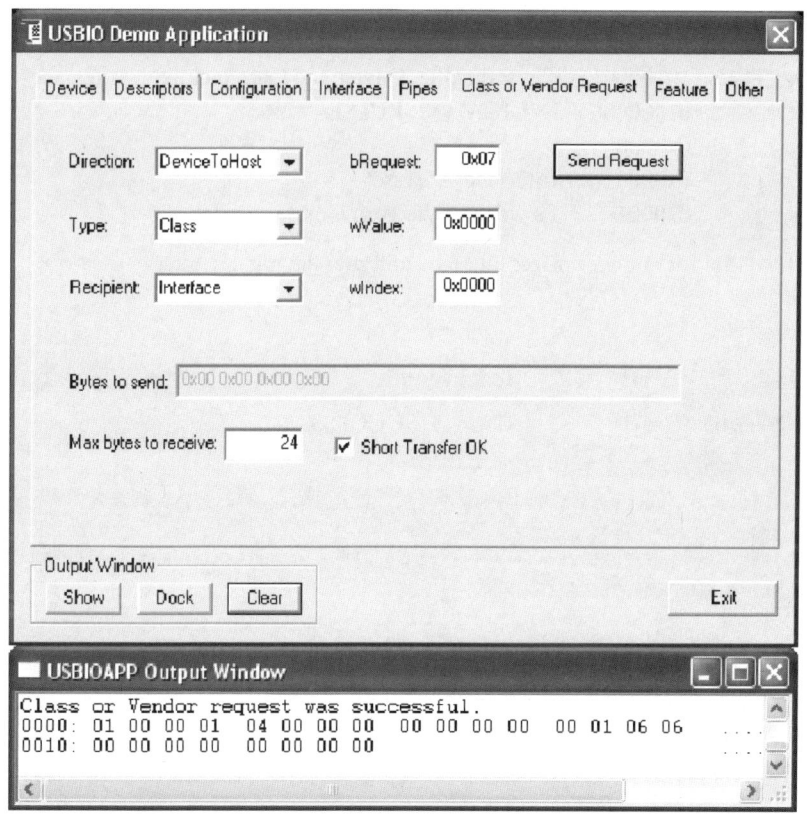

7.11.8 INDICATOR_PULSE

Dieser Request gestattet es dem Host, am Gerät Aktivität zu signalisieren, indem eine LED für den Zeitraum von 0.5 bis 1 Sekunde (die genaue Zeit innerhalb dieses Intervalls ist dem Hersteller überlassen) eingeschaltet wird, nachdem dieser Request empfangen wurde. Danach muss sich die LED automatisch ausschalten. Voraussetzung ist selbstverständlich, dass das Gerät über eine derartige Indikator-LED verfügt und die Fähigkeit zur Unterstützung dieses Requests im vorher beschriebenen CapabilitiesDescriptor eingetragen ist. Diese Eigenschaft ist grundsätzlich dazu gedacht, ein Gerät zu identifizieren, jedoch kann sie auch für andere Zwecke verwendet werden [USBTMC: 4.2.1.9].

Datenfeld	Wert	Bedeutung
bmRequestType	10100001	Class specific, Device to Host, Recipient: Interface
bRequest	01000000	INDICATOR_PULSE
wValue	0x0000	
wIndex	0x0000	Interface-Adresse*
wLength	0x0001	Es wird 1 Byte vom Gerät erwartet

* Ein USB488-Gerät hat nur ein einziges Interface, und zwar das mit der Adresse 0.

Antwort:

Datenfeld	Wert	Bedeutung
USBTMC_status	0x01	STATUS_SUCCESS

```
;**************************************************************************
; USBTMC Request: INDICATOR_PULSE
;**************************************************************************
; Reference: USBTMC Chapter 4.2.1.9
INDICATOR_PULSE
      call    USBTMCindicator_pulse
; transfer STATUS_SUCESS
      movlw   0x01
      movff   WREG,wStatusLOW
      call    transmitBYTE
      bra     transtest_over_ctl_out
```

Der Lichtimpuls der Indikator-LED soll im Beispielgerät nach 0.5 Sekunden erlöschen. Um das zu ermöglichen, muss eine Verzögerungszeit programmiert werden, nach deren Ablauf die Indikator-LED abgeschaltet wird. Dazu wird der Timer0 des verwendeten PIC-Derivats so initialisiert, dass er nach ca. 5 ms einen Low Priority Interrupt erzeugt.

```
; activate Timer0 as basic 5 ms ticker
    movlw  B'11000111'
    movwf  T0CON   ;timer enabled, 8 bit, internal clock, 1:256 prescaler
    bcf    INTCON,TMR0IF
    bcf    INTCON2,TMR0IP ;low priority interrupt
    movlw  .60
    movwf  TMR0L          ;preset timer to overflow after 196 counts
    bsf    INTCON,TMR0IE ;enable timer overflow interrupt
```

In der Interrupt Service Routine wird ein Zähler (timerIndicator) dekrementiert, der mit der Verzögerungszeit von ca. 0.5 s geladen wird, wenn die LED eingeschaltet wird.

```
USBTMCindicator_pulse
    call   IndicateINDICATORon
    movlw  .100
    movwf  timerIndicator ;count down in 0.5s
    return
IndicateINDICATORon
    movff  PORTD,WREG
iorlw  B'00000010'
    movwf  LATD
    movwf  PORTD
  · return
```

Wenn der Zählerstand null ist, wird die Indikator-LED abgeschaltet.

```
; timer0 interrupt
    movlw  .60
    movwf  TMR0L ;preset timer to overflow after 196 counts
    btfss  PORTD,1
    bra    timer0_ex ;indicator LED is off
    movlw  0x00
    cpfseq timerIndicator
    bra    decIndicator
    call   IndicateINDICATORoff
    bra    timer0_ex
decIndicator
    decf   timerIndicator
timer0_ex
    bcf    INTCON,TMR0IF
LowInt_ex
            ...
IndicateINDICATORoff
    movff  PORTD,WREG
    andlw  B'11111101'
    movwf  LATD
    movwf  PORTD
    return
```

Dieser Request kann mit der USBIO Demo Application der Firma Thesycon getestet werden, indem der folgende Class Request gesendet wird:

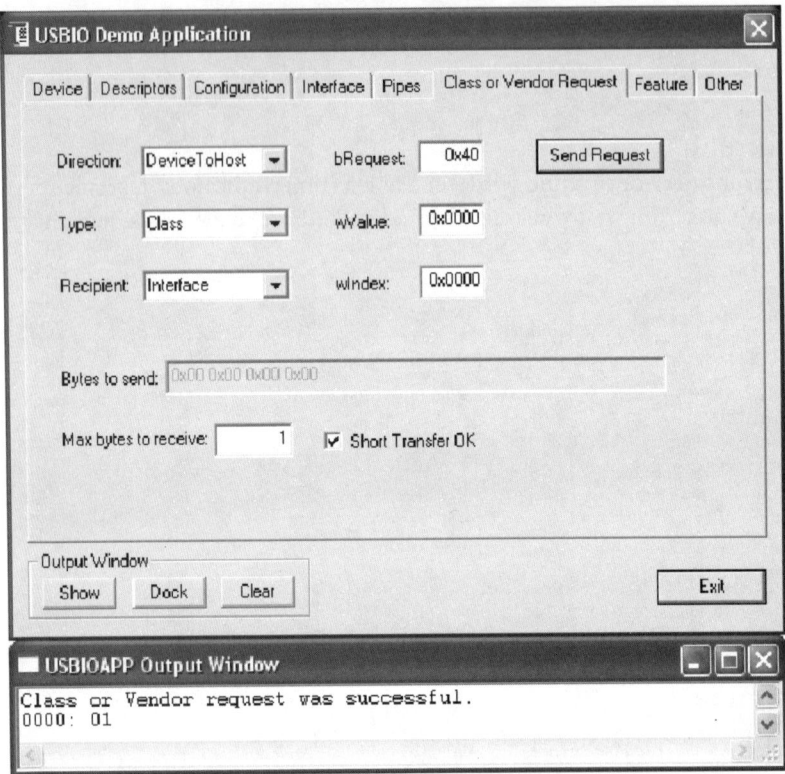

Die Indikator-LED des Beispielgeräts muss nach dem Senden dieses Requests für ca. 0.5 s leuchten, und das Gerät muss STATUS_SUCCESS an den Host melden.

Tabelle: Übersicht der USBTMC Class Requests

Request	Desti-nation	Type oder Wert	Response	Bemer-kungen
INITIATE_ABORT_BULK_OUT	Endpoint	\<endpoint\>	\<initiate status\>	
CHECK_ABORT_BULK_OUT_STATUS	Endpoint	\<endpoint\>	\<check status\>	
INITIATE_ABORT_BULK_IN	Endpoint	\<endpoint\>	\<initiate status\>	
CHECK_ABORT_BULK_IN_STATUS	Endpoint	\<endpoint\>	\<check status\>	
INITIATE_CLEAR	Interface	\<interface\>	\<initiate status\>	
CHECK_CLEAR_STATUS	Interface	\<interface\>	\<check status\>	
GET_CAPABILITIES	Interface	\<interface\>	\<capabilities\>	
INDICATOR_PULSE	Interface	\<interface\>		LED-Indikator

7.12 USB488 Subclass Device Requests

Die zweite Ergänzung nach den USBTMC Device Requests ist die Gruppe der USB488 Subclass Device Requests, mit der die Gruppe der Control Transfers eines Test- und Messgeräts dann vollständig ist. Diese Unterklasse ist wie die USBTMC Device Requests in die Gruppe der Class specific Requests eingeordnet. Ihre Funktion kann, wie bereits zuvor beschrieben, ebenfalls mit der USBIO Demo Application der Firma Thesycon getestet werden. Diese Requests beziehen sich auf Gerätefunktionen, die sich am Standard IEEE 488.1 orientieren. Sie beeinflussen direkt die Schnittstellenfunktion des Test- oder Messgeräts. Es sind insgesamt vier Requests zu bearbeiten, die im Folgenden beschrieben sind.

7.12.1 READ_STATUS_BYTE

Mit diesem Request wird das Status Byte des Geräts ausgelesen, sofern die Schnittstelle nicht über einen Interrupt-IN Endpoint verfügt. Wenn, wie beim Beispielgerät der Fall, ein Interrupt-IN Endpoint vorhanden ist, wird mit diesem Request die Übertragung des Status Byte über den Interrupt-IN Endpoint veranlasst. Dieser Control Transfer enthält jedoch immer eine Antwort in der Form einer IN Control Data Transaction, selbst wenn in dieser Antwort nicht der Inhalt des Status Bytes übertragen wird, sondern lediglich die Konstante 0x00. Wichtig ist jedoch, dass die Reihenfolge der Aktionen eingehalten wird. Wenn der Request vom Gerät empfangen worden ist, muss als Reaktion darauf zuerst der Inhalt des Status Byte in den Interrupt-IN Endpoint übertragen werden. Erst danach darf die IN Control Data Transaction ausgeführt werden. Sofern das nicht möglich ist, weil der Interrupt-IN Endpoint blockiert ist, dann muss der Request mit der Status-Meldung STATUS_ INTERRUPT_IN_BUSY beendet werden [USB488: 4.3.1.2]. Der Inhalt des Status Byte wird an dieser Stelle nicht näher beschrieben. Dafür gibt es einen gesonderten Abschnitt in diesem Buch, an dem alle relevanten Informationen zum Status Byte an einem Ort zusammengefasst sind.

(1) bTag ist ein Wert zwischen 2 und 127, der vom Host erzeugt und mit diesem Request übertragen wird. Der Host sollte bTag für jeden neu gesendeten READ_

Datenfeld	Wert	Bedeutung
bmRequestType	10100001	Standard, Device to Host, Recipient: Interface
bRequest	10000000	READ_STATUS_BYTE
wValue	(bTag)	bTag im lower Byte von wValue(1)
wIndex	0x0000	Interface-Adresse(2)
wLength	0x0002	Es werden 3 Bytes vom Gerät erwartet

STATUS_BYTE Request inkrementieren. Der Wert von bTag wird vom Gerät zusammen mit dem Status Byte an den Host zurückgesendet. Damit lassen sich Anfrage und Antwort einander zuordnen, wenn der Interrupt-IN Endpoint vom Host gelesen wird.

(2) Ein USB488-Gerät hat nur ein einziges Interface, und zwar das mit der Adresse 0.

Antwort:

Datenfeld	Wert	Bedeutung
USBTMC_status	(Status)	Aktueller Status gemäß nachstehender Tabelle
bTag	(bTag)	bTag des laufenden Transfers
Konstante	0x00	Das Status Byte wird im Interrupt-IN Endpoint gesendet

USB488_Status nach READ_STATUS_BYTE:

Wert	Bezeichnung
0x01	STATUS_SUCCESS
0x20	STATUS_INTERRUPT_IN_BUSY

Bedeutung der Status

Siehe [USBTMC: Tabelle 16] und [USB488: Tabelle 10].

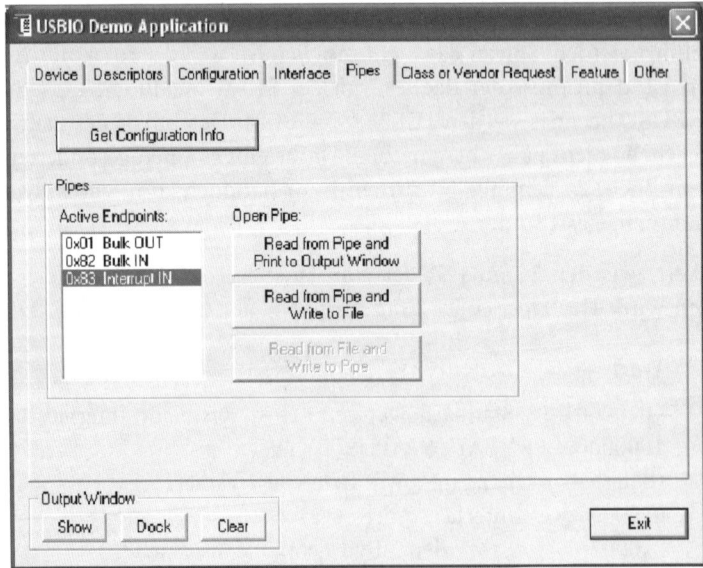

Der Test dieses Requests mit der USBIO Demo Application erfolgt in zwei Schritten. Nach der üblichen Prozedur des Öffnens und Konfigurierens des Geräts muss zunächst auf die Registerkarte „Pipes" gewechselt und die Pipe „0x83 Interrupt IN" ausgewählt werden.

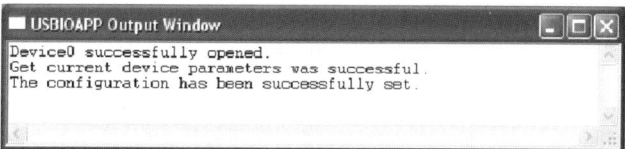

Nach Anklicken der Schaltfläche „Read from Pipe and Print to Output Window", wird folgendes Fenster geöffnet:

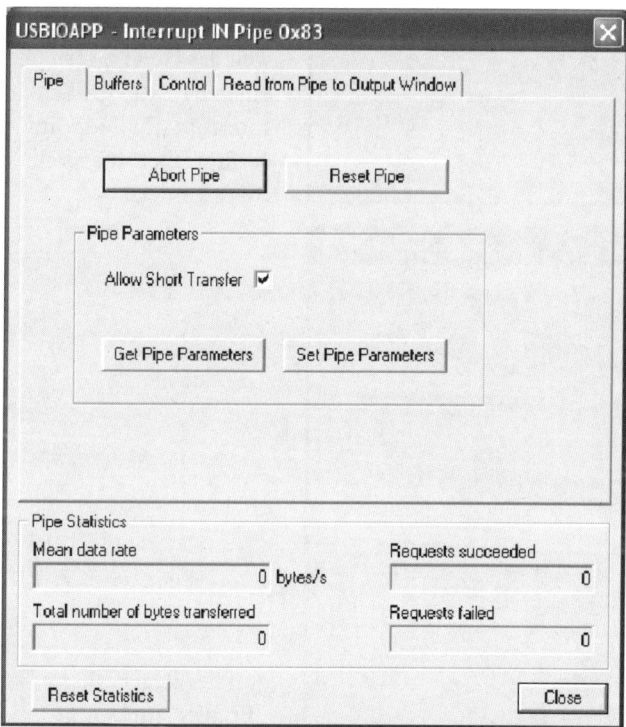

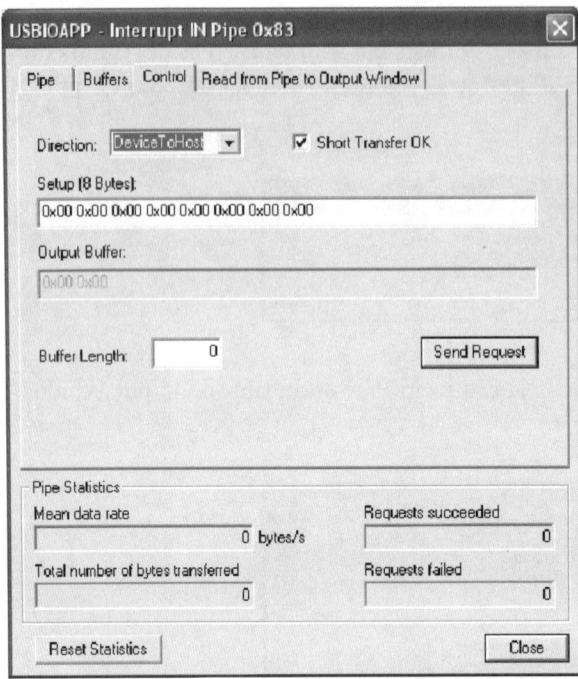

Jetzt muss mit der Registerkarte „Control" die Datenrichtung auf „Device to Host" gestellt werden. Das Kästchen „Short Transfer OK" muss aktiviert werden, weil das Gerät zwar über einen 64 Bytes großen Interrupt-IN Endpoint verfügt, aber nur zwei Bytes sendet.

Auf der Registerkarte „Buffers" muss nun noch bei „Size of Buffer" der Wert 2 eingetragen werden. Damit ist der Interrupt-IN Transfer vorbereitet.

Nun muss nochmals auf die Registerkarte „Read from Pipe and Print to Output Window" gewechselt werden, worauf sich folgendes Bild ergibt:

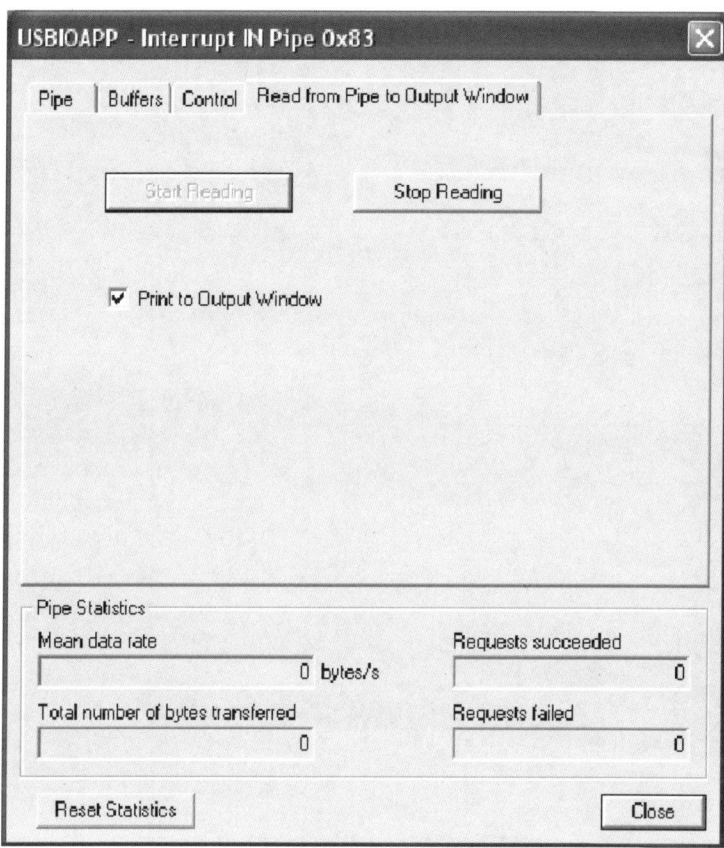

Nach dem Anklicken der Schaltfläche „Start Reading", wird der Interrupt-IN Endpoint zyklisch nach Daten abgefragt. Dieses Fenster darf jetzt auf keinen Fall geschlossen, sondern nur in den Hintergrund geschoben werden, damit Platz für das Hauptfenster der USBIO Demo Application ist. Im Hauptfenster wird jetzt die bereits bekannte Registerkarte „Class or Vendor Request" angeklickt und der folgende Request ausgeführt:

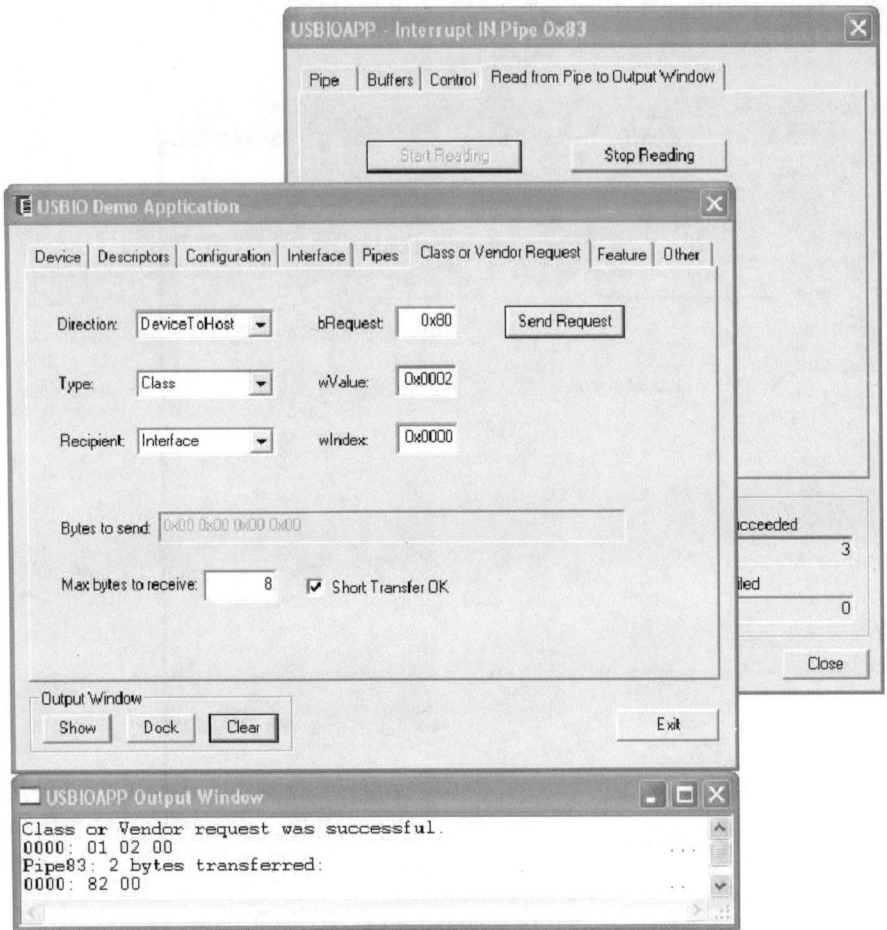

Im Output Window findet sich als Antwort zunächst die Reaktion auf den Control Transfer mit den erwarteten Einträgen 01 für die erfolgreiche Abwicklung, 02 als Antwort auf bTag und 00 als die Konstantante anstelle des wirklichen Status Bytes. Danach meldet sich die Pipe83, das ist der Interrupt-IN Endpoint. Es wurden 2 Bytes übertragen, nämlich 82 und 00. Das erste Byte ist das bTag des Requests, erweitert um das auf 1 gesetzte Bit D7. Das zweite Byte ist der Inhalt des Status Bytes [USB488 3.4.2].

7.12.2 REN_CONTROL

Dieser Request gehört zusammen mit den beiden folgenden zur Steuerung der lokalen, meist manuellen Gerätefunktionen. Dieser Request darf nur beachtet werden, wenn das Gerät über die Fähigkeit RL1 verfügt. Beim Beispielgerät ist das der Fall, wie im vorangehenden Kapitel für den Request GET_CAPABILITIES beschrieben wurde. Wenn ein Test- und Messgerät nicht nur über die USB-Schnittstelle steuerbar ist, sondern noch andere Steuerfunktionen vorhanden sind, müssen die Steuerungsmöglichkeiten koordiniert werden können. Dazu gab es bereits in der Urform der IEEE488-Schnittstelle eine Möglichkeit in Form der Remote-Local-Schnittstellenfunktion. Das Zustandsdiagramm dieser Funktion wurde in USB488 übernommen [USB488: Bild 2].

Die Remote-Local-Schnittstellenfunktion wird am Ende dieses Abschnitts beschrieben.

Datenfeld	Wert	Bedeutung
bmRequestType	10100001	Standard, Device to Host, Recipient: Interface
bRequest	10100000	REN_CONTROL
wValue	(REN)	1=REN einschalten, 0=REN ausschalten
wIndex	0x0000	Interface-Adresse(1)
wLength	0x0001	Es wird 1 Byte vom Gerät erwartet

(1) Ein USB488-Gerät hat nur ein einziges Interface, und zwar das mit der Adresse 0.

Bei der Schnittstelle nach IEEE488.1 gibt es für REN eine eigene Signalleitung. Diese Leitung kann vom Controller auf logisch 1 oder 0 gesetzt werden. Alle am Bus angeschlossenen Geräte übernehmen den Zustand dieses Signals parallel. In der Umsetzung nach USB488 wird REN nur von dem Gerät übernommen, an das der REN_CONTROL Request übermittelt worden ist.

Antwort:

Datenfeld	Wert	Bedeutung
USBTMC_status	0x01	STATUS_SUCCESS

Das Beispielgerät verfügt über eine LED, die den Zustand des Signals REN anzeigt.

Für den Test dieser Funktion werden die folgenden beiden Requests erzeugt:

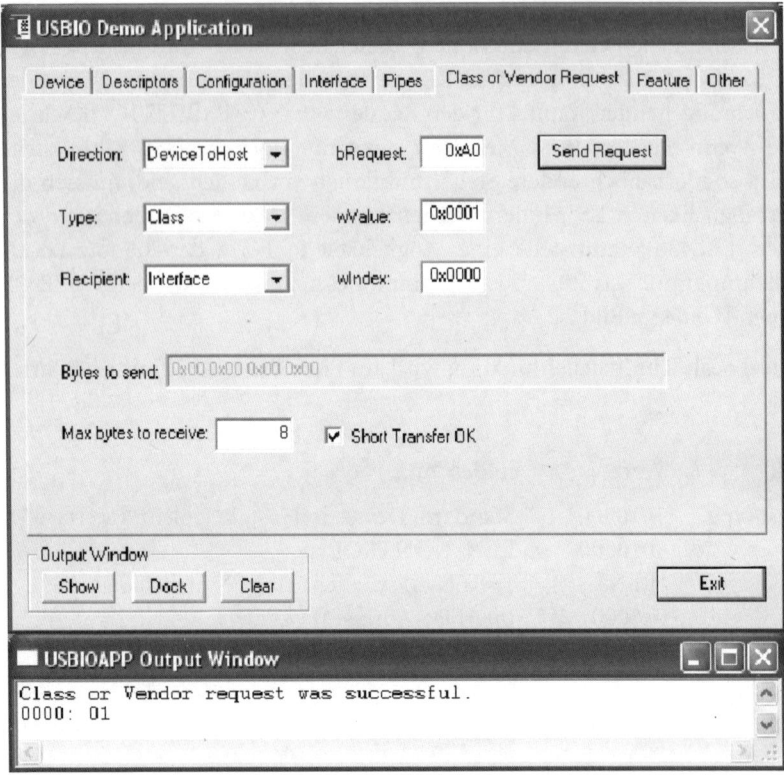

Wenn wValue den Wert 0x0001 hat, dann ist REN=1. Am Beispielgerät muss die „REN"-LED leuchten, nachdem dieser Request ausgeführt wurde. Sofern das PIC-DEM FS USB Demo Board verwendet wird, muss die LED D3 leuchten.

Im zweiten Test hat wValue den Wert 0x0000, das entspricht REN=0. Die LED „REN" des Beispielgeräts muss aus sein bzw. die LED D3 auf dem PICDEM FS USB Demo Board.

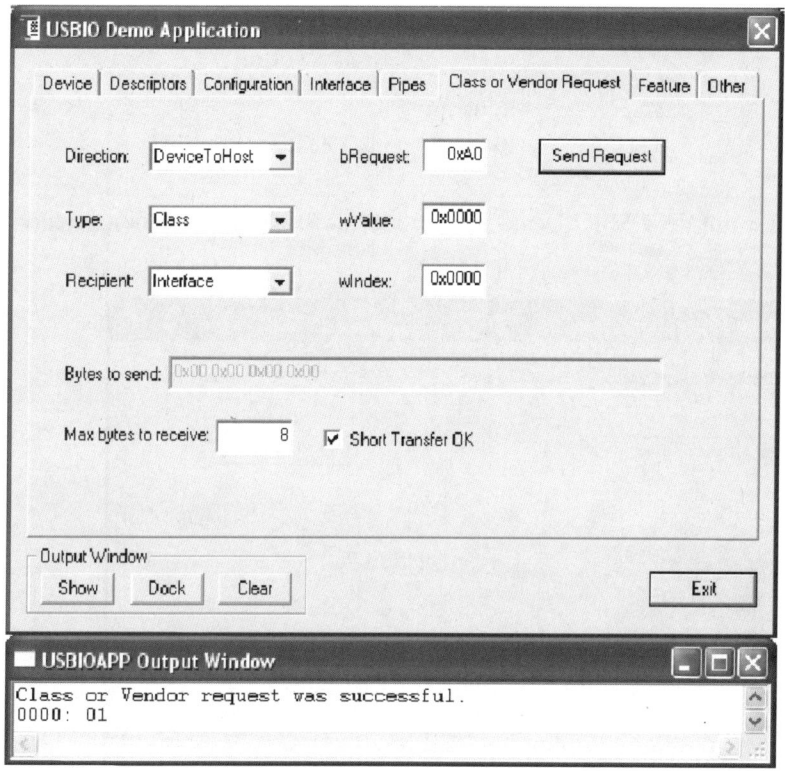

7.12.3 LOCAL_LOCKOUT

Zusammen mit REN_CONTROL und GO_TO_LOCAL bildet dieser Request die Remote-Local-Schnittstellenfunktion. Im Standard IEEE488 ist Local Lockout eine Gerätenachricht, die über den Bus vom Controller an das Test- oder Messgerät übermittelt wird (LLO). Diese Nachricht wird unter USB488 durch diesen Request ersetzt. Die Beschreibung der Remote-Local-Schnittstellenfunktion erfolgt am Ende dieses Abschnitts.

Datenfeld	Wert	Bedeutung
bmRequestType	10100001	Standard, Device to Host, Recipient: Interface
bRequest	10100010	LOCAL_LOCKOUT
wValue	0x0000	
wIndex	0x0000	Interface-Adresse(1)
wLength	0x0001	Es wird 1 Byte vom Gerät erwartet

(1) Ein USB488-Gerät hat nur ein einziges Interface, und zwar das mit der Adresse 0.

Antwort:

Datenfeld	Wert	Bedeutung
USBTMC_status	0x01	STATUS_SUCCESS

Für den Test mit der USBIO Demo Application muss folgender Request gesendet werden:

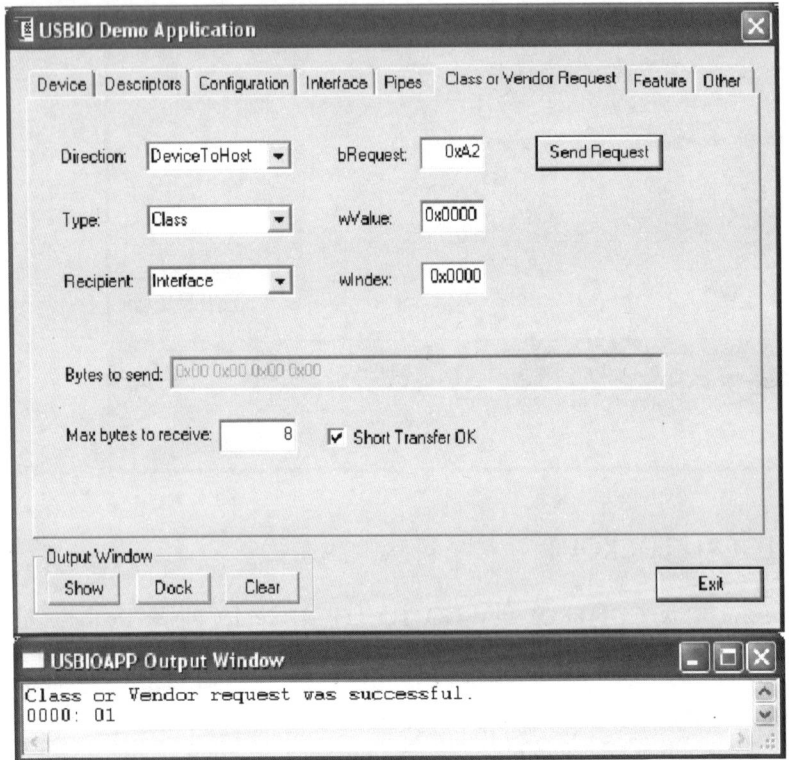

Am Beispielgerät muss nach diesem Request die LED „LOCAL LOCKOUT" leuchten. Wenn das PICDEM FS USB Demo Board verwendet wird, dann ist es die LED D4.

7.12.4 GO_TO_LOCAL

Zusammen mit REN_CONTROL und LOCAL_LOCKOUT bildet dieser Request die Remote-Local Schnittstellenfunktion. Im Standard IEEE488 ist GO_TO_LOCAL eine Gerätenachricht, die über den Bus vom Controller an das Test- oder

Messgerät übermittelt wird (GTL). Diese Nachricht wird unter USB488 durch diesen Request ersetzt. Die Beschreibung der Remote-Local Schnittstellenfunktion erfolgt am Ende dieses Abschnitts.

Datenfeld	Wert	Bedeutung
bmRequestType	10100001	Standard, Device to Host, Recipient: Interface
bRequest	10100001	GO_TO_LOCAL
wValue	0x0000	
wIndex	0x0000	Interface-Adresse(1)
wLength	0x0001	Es wird 1 Byte vom Gerät erwartet

(1) Ein USB488-Gerät hat nur ein einziges Interface, und zwar das mit der Adresse 0.

Antwort:

Datenfeld	Wert	Bedeutung
USBTMC_status	0x01	STATUS_SUCCESS

Für den Test mit der USBIO Demo Application muss folgender Request gesendet werden:

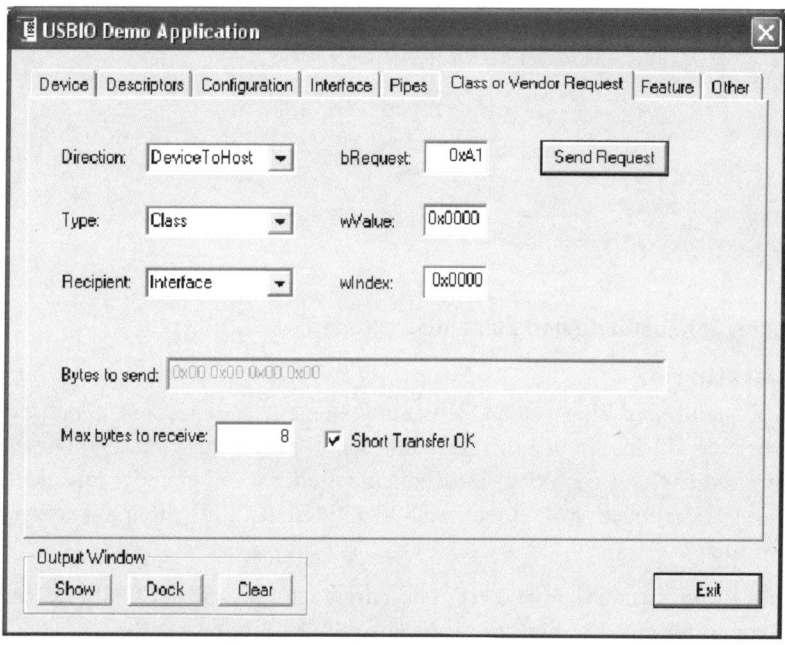

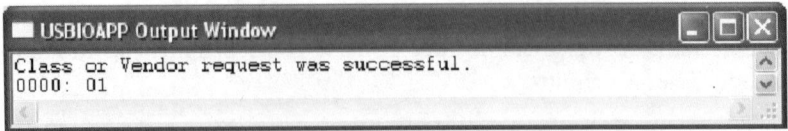

Am Beispielgerät muss nach diesem Request die LED „LOCAL LOCKOUT" aus sein. Wenn das PICDEM FS USB Demo Board verwendet wird, dann ist es die LED D4.

Die Remote-Local-Schnittstellenfunktion

Die folgende Grafik orientiert sich an Bild 2 von USB488 und stellt die Zustände der Remote-Local-Schnittstellenfunktion und deren Übergangsbedingungen dar. Zu dieser Funktion siehe auch [IEE488.1: 2.8] und [IEEE488.2: 5.6].

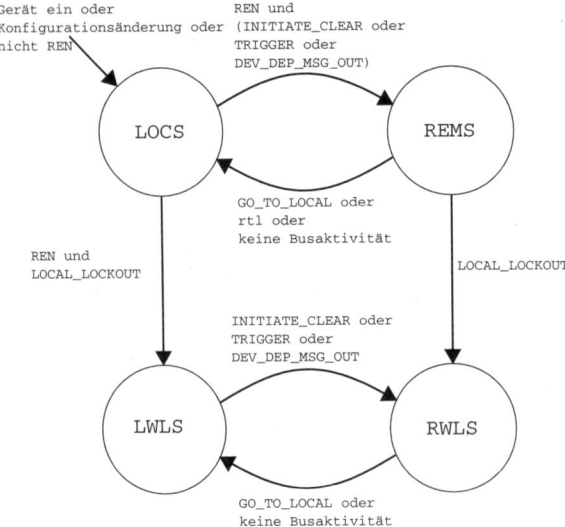

Beschreibung der Zustände und Zustandswechsel

LOCS (Local State)

In diesem Zustand sind alle lokalen Bedienungselemente des Geräts in Betrieb. Fernsteuerbefehle dürfen in diesem Zustand nicht ausgeführt werden. Diesen Zustand nimmt ein Gerät nach dem Einschalten ein oder wenn eine der folgenden Konfigurationsänderungen mit einem SET_CONFIGURATION Request vorgenommen wurde:

- Das Gerät ist im Zustand „Adressiert" und empfängt einen SET_CONFIGURATION Request für eine Konfiguration, die ein USB488 Interface enthält.

- Das Gerät ist im Zustand „Konfiguriert" und die Konfiguration beinhaltet ein USB488 Interface und ein SET_CONFIGURATION Request ändert die Konfiguration auf einen anderen gültigen Wert einschließlich 0.

Das Beispielgerät kennt nur eine einzige Konfiguration und diese beinhaltet ein USB488 Interface. Die Konfiguration mit dem Wert 0 entspricht dem Zustand „Unkonfiguriert".

LOCS geht über in REMS, wenn mit dem Request „REN_CONTROL" REN auf logisch 1 gesetzt wurde und ein INITIATE_CLEAR Request oder ein TRIGGER Request oder die USBTMC Befehlsnachricht DEV_DEP_MSG_OUT empfangen worden ist. Im Beispielgerät ist die Triggerfunktion nicht realisiert, sodass kein TRIGGER Request zu erwarten ist. Die Befehlsnachricht DEV_DEP_MSG_OUT wird in Abschnitt 8.1 erklärt.

LOCS geht über in LWLS, wenn mit dem Request „REN_CONTROL" REN auf logisch 1 gesetzt wurde und ein LOCAL_LOCKOUT Request empfangen wurde.

LWLS (Local with Lockout State)
In diesem Zustand sind alle lokalen Bedienungselemente des Geräts in Betrieb. Fernsteuerbefehle dürfen in diesem Zustand nicht ausgeführt werden. Diesen Zustand nimmt das Gerät ein, wenn mit dem REN_CONTROL Request die Bedingung REN eingeschaltet worden ist.

LWLS geht über in RWLS, wenn ein INITIATE_CLEAR Request oder ein TRIGGER Request oder die USBTMC-Befehlsnachricht DEV_DEP_MSG_OUT empfangen worden ist. Im Beispielgerät ist die Triggerfunktion nicht realisiert, sodass kein TRIGGER Request zu erwarten ist. Die Befehlsnachricht DEV_DEP_MSG_OUT wird in Abschnitt 8.1 erklärt.

REMS (Remote State)
Alle lokalen Bedienungselemente des Geräts sind außer Betrieb, mit Ausnahme derjenigen, die interne Nachrichten zu Schnittstellenfunktionen senden. In der Praxis hat das folgende Bedeutung: Das Gerät kann nicht mehr von Hand gesteuert werden, sondern nur noch über die USB-Schnittstelle. Einzige Ausnahme ist, sofern vorhanden, ein Knopf mit der Funktion, die interne Schnittstellennachricht „rtl" zu erzeugen. Dieser Knopf schaltet die Handbedienung des Geräts wieder ein, wenn er betätigt wird. Im Beispielgerät gibt es weder eine Handbedienung noch einen „rtl"-Knopf. Deswegen wird auf eine Beschreibung und einen Test dieser Firmware-Option in diesem Buch verzichtet.

REMS geht über in LOCS, wenn ein GO_TO_LOCAL Request oder die interne Schnittstellennachricht „rtl" empfangen oder das Gerät vom USB abgetrennt oder suspendiert wurde.

REMS geht über in RWLS, wenn ein LOCAL_LOCKOUT Request empfangen wurde.

RWLS (Remote with Lockout State)

In diesem Zustand kann das Gerät nicht mehr lokal auf Handsteuerung zurückgeschaltet werden, es sei denn, man schaltet es vorher komplett aus und wieder ein. Das ist kurz zusammengefasst die Bedeutung dieses Zustands der RL-Schnittstellenfunktion. In der Praxis bedeutet das, dass das Betätigen eines eventuell vorhandenen „rtl"Knopfs ohne Wirkung bleibt. Wie vorher bereits erwähnt, gibt es im Beispielgerät weder eine Handbedienung noch einen „rtl"-Knopf. Deswegen wird auf eine Beschreibung und einen Test dieser Firmware-Option in diesem Buch verzichtet.

RWLS geht über in LWLS, wenn ein GO_TO_LOCAL Request empfangen oder das Gerät vom USB abgetrennt oder suspendiert wurde.

In der Firmware des Beispielgeräts ist die Remote-Local-Funktion realisiert, bleibt jedoch ohne praktische Bedeutung, weil keine manuelle Bedienung vorgesehen ist. Allerdings wird es einem Anwender leicht gemacht, die Firmware für ein Gerät mit lokaler Bedienung zu erweitern, weil alle Zustände der Remote-Local-Schnittstellenfunktion in der Variablen RLstate korrekt aktualisiert werden, wenn ein Ereignis einen Zustandswechsel auslöst.

Übersicht der USB488 Subclass Requests

Request	Destination	Type oder Wert	Response	Bemerkungen
READ_STATUS_BYTE	Interface	<interface>	0x00	Da das Device einen Interrupt IN Endpoint hat, muss anstelle des Status Byte 0x00 übertragen werden. Das wahre Status Byte wird zuvor im Interrupt IN Endpoint übertragen.
REN_CONTROL	Interface	<interface>	<usbtmc status>	
GO_TO_LOCAL	Interface	<interface>	<usbtmc status>	
LOCAL_LOCKOUT	Interface	<interface>	<usbtmc status>	

8 Bulk Transfers

Die Übertragung der Nutzdaten, also der Austausch von Gerätekommandos und Geräteantworten zwischen Host und Gerät, erfolgt bei USBTMC-USB488 Interfaces über die Bulk-OUT und Bulk-IN Endpoints. Diese Endpoints und auch der Interrupt IN Endpoint, auf den später eingegangen wird, werden konfiguriert, sobald das Gerät den Standard Device Request SET_CONFIGURATION empfangen hat (siehe Abschnitt 7.8).

8.1 Der Bulk- OUT Endpoint

Der Host benutzt den Bulk-OUT Endpoint des Geräts, um ihm USBTMC- und USB488-Befehlsnachrichten zu senden. Alle Nachrichten müssen mit einem Nachrichtenkopf beginnen, der dem in der folgenden Tabelle gelisteten Format entspricht [USBTMC: Tabelle 1].

Nachrichtenkopf (USBTMC Bulk-OUT Header)

Offset	Datenfeld	Größe in Bytes	Kurzbeschreibung
0	MsgID	1	Spezifiziert den Typ der Nachricht
1	bTag	1	Identifiziert den Transfer
2	bTagInverse	1	Das Einerkomplement von bTag
3	Reserviert	1	Muss den Wert 0x00 haben
4 –11	USBTMC command message specific	8	Der Inhalt dieses Datenblocks ist vom Typ der Nachricht abhängig

Erläuterung der Datenfelder

MsgID
Dieses Byte enthält den Nachrichten-Identifizierer (Message Identifier). Die folgenden Nachrichtentypen sind für die Klasse USBTMC und die Unterklasse USB488 definiert [USBTMC: Tabelle 2]:

MsgID*	Macro-Name	Kurzbeschreibung
0x01	DEV_DEP_MSG_OUT	Geräteabhängige USBTMC-Befehls-nachricht
0x02	REQUEST_DEV_DEP_MSG_IN	Anforderung einer geräteabhängigen USBTMC Antwort vom Gerät über den Bulk-IN Endpoint
0x7E	VENDOR_SPECIFIC_OUT	Anbieterspezifische USBTMC-Befehlsnachricht
0x7F	REQUEST_VENDOR_SPECIFIC_IN	Anforderung einer anbieterspezifi-schen USBTMC Antwort vom Gerät über den Bulk-IN Endpoint.
0x80	TRIGGER	Entspricht dem IEEE 488 GET

* Nicht aufgeführte Werte für MsgID sind reserviert für kommende Unterklassen oder für VISA-Anwendungen.

bTag

Mit dem Wert aus dem Datenfeld bTag wird der aktuelle Transfer identifiziert. Der Host soll für jede neue Befehlsnachricht, die er an das Gerät sendet, den Wert von bTag inkrementieren, und zwar im Intervall 1 bis 255. Wenn der Wert 255 erreicht ist, beginnt bTag wieder bei 1.

bTagInverse

Dieser Wert ist das Einerkomplement von bTag und dient Kontrollzwecken.

USBTMC command message specific

Der Inhalt dieser 8 Bytes ist vom Nachrichtentyp abhängig, wie aus den folgenden Tabellen ersichtlich ist.

DEV_DEP_MSG_OUT

Offset	Datenfeld	Größe in Bytes	Kurzbeschreibung
4–7	TransferSize	4	Gesamtzahl der Netto-Nachrichtenbytes (also ohne Nachrichtenkopf und eventuelle Füllbytes am Ende). Little-Endian-Datenformat. Transfer-Size muss > 0 sein.
8	bmTransfer Attributes	1	Wenn 0x00: Das letzte Datenbyte des Transfers ist nicht das letzte Byte der Befehlsnachricht. Wenn 0x01: Das letzte Datenbyte des Transfers ist auch das letzte Byte der Befehlsnachricht.
9–11	Reserviert	3	Muss 0x000000 sein.

REQUEST_DEV_DEP_MSG_IN

Offset	Datenfeld	Größe in Bytes	Kurzbeschreibung
4–7	TransferSize	4	Maximale Gesamtzahl der Netto-Nachrichtenbytes, die das Gerät als Antwort senden darf (also ohne Nachrichtenkopf und eventuelle Füllbytes am Ende). Little-Endian Datenformat. TransferSize muss > 0 sein.
8	bmTransfer Attributes	1	Wenn 0x00: TermChar wird ignoriert. Wenn 0x02: Der Bulk-IN Transfer muss an dem im Datenfeld TermChar spezifizierten Wert die Datenübertragung beenden. Ein Host darf dieses Attribut nur einstellen, wenn das Gerät diese Eigenschaft unterstützt. Das Gerät meldet diese Eigenschaft als Antwort auf den Request GET_CAPABILITIES.
9	TermChar	1	Vom Host vereinbartes Schlusszeichen.
10–11	Reserviert	2	Muss 0x0000 sein.

VENDOR_SPECIFIC_OUT

Offset	Datenfeld	Größe in Bytes	Kurzbeschreibung
4–7	TransferSize	4	Gesamtzahl der Netto-Nachrichtenbytes (also ohne Nachrichtenkopf und eventuelle Füllbytes am Ende). Little-Endian-Datenformat. TransferSize muss > 0 sein.
8–11	Reserviert	4	Muss 0x00000000 sein.

REQUEST_VENDOR_SPECIFIC_IN

Offset	Datenfeld	Größe in Bytes	Kurzbeschreibung
4–7	TransferSize	4	Maximale Gesamtzahl der Netto-Nachrichtenbytes, die das Gerät als Antwort senden darf (also ohne Nachrichtenkopf und eventuelle Füllbytes am Ende). Little-Endian-Datenformat. TransferSize muss > 0 sein.
8–11	Reserviert	4	Muss 0x00000000 sein.

TRIGGER

Offset	Datenfeld	Größe in Bytes	Kurzbeschreibung
4–11	Reserviert	8	Muss 0x0000000000000000 sein.

8.2 Festlegung einer Einschränkung für Befehlsnachrichten

Der Standard USBTMC sieht vor, dass eine Gerätenachricht (USBTMC Message) in mehreren Transfers übertragen werden kann und ein Transfer über mehrere Transaktionen erfolgen darf [USBTMC: Bild 3]. Für die Software des Beispielgeräts gilt abweichend folgende Einschränkung: Eine Gerätenachricht muss in einem Transfer erfolgen und ein Transfer darf nur aus einer Transaktion bestehen (siehe Bild). Der Grund für diese Einschränkung ist der geringe verfügbare RAM-Speicher des verwendeten Mikrocontrollers PIC18F4550. Würde es gestattet, Gerätenachrichten über mehrere Transaktionen oder Transfers zu übermitteln, müsste die gesamte empfangene Gerätenachricht sukzessive aus dem Bulk-OUT Endpoint in einen RAM-Bereich kopiert und dort zur vollständigen Nachricht zusammengefügt werden, bevor sie von einem Parser weiterverarbeitet werden kann. Der Standard USBTMC erlaubt Transfergrößen von etwa 4.3 Gigabytes für Nettodaten (der genaue Wert ist 4294967295 Bytes). Das Gerät müsste also mindestens so viel RAM für die Speicherung eines Transfers bereitstellen, wenn es uneingeschränkt in der Lage sein soll, zumindest einen Transfer in voller Länge zu speichern. Davon ist der PIC18F4550 weit entfernt, denn er verfügt insgesamt nur über 2048 Bytes RAM. Demnach sind Einschränkungen unerlässlich. Mit den an dieser Stelle vereinbarten Einschränkungen ist es möglich, die Gerätenachricht im Speicherbereich des Bulk-OUT Endpoints zu belassen und direkt aus diesem zu verarbeiten. Auf diese Weise werden die RAM-Ressourcen maximal geschont und das Daten-Management der Gerätesoftware wird stark vereinfacht. Das ist eine gute Lösung für einfache USBTMC-Geräte und intelligente Sensoren, die über geringe Speicherkapazitäten verfügen.

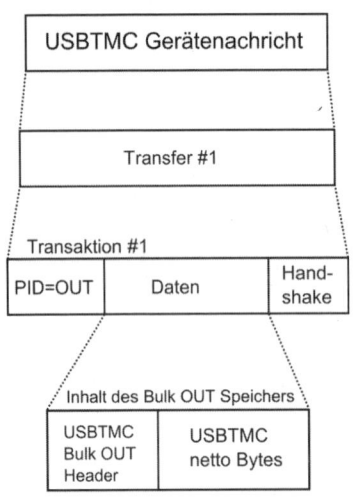

Die USBTMC-Gerätenachricht darf also insgesamt nicht länger sein, als auf einmal in den Bulk-OUT Speicher passt. Die Größe dieses Speicherbereichs ist auf maximal 64 Bytes festgelegt [USB2.0: 5.8.3]. Für den Nachrichtenkopf werden davon 12 Bytes benötigt. Demnach bleiben für die eigentlichen Fernsteuerbefehle (USBTMC netto Bytes) 52 Bytes übrig. Das letzte Byte einer USBTMC-Gerätenachricht kann das Abschlusszeichen (0x0 A) sein [USB488: 3.2]. Dann bleiben also nur noch 51 Bytes, die als Befehlsgröße infrage kommen. Das ist die Einschränkung, mit der beim Beispielgerät gelebt werden muss. Alle Fernsteuerbefehle, die im Folgenden für das Gerät beschrieben werden, sind kürzer als 51 Bytes und daher kann das Gerät vollständig ferngedient werden. Mehrere Befehle lassen sich zu einer gemeinsamen Nachricht verbinden, wie später noch gezeigt wird. Wenn das geschieht, muss der Anwender darauf achten, dass die Gesamtgröße der Nachricht die maximal möglichen 52 Bytes nicht überschreitet.

Wenn der Host Daten in den Bulk-OUT Endpoint sendet, wird am Ende der Transaktion ein Interrupt erzeugt. In der Interrupt Service Routine muss der Inhalt des Endpoints untersucht werden, und dazu dient ein Unterprogramm, das als Parser bezeichnet wird. Der Parser zerlegt systematisch die eingegangene Information und stellt fest, welche Fernsteuerbefehle ausgeführt werden sollen. Er veranlasst die Befehlsausführung und reagiert auf mögliche Fehler innerhalb der USBTMC-Gerätenachricht. Eine Folge der zuvor behandelten Einschränkung ist die günstige Tatsache, dass das erste Byte im Bulk-OUT Speicherbereich immer der Nachrichten-Identifizierer sein muss. Aus diesem Grund ist die erste Arbeit des Parsers recht einfach, er muss den Nachrichtentyp selektieren. In der einfachsten Form sieht das wie folgt aus:

```
;***************************************************************
; The USB_DEVICE_PARSER
;***************************************************************
; runs until the bulk-OUT buffer is scanned to the last byte or the first error
; bulk-OUT buffer is addressed by FSR2
USB_parser
        movlw   0x00
        movff   WREG,OUT_LPOINTER
        movlw   0x06
        movff   WREG,OUT_HPOINTER    ;bulk OUT base address
; check if the first position in the bulk OUT endpoint contains a valid
; USBTMC Bulk Out Header according to USBTMC Table 2 - MsgID values
        movff   OUT_LPOINTER,FSR2L
        movff   OUT_HPOINTER,FSR2H
        movff   POSTINC2,BULKOUT
        movff   INDF2,BULKOUT_TAG ;bTag as transfer identifier
        movlw   0x01
        cpfseq  BULKOUT
```

```
        bra     USB_parser_restart_2
        call    DEV_DEP_MSG_OUT
        bra     USB_parser_end
USB_parser_restart_2
        movlw   0x02
        cpfseq  BULKOUT
        bra     USB_parser_restart_3
        call    REQUEST_DEV_DEP_MSG_IN
        bra     USB_parser_end
USB_parser_restart_3
        movlw   .126
        cpfseq  BULKOUT
        bra     USB_parser_restart_4
        call    VENDOR_SPECIFIC_OUT
        bra     USB_parser_end
USB_parser_restart_4
        movlw   .127
        cpfseq  BULKOUT
        call    COMMANCE_PARSING
        call    REQUEST_VENDOR_SPECIFIC_IN
USB_parser_end
        movlw   0x00
        movff   WREG,BULKOUT_CONTENT    ;bulk-OUT is empty
        call    transtest_over_bulk_out ;return ownership to SIE
        return
```

Da das Beispielgerät keine Trigger-Eigenschaft besitzt, wird nicht nach dem MsgID für TRIGGER gefragt und es existiert auch kein TRIGGER-Unterprogramm. In den Fällen, für die es einen gültigen MsgID gibt, startet der Parser ein spezifisches Unterprogramm, das den Macro-Namen des Nachrichtentyps trägt. In allen anderen Fällen wird das Unterprogramm COMMANCE_PARSING aufgerufen, das bereits die Wurzel für die Erweiterung des Parsers auf längere USBTMC Gerätenachrichten darstellt:

```
COMMANCE_PARSING
; use this entry if a transfer exceeds one transaction
        return
```

Dieses Unterprogramm müsste also mit Leben gefüllt werden, wenn der Parser nicht mehr direkt den Bulk-OUT Endpoint durchsucht, sondern einen größeren Eingangsspeicher innerhalb des RAM-Bereichs des verwendeten Mikrocontrollers.

Der Bulk-IN Endpoint

Das Gerät benutzt den Bulk-IN Endpoint, um Antworten auf Fernsteuerbefehle, die eine Antwort verlangen (sogenannte Query Commands), an den Host zu übermitteln. Ähnlich wie in der Gegenrichtung wird der eigentlichen Antwort ein Header vorangestellt. Er ist folgendermaßen aufgebaut:

Antwortenkopf (USBTMC Bulk-IN Header)

Offset	Datenfeld	Größe in Bytes	Kurzbeschreibung
0	MsgID	1	Muss der MsgID des Nachrichtenkopfs entsprechen, der diese Antwort angefordert hat
1	bTag	1	Muss dem bTag des Nachrichtenkopfs entsprechen, der diese Antwort angefordert hat
2	bTagInverse	1	Das Einerkomplement von bTag
3	Reserviert	1	Muss den Wert 0x00 haben
4–11	USBTMC command message specific	8	Der Inhalt dieses Datenblocks ist vom Typ der Antwort abhängig

Zum gegenwärtigen Stand der USBTMC-Spezifikation gibt es genau zwei Werte für das Datenfeld MsgID, die Antworten vom Gerät anfordern können:

MsgID

MsgID	Macro-Name	Kurzbeschreibung
0x02	DEV_DEP_MSG_IN	Antwort auf REQUEST_DEV_DEP_MSG_IN
0x7F	VENDOR_SPECIFIC_IN	Antwort auf REQUEST_VENDOR_SPECIFIC_IN

USBTMC command message specific
Für die vom Antworttyp abhängigen Einträge gelten die folgenden Tabellen:

DEV_DEP_MSG_IN

Offset	Datenfeld	Größe in Bytes	Kurzbeschreibung
4–7	TransferSize	4	Gesamtzahl der Netto-Antwortenbytes (also ohne Antwortenkopf und eventuelle Füllbytes am Ende). Little-Endian-Datenformat. TransferSize muss > 0 sein.

Offset	Datenfeld	Größe in Bytes	Kurzbeschreibung
8	bmTransfer-rAttributes	1	Bitmap-Wert. Bit 7 – Bit 2 müssen 0 sein. Bit 1 = 1: Es gelten gemeinsam alle folgenden Bedingungen: • Die Schnittstelle unterstützt TermChar. • Das TermChar Enable Bit im Datenfeld bmTransferAttributes war in der Nachricht REQUEST_DEV_DEP_MSG_IN auf 1 gesetzt. • Das letzte Datenbyte dieses Transfers entspricht dem TermChar in REQUEST_DEV_DEP_MSG_IN. Bit 0 = 1: Das letzte Byte in diesem Transfer ist zugleich das letzte Byte der USBTMC Geräteantwort.
9–11	Reserviert	3	Muss 0x000000 sein.

VENDOR_SPECIFIC_IN

Offset	Datenfeld	Größe in Bytes	Kurzbeschreibung
4–7	TransferSize	4	Gesamtzahl der Netto-Antwortenbytes (also ohne Antwortenkopf und eventuelle Füllbytes am Ende). Little-Endian-Datenformat. TransferSize muss > 0 sein.
8–11	Reserviert	4	Muss 0x00000000 sein.

8.3 Festlegung einer Einschränkung für Geräteantworten

Analog zu der zuvor behandelten Einschränkung für Gerätenachrichten gilt das dort Behandelte auch für die Gegenrichtung. Im Beispielgerät wird die Antwort auf einen Fernsteuerbefehl, der eine Antwort verlangt, vom Response Formatter der Gerätesoftware unmittelbar in den Speicherbereich des Bulk-IN Endpoint eingetragen. Das gilt auch, wenn mehrere Antworten hintereinander in einem Transfer übertragen werden müssen. Der Bulk-IN Endpoint ist genauso groß wie der Bulk-OUT Endpoint. Demnach stehen für Antworten 64 Bytes brutto zur Verfügung.

Nach Abzug der 12 Bytes für den Antwortenkopf bleiben 52 Nettobytes. Geräte, die dem Standard 488.2 USB488 entsprechen, müssen ihre Antworten mit dem ASCII-Zeichen 0x0 A abschließen [USB499: 3.3], weswegen die eigentliche Antwort, die das Beispielgerät übertragen kann, nicht länger als 51 Bytes sein darf. Die im Gerät realisierten Fernsteuerbefehle können mit dieser Einschränkung ausgeführt werden.

9 Interrupt Transfers

Der Interrupt-IN Endpoint kann gemäß USBTMC-Spezifikation dazu verwendet werden, Mitteilungen an den Host zu senden. Das Format ist auf 2 Bytes beschränkt, die die Datenfeldnamen bNotify1 und bNotify2 besitzen. USBTMC definiert selbst keine Interrupt Transfers, sondern verweist auf Unterklassen-Spezifikationen [USBTMC: 3.4 und Tabelle 13]. Die anzuwendende Unterklassen-Spezifikation ist bisher ausschließlich USB488. Hier wird ausgeführt, dass ein Gerät mit einer 488.2 USB488-Schnittstelle einen Interrupt-IN Endpoint haben muss [USB488: 3.4]. Es gibt nur zwei Bedingungen für ein Gerät, Daten über diesen Endpoint zu versenden.

9.1 Interrupt-IN Daten bei Bedienungsanforderung (SRQ)

Wenn das Gerät eine Bedienungsanforderung (Service Request) an den Host senden will, muss das Datenpaket folgendes Format haben:

Offset	Datenfeld	Größe in Bytes	Kurzbeschreibung
0	bNotify1	1	Muss den Wert 0x81 haben
1	bNotify2	1	Status Byte des Geräts

9.2 Interrupt-IN Daten bei READ_STATUS_BYTE Request

Die Situation, in der dieser Interrupt-Transfer erforderlich ist, wird in Abschnitt 7.12.1 beschrieben.

Offset	Datenfeld	Größe in Bytes	Kurzbeschreibung
0	bNotify1	1	Bit D7 muss 1 sein, die Bits D0 bis D6 müssen dem Wert von bTag entsprechen, das der Host beim READ_STATUS_BYTE Request übermittelt.
1	bNotify2	1	Status Byte des Geräts

10 Fragen und Antworten

Aus den vorigen Erklärungen zu den Bulk Transfers wird deutlich, dass der Host eine Art Fernsteuerbefehle an das Gerät schicken kann, die eine Antwort erwarten. Die Reihenfolge der Aktionen: 1. Der Host sendet über den Bulk-OUT Endpoint eine Nachricht des Typs DEV_DEP_MSG_OUT. 2: Das Gerät verarbeitet diese Nachricht und erzeugt die geforderte Antwort. Weiter geschieht zunächst nichts. 3. Der Host sendet über den Bulk-OUT Endpoint eine Nachricht des Typs REQUEST_DEV_DEP_MSG_IN. 4. Das Gerät sendet daraufhin die Antwort über den Bulk-IN Endpoint an den Host. Damit ergibt sich eine Frage: Wie viel Zeit soll der Host dem Gerät lassen, damit es eine Antwort formulieren kann? Oder anders gefragt: Wie viel Zeit soll zwischen den Aktionen 1. und 3. vergehen? Diese Frage ist nicht neu, sie ist schon sehr früh mit der Verbreitung des IEC-Bus entstanden. Dort ist das Problem ganz ähnlich, soll hier aber nicht detailliert besprochen werden. Da es in diesem Zusammenhang jedoch immer wieder zu großen Problemen mit dem Timing gekommen ist, wurde die Angelegenheit mit IEEE 488.2 endgültig geregelt. Das dort niedergelegte Konzept wurde in 488.2 USB488 übernommen und soll nachstehend kurz umrissen werden.

10.1 Das Nachrichtenaustauschprotokoll (MEP)

Wie in Abschnitt 7.11.7 bereits erwähnt, muss ein Test- und Messgerät, dessen Schnittstelle kompatibel zum Standard 488.2 USB488 ist, unter anderem das Nachrichtenaustauschprotokoll (MEP) des Standards IEEE 488.2 unterstützen [USB488: Tabelle 8 und IEEE 488.2: 6]. Dieses Protokoll wird dort in Abschnitt „Message Exchange Control Protocol detailliert beschrieben [IEEE488.2: 6]. Die folgende Grafik zeigt prinzipiell das Statusdiagramm dieses Protokolls. Die Darstellung ist angelehnt an die im Standard dargestellte Grafik für das komplette Statusdiagramm einschließlich aller Fehlerbedingungen [IEEE488.2: Fig. 6–4]. In der Grafik sind alle Übergänge, die als Folge von Fehlern vorkommen, als gestrichelte Linien dargestellt. Der Status „Deadlock" ist ebenfalls gestrichelt gezeichnet, weil er einen Fehlerzustand repräsentiert. Im Original wurde MEP für eine IEEE488.1-Schnittstelle konzipiert. In der Beschreibung in diesem Buch wurden die Eigenschaften auf die Gegebenheiten einer USB-Schnittstelle übertragen. Dieses Protokoll definiert das Verhalten des Geräts auf Fernsteuerbefehle, für die der Host eine Antwort erwartet. Diese Art von Fernsteuerbefehlen wird Query genannt, was sinngemäß mit „Abragebe-

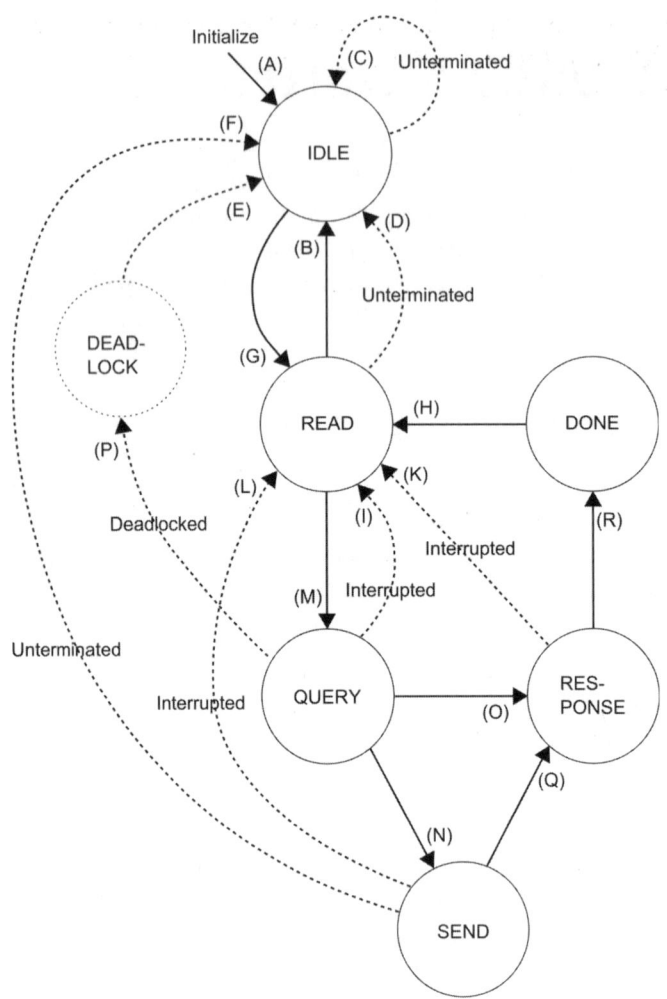

fehl" übersetzt werden kann. Abfragebefehle sind dadurch gekennzeichnet, dass ihre Befehlsköpfe immer mit einem Fragezeichen enden. Das Gerät wird also für jeden dieser Abfragebefehle eine Antwort erzeugen, die dann über den Bulk-IN Endpoint der USBTMC-Schnittstelle an den Host gesendet wird.

Das Diagramm bildet nur die für das MEP relevanten Zustände ab. In der Regel sind mehrere Prozesse aktiv, die außerhalb der im Statusdiagramm abgebildeten Zustände arbeiten. So können vom Parser während des Zustands READ z. B. auch Befehle gefunden und deren Ausführung veranlasst werden, die keine Antworten erzeugen. Ebenso arbeiten gegebenenfalls die Ein- und Ausgaberoutinen der USB-

Schnittstelle. Im Unterschied zum Diagramm in IEEE 488.2 wird hier nicht berücksichtigt, dass Triggerbefehle den Ablauf des Protokolls stören können. Das Beispielgerät verfügt nicht über Triggeroptionen, weshalb dieser Bereich in diesem Buch nicht näher beschrieben ist.

10.1.1 IDLE

Im Zustand IDLE wartet das Gerät auf neue Daten aus dem Bulk-OUT Endpoint. Dieser Zustand wird unter folgenden Bedingungen eingenommen:

(A) Das Gerät wurde eingeschaltet oder an den USB angesteckt, wenn es ein Bus Powered Device ist. Das Gerät hat einen INITIATE_CLEAR Request empfangen.

(B) Alle über die Bulk Endpoints gesendeten Daten sind übertragen worden.

(D,E,F) Es sind Fehler in einem der Zustände READ, SEND oder DEADLOCK aufgetreten.

(C) Im Zustand IDLE selbst kann der Fehler auftreten, dass zwar der Empfang neuer Daten durch den Bulk-OUT Endpoint gemeldet wird, aber dort keine Daten enthalten sind. Das entspräche im Beispielgerät der Generierung eines Transfercomplete Interrupts für den Bulk-OUT Endpoint, der jedoch ein leeres Paket empfangen hat. Es wird die Fehlermeldung „Query Error" erzeugt.

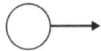

(G) Der Zustand IDLE geht über in den Zustand READ, wenn neue Daten in den Bulk-OUT Endpoint gelangt sind und diese gelesen werden können.

10.1.2 READ

Im Zustand READ ist der Parser aktiv und liest die Daten aus dem Bulk-OUT Endpoint. Dieser Zustand wird unter folgenden Bedingungen eingenommen:

(G) Es sind neue Daten im Bulk-OUT Endpoint vorhanden.

(H) Eine Antwort ist an den Host übertragen worden.

(I, K, L) Es sind Fehler in einem der Zustände QUERY, RESPONSE oder SEND aufgetreten.

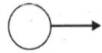

(M) Der Zustand READ geht über in den Zustand QUERY, wenn der Parser einen Abfragebefehl erkannt hat.

(B) Der Zustand READ geht über in den Zustand IDLE, wenn der Parser das Abschlusszeichen 0x0 A (Newline) gefunden hat.

(D) Der Zustand READ geht mit der Fehlermeldung „Query Error" über in den Zustand IDLE, wenn der Parser den Bulk-OUT Endpoint bis zum Ende gelesen hat, ohne einen gültigen Fernsteuerbefehl gefunden zu haben oder wenn er einen fehlerhaften Abfragebefehl gefunden hat.

10.1.3 QUERY

Im Zustand QUERY sind der Parser, die Befehlsausführung und der Antwortformatierer aktiv.

(M) Dieser Zustand wird eingenommen, wenn der Parser einen gültigen Abfragebefehl erkannt und dessen Bearbeitung veranlasst hat.

(N) Der Zustand QUERY geht über in den Zustand SEND, wenn der Host mit dem Auslesen der Antwort beginnt, aber vom Parser noch kein Abschlusszeichen 0x0A gefunden worden ist. Dieser Übergang ist im Beispielgerät nicht möglich, weil der Speicher des Bulk-OUT Endpoints gleichzeitig Eingangsspeicher für die Fernsteuerbefehle ist. Dieser Speicher wird erst freigegeben, wenn er vollständig gelesen worden ist. Gemäß den für das Beispielgerät geltenden Bedingungen muss damit auch das Abschlusszeichen 0x0A gefunden worden sein. Erst danach kann eine Sendeanforderung (REQUEST_DEV_DEP_MSG_IN) in den Bulk-OUT Endpoint gelangen. Wenn der Übergang in den Zustand SEND ermöglicht werden soll, müssen alle Daten, die in den Bulk-OUT Endpoint gelangen und zu einer Nachricht des Typs DEV_DEP_MSG_OUT gehören, aus dem Speicher des Endpoints ausgelesen und in einen Zwischenspeicher übertragen werden. Dann wäre der Bulk-OUT Endpoint frei für eine REQUEST_DEV_DEP_MSG_IN-Nachricht, die eintreffen müsste, bevor der Parser mit dem Lesen und Interpretieren des Zwischenspeichers fertig geworden ist.

(O) Der Zustand QUERY geht über in den Zustand RESPONSE, wenn der Abfragebefehl mit einem Abschlusszeichen 0x0A endet. Das ist der Übergang, der mit dem Beispielgerät möglich ist.

(I) Der Zustand QUERY geht mit der Fehlermeldung „Query Error" über in den Zustand „READ", wenn das Abschlusszeichen 0x0A gefunden wurde, aber der Bulk-OUT Endpoint noch weitere Zeichen hat.

(P) Der Zustand QUERY geht mit der Fehlermeldung „Query Error" über in den Fehlerzustand DEADLOCK, wenn der Parser blockiert ist, weil der aktuell ausgeführte Abfragebefehl keine Zeichen mehr an den Bulk-IN Endpoint liefern kann, weil dieser voll ist. Dieser Zustand tritt beim Beispielgerät ein, wenn der Antwort-Formatierer eine längere Antwort erzeugen soll, als der Bulk-IN Endpoint aufnehmen kann. Da der Parser mit der Bearbeitung nicht fertig wird, kann der Bulk-OUT Endpoint nicht freigegeben werden. Somit sind beide Endpoints blockiert und es kann über sie kein Datenaustausch mehr stattfinden. Diese Situation kann nur geklärt werden, wenn der Host einen INITIATE_CLEAR Request sendet.

10.1.4 SEND

Im Zustand SEND sind der Parser, die Befehlsausführung und der Antwortformatierer aktiv.

(N) Dieser Zustand wird eingenommen, wenn der Host das Senden von Antworten aus dem Gerät angefordert hat, bevor der Parser die empfangenen Befehle vollständig bearbeitet hat. Das Gerät müsste damit beginnen, alle bisher erzeugten Antwortdaten über den Bulk-IN Endpoint zu senden, obwohl die gesamte Antwort noch nicht vollständig sein mag. Im Beispielgerät ist der Übergang von QUERY in SEND nicht möglich und diese Einschränkung ist zulässig [USBTMC: 3.3, Regel 6].

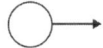

(Q) Der Zustand SEND geht über in den Zustand RESPONSE, wenn der Parser alle Zeichen, einschließlich des Abschlusszeichens 0x0A, bearbeitet hat.

(L) Der Zustand SEND geht mit der Fehlermeldung „Query Error" über in den Zustand READ, wenn der Parser ein Abschlusszeichen gefunden hat, obwohl der Bulk-OUT Endpoint noch nicht vollständig geleert ist.

(F) Der Zustand SEND geht mit der Fehlermeldung „Query Error" über in den Zustand IDLE, wenn der Bulk-OUT Endpoint leer ist, aber der Parser kein Abschlusszeichen gefunden hat.

10.1.5 RESPONSE

Im Zustand RESPONSE ist der Antwortformatierer aktiv und die Antwort wird an den Host übertragen.

(O) Dieser Zustand wird eingenommen, wenn der Parser alle Befehle verarbeitet und das Abschlusszeichen 0x0A erkannt hat. Das ist der für das Beispielgerät übliche Zustandsübergang.

(Q) Der Zustand RESPONSE wird auch aus dem Zustand SEND erreicht, wenn während der Ausgabe von Antworten der Parser in der Zwischenzeit alle Befehle erkannt und das Abschlusszeichen 0x0A gefunden hat. Im Beispielgerät kommt dieser Zustandsübergang nicht vor.

(R) Der Zustand RESPONSE geht über in den Zustand DONE, wenn die Antwort vom Gerät vollständig an den Host übertragen worden ist.

(K) Der Zustand RESPONSE geht mit der Fehlermeldung „Query Error" über in den Zustand READ, wenn während des Sendens der Antwort neue Befehle vom Host gesendet werden. Dieser Fehler kann nicht vorkommen, wenn der Host sich an die Regeln für USBTMC-USB488-kompatible Geräte hält [USB488: 3.2]. Das Gerät darf außerdem den Versuch unternehmen, durch Verzögerung diesen Zustand zu verhindern, indem es während des Sendens von Antworten keine neuen Befehle aus dem BULK-OUT Endpoint bearbeitet [USBTMC: 3.3, Regel 12].

10.1.6 DONE

Das Gerät bleibt in diesem Zustand, bis neue Befehle im Bulk-OUT Endpoint bereitstehen. Parser und Antwortformatierer sind inaktiv und Bulk-OUT und Bulk-IN Endpoints sind leer.

(R) Der Zustand wird eingenommen, wenn die formatierte Antwort vollständig an den Host übertragen worden ist.

(H) Der Zustand DONE geht über in den Zustand READ, wenn neue Befehle im Bulk-OUT Endpoint stehen.

10.1.7 Fehlerzustand DEADLOCK

Das Gerät kann keine weiteren Daten empfangen, weil der Parser an der Befehlsausführung gehindert ist. Gleichzeitig kann es keine Antworten formatieren, weil der Ausgabespeicher überläuft. Das Gerät bricht diesen Zustand mit der transienten Aktion Deadlocked ab, indem es den Bulk-IN Endpoint leert und damit alle bisher formatierten Antworten löscht. Damit wird die Blockade des Parsers gelöst, der jetzt weiterarbeitet. Wenn der Parser auf weitere Abfragebefehle stößt, erzeugt er in diesem Zustand jedoch keine Antworten.

(P) Das Beispielgerät geht in diesen Zustand, wenn die Speicherkapazität der Bulk-OUT und Bulk-IN Endpoints überschritten wird.

(E) der Zustand DEADLOCK geht über in den Zustand IDLE, wenn der Parser das Abschlusszeichen 0x0A gefunden hat.

10.2 Transiente Aktionen

Bei einigen Zustandsübergängen innerhalb des Protokolls werden bestimmte Aktionen ausgeführt, die im Folgenden beschrieben sind.

10.2.1 Initialize

Bulk-OUT und Bulk-IN Endpoint werden gelöscht, der Parser und der Antwortformatierer erhalten einen Reset.

10.2.2 Unterminated

Das Query Error Bit im ESR wird auf 1 gesetzt. Der Bulk-IN Endpoint wird geleert. Der Parser bricht die weitere Befehlsbearbeitung ab.

10.2.3 Interrupted

Das Query Error Bit im ESR wird auf 1 gesetzt. Der Bulk-IN Endpoint wird geleert. Der Antwortformatierer erhält einen Reset.

10.2.4 Deadlocked

Der Bulk-IN Endpoint wird geleert und damit alle bisher formatierten Antworten gelöscht. Damit wird die Blockade des Parsers gelöst, der jetzt weiterarbeitet. Wenn der Parser auf weitere Abfragebefehle stößt, erzeugt er in diesem Zustand jedoch keine Antworten.

10.3 MEP im Normalbetrieb

Sofern die Einschaltphase beendet ist und das Beispielgerät störungsfrei arbeitet, bleiben die im Folgenden dargestellten Zustände des Nachrichtenaustauschprotokolls nach.

Dieses komplexe Verhalten des Protokolls kann in der Praxis einfach genutzt werden, wenn man daran denkt, dass außer den Bulk Transfers ja immer noch die Möglichkeit zu Control Transfers besteht, die parallel zu irgendwelchen, in Arbeit befindlichen Synchronisationsverfahren zwischen Query-Befehlen und Response-Antworten vorgenommen werden können. Und so wird es in der Praxis auch gehandhabt. Es ist nämlich Aufgabe des Response Formatters, dafür zu sorgen, dass eine Statusmeldung erzeugt wird, die dem Host signalisiert, dass das Gerät Zeit genug hatte, eine Antwort zu formulieren und abholbereit zu machen. Dazu muss im Status Byte lediglich das Bit MAV (message available) auf 1 gesetzt werden. Wann immer dieses Bit 1 ist, kann der Host davon ausgehen, dass eine Antwort bereitsteht. Der Standard IEEE 488.2 schreibt fest, dass das MAV-Bit immer dann auf 1 gesetzt sein soll, wenn mindestens ein Byte in der Ausgangsschlange (Output Queue) der IEC-Bus-Schnittstelle bereitsteht [IEEE488.2: 6.1.10.2.1 (siehe auch 11.5.2.1)]. Derselbe Absatz des Standards ergänzt dazu aber auch, dass ein Gerät das MAV-Bit verzögern darf, bis das Gerät wirklich dazu in der Lage ist, eine Antwort zu senden (siehe auch [IEEE488.2: 6.4.5.4]). Oberflächlich betrachtet müsste jedes Befehlsunterprogramm, das eine Antwort erzeugt, also besagtes MAV-Bit auf 1 setzen, wenn es dies an den Ausgabenspeicher gesandt hat. Das stimmt grundsätzlich, jedoch erlauben die Standards, dass mehrere Befehle mit einem Transfer übertragen werden dürfen, indem sie durch ein Semikolon voneinander getrennt werden. Sofern einige die-

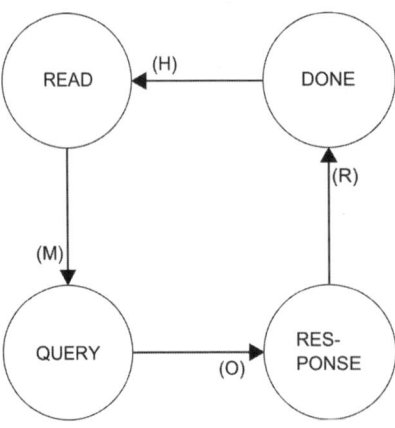

ser Befehle zur Gruppe der Query-Befehle gehören, würde der Parser nacheinander mehrere Befehlsunterprogramme starten, die Antworten mitzuteilen haben. Die einzelnen Antworten würden vom Response Formatter schön der Reihe nach in den Ausgangsspeicher geschrieben werden, ebenfalls durch Semikolons voneinander getrennt [IEEE488.2: 6.4.4]. Wenn nun aber bereits die erste Antwort das MAV-Bit setzen würde, käme es eventuell doch wieder zu Synchronisationsproblemen. Der Host würde das Status-Byte abholen und feststellen, dass eine Antwort bereitsteht, obwohl der Parser noch gar nicht alle Befehle abgearbeitet hat. Für USBTMC-Transfers macht es jedoch Sinn, dass wenigstens so viele Daten zum Senden bereitstehen, wie mit einer Transaktion übertragen werden können. Vorher ist es sinnlos, Sendebereitschaft zu signalisieren. Demnach darf von antwortenden Befehlsunterprogrammen nicht von vornherein das MAV-Bit auf 1 gesetzt werden, sondern ein Hilfsflag. Für Geräte, die 488.2 USB488 erfüllen sollen, ist allerdings nicht zulässig, das MAV-Bit erst auf 1 zu setzen, wenn der Host einen Request des Typs REQUEST_DEV_DEP_MSG_IN sendet [USB488: 4.3.1.3]. Deswegen wird in der Software des Beispielgeräts das eigentliche MAV-Bit auf 1 gesetzt, sobald der Parser alle Fernsteuerbefehle abgearbeitet hat, wenn das MAV-Hilfsflag ebenfalls 1 ist. Diese Methode ist legal und eindeutig, wirft jedoch ein Problem auf, das im Zusammenhang mit dem Fernsteuerbefehl *STB? auftritt und in der Besprechung dieses Befehls näher erläutert wird. An dieser Stelle reicht die Information, dass man sich nicht auf den Zustand des MAV-Bits verlassen kann, wenn der Host versucht, das Status Byte mit dem Fernsteuerbefehl *STB? (Status Byte Query) abzufragen. Daher gibt es noch eine andere Methode, mit der der Host an das Status Byte gelangen kann, bei der sichergestellt ist, dass das MAV-Bit korrekt übertragen wird. Das geschieht mit der bereits angedeuteten Möglichkeit, sich Control Transfers zunutze zu machen. Dazu wird der USB488 Subclass Device Request READ_STATUS_BYTE verwendet, der bereits beschrieben wurde (Abschnitt 7.12.1). Hier kommt zusätzlich der Interrupt-IN Endpoint ins Spiel, auch das wurde bereits behandelt. An dieser Stelle des Buchs ist es sinnvoll, das Zusammenspiel aller Aktionen, die im Zusammenhang mit dem MEP ablaufen, einmal exemplarisch durchzuspielen, auch wenn dazu etwas vorgegriffen werden muss (die verwendeten Fernsteuerbefehle werden erst später im Buch ausführlich behandelt). Das folgende Beispiel kann wieder mit der USBIO Demo Application praktisch nachvollzogen werden.

Ein praktisches Beispiel für den Nachrichtenaustausch

An dieser Stelle soll nicht irgendein Beispiel herhalten, sondern das aus Abschnitt 3.2.2 des Standards USBTMC USB488. Dort wird der Fernsteuerbefehl *IDN? behandelt.

Schritt 1: Der Host sendet über den Bulk-OUT Endpoint die USBTMC Device dependent Command Message *IDN?

Dazu muss eine Datei erzeugt werden, die die notwendigen Daten in den Bulk-OUT Endpoint übertragen kann. Ein HEX-Editor ist für diese Arbeit erforderlich. Der Autor hat das Produkt HDD Free Hex Editor verwendet und damit die folgende Datei erzeugt:

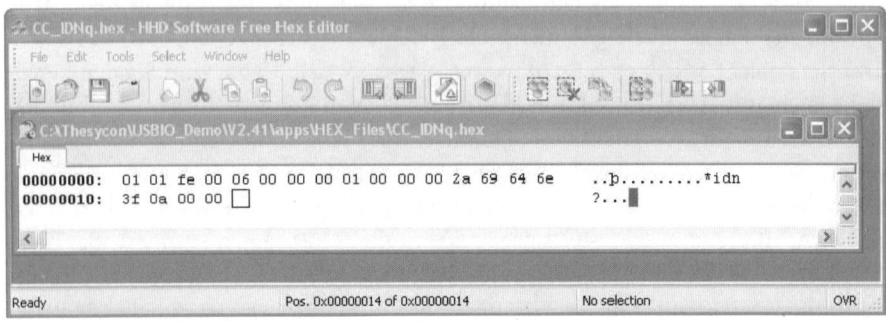

Diese Datei ist unter dem Namen CC_IDNq.hex gespeichert worden. Sie enthält den Befehl *IDN? mit dem dazugehörigen Header und den Füllbytes, wie er in der Tabelle 3 von USB488 zu finden ist. Einziger Unterschied ist, dass der Befehl in Kleinschrift geschrieben wurde, was den Parser nicht stören sollte. Die nächste Aktion wird sein, diesen Befehl an das Gerät zu senden. Das Applikationsprogramm tritt dazu in Aktion. Die Prozedur des Startens und der Konfiguration des Beispielgeräts soll hier nicht noch einmal beschrieben werden, sie ist in Abschnitt 6.11.2 bereits dargelegt worden. Es wird die Registerkarte „Pipes" gewählt und der Bulk-OUT Endpoint markiert.

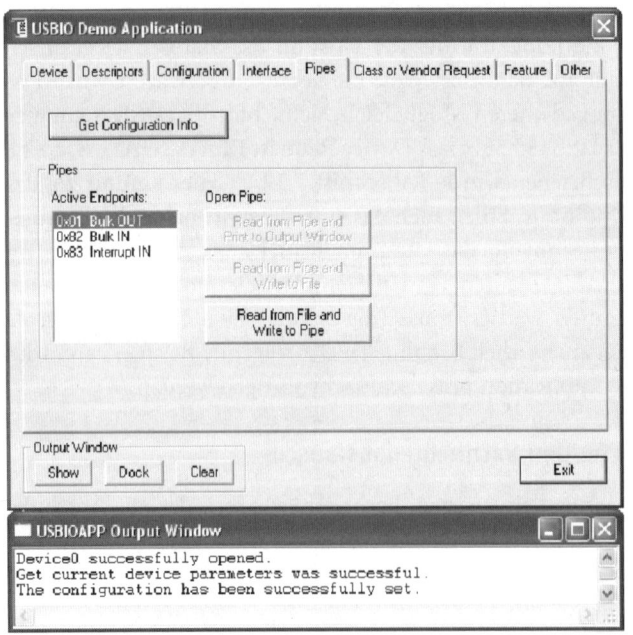

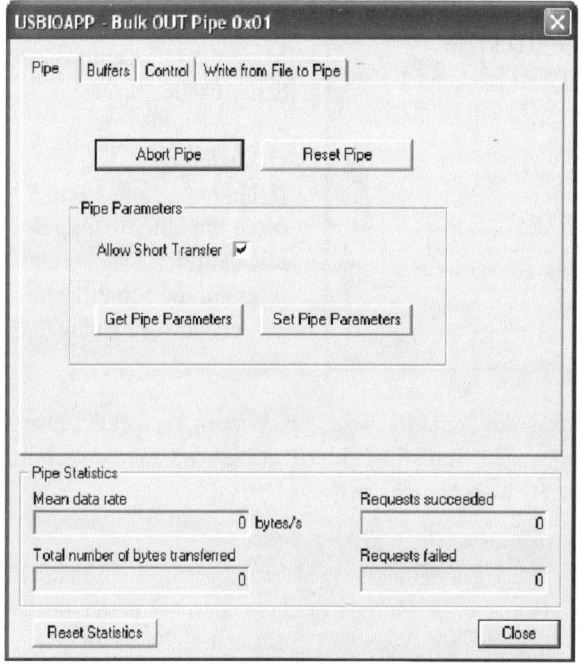

Dann wird die Schaltfläche „Read from File and write to Pipe" angeklickt.

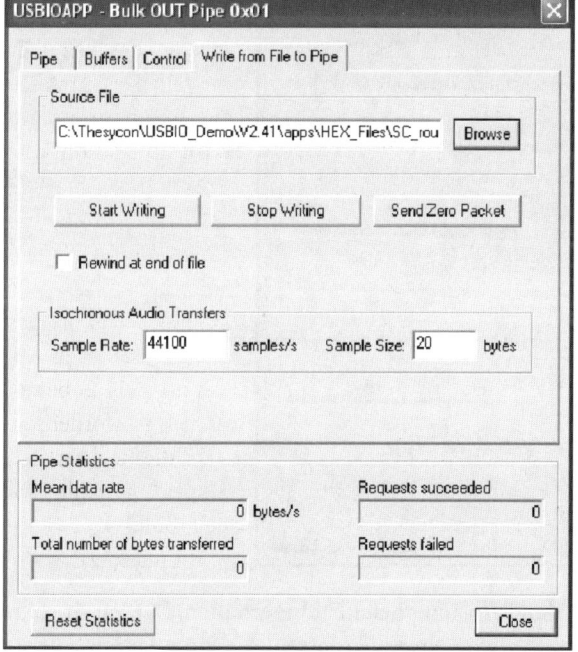

Anschließend wird die Registerkarte „Write from File to Pipe" bemüht.

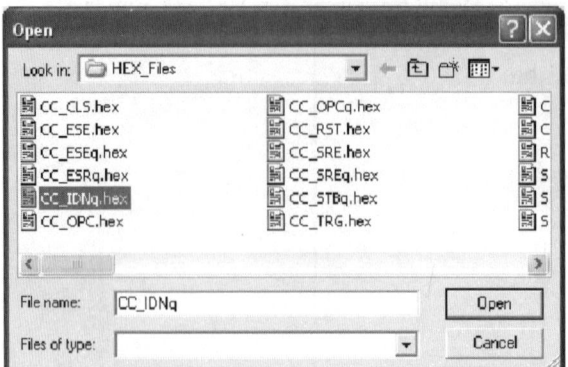

Mit einem Klick auf die Schaltfläche „Browse" kann nach der zuvor erzeugten Datei CC_IDNq.hex geforscht und diese mit einem Doppelklick auf den Dateinamen oder auf die Schaltfläche „Open" ausgewählt werden.

Zurück im vorigen Fenster, muss die Schaltfläche „Start Writing" angeklickt werden. Wenn alles gut geht, ist in den Statistik-Feldern zu sehen, dass insgesamt 20 Bytes in einem erfolgreichen Request transferiert wurden.

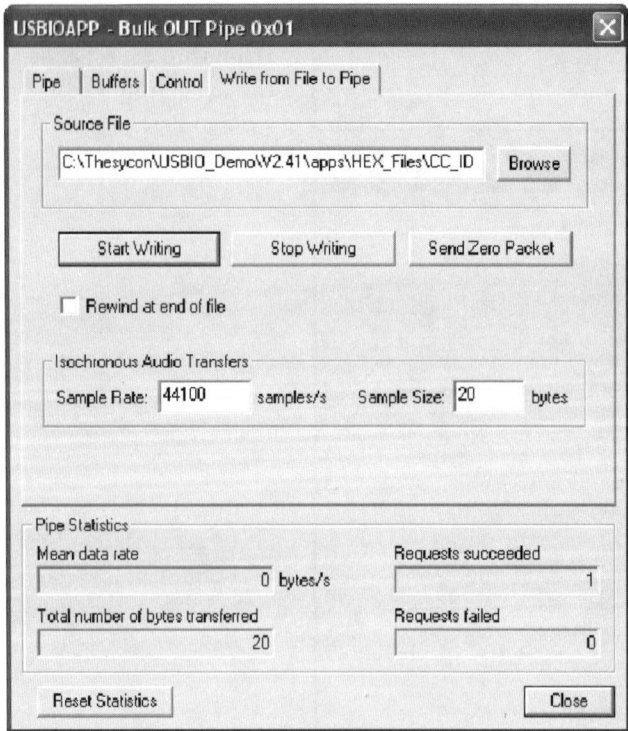

Das Beispielgerät hat nun also den Fernsteuerbefehl *idn? erhalten. Der Parser sollte diesen Befehl kennen und eine Antwort erzeugen lassen, die zum Abholen bereit sein sollte.

Schritt 2: Der Host überprüft das MAV-Bit, indem er den USB488 Subclass Device Request READ_STATUS_BYTE sendet.
Dazu ist die in Abschnitt 7.12.1 beschriebene Prozedur zu durchlaufen, die folgendes Ergebnis zeigen sollte:

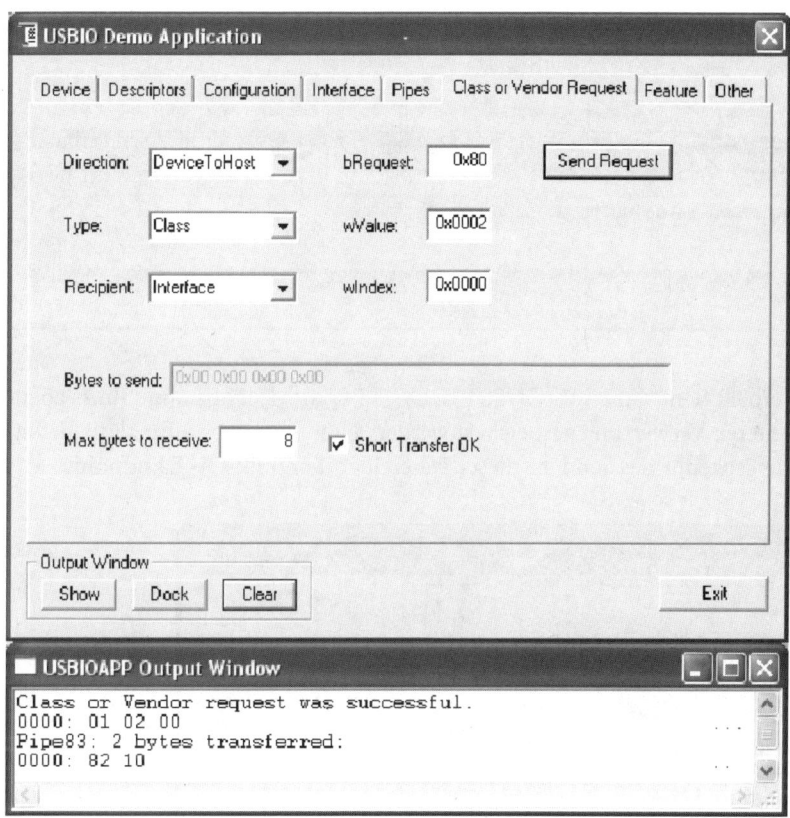

Wie zu sehen ist, liefert der Interrupt IN Endpoint zunächst die 0x82 als bTag des Requests, erweitert um das auf 1 gesetzte Bit D7 und als zweites Byte den Inhalt des Status Bytes. Das Status Byte meldet 0x10, also ist das Bit 4 auf 1 gesetzt. Gemäß Dokumentation ist dieses das MAV-Bit. Somit steht eine Antwort vom Gerät bereit.

Schritt 3: Der Host sendet eine Antwort-Anforderung mit der REQUEST-DEV_DEP_MSG_IN Command Message.

Diese Botschaft muss auch mit dem Hex-Editor erzeugt werden und folgenderma-ßen aussehen [USB488: 3.3.1.1]:

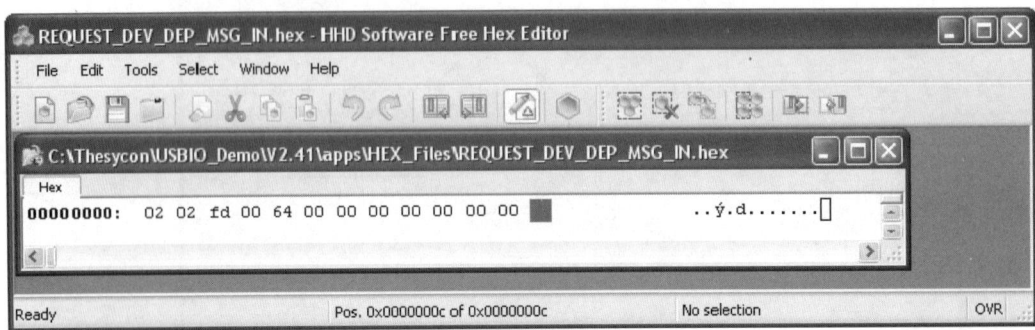

Die Datei erhielt den Namen REQUEST_DEV_DEP_MSG_IN.hex und muss eben-falls zur weiteren Verwertung gespeichert werden. Nun folgt noch einmal die bereits geschilderte Prozedur des Sendens dieser Datei über den Bulk-OUT Endpoint:

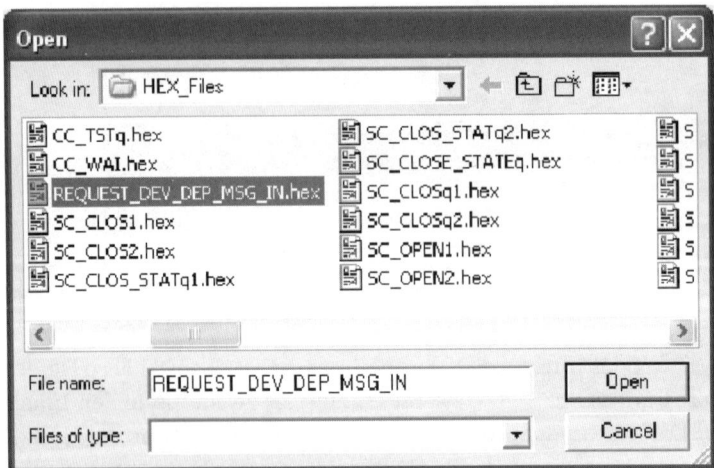

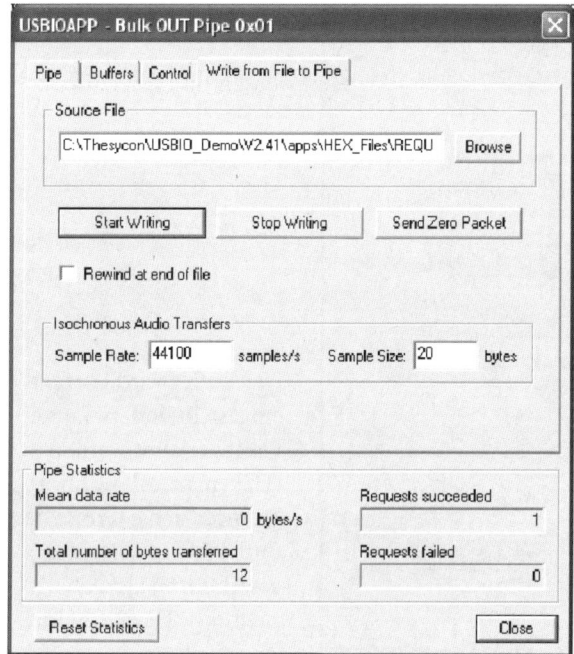

Nachdem die Schaltfläche „Start Writing" angeklickt wurde, sollte die Pipe-Statistik mitteilen, dass erfolgreich 12 Bytes transferiert wurden. Hiernach kann also die Antwort vom Gerät geholt werden.

Schritt 4: Der Host liest die Bulk-IN USBTMC Message.
Dazu wird der Bulk-IN Endpoint bemüht:

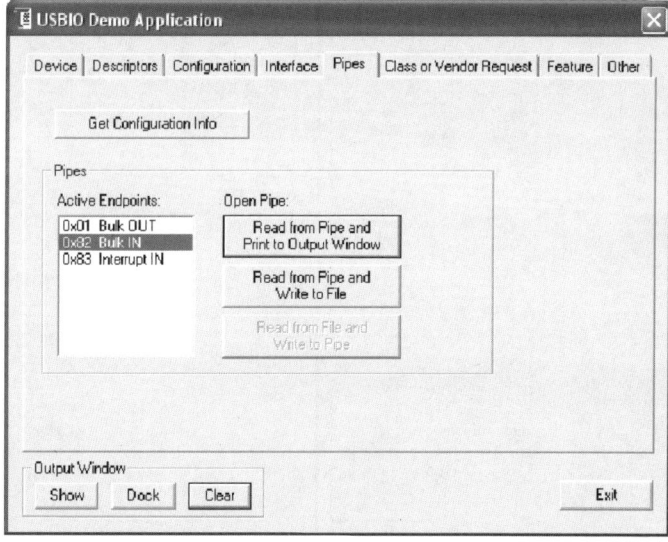

Es wird die Schaltfläche „Read from Pipe and Print to Output Window" angeklickt.

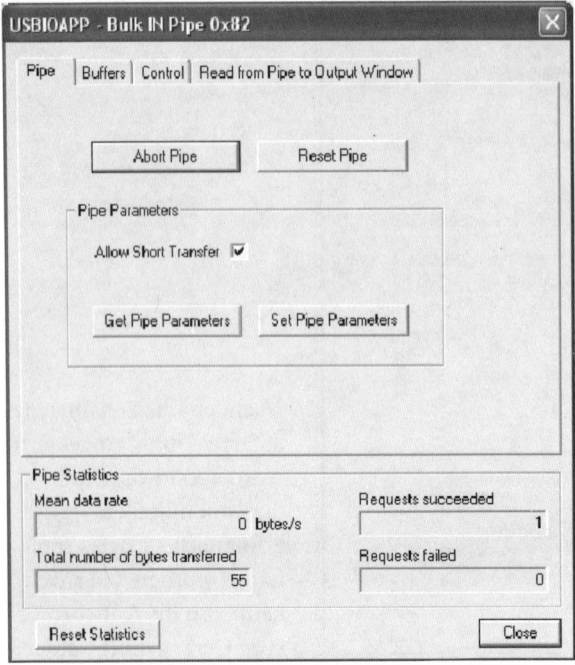

Der Buffer wird korrekt eingestellt, indem kurze Pakete erlaubt werden (Haken an „Allow Short Transfer"), die Größe des Buffers mit 64 Bytes gewählt und als Datenrichtung „DeviceToHost" eingestellt wird.

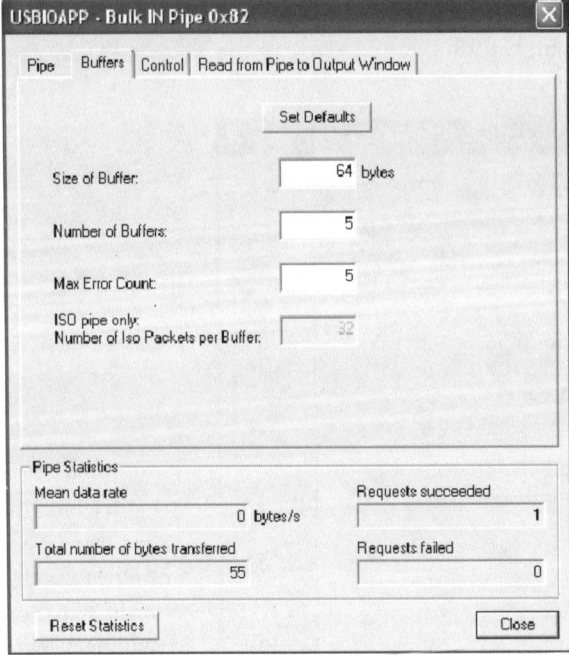

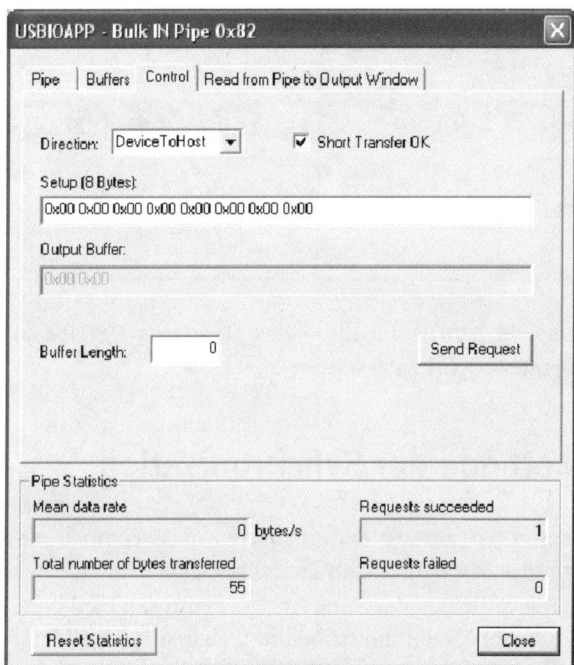

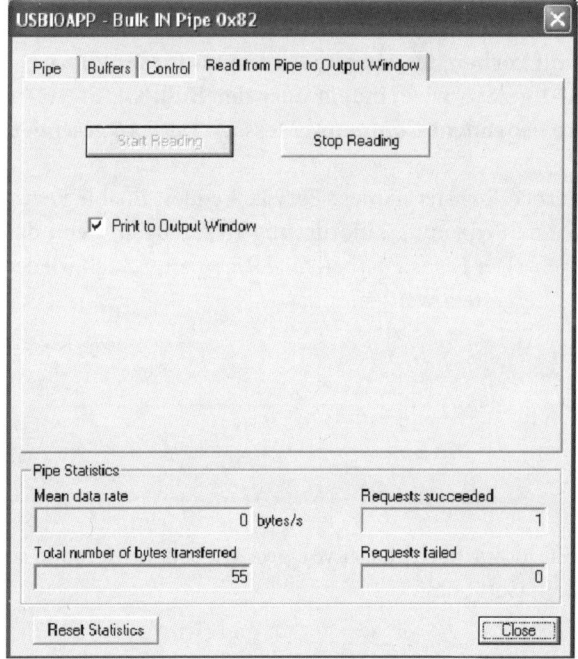

Danach geht es auf die Registerkarte „Read from Pipe to Output Window".

Nach Anklicken der Schaltfläche „Start Reading" sollte im Ausgabefenster die Antwort des Geräts zu sehen sein:

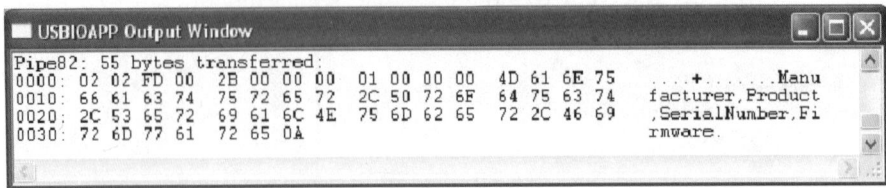

Diese Antwort entspricht dem, was gemäß Tabelle 5 des Standards USB488 als 488.2-kompatible USBTMC-Geräteantwort zu erwarten ist.

10.4 Eine andere Methode der Synchronisation

Noch einmal soll vorgegriffen werden, um zu demonstrieren, dass es noch eine andere Verfahrensweise gibt, um das MAV Bit abzufragen. Ein Gerät kann, wenn es dazu vorbereitet wurde, selbsttätig mitteilen, dass eine Antwort zum Abholen bereit ist. Dazu wird ebenfalls der Interrupt IN Endpoint benutzt, aber mit dem Unterschied, dass der Host nicht vorher nach dem Status Byte fragt. Diese Methode entspricht dem Service Request aus der IEEE 488-Welt.

Schritt 1: Das Gerät wird darauf vorbereitet, eine Bedienungsanforderung zu stellen, wenn das MAV-Bit auf 1 gesetzt wird, indem über den Bulk-OUT Endpoint die USBTMC Device dependent Command Message *SRE 16 gesendet wird.

Damit wird in einem geräteinternen Register namens Service Request Enable Register das Bit 4 auf 1 gesetzt, um eine Bedienungsanforderung zu erzeugen, wenn das MAV-Bit im Status Byte auf 1 geht. Der Fernsteuerbefehl *SRE 16 muss auch wieder als Datei mit einem Hex-Editor hergestellt werden.

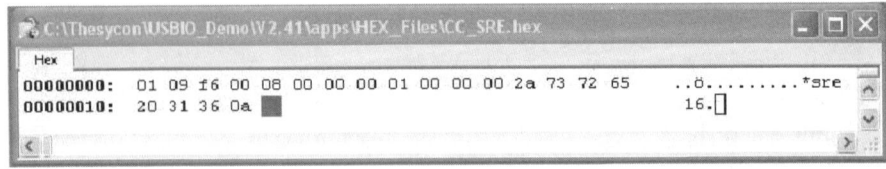

Dann wird der Interrupt-IN Endpoint nach der zuvor beschriebenen Methode so eingestellt, dass er Daten aus dem Gerät liest.

Schritt 2: Der Host sendet über den Bulk- OUT Endpoint die USBTMC Device dependent Command Message *IDN?
Daraufhin wird der Interrupt-IN Endpoint automatisch die folgenden zwei Bytes senden.

Diese sind die Reaktion auf einen Service Request. Das erste Byte mit dem Wert 0x81 wird in Tabelle 6 der USB488-Dokumentation vorgegeben [USB488: 3.4.1]. Das zweite Byte mit dem Wert 0x50 ist der Inhalt des Status Byte Registers, in dem die Bits 6 und 4 auf 1 gesetzt sind. Bit 4 signalisiert „Message available" (MAV), Bit 6 stellt das Bit „Request Service" (RQS) dar, das sagen möchte, dass das Gerät Bedienung angefordert hat. Wenn der Host diese beiden Bytes vom Gerät empfängt, kann er eine Antwort abholen.

Schritt 3: Der Host sendet eine Antwort-Anforderung mit der REQUEST-DEV_DEP_MSG_IN Command Message.

Schritt 4: Der Host liest die Bulk-IN USBTMC Message.
Die letzten beiden Schritte entsprechen denen aus der vorigen Methode. Vorteil dieses zweiten Verfahrens ist, dass der Host nicht nach dem Status Byte zu fragen braucht, sondern vom Gerät automatisch informiert wird, dass eine Antwort verfügbar ist.

Nach diesen, in jeweils vier Schritten dargestellten Verfahren würde ein Anwendungsprogramm für die Fernsteuerung von Messgeräten mit USBTMC 488.2 USB488-Schnittstelle vorgehen, um Daten mit dem Messgerät auszutauschen. Die im Folgenden beschriebenen, für das Beispielgerät realisierten Fernsteuerbefehle können auch so getestet werden. Das Abfragen des MAV-Bit – nach beiden Methoden – wird man sich jedoch sparen können, weil die Prozedur derart langsam ist, dass alle Antworten mit Sicherheit vom Gerät bereitgestellt worden sind, bis man sie abholen kann. Für jeden Befehl, den man testen möchte, ist man gezwungen, sich mit einem Hex-Editor eine kleine Datei zu erzeugen, die den erforderlichen Befehlskopf und die darauf folgenden gerätespezifischen Daten enthält, wenn man mit der USBIO Demo Application arbeitet.

10.5 Herausforderungen an den Parser

Wann immer der Bulk-OUT Endpoint des Geräts mit neuen Daten gefüllt worden ist, muss der Inhalt dieses Speicherbereichs analysiert werden. Zur Erinnerung sei an dieser Stelle nochmals erwähnt, dass aus Gründen der Vereinfachung für die Firmware des Beispielgeräts folgende Bedingung gilt: Jede Transaktion, die den Bulk-OUT Endpoint betrifft, bedeutet einen vollständigen Transfer. Oder anders formuliert: Ein Transfer besteht niemals aus mehr als einer Transaktion. Deswegen steht am Anfang des Speicherbereichs immer ein Bulk-OUT Header gemäß USBTMC: Tabelle 1. Sofern aus diesem Header hervorgeht, dass im Anschluss an den Header eine DEV_DEP_MSG_OUT oder eine VENDOR_SPECIFIC_OUT Nutzlast angehängt ist, wird der Parser diese Nutzlast als an das Gerät gerichtete Fernsteuerbefehle interpretieren. Im ersten Fall handelt es sich um gerätespezifische, im zweiten um anbieterspezifische Befehle. Beide Befehlsarten werden vom Parser nach derselben Methode bearbeitet, lediglich die Listen gültiger Befehle, mit denen der Parser den Speicherinhalt des Bulk-OUT Endpoints vergleicht, unterscheiden sich. Im ersten Fall wird mit dem Befehlsvorrat der für das Gerät definierten SCPI-kompatiblen Befehle verglichen, im zweiten Fall mit der speziellen Liste von Befehlen, die der Gerätehersteller für den „nichtöffentlichen" Gebrauch definiert hat. Was der Parser dabei zu leisten hat, sei im Folgenden exemplarisch an einem gerätespezifischen Befehl erläutert.

Gemäß den SCPI-Regeln sind für den Befehl „[:][ROUTe]:CLOSe:STATe?" je nach internem Zustand des Parsers folgende Schreibweisen zulässig:

```
:ROUTE:CLOSE:STATE?
:ROUTE:CLOSE:STAT?
:ROUTE:CLOS:STATE?
:ROUTE:CLOS:STAT?
:ROUT:CLOSE:STATE?
:ROUT:CLOSE:STAT?
:ROUT:CLOS:STATE?
:ROUT:CLOS:STAT?
ROUTE:CLOSE:STATE?
ROUTE:CLOSE:STAT?
ROUTE:CLOS:STATE?
ROUTE:CLOS:STAT?
ROUT:CLOSE:STATE?
ROUT:CLOSE:STAT?
ROUT:CLOS:STATE?
ROUT:CLOS:STAT?
```

:CLOSE:STATE?
:CLOSE:STAT?
:CLOS:STATE?
:CLOS:STAT?
CLOSE:STATE?
CLOSE:STAT?
CLOS:STATE?
CLOS:STAT?
STATE?
STAT?

Alle vorstehenden 26 Varianten des Befehls muss der Parser gegebenenfalls als gültig erkennen. Dabei dürfen die Zeichen A bis Z wahlweise groß- oder kleingeschrieben sein. Auch jeder beliebige Mix aus Groß- und Kleinschreibung ist zulässig [SCPI99-1: 6]. Die Zeichenfolge für den Befehl muss auch nicht am Anfang des Befehlsspeichers stehen, sondern kann zwischen anderen Befehlen eingebettet sein, von denen sie durch Semikolons getrennt ist, wie z. B. in der Folge: „*OPC;OPEN:ALL;CLOS:STAT?;CLOS (@1,2);CLOS:STAT?" [SCPI99-1: 6.2]. Es bestehen noch weitere Regeln, die sich aus der Notwendigkeit ergeben, Befehlsebenen erkennen zu können. Wenn z. B. der Befehl „ROUT:CLOS (@2,3)" ausgeführt worden ist und die Befehlskette danach nicht mit einem \n beendet wird, sondern per Semikolon getrennt ein weiterer Befehl folgt, muss der Parser zunächst davon ausgehen, dass er sich in der Befehlsebene „ROUT:CLOS" befindet. Sofern ein weiterer Befehl dieser Ebene ausgeführt werden soll, muss dazu der vorangehende Teil nicht erneut geschrieben werden. So kann man z. B. den Befehl „ROUT:CLOS (@2,3);ROUT:CLOS:STAT?" auch verkürzen zu: „ROUT:CLOS (@2,3);STAT?". Natürlich wäre auch die Form „CLOS (@2,3);STAT?" zulässig [SCPI99-1: 6.2.4]. Damit noch nicht genug, gilt die Zusatzregel, dass es in jeder Befehlsebene gestattet ist, Common Commands einzufügen, ohne dass die Befehlsebene dadurch gewechselt wird [IEEE488.2: A1.1 Regeln (5), (6)]. Also muss der Parser auch mit folgender Konstruktion fehlerfrei fertig werden: „ROUT:CLOS (@3,4);*ESR?;STAT?", unabhängig davon, ob das nun besonders sinnvoll wäre. Wenn ein Befehl mit einem Doppelpunkt beginnt, muss der Parser im Stammverzeichnis der Befehlssätze mit dem Vergleich beginnen. Der Befehl „:STAT?" würde demzufolge eine Fehlermeldung hervorrufen, weil „STAT?" kein Befehl der Stammebene ist. Auch das Beenden eines Befehls mit \n muss in das Stammverzeichnis zurückführen, weil der erste Befehl einer neuen Nachricht sich immer auf die Stammebene bezieht [SCPI99-1: 6.2.4].

10.6 Die Funktionsweise des Parsers

Der für das Beispielgerät realisierte Parser beginnt immer damit, das erste Zeichen nach dem Bulk-OUT Header mit den gültigen Zeichen aus dem Vorrat der Stammebene zu vergleichen. Sofern das Zeichen kleingeschrieben ist, wird es vor dem Vergleich in den entsprechenden Großbuchstaben umgewandelt und auch an seinem Speicherplatz im Bulk-OUT Endpoint als Großbuchstabe eingetragen. Auf diese Weise muss die Liste der erlaubten Befehle nicht für jedes Zeichen beide Schreibweisen enthalten. Damit wird Speicherplatz und Ausführungszeit gespart. Sofern eine Übereinstimmung festgestellt wird, rückt der Zeiger, der das aktuell zu vergleichende Zeichen im Bulk-OUT Endpoint markiert, auf das folgende Zeichen. Die Tabelle aller gültigen Zeichen der Stammebene enthält für jedes dort eingetragene Zeichen einen Zeigerwert auf den Kopf derjenigen Tabelle, in der die nächsten gültigen Zeichen abgelegt sind. Der folgende Vergleich wird dann also mit dem markierten Zeichen im Bulk-OUT Endpoint und der markierten Tabelle durchgeführt. Sofern eine Übereinstimmung gefunden wurde, wird die zuvor beschriebene Prozedur wiederholt. Wenn keine Übereinstimmung vorhanden ist, wird die Programmausführung des Parsers mit einer Fehlermeldung beendet. Die Vergleichsoperation wird vorläufig beendet, wenn das verglichene Zeichen ein Semikolon oder ein Leerzeichen war. In beiden Fällen wird der gefundene Befehl ausgeführt und danach wird eine neue Vergleichsoperation mit dem verbliebenen Rest an Zeichen im Bulk-OUT Endpoint gestartet. Nach einem Semikolon wird das darauf folgende Zeichen als erstes Zeichen eines neuen Befehls interpretiert. Sofern ein Leerzeichen voranging, werden die danach folgenden Zeichen als Parameter interpretiert und verarbeitet, bis das nächste Schlusszeichen gefunden wird. Falls ein Zeilenvorschub als Schlusszeichen gefunden wird, wird zunächst der vorangehende Befehl ausgeführt und danach der Parser beendet, nachdem er initialisiert und damit auf einen Neustart vorbereitet worden ist. Nun gibt es aber noch ein Problem. Geräte, die dem Standard USB488 entsprechen, dürfen nicht davon ausgehen, dass der Host die Gerätenachrichten mit einem 0x0A als ASCII-Zeichen für den Zeilenvorschub beendet [USB488: 3.2]. In diesem Fall gilt nur die Angabe der mit dem Transfer übertragenen Nettobytes. Ein robuster Parser muss damit umgehen können. Die hier kurz umrissene Funktionsweise des Parsers hat den Vorteil, dass kein Zeichen im Bulk-OUT Endpoint öfter als einmal adressiert und verglichen werden muss. Damit ist für maximale Verarbeitungsgeschwindigkeit gesorgt. Nachteil dieser Methode ist jedoch, dass die Listen, die den erlaubten Befehlsvorrat beinhalten, keine „lesbaren" Einträge enthalten, wie im Folgenden noch deutlich wird. Damit wird es für den Entwickler etwas komplizierter, den Befehlsvorrat um neue Befehle zu erweitern. Ein grundsätzliches Problem, das mit der Architektur des verwendeten Mikrocontrollers zusammenhängt, sei hier noch erwähnt. Eine Eigenart der

PIC-Derivate von Microchip besteht darin, dass es nur sehr eingeschränkte Möglichkeiten gibt, berechnete Sprünge (computed gotos) auszuführen. Daher wurde in der Firmware des Beispielgeräts ein Umweg des Unterprogrammaufrufs für Befehlsunterprogramme gewählt. Die gleich vorgestellte Methode erscheint kompliziert, ist jedoch effizient bezüglich Speicherbedarf und Programmausführungszeit. Die Listen gültiger Befehle enthalten die direkten Startadressen für die auszuführenden Befehlsunterprogramme. Da es bei PIC-Derivaten keine direkten Befehle dafür gibt, einen Tabelleneintrag als neuen Inhalt für den Program Counter der CPU zu übernehmen, wird der Inhalt des Stapelspeichers manipuliert. Soviel als Vorrede, nun soll das vorgestellte Prinzip detailliert erläutert werden.

10.6.1 Aufbau der Befehls-Vergleichstabellen

Die Anzahl der vorhandenen Befehls-Vergleichstabellen ergibt sich aus dem jeweiligen Befehlsvorrat des Geräts. Alle Tabellen sind grundsätzlich gleich aufgebaut und entsprechen dem folgenden Schema:

Inhalt	Bedeutung
<ASCII>	Teil eines gültigen Befehls, wenn <ASCII> nicht aus dem Bereich der Parser-Steuerzeichen ist, also nicht 0x00, 0x0A, 0x20, 0x3A oder 0x3B.
HIGH Tab	Oberes Byte des Tabellenkopfs für den nächsten Vergleich.
LOW Tab	Unteres Byte des Tabellenkopfs für den nächsten Vergleich.
... ...	Ein Block aus jeweils drei Bytes umfasst das nächstmögliche gültige ASCII-Zeichen <ASCII> mit der dazugehörigen nächsten Tabellenkopf-Adresse, sofern vorhanden.
0x3A	Parser_Steuerzeichen: Befehlsende eines zusammengesetzten Befehls (Compound Command) als Doppelpunkt (:). Wenn dieses Zeichen vorkommt, werden die beiden folgenden Bytes im Scratch (COMMAND_HSCRATCH und COMMAND_LSCRATCH) zwischengespeichert, bevor der Vergleich fortgesetzt wird.
HIGH Tab	Oberes Byte des Tabellenkopfs für den nächsten Vergleich.
LOW Tab	Unteres Byte des Tabellenkopfs für den nächsten Vergleich.
0x3B	Parser Steuerzeichen: Befehlsende mit Semikolon (;). Weitere Befehle folgen.
HIGH Command	Oberes Byte der Startadresse des Befehlsunterprogramms.

Inhalt	Bedeutung
LOW Command	Unteres Byte der Startadresse des Befehlsunterprogramms.
0x20	Parser Steuerzeichen: Befehlsende mit Leerzeichen (genauer: White Space). Es bedeutet, dass Daten folgen. Nach Befehlsausführung muss ermittelt werden, ob nach den Daten weitere Befehle im Bulk-OUT Endpoint stehen.
HIGH Command	Oberes Byte der Startadresse des Befehlsunterprogramms.
LOW Command	Unteres Byte der Startadresse des Befehlsunterprogramms.
0x0A	Parser Steuerzeichen: Befehlsende mit New Line (\n). Das ist auch Ende des Transfers, es folgen keine weiteren Befehle oder Daten.
HIGH Command	Oberes Byte der Startadresse des Befehlsunterprogramms.
LOW Command	Unteres Byte der Startadresse des Befehlsunterprogramms.
0x00	Parser Steuerzeichen: Tabellenende. Der Vergleich wird an dieser Stelle abgebrochen.

Dieses Listenprinzip basiert auf der Einteilung in Zellen mit zwei Elementen. Das erste Element ist ein Datenstück, das auch Atom genannt wird. Das zweite Element ist eine Adresse, die auf eine andere Zelle verweist [Syntaxanalyse: Anhang 1]. Dieses Grundprinzip ist hier jedoch um Zellen erweitert, die einen Verweis auf Unterprogramm-Startadressen enthalten, wenn ihre Atome die Eigenschaft eines Operators haben. Ausnahme ist das Listenende. Es hat nur eine Atom-Zelle, weil kein weiterer Verweis auf andere Zellen erfolgt.

10.6.2 Schema der Tabellennamen

Jeder Startpunkt einer Vergleichstabelle muss einen eigenen symbolischen Namen besitzen. Diese Namen folgen in der Firmware des Beispielgeräts aus Gründen der besseren Orientierung einem festgelegten Schema. Alle Tabellen beginnen grundsätzlich mit der Zeichenfolge TAB. Darauf folgt ein Buchstabe zur Identifizierung der Befehlsklasse. C steht für gemeinsame Befehle (Common Commands), S für SCPI-Befehle, V für anbieterspezifische Befehle (Vendor Commands). Somit gibt es die drei Tabellenklassen TABC, TABS und TABV. Ausnahme sind die Wurzeltabellen. Für USBTMC-USB488-kompatible Befehle heißt die Wurzeltabelle USBTMCroot. Für anbieterspezifische Befehle heißt sie VENDORroot. Alle Untertabellen enthalten nach den großgeschriebenen Zuordnungsnamen immer die Zeichenfolge in Kleinbuchstaben, die zu dieser Tabelle führen. Ausnahmen sind Doppelpunkte. Sie werden durch einen Unterstrich ersetzt.

10.6.3 Ein konkretes Beispiel für Vergleichstabellen

Zum besseren Verständnis der vorstehenden allgemeinen Tabelle folgt das Listing der Wurzeltabelle für USBTMC-USB488-kompatible Befehle. Wie bereits erwähnt, heißt sie USBTMCroot. Als erstes ASCII-Zeichen ist hier der Stern eingetragen (*). Wenn der Parser Übereinstimmung mit dem aktuellen Zeichen aus dem Bulk-OUT Endpoint feststellt, dann lädt er die beiden folgenden Bytes (HIGH TABC und LOW TABC) als Tabellen-Startpunkt für den Vergleich mit dem nächsten Zeichen aus dem Bulk-OUT Endpoint. Das wäre also eine Tabelle mit dem Namen TABC. Sofern keine Übereinstimmung erfolgt, überspringt der Parser die beiden auf den Stern folgenden Bytes und vergleicht mit dem dort vorgefundenen Zeichen. Das ist im konkreten Beispiel ein C. Sofern hier Übereinstimmung besteht, würde der Parser sich demnach die Tabelle TABSc als nächsten Tabellen-Startpunkt merken. Wenn dieser Fall nicht eintritt, ginge es weiter mit den Buchstaben O, R und S. Das auf die für S eingetragene Tabelle TABSs folgende Zeichen ist ein Doppelpunkt. Gemäß der Vorschrift interpretiert der Parser diesen als Steuerzeichen und speichert die beiden folgenden Bytes im Scratch. Sie werden einerseits als Tabellen-Startpunkt für den nächsten Vergleich zwischengespeichert und andererseits als Merker für die aktuelle Befehlsebene aufbewahrt. Im konkreten Fall bedeutet das, dass der nächste Vergleich wieder mit der Tabelle USBTMCroot erfolgt, denn diese ist hier eingetragen. Sofern also ein im Bulk-OUT Endpoint eingetragener Befehl mit einem Doppelpunkt beginnt, schaltet der Parser in das Wurzelverzeichnis USBTMCroot. Das nächste Zeichen in der Vergleichstabelle ist eine Null. Sie kennzeichnet das Ende der Tabelle. Sofern der Parser in der Vergleichsoperation hier ankommt, würde er den Vergleich abbrechen, ohne eine Übereinstimmung gefunden zu haben. Das würde bedeuten, dass das zu vergleichende Zeichen an der aktuellen Position nicht im Befehlsvorrat des Geräts vorkommt. Der Parser beendet den Vergleich mit einer entsprechenden Fehlermeldung. Wenn man annimmt, dass der Parser gerade dabei ist, das erste Zeichen zu vergleichen, dann lässt sich gemäß der nachstehenden Tabelle auch sagen, dass an dieser Position folgende Zeichen als gültig erkannt werden:

*, C, O, R, S und :

Ferner kann man sagen, dass die kürzeste denkbare Vergleichsliste aus einer einzigen Null bestehen darf. Der Parser würde das im konkreten Beispiel so interpretieren, dass das Gerät keinen Fernsteuerbefehl aus der Klasse der USBTMC-USB488-Befehle kennt.

```
CommandTree code_pack
; ********************************************************************
;                          USBTMCroot
; ********************************************************************
USBTMCroot
        DB      '*'
        DB      HIGH TABC
        DB      LOW TABC
        DB      'C'
        DB      HIGH TABSc
        DB      LOW  TABSc
        DB      'O'
        DB      HIGH TABSo
        DB      LOW  TABSo
        DB      'R'
        DB      HIGH TABSr
        DB      LOW  TABSr
        DB      'S'
        DB      HIGH TABSs
        DB      LOW  TABSs
        DB      ':'
        DB      HIGH USBTMCroot
        DB      LOW  USBTMCroot
        DB      0
```

Angenommen, der Parser stellt bereits beim Stern (*) eine Übereinstimmung fest. In diesem Fall würde er im Bulk-OUT Endpoint auf das nächste Zeichen vorrücken. Und dieses mit den Einträgen in der Tabelle mit Namen TABC vergleichen, die im Folgenden abgebildet ist.

```
TABC
        DB      'C'
        DB      HIGH TABCc
        DB      LOW  TABCc
        DB      'E'
        DB      HIGH TABCe
        DB      LOW  TABCe
        DB      'I'
        DB      HIGH TABCi
        DB      LOW  TABCi
        DB      'O'
        DB      HIGH TABCo
        DB      LOW  TABCo
        DB      'R'
        DB      HIGH TABCr
        DB      LOW  TABCr
```

```
DB      'S'
DB      HIGH TABCs
DB      LOW  TABCs
DB      'T'
DB      HIGH TABCt
DB      LOW  TABCt
DB      'W'
DB      HIGH TABCw
DB      LOW  TABCw
DB      0
```

Eine Interpretation der vorstehenden Tabelle ergibt schnell, dass als Zeichen nach dem Stern nur die Zeichen C, E, I, O; R; S, T oder W als gültig erkannt werden. Angenommen, der Parser hätte ein E erkannt. In diesem Fall wäre die bisher erkannte Folge also *E und als nächste Vergleichstabelle würde TABCe geladen.

```
TABCe
    DB      'S'
    DB      HIGH TABCes
    DB      LOW  TABCes
    DB      0
```

Dieser Eintrag ist kurz und knapp und besagt, dass auf *E nur ein S folgen darf. Sofern der Parser also bisher *ES erkannt hat, lädt er die Vergleichstabelle namens TABCes.

```
TABCes
    DB      'E'
    DB      HIGH TABCese
    DB      LOW  TABCese
    DB      'R'
    DB      HIGH TABCesr
    DB      LOW  TABCesr
    DB      0
```

Es kann nun also in zwei Richtungen weitergehen: entweder *ESE oder *ESR, alle anderen Zeichenfolgen wären an dieser Position ungültig. Sofern die Wahl auf *ESE trifft, ist TABCese die nächste Vergleichstabelle.

```
TABCese
    DB          '?'
    DB          HIGH TABCese?
    DB          LOW  TABCese?
;this must be command *ESE
    DB          0x20
    DB          HIGH ese
    DB          LOW  ese
    DB          0
```

Auf die Zeichenfolge *ESE darf also entweder ein Fragezeichen oder ein Leerzeichen folgen, damit die Folge weiterhin gültig ist. Es sollen beide Wege verfolgt werden. Ein ? würde zur Tabelle TABCese? weiterleiten.

```
TABCese?
;this must be command *ESE?
        DB      0x0A
        DB      HIGH ese?
        DB      LOW ese?
        DB      ';'
        DB      HIGH ese?
        DB      LOW ese?
        DB      0
```

Wie der Kommentar im Listing bereits andeutet, könnte im Bulk-OUT Endpoint also der Befehl *ESE? stehen. Das käme darauf an, ob als Nächstes entweder das Steuerzeichen 0x0A oder ein Semikolon folgen würden. Das Steuerzeichen 0x0A ist das ASCII-Steuerzeichen für einen Zeilenvorschub (Newline). Es würde nicht nur bedeuten, dass der Befehl damit abgeschlossen wäre, sondern dass es auch das letzte Zeichen im Bulk-OUT Endpoint wäre, das zur aktuellen Befehlsübertragung gehört. Sofern der Parser also eine Übereinstimmung mit 0x0A findet, interpretiert er die nächsten beiden Bytes in der Vergleichstabelle als Startpunkt des Befehlsunterprogramms für den Fernsteuerbefehl *ESE? Das entsprechende Unterprogramm hat gemäß der Tabelle den symbolischen Namen ese? Nachdem der Parser diesen Befehl ausgeführt hätte, würde er mit der Meldung beendet werden, dass keine weiteren Befehle im Bulk-OUT Endpoint stehen.

Sofern ein Semikolon anstelle eines Zeilenvorschubs folgt, gilt ebenso, dass der Befehl ESE? als gültig erkannt wurde und unter der Adresse ese? ausgeführt wird. Danach würde der Parser allerdings die Vergleichsoperation mit dem Zeichen nach dem Semikolon fortsetzen, denn das Semikolon bedeutet, dass im Endpoint noch weitere Befehle folgen.

Soweit dieser Weg der Übereinstimmung. Ausgehend von der Tabelle mit dem Namen TABCese soll nun noch der andere Fall untersucht werden. Wenn anstelle des Fragezeichens nämlich ein Leerzeichen gefunden worden wäre, ginge der Parser davon aus, dass er den Befehl *ESE < > gefunden hätte. Er würde somit die Ausführung des Befehlsunterprogramms mit dem Namen ese veranlassen. Das Unterprogramm ese erwartet nun einen Parameter, der zu dem Befehl gehört. Nachdem es beendet wurde, würde der Parser das Ende dieses Parameters im Bulk-OUT Endpoint suchen, um festzustellen, ob auf diesen Parameter entweder weitere Befehle folgen, weil dort ein Semikolon steht, oder ob mit einem Zeilenvorschub das Ende der aktuellen Befehlsübermittlung gemeldet wird.

Nach diesem Prinzip arbeitet der Parser des Beispielgeräts. Die Vergleichsoperationen laufen immer nur in eine Richtung, nämlich vorwärts. Kein Zeichen wird zum Vergleichen öfter als einmal adressiert. Die Vergleichstabellen sind damit zwar etwas unübersichtlich, aber dafür arbeitet kein Parser schneller als dieser. Das Erweitern des Befehlssatzes beschränkt sich für den Anwender auf zwei Vorgänge: Erstens muss der Befehl entsprechend den Vorschriften in die Struktur der Vergleichstabelle aufgenommen werden und zweitens muss das Befehlsunterprogramm entworfen werden. Diese Erweiterung kann in einer sehr frühen Phase getestet werden, denn in der ersten lauffähigen Version reicht z. B. ein Befehlsunterprogramm mit der folgenden Struktur:

```
;*************************************************************************
; *ESE?                      Standard Event Status Enable Query
;*************************************************************************
ese?
      nop
      return
```

Bereits in diesem Zustand kann getestet werden, ob der Parser den Befehl richtig erkannt hat, indem mit einem Debugger ein Breakpoint auf nop" gesetzt wird. Wenn der Programmablauf hier ankommt, ist der neue Befehl richtig in die Tabellenstruktur eingepflegt. Der Entwickler kann sich dann in aller Ruhe daranmachen, das Unterprogramm mit Leben zu füllen. Abschließend soll nun noch die Frage geklärt werden, wie der Parser das Befehlsunterprogramm überhaupt aufrufen kann, obwohl die Architektur der PIC-Derivate kaum Computed Gotos erlaubt.

10.6.4 Stack-Manipulationen

Um die beiden Bytes aus der Tabelle, die die Startadresse eines Befehlsunterprogramms bezeichnen, als neuen Inhalt des Program Counters zu laden, ist eine Manipulation des Stack notwendig. Die PIC18 MCUs verfügen über eine Möglichkeit, die Inhalte des Stack Pointers und den Top of Stack zu verändern. Mit dieser Methode wird der Programmablauf umgeleitet. Im folgenden Programmsegment mit dem Namen „compute_command" ist dieses realisiert. Zunächst werden alle Interruptquellen abgeschaltet, damit nicht ein Interrupt den Stack verändert, indem die Interrupt Service Routine aufgerufen wird, während gerade das unten angeführte Programmsegment seinerseits den Stack manipuliert. Die Auswirkungen wären fatal. Für jeden Fernsteuerbefehl existiert ein eigenes Unterprogramm, das aufgerufen werden soll, wenn der Parser einen Befehl als gültig erkannt hat. Deswegen muss zunächst definiert werden, an welcher Stelle im Programmspeicher weitergearbeitet werden soll, wenn das Befehlsunterprogramm wieder verlassen wird. Dieser Wiedereintrittspunkt erhielt die symbolische Adresse „get_here". Also wird diese Adresse als nächster Eintrag auf den Stack geladen. Dazu wird als Erstes der Stack Pointer inkrementiert, damit er auf den nächsten freien Eintrag zeigt. Der Stack kann unter jeder Adresse 21 Bits speichern, die in zweimal 8 Bits (TOSL, TOSH) und einmal 5 Bits (TOSU) aufgeteilt sind [PIC18 Reference: 7.7]. Nachdem dieser Rückkehrpunkt eingetragen worden ist, wird der Stack Pointer ein weiteres Mal inkrementiert. In diese nächste freie Position wird jetzt der Startpunkt des Befehlsunterprogramms eingetragen. Die Adresse wird der aktuellen Befehls-Vergleichstabelle entnommen, wobei die höchstwertigen fünf Bits dort nicht gespeichert sind. Bei diesen wird vorausgesetzt, dass sie im vorliegenden System immer den Wert null haben, weil der Programm-Adressraum oberhalb von 16 Bits nicht verwendet wird. Nachdem diese Veränderung im Stack vorgenommen worden ist, dürfen und müssen die Interruptquellen wieder aktiviert werden. Die Verzweigung in das identifizierte Befehlsunterprogramm erfolgt, indem (an der Marke „get_here") einfach der CPU-Befehl „return" ausgeführt wird. Das „return" am Ende des Befehlsunterprogramms leitet den Programmablauf wiederum auf die Marke „get_here". Dort befindet sich ja ein „return", mit dem das Unterprogramm „compute_comand" dann beendet wird.

```
;    ****************************************************************
;  compute command address according current commmand table
;    ****************************************************************
compute_command
; now a stack manipulation is performed. no interrupt must disturb this because
  an insufficient program
; redirection may occur otherwise. See PIC18 Reference Manual section 7.7.1 and
; application note AN818 of Microchip Technology Inc. (2002)
        bcf             INTCON,GIE   ;global interrupt enable bit
        bcf             INTCON,PEIE  ;peripheral interrupt sources
; push reentrance address (get_here) onto stack
        incf    STKPTR, F
        movlw   UPPER get_here
        movwf   TOSU
        movlw   HIGH get_here
        movwf   TOSH
        movlw   LOW get_here
        movwf   TOSL
; fetch the start point for the command subroutine and push it onto the stack
        incf    STKPTR, F
        movlw   0x00
        movwf   TOSU ;is always zero in this system architecture
        tblrd   *+
        movff   TABLAT,WREG
        movwf   TOSH
        tblrd   *+
        movff   TABLAT,WREG
        movwf   TOSL
```

```
; enable interrupts again
      bsf              INTCON,PEIE   ;peripheral interrupt sources
      bsf              INTCON,GIE    ;global interrupt enable bit
; the following return command redirects program execution to the computed
   subroutine entry address
; and the reentrance point of all command subroutines is also here:
get_here
      return
```

Das folgende Segment aus dem Quellcode zeigt einen Parser, der mit den zuvor genannten Aufgaben fertig wird.

```
; parse bulk OUT buffer content after the header
parseMessage
; but get transfer size from header first
      movlw  0x04
      movff  WREG,FSR2L
      movlw  0x06
      movff  WREG,FSR2H      ;bulk OUT TransferSize: least significant byte
      movff  INDF2,BULKOUT_RXD
      movlw  0x00
      cpfseq BULKOUT_RXD
      bra            parse_netto
      bra            OUTMsgError
parse_netto
      call   USB_response_formatter_init
      bcf            UEP1,EPSTALL  ;unstall endpoints
      movlw  0x0C
      movff  WREG,OUT_LPOINTER
      movlw  0x06
      movff  WREG,OUT_HPOINTER    ;bulk OUT message payload start address
USB_parser_compare_bytes
; a single byte in the bulk OUT endpoint will be compared with the command-
   lookup table only once
; check before if the message is read out without new line character at the end
      movlw  0x00
      cpfseq BULKOUT_RXD
      bra            parse_next
; insert a line feed at last
      movlw  0x0 A ;line feed
      movwf  BULKOUT
      bra            parse_filter
parse_next
      movff  OUT_LPOINTER,FSR2L
      movff  OUT_HPOINTER,FSR2H
      movff  INDF2,BULKOUT
      decf   BULKOUT_RXD
; legal character filter, whitespacer and uppercaser
parse_filter
      movlw  0x7F
```

```
        andwf  BULKOUT
        movlw  0x0 A
        cpfslt BULKOUT
        bra    parser_lcfauc1
        bra    parser_lcfauc2
parser_lcfauc1
        cpfsgt BULKOUT
        bra    parser_lcfauc3
        bra    parser_lcfauc4
parser_lcfauc3
        bra    parser_lcfauc5
parser_lcfauc2
        movlw  0x20
        movff  WREG,BULKOUT
        bra    parser_lcfauc5
parser_lcfauc4
        movlw  0x20
        cpfslt BULKOUT
        bra    parser_lcfauc6
        bra    parser_lcfauc2
parser_lcfauc6
        movlw  'a'
        cpfslt BULKOUT
        bra    parser_lcfauc7
        bra    parser_lcfauc5
parser_lcfauc7
        movlw  'z'
        cpfsgt BULKOUT
        bra    parser_lcfauc8
        bra    parser_lcfauc5
parser_lcfauc8
        movlw  B'11011111'   ;transform a to z to uppercases
        andwf  BULKOUT
parser_lcfauc5
        movff  BULKOUT,POSTINC2
        movff  FSR2L,OUT_LPOINTER
        movff  FSR2H,OUT_HPOINTER
        movff  COMMAND_UPOINTER,TBLPTRU
        movff  COMMAND_HPOINTER,TBLPTRH
        movff  COMMAND_LPOINTER,TBLPTRL
compar_loop
        tblrd  *+
        movlw  0x00
        cpfseq TABLAT
        bra    parser_really_compare
        bra    parser_nomatch
parser_really_compare
        movff  BULKOUT,WREG
        cpfseq TABLAT
        bra    parser_compare_next
```

```
      bra     parser_bingo
parser_compare_next
      tblrd   +
      tblrd   *+
      bra     compar_loop
parser_bingo
; what is that byte?
      movlw   0x20   ;that is a „white space"
      cpfseq  TABLAT
      bra     parser_compare_newline
      bra     parser_header_complete_sp
parser_compare_newline
      movlw   0x0 A
      cpfseq  TABLAT
      bra     parser_compare_semicolon
      bra     parser_header_complete_nl
parser_compare_semicolon
      movlw   ';'
      cpfseq  TABLAT
      bra     parser_compare_colon
      bra     parser_header_complete_semi
parser_compare_colon
      movlw   ':'
      cpfseq  TABLAT
      bra     parser_compare_anyother
      bra     parser_header_colon
parser_compare_anyother
; step to the next lookup table position
      tblrd   *+
      movff   TABLAT,COMMAND_HPOINTER
      tblrd   *+
      movff   TABLAT,COMMAND_LPOINTER
      bra     USB_parser_compare_bytes
; Error: halt bulk OUT endpoint
OUTMsgError
      bsf     UEP1,EPSTALL ;stall bulk endpoint
      return
```

10.7 Parameter

Ein Bestandteil der Nachrichten des Typs DEV_DEP_MSG_OUT sind die zu den Fernsteuerbefehlen gehörenden Parameter. Es ist nicht die Aufgabe des Parsers, Parameter auf ihre Gültigkeit zu prüfen, sondern diese Verantwortung obliegt den vom Parser gestarteten Befehlsunterprogrammen. Thematisch passt die Beschreibung der Parameter jedoch gut hierher. Im Beispielgerät kommen vier verschiedene Parametertypen vor, deren jeweilige Gültigkeit vom Fernsteuerbefehl abhängig ist. Für jeden Typ gibt es einen Prozess, der nachprüft, ob die für den Parameter gültigen Regeln der Darstellung eingehalten werden. Ist das nicht der Fall, wird die Bearbeitung des aktuellen Befehls mit der Erzeugung eines Command Errors abgebrochen. Hat der Parameter den Test bestanden, prüft das jeweilige Befehlsunterprogramm explizit, ob der Wertebereich des Parameters erlaubt ist. Wenn nicht, wird die Bearbeitung mit der Erzeugung eines Ausführungsfehlers (Execution Error) abgebrochen. Alle vier Parametertypen werden nachfolgend in ihrer Standardversion und in der für das Beispielgerät geltenden, eingeschränkten Version beschrieben. Für alle Fernsteuerbefehle innerhalb des vorgestellten Projekts gilt jeweils die eingeschränkte Version der Parameter, und das sind folgende Elemente: <decimal_number>, <chann_nr_list>, <string> und <boole_nr>.

10.7.1 ‹DECIMAL NUMERIC PROGRAM DATA›

Dieser Bezeichner steht für Werte, die in Dezimalform dargestellt werden. Die Codierung des Parameters erfolgt in ASCII. Diese Parameterform ist die wichtigste für Test- und Messgeräte, denn selbst Werte, die intern in Binärregistern gespeichert werden, werden in Dezimaldarstellung empfangen oder gesendet. SCPI übernimmt die Formate und Regeln der Darstellung von Dezimalwerten aus IEEE 488.2, weist aber ausdrücklich darauf hin, dass diese Parameterform nicht für Funktionen verwendet werden soll, bei denen eine „Eins aus N"-Position selektiert wird [IEEE488.2: 7.7.2, SCPI-1: 7.2]. Für die Darstellung von <DECIMAL NUMERIC PROGRAM DATA> sind umfangreiche Regeln festgelegt worden. Um es vorwegzunehmen: Die Software des Beispielgeräts schränkt diese Regeln drastisch ein, weil die bedingungslose Auswertung dieser Regeln den für das Gerät sinnvollen Umfang bei Weitem überschreitet. Auf die Beschränkungen wird im Folgenden noch eingegangen. Hier zunächst das Regelwerk nach IEEE 488.2:

Ein <DECIMAL NUMERIC PROGRAM DATA> Element ist definiert als:
Mantisse, Leerzeichen und Exponent

Leerzeichen und Exponent dürfen weggelassen werden.

Die Mantisse ist definiert als:
Vorzeichen, Vorkommastellen, Dezimalpunkt und Nachkommastellen.

Das Vorzeichen darf weggelassen werden, wenn der Wert positiv ist. Vorkommastellen oder Nachkommastellen dürfen gegebenenfalls weggelassen werden, wenn sie nicht signifikant sind. Die Mantisse sollte, abgesehen von führenden Nullen, nicht mehr als 255 Stellen haben.

Der Exponent ist definiert als:
Buchstabe E (groß- oder kleingeschrieben), Leerzeichen, Vorzeichen und Zahl.

Das Leerzeichen darf weggelassen werden. Das Vorzeichen darf weggelassen werden, wenn der Exponent positiv ist. Die Zahl muss ganzzahlig sein und darf keinen Dezimalpunkt aufweisen. Der Exponent sollte im Bereich −32000 bis + 32000 liegen.

Wenn irgendeine dieser Regeln verletzt wird, soll ein Command Error erzeugt werden.

Das Gerät kann ein <DECIMAL NUMERIC PROGRAM DATA>-Element empfangen, das eine größere Auflösung hat, als intern abgehandelt werden kann. In diesem Fall soll das Gerät zu niederwertige Stellen nicht einfach abschneiden, sondern runden, bevor der Wert interpretiert wird. Bei Runden dieser Stellen soll das Vorzeichen ignoriert werden. Ab halbem Stellenwert wird aufgerundet, darunter abgerundet [IEEE 488.2: 7.7.2.4.2]. Fehlermeldungen sollten gegebenenfalls erst erzeugt werden, wenn der Wert gerundet ist [IEEE 488.2: 7.7.2.4.3].

Wenn der Wert eines <DECIMAL NUMERIC PROGRAM DATA>-Elements außerhalb des für die aktuelle Befehlsverarbeitung zulässigen Wertebereichs liegt, soll ein Execution Error erzeugt werden [IEEE 488.2: 7.7.2.4.4].

Ein <DECIMAL NUMERIC PROGRAM DATA>-Element darf einen Einheitenbezeichner einschließlich Multiplizierer als Anhang haben. Zusammengesetzte Einheiten sind erlaubt. Informationen über die zulässigen Darstellungen sind zu finden in: [SCPI-1: 7.5, SCPI-2: 25, IEEE488.2: Tabelle 7–1].

10.7.2 ‹decimal_number›

Das ist die eingeschränkte Version für das Beispielgerät. Es sind kein Vorzeichen und kein Exponent erlaubt. In der Mantisse ist kein Dezimalpunkt erlaubt. Das Element <decimal_number> darf keine Einheitenbezeichner und Multiplikatoren enthalten. Eine Verletzung dieser Regeln erzeugt einen Command Error. Der zulässige Wertebereich der Mantisse erstreckt sich von 0 bis 65535. Eine Überschreitung dieses Bereichs erzeugt einen Execution Error. Für die Anzahl der zu <decimal_number> gehörenden Zeichen gibt es keine Beschränkung. Wenn der Parameter weggelassen wird, erfolgt keine Fehlermeldung und der Wert von <decimal_number> wird auf 0x0000 gesetzt.

10.7.3 ‹channel_list›

Mit diesem Parameter werden Kanallisten beschrieben, die drei unterschiedliche Formen von Listenelementen haben können. Ein <channel_list>-Element ist definiert als:

Runde Klammer auf, At-Zeichen, Listenelemente (getrennt durch Kommata), Runde Klammer zu. Es gibt drei Arten von Listenelementen, nämlich <channel_range> (Kanalbereich), <module_channel> (Modulkanal) oder <path_name> (Pfadname). Diese drei Arten dürfen innerhalb der Kanalliste gemischt werden. Die Codierung des Parameters erfolgt in ASCII.

Beispiele:
(@<channel_range>,<channel_range>,<channel_range>)
ist eine Kanalliste, die drei verschiedene Listenelemente des Typs <channel_range> enthält.

(@<channel_range>,<module_channel>,<path_name>)
ist eine Kanalliste, die je ein Listenelement des Typs Kanalbereich, Modulkanal und Pfadname enthält.

(@<path_name>)
ist eine Kanalliste mit nur einem einzigen Eintrag, der einen Pfadnamen enthält.

10.7.4 ‹channel_range›

Dieses Listenelement ist definiert als:
<channel_spec>, Doppelpunkt, <channel_spec>

Der Doppelpunkt und das darauf folgende <channel-spec>-Element dürfen weggelassen werden.

Dieses Listenelement beschreibt einen Kanalbereich, der mit dem linken <channel_spec> beginnt und mit dem rechten <channel_spec> endet. Man kann einen Kanalbereich also auch folgendermaßen auffassen: <von>:<bis>. Wenn ein Bereich nur einen einzigen Kanalspezifizierer umfasst, dann gibt es nur den linken Wert vor dem Doppelpunkt und der Doppelpunkt entfällt, also bleibt nur noch <von> übrig.

Beispiele:
(@<channel_spec>:<channel_spec>,<channel_spec>:<channel_spec>)
ist eine Kanalliste die zwei Listenelemente des Typs <channel_range> enthält. Beide Listenelemente definieren Kanalbereiche mit Anfangs- und Endwert, also <von>:<bis>.

(@<channel_spec>,<channel_spec>,<channel_spec>,<channel_spec>)
ist eine Kanalliste mit vier einzelnen Kanalspezifizierern.

10.7.5 ‹channel_spec›

Der Kanalspezifizierer ist definiert als:
Nummer, Ausrufezeichen, Nummer, Ausrufezeichen; Nummer usw.

Alle Ausrufezeichen und Nummern, bis auf die erste, linke Nummer dürfen wegge-lassen werden. Jede Nummer bezeichnet eine Dimension einer n-dimensionalen Matrix. Die technische Zuordnung der Dimension zu der Position innerhalb des Test- oder Messgeräts muss aus der Dokumentation hervorgehen. Dazu folgendes Beispiel: Ein Signalrouter besitzt vier identische Relais-Baugruppen, die als Ein-steckkarten konstruiert sind. Auf jeder dieser Karten befinden sich 16 Relais, die als zweidimensionale Matrix angeordnet sind. Dabei befinden sich immer vier Relais in einer Reihe und es gibt vier solcher Reihen. Die gesamte Anordnung ist als drei-dimensionale Matrix organisiert. Das Ordnungsschema ist: Reihe!Spalte!Karte. Der Kanalspezifizierer <channel_spec> dieses speziellen Geräts ist somit dreidimensio-nal. Aus der technischen Beschreibung des Geräts muss die Matrixkonfiguration eindeutig erkennbar sein. Innerhalb eines <channel_range>-Elements müssen beide Kanalspezifizierer dieselbe Anzahl von Dimensionen haben [SCPI-1: 8.3.2]. Für die Nummer der jeweiligen Dimension gilt, dass sie vom Typ <NR f> sein muss. Ein dreidimensionaler <channel_spec> hat also das Format <NR f>!<NR f>!<NR f>.

10.7.6 ‹NR f›

Das Element <NR f> ist einfach eine andere Schreibweise für das Element <DECI-MAL NUMERIC PROGRAM DATA> [IEEE488.2: 7.7.2.1]. Damit gelten die für dieses Element genannten Regeln. Sinnvolle Werte für <NR f> sind im konkreten Fall ganze, positive Zahlen im Bereich des aus der technischen Dokumentation ersichtlichen Rahmens. Im zuvor genannten Beispiel sind also für <NR f> die Zah-len 1 bis 4 sinnvoll.

Schaltreihenfolge

Die einzelnen Relais werden in der Reihenfolge geschaltet, wie sie im Element <channel_list> eingetragen sind.

Beispiele:
CLOSE (@5:3) bedeutet: schalte nacheinander Relais 5,4 und 3.
CLOSE (@1!1:2!3) bedeutet: schließe nacheinander 1!1, 1!2, 1!3, 2!1, 2!2 und 2!3.
CLOSE (@1!3:2!1) bedeutet: schließe nacheinander 1!3, 1!2, 1!1, 2!3, 2!2 und 2!1.

10.7.7 ‹module_channel›

Dieses Element ist definiert als:
<module_specifier>(<channel_range>,<channel_range>, ... <channel_range>)

Das Element <channel_range> darf minimal einmal vorkommen, das nachstehende Komma muss dann weggelassen werden.

<module_specifier>
Ein <module_specifier> kann die Form <NR f> oder die Form <CHARACTER PROGRAM DATA> haben. Dieses Element stellt den Modulnamen dar.

10.7.8 ‹CHARACTER PROGRAM DATA›

Dieses Element wird verwendet, um Parameterinformationen zu übertragen, die sich am besten durch einen kurzen alphanumerischen Text mnemonischer Art darstellen lassen [IEEE488.2: 7.7.1.1]. Die Regeln zur Darstellung entsprechen denen für Befehlsköpfe von Fernsteuerprogrammen [IEEE488.2: 7.7.1.3].

Beispiele:
Im Gerät VX4380 von Tektronix, bei dem es sich um eine Relaismatrix mit 256 Knotenpunkten handelt, werden als <module_specifier> die Bezeichnungen M1, M2, M3 usw. verwendet. In der Dokumentation findet sich folgendes Beispiel für einen Fernsteuerbefehl:

route:close (@m1(1!3:10:3))

Im Beispiel aus Abschnitt 10.7.5 wurde von folgendem Ordnungsschema ausgegangen: Reihe!Spalte!Karte. Der Kanalspezifizierer <channel_spec> dieses speziellen Geräts ist somit dreidimensional. Man könnte dieses Gerät auch anders definieren, z. B., indem man vereinbart, dass der Kanalspezifizierer nur zweidimensional ist und aus den Angaben Reihe!Spalte besteht. Die einzelnen Einsteckkarten könnten als baugleiche Module aufgefasst werden, denen die Modulspezifizierer MOD1, MOD2, MOD3 und MOD4 zugewiesen werden. Nach dieser Vereinbarung könnte das Einschalten des Relais in Reihe 2 und Spalte 4 auf der Karte MOD1 wie folgt geschrieben werden:

CLOS (@mod1(2!2:4!4))

Auch diese Schreibweise wäre gestattet:

ROUTE:CLOSE (@Mod1(2:4))

Elemente des Typs <module_channel> werden vom Beispielgerät aus diesem Buch nicht unterstützt.

10.7.9 ‹path_name›

Obwohl der Standard SCPI an mehreren Stellen das Element <path_name> verwendet, ist nirgends eine Definition dafür zu finden, deswegen wird hier auf ein praktisches Beispiel verwiesen. Im Gerät VX4380 von Tektronix ist dieses Element vom Typ <CHARACTER PROGRAM DATA> mit den folgenden Einschränkungen: Das erste Zeichen muss ein Buchstabe sein, das gesamte Element darf maximal 12 Zeichen haben. Der Zweck von <path_name> ist, einer Kanalliste einen symbolischen Namen zuzuweisen, der anstelle von Elementen der Typen <channel_range> oder <module_channel> verwendet wird. Es ist allerdings nirgendwo verboten, auch das Element <path_name> durch ein anderes Element desselben Typs zu ersetzen, was aber nicht sinnvoll erscheint. Zweck des Ganzen ist letztlich, einem Signalpfad, der häufig geschaltet werden soll, einen mnemonischen Namen zuzuordnen, damit der Anwender den Fernsteuerbefehl leichter verstehen kann. Die Zuordnung erfolgt durch einen SCPI-Befehl der Form:

ROUTE:PATH:DEFINE <path_name>,<channel_list> [SCPI-2: 17.4.2].

Beispiel:
Es soll ein Signalweg definiert werden, der auf einem Schiff den Transceiver des Kommunikationssystems mit einer Antenne verbindet, die für die Betriebsart Channel-Hopping ausgelegt ist. Der Anwender möchte diesem Signalpfad den Namen hopping_path geben. Um diesen Pfad zu schalten, müssen die Relais 1, 2 und 4 geschaltet werden. Die Zuordnung des mnemonischen Pfadnamens wäre dann z. B. wie folgt möglich:

ROUTE:PATH:DEFINE hopping_path,(@1, 2, 4)

Wenn dieser Signalpfad eingeschaltet werden soll, könnte, nachdem die vorstehende Definition vorgenommen wurde, der folgende Fernsteuerbefehl gesendet werden:

CLOSE (@hopping_path)

Das Trennen dieses Signalpfads wäre mit folgendem Befehl möglich:

OPEN (@hopping_path)

Elemente des Typs <path_name> werden vom Beispielgerät aus diesem Buch nicht unterstützt.

10.7.10 ‹chann_nr_list›

Ist die eingeschränkte Version für das Beispielgerät. Es ist keine Bereichs- oder Matrixschreibweise erlaubt. Einzelne Kanalnummern des Typs <channel_spec> sind im Bereich 1 bis 4 erlaubt. Der gesamte Parameter <chann_nr_list> darf aus maximal zehn Zeichen bestehen. Wie vorab erwähnt, sind die Elemente <module_channel> und <path_name> in Kanallisten nicht erlaubt.

Beispiel für eine erlaubte Schreibweise:
(@1, 2, 3 ,4)

Es gilt nicht die Regel für die Schaltreihenfolge der <channel_list>-Elemente. Alle Relais des Beispielgeräts, die in einem <chann_nr_list>-Parameter stehen, werden gleichzeitig geschaltet. Wenn eine Reihenfolge erzwungen werden soll, dann ist das nur möglich, indem nacheinander entsprechende Fernsteuerbefehle an das Beispielgerät gesendet werden.

Beispiel:
CLOSE (@4); CLOSE (@2);CLOSE (@3) erzwingt die Schaltreihenfolge 4, 2, 3.
CLOSE (@4, 2, 3) schaltet die Relais 2, 3 und 4 gleichzeitig.

Leere Kanalliste
Für den SCPI Befehl ROUTe:CLOSe:STATe? gilt, dass das Gerät mit einer Kanalliste antwortet [SCPI-2: 17.1.1]. Es werden in der Liste die Kanalnummern <channel_spec> aller eingeschalteten Relais ausgegeben. Wenn kein Relais eingeschaltet ist, muss demzufolge eine leere Liste ausgegeben werden. Gemäß dem Syntaxdiagramm ist die Schreibweise für eine leere Liste: (@) [SCPI-1: 8.3.2]. Wenn (@) also ein gültiger Parameter ist, dann muss gelten, dass das Gerät auch in Befehlen wie ROUTe:OPEN und ROUTe:CLOSe leere Listen als Parameter akzeptiert. Die Befehle ROUT:CLOS (@) oder ROUT:OPEN (@) dürfen demnach nicht dazu führen, dass eine Fehlermeldung erzeugt wird, selbst wenn die Befehle an sich keinerlei Wirkung haben.

10.7.11 ‹STRING PROGRAM DATA›

Dieses Element stellt einen Textstring dar, der wahlweise von Hochkommas (ASCII 0x27) oder Anführungszeichen (ASCII 0x22) eingeschlossen ist. Für beide Varianten gilt, dass alle Hochkommas oder Anführungszeichen, die innerhalb der einschließenden Zeichen stehen, zum Text gehören. Die Codierung des Parameters erfolgt in ASCII [IEEE488.2: 7.7.5]. Im Text sind formatierende Zeichen, wie Carriage Return (0x 0D), Line Feed (0x0A) und Space (0x20) verboten [IEEE488.2: 7.7.5.1].

Beispiele:

"Typ "Alpha-3"" repräsentiert den Text: Typ "Alpha-3"

'Version: "Beta", Datum: Januar 2006' repräsentiert den Text: Version: "Beta", Datum: Januar 2006

10.7.12 ‹string›

Das ist die eingeschränkte Version für das Beispielgerät. Der ASCII-Text muss in Anführungszeichen (ASCII 0x22) gesetzt werden. Beispiel: "Das_ist_der_Text". Zwischen den Anführungszeichen dürfen maximal 31 Zeichen stehen.

10.7.13 ‹Boolean›

Dieses Element bezeichnet die Zustände EIN (ON) und AUS (OFF), z. B. durch die Dezimalwerte 0 und 1. Dieser Parameter hat keine Einheit und die Codierung erfolgt in ASCII. Wenn er in Form eines <NR f>-Elements eingegeben wird, wird er auf ganze Zahlen gerundet. Jeder Wert, der nicht 0 ist, wird als 1 gewertet. Elemente des Typs <CHARACTER PROGRAM DATA> sind erlaubt, wenn sie als ON oder OFF geschrieben werden [SCPI-1: 7.3].

10.7.14 ‹boole_nr›

Das ist die eingeschränkte Version für das Beispielgerät. Es sind nur Parameter des Typs <decimal_number> für das Element <Boolean> erlaubt.

10.8 Der Response Formatter

Ein Teil der Anwendungsschicht innerhalb der Gerätesoftware muss sich darum kümmern, die Antworten auf Fernsteuerbefehle des Typs Query zu generieren. Im Standard IEEE 488 wird er „Response Formatter" genannt. In der Beispielanwendung zu diesem Buch kann man kein zusammenhängendes Programmsegment finden, dass als Response Formatter bezeichnet werden könnte, weil die Aufgabe in Teilbereiche zergliedert werden muss. Genau so, wie es Aufgabe der vom Parser aufgerufenen Befehlsunterprogramme ist, eventuelle Parameter zu interpretieren, so müssen sie auch die Arbeit leisten, eventuelle Antworten zu formulieren. Bevor der Parser jedoch mit der Interpretation des Nettoinhalts einer DEV_DEP_MSG_OUT Nachricht anfängt, müssen die Anfangsbedingungen für das Formatieren von Antworten festgelegt werden. Dazu dient das folgende Unterprogramm:

```
;********************************************************************
; Initialization of the USB_RESPONSE_FORMATTER
;********************************************************************
USB_response_formatter_init
        movlw   0x07
        movwf   IN_HPOINTER
        movlw   0x0C
        movwf   IN_LPOINTER   ;bulk IN start position
        movlw   0x00
        movwf   IN_TRANSIZE1
        movwf   IN_TRANSIZE2
        movwf   IN_TRANSIZE3
        movwf   IN_TRANSIZE4
        movwf   MAV_FLAG
        return
```

Das Einschreiben der Antworten in den Ausgangsspeicher, der unter IEEE 488
„Output Queue" heißt und im Beispielprojekt einfach der Bulk-IN Endpoint ist,
muss übergeordnet organisiert werden. Dazu dient allen Befehlsunterprogrammen
gemeinsam das Unterprogramm „ResponseByte", das wie folgt aussieht:

```
;********************************************************************
; Write a single byte to output queue (bulk-IN in this firmware version)
;********************************************************************
; In: byte in BULKIN
; In: IN_HPOINTER, IN_LPOINTER: pointer to bulk OUT position
; Out: IN_HPOINTER, IN_LPOINTER
ResponseByte
        movff   IN_LPOINTER,FSR0L
        movff   IN_HPOINTER,FSR0H
        movff   BULKIN,POSTINC0
        movff   FSR0L,IN_LPOINTER
        movff   FSR0H,IN_HPOINTER
        call    IncTranSize
        return
; Increment transfer size register of DEV_DEP_MSG_IN header
IncTranSize
        movlw   0x01
        addwf   IN_TRANSIZE1,1
        movlw   0x00
        addwfc  IN_TRANSIZE2,1
        movlw   0x00
        addwfc  IN_TRANSIZE3,1
        movlw   0x00
        addwfc  IN_TRANSIZE4,1
        return
```

Die einzelnen Befehlsunterprogramme müssen ihre Antworten immer mit einem
Semikolon abschließen, weil es ja sein kann, dass noch weitere Antworten in den

Bulk-IN Endpoint eingetragen werden. Wenn der gesamte Inhalt des Bulk-OUT Endpoints vom Parser abgearbeitet worden ist, sind auch alle eventuell erzeugten Antworten schön der Reihe nach in den Bulk-IN Endpoint geschrieben worden. Gemäß der Konvention muss die gesamte Antworten-Nachricht mit dem Abschlusszeichen 0x0A versehen werden [USB488: 3.3]. Deswegen wird das letzte Semikolon dagegen ausgetauscht. Diese Arbeit kann vom Parser erledigt werden, wenn er auf eine REQUEST_DEV_DEP_MSG_IN Nachricht stößt:

```
...
; close message
      movff   IN_LPOINTER,FSR0L
      movff   IN_HPOINTER,FSR0H
      movff   POSTDEC0,WREG
      movlw   0x0A
      movff   WREG,INDF0
...
```

Das sind im Wesentlichen die Aufgaben, die zusammengenommen als „Response Formatter" deklariert werden können.

11 Die Fernsteuerung von Test- und Messgeräten

Nachdem namhafte Messgerätehersteller sich auf gemeinsame Fernsteuerschnittstellen für ihre Geräte geeinigt hatten, ergab sich aus dem Arbeitsalltag der Messtechniker die Schlussfolgerung, dass auch eine einheitliche Befehlssprache die Arbeit erleichtern würde. Auf die Fernsteuerschnittstellen wurde in diesem Buch schon gebührend eingegangen, zur Befehlssprache wurde jedoch bisher noch nicht viel ausgeführt. Im Zusammenhang mit den Bulk OUT, Bulk IN und Interrupt IN Pipes wird dieses Thema jetzt aktuell, denn es gehört wie diese drei Pipes zur Anwendungsseite der Gerätesteuerung und damit zur obersten der drei Geräteebenen, die in Kapitel 9 der USB-2.0-Dokumentation erwähnt werden. Am Anfang einer Standardisierung von Fernsteuerbefehlen stand eine Ergänzung zur Definition der IEC–Bus-Schnittstelle. Aus dem Standard IEEE-488–1978 für die Schnittstellenbeschreibung wurde IEEE-488.1. Der Standard für Programmierbefehle, Datenstrukturen und Nachrichtensynchronisation bekam die Bezeichnung IEEE-488.2. Den Kern der Programmierbefehle bildeten hier die Common Commands, bestehend aus einer Gruppe von Befehlen, die jedes Messgerät verstehen sollte (mandatory commands), und einer weiteren Gruppe aus optionalen Befehlen (optional commands), die ein Gerät im Zusammenhang mit entsprechenden optionalen Ausstattungsmerkmalen erkennen sollte. Diese Grundausstattung erhielt später eine umfangreiche Ergänzung durch die Standard Commands for Programmable Instruments (SCPI). Alle für das Beispielgerät realisierten Befehle werden nachfolgend beschrieben. Für jeden Befehl ist das Listing des Quellcodes für das Befehlsunterprogramm dargestellt, ebenso ein Beispiel für eine HEX-Datei, mit der der Befehl mithilfe der USBIO Demo-Applikation ausprobiert werden kann. Sofern ein Befehl eine Antwort erzeugt, findet sich ebenfalls eine Darstellung des Bulk-IN Transfers, wie er mit USBIO aufgezeichnet wurde.

11.1 USBTMC als Fernsteuerschnittstelle

Die im vorigen Abschnitt genannten Standards bilden gemeinsam die Grundlage für die Anwendungsebene der USB-Geräteklasse USBTMC mit der Unterklasse USB488. USBTMC ermöglicht noch eine weitere Gruppe von Fernsteuerbefehlen, nämlich die anbieterspezifischen (VENDOR_SPECIFIC). Diese Befehle müssen dem Anwender nicht zugänglich sein, sie dienen primär der Konfiguration und dem Test des Geräts in der Fabrik oder im Service-Fall. Für das Beispielgerät wurden auch einige Fernsteuerbefehle aus dieser Gruppe entworfen.

11.2 Common Commands

Diese Befehle beziehen sich primär auf einige spezielle Schnittstellenfunktionen und auf eine allen klassenkonformen Test- und Messgeräten eigene Struktur der Zustandsmeldungen (Status Reporting). Die Notwendigkeit dieser Common Commands kann am besten erkannt werden, wenn man sich einige Gedanken zu den konkreten Betriebszuständen von Test- und Messgeräten macht. Wenn der Steuercomputer eines komplexen Messsystems z. B. einen Messwert von einem bestimmten Voltmeter innerhalb des Systems auslesen möchte, dann sollte es einen Mechanismus geben, der etwas zur Qualität des Messergebnisses aussagen kann. So ist es für das Messprogramm nicht unwichtig, ob der Messwert möglicherweise deswegen falsch ist, weil der aktuell eingestellte Messbereich überschritten wurde. Falls das Messgerät mit hoher Präzision misst, kann es auch sein, dass die dazu erforderliche Messzeit lang ist. Dann mag es erforderlich sein, zunächst den Messauftrag zu erteilen, um danach gelegentlich anzufragen, ob der Messwert bereits vorliegt. Während der Wartezeit könnte sich das Steuerprogramm um andere Vorgänge innerhalb des Systems kümmern. Noch effektiver könnte es sein, wenn das Messgerät von sich aus meldet, dass der Messwert jetzt abgeholt werden kann, ohne dass das Steuerprogramm regelmäßig nachfragen muss (Service Request Enable). Eine andere Anforderung könnte sein, dass eine Messung zu einer bestimmten Zeit vorgenommen werden soll und dazu nur ein kurzer Triggerbefehl an das Gerät gesendet werden soll, nachdem es zuvor über entsprechende Fernsteuerbefehle auf die Messung vorbereitet worden ist (Trigger Command). Eine einheitliche Methode, um ein Test- oder Messgerät identifizieren zu können, ist ebenfalls Bestandteil der Anforderungen (Identification Query). Solche und ähnliche Probleme sollen mit den Common Commands und dem hinter ihnen stehenden Konzept gelöst werden können. Aus dem gesamten Vorrat an Common Commands, die in IEEE-488.2 definiert werden, sind die folgenden in die Geräteklasse USBTMC-USB488 übernommen worden [USB488: Tabelle 28].

Die in dieser Tabelle aufgelisteten Befehle sind, mit Ausnahme von „Trigger Command", als verbindlich in SCPI übernommen worden [SCPI99-1: 4.1.1]. Im Folgenden sollen diese Befehle ausführlich erläutert werden.

Common Command	Vollständige Befehlsbezeichnung
*CLS	Clear Status Command
*ESE <decimal_number>	Standard Event Status Enable Command
*ESE?	Standard Event Status Enable Query
*ESR?	Standard Event Status Register Query
*IDN?	Identification Query
*OPC	Operation Complete Command
*OPC?	Operation Complete Query
*RST	Reset Command
*SRE <decimal_number>	Service Request Enable Command
*SRE?	Service Request Enable Query
*STB?	Read Status Byte Query
*TRG	Trigger Command (1)
*TST?	Self-test Query
*WAI	Wait-to-continue Command

(1) Der Befehl „Trigger Command" ist nur verbindlich, wenn das Gerät über die dazu notwendigen Fähigkeiten verfügt.

11.2.1 *RST (Reset Command)

Der Standard IEEE 488.2 sieht für ein gesamtes Messsystem ein Reset-Protokoll vor, das aus drei Stufen besteht. In der Stufe eins soll der Bus in einen definierten Zustand gebracht werden, in Stufe zwei sollen alle am Bus angeschlossenen Geräte in die Lage versetzt werden, Nachrichten vom Controller zu empfangen, und in Stufe drei sollen die gerätespezifischen Funktionen eines Geräts in ihren Grundzustand versetzt werden [IEEE-488.2: 17.1]. Der Fernsteuerbefehl *RST löst die Aktionen für die Stufe drei aus.

In diesem Programmsegment müssen alle Initialisierungen untergebracht werden, die nicht zu den Stufen eins und zwei des Reset-Protokolls gehören. Dazu gehört, dass die Gerätefunktion einen bekannten Zustand einnimmt, der unabhängig von irgendeinem vorangegangenen Gerätezustand ist. Das Beispielgerät hat als einzige Gerätefunktion einen Satz von vier Relais aufzuweisen. Diese Relais müssen also mit *RST in einen bekannten Zustand gebracht werden. Im Beispiel werden alle vier Relais abgeschaltet. Gemäß dem Standard sollen auch die beiden später beschriebenen Automaten „Operation Complete" und „Operation Query" in ihre Idle-Zustände gebracht werden [IEEE-488.2: 10.32.1].

ten Fehler gehört. Ein DDE tritt dann auf, wenn ein Kommando nicht ordentlich ausgeführt werden konnte, weil z. B. die Überschreitung eines Messbereichs vorliegt. Wenn ein DDE erkannt wurde, soll das Gerät alle weiteren Kommandos, die noch zum aktuellen Transfer gehören, bearbeiten. Ein DDE soll nicht dazu führen, dass ein QYE, EXE oder CME Bit auf 1 gesetzt wird (IEEE 488.2: 11.5.1.1.6).

EXE

„Execution Error" wird auf 1 gesetzt, wenn die zu einem Befehlskopf gehörenden Daten eines Kommandos außerhalb ihres erlaubten Wertebereichs liegen oder in irgendeiner Weise inkonsistent sind, oder ein gültiges Kommando nicht ausgeführt werden kann, weil der momentane Zustand des Geräts dieses nicht zulässt. Ein EXE soll nicht dazu führen, dass ein QYE, DDE oder CME Bit auf 1 gesetzt wird. Das Gerät kann alle weiteren Kommandos, die noch zum aktuellen Transfer gehören, bearbeiten, wenn ein EXE aufgetreten ist. Der Gerätehersteller hat die Verantwortung, alle Bedingungen in die Gerätebeschreibung aufzunehmen, unter denen eventuelle EXE nicht erkannt werden könnten (IEEE 488.2: 11.5.1.1.5).

CME

„Command Error" soll gemäß IEEE 488.2, Abschnitt 11.5.1.1.4, unter den folgenden drei Bedingungen auf 1 gesetzt werden:

1. Der Parser des Geräts hat einen syntaktischen Fehler gefunden, der die Bedingungen des Standards IEEE 488.2 verletzt.

2. Der Parser hat einen semantischen Fehler gefunden, z. B. ein Kommando, das zwar die Bedingungen des Standards IEEE 488.2 einhält, aber dem Gerät nicht bekannt ist.

3. Ein GET (Group Execute Trigger) wird innerhalb einer Programmnachricht in den Eingangspuffer eingefügt.

Geräte mit USB488-Schnittstelle empfangen die Gerätenachricht GET in Form des Message Identifiers 128 (TRIGGER) als erstes Byte eines Bulk-OUT Headers [USB488: 3.2.1]. Entsprechend der Konvention nach USBTMC, Abschnitt 3.2, kann ein Bulk-OUT Header nur am Anfang eines Transfers stehen. Demnach kann der unter 3. angeführte Fehler also nicht vorkommen. Wenn der Parser eines Geräts einen CME gefunden hat, dann kann die Synchronisation des Parsers verloren gehen. Gemäß den unter IEEE 488.2 in Absatz 6.1.6.1 aufgezeigten Regeln darf der Parser entscheiden, ob er den Eingangspuffer nach weiteren Kommandos durchsucht oder die Operation abbricht. Allerdings sollen keine GET-Nachrichten ausgeführt werden, solange CME auf 1 gesetzt ist. Ein CME soll nicht dazu führen, dass ein QYE, DDE oder EXE Bit auf 1 gesetzt wird. Der Parser im Beispielgerät bricht die Bearbeitung von Kommandos ab, wenn ein „Command Error" vorliegt.

URQ

„User Request" wird auf 1 gesetzt, wenn eine Gerätefunktion, die lokal (z. B. über Handbedienung) ausgeführt wurde, über die USB488-Schnittstelle bekannt gegeben werden soll. Diese Meldung soll unabhängig vom Remote/Local-Zustand des Geräts erfolgen. In Übereinstimmung mit IEEE 488.2, Abschnitt 5.6.1.3, soll URQ nur für die Gerätefunktionen gesetzt werden können, die sich auch über die USB488-Schnittstelle bedienen lassen [IEEE 488.2: 11.5.1.1.3]. Das Beispielgerät kennt keine Handbedienung und erzeugt daher keinen „User Request", weswegen hier immer eine 0 gelesen wird.

PON

„Power ON" wird auf 1 gesetzt, wenn die Stromversorgung des Geräts einen Aus-zu-Ein-Übergang registriert hat [IEEE-488.2: 11.5.1.1.2] oder einfacher formuliert: wenn das Gerät eingeschaltet worden ist.

Löschen des Standard Event Status Registers

Da alle Bits im Standard Event Status Register durch temporäre Ereignisse auf 1 gesetzt werden stellt sich die Frage, wie man sie wieder zu 0 löschen kann. Dazu gibt es zwei Möglichkeiten: entweder mit dem Kommando *CLS, wie zuvor bereits erwähnt, oder mit dem Kommando *ESR? [IEEE-488.2: 11.5.1.2.2]. Der Gerätehersteller kann außerdem in der Einschaltsequenz des Geräts dafür sorgen, dass zunächst alle Bits, mit Ausnahme des PON-Bits, zu 0 gelöscht werden. Wie eingangs erwähnt, wird im ESB-Bit des Status Bytes nicht gemeldet, ob mindestens eins der beschriebenen Bits im Standard Event Status Register auf 1 gesetzt ist, sondern der Zustand der Bits wird noch mit den jeweils korrespondierenden Freigabebits aus dem Standard Event Status Enable Register verknüpft. Es tragen nur diejenigen Bits zum Setzen des ESB auf 1 bei, deren Enable-Bits ebenfalls auf 1 gesetzt sind. Auf diese Weise kann der Anwender konfigurieren, welche Ereignisse zum Setzen des ESB-Bits auf 1 führen sollen.

Im folgenden Listing ist die Realisierung der Kommandoausführung aus dem Beispielgerät dargestellt.

```
;**************************************************************************
; *ESR?                         Standard Event Status Register Query
;**************************************************************************
esr?
        movff  ESR,decimalxL
        movlw  0x00
        movwf  decimalxH
        call   bin_to_bcd
        call   bcd8toascii
        movlw  0x00    ;destructive read
        movwf  ESR
        call   computeESB
        return
```

Das Unterprogramm „bin_to_bcd" wandelt eine 16 Bit lange Binärzahl, die in den Registern decimalxH und decimalxL steht, in eine gepackte BCD (binary coded decimal) -Zahl um.

```
; the response formatter section
; converts binary to BCD
; binary is fetched from decimalxH and decimalxL
; BCD is stored in decimalbU, decimalbH and decimalbL
bin_to_bcd
        movlw   0x08
        movwf   scratchL        ;this is a counter
        movwf   scratchH        ;this is another counter
        movlw   UPPER bcd_table
        movwf   TBLPTRU
        movlw   HIGH bcd_table
        movwf   TBLPTRH
        movlw   LOW bcd_table
        movwf   TBLPTRL
        movlw   0x00
        movwf   decimalbL
        movwf   decimalbH
        movwf   decimalbU       ;this is the result in BCD
bcd_lowloop
        btfsc   decimalxL,0
        bra     bcd_add1
        bra     bcd_skip1
bcd_add1
        call    bcd_add
        bra     bcd_next1
bcd_skip1
        call    bcd_skip
        bra     bcd_next1
bcd_next1
        dcfsnz  scratchL
        bra     bcd_highloop
        rrncf   decimalxL
        bra     bcd_lowloop
bcd_highloop
        btfsc   decimalxH,0
        bra     bcd_add1
        bra     bcd_skiph
bcd_addh
        call    bcd_add
        bra     bcd_nexth
bcd_skiph
        call    bcd_skip
        bra     bcd_nexth
bcd_nexth
        dcfsnz  scratchH
```

```
        bra     bcd_exit
        rrncf   decimalxH
        bra     bcd_highloop
bcd_exit
        return
; add a table value to result register
bcd_add
        tblrd   *+
        movff   TABLAT,WREG
        addwf   decimalbL,0
        daw
        movwf   decimalbL
        tblrd   *+
        movff   TABLAT,WREG
        addwfc  decimalbH,0
        daw
        movwf   decimalbH
        tblrd   *+
        movff   TABLAT,WREG
        addwfc  decimalbU,0
        daw
        movwf   decimalbU
        return
; skip this value
bcd_skip
        tblrd   *+
        tblrd   *+
        tblrd   *+
        return
conversion_tables   code_pack
bcd_table
        DB      0x01,0x00,0x00
        DB      0x02,0x00,0x00
        DB      0x04,0x00,0x00
        DB      0x08,0x00,0x00
        DB      0x16,0x00,0x00
        DB      0x32,0x00,0x00
        DB      0x64,0x00,0x00
        DB      0x28,0x01,0x00
        DB      0x56,0x02,0x00
        DB      0x12,0x05,0x00
        DB      0x24,0x10,0x00
        DB      0x48,0x20,0x00
        DB      0x96,0x40,0x00
        DB      0x92,0x81,0x00
        DB      0x84,0x63,0x01
        DB      0x68,0x27,0x03
```

Im Unterprogramm „bcd8toascii" werden die Ergebnisse der decimalxL-Stelle in einen ASCII-String umgewandelt und vom Response Formatter in den Ausgangsspeicher geschrieben. Im Beispielgerät ist der Ausgangsspeicher gleichbedeutend mit dem Speicherbereich des Bulk-IN Endpoints.

```
; convert a three digit packed BCD value to ascii and send it to the response
    formatter
bcd8toascii
        movlw   0x0F
        andwf   decimalbH,0
        movwf   BULKIN
        movlw   0x30
        addwf   BULKIN,1
        call    ResponseByte
        swapf   decimalbL
        movlw   0x0F
        andwf   decimalbL,0
        movwf   BULKIN
        movlw   0x30
        addwf   BULKIN,1
        call    ResponseByte
        swapf   decimalbL
        movlw   0x0F
        andwf   decimalbL,0
        movwf   BULKIN
        movlw   0x30
        addwf   BULKIN,1
        call    ResponseByte
        movlw   ';'
        movwf   BULKIN
        call    ResponseByte
; set MAV in STB
        bsf     STB,MAV
        return
```

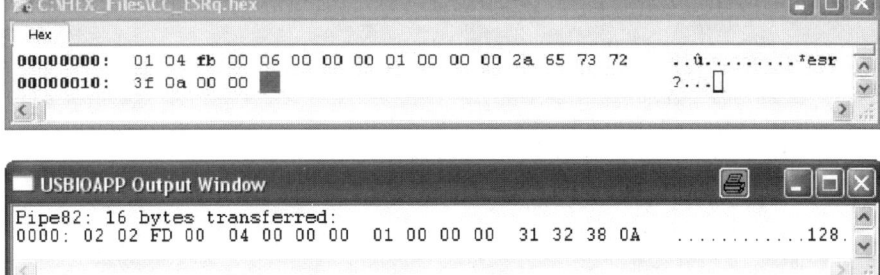

11.2.4 *ESE (Standard Event Status Enable Command)

Das Standard Event Status Enable Register korrespondiert mit dem zuvor beschriebenen Standard Event Status Register. Es hält für jedes Bit des letztgenannten Registers ein Freigabe-Bit bereit, mit dem der Anwender die Bedingungen für eine Summennachricht mit der Bezeichnung ESB (Event Summary Bit) konfigurieren kann [IEEE-488.2: Abb. 11.9]. Das Register hat folgenden Inhalt:

Standard Event Status Enable Register

PONE	URQE	CMEE	EXEE	DDEE	QYEE	RQCE	OPCE

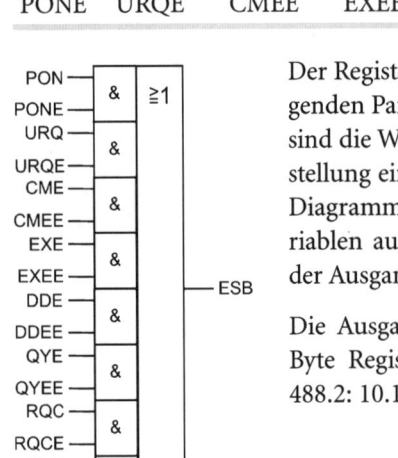

Der Registerinhalt wird mit dem auf den Befehlskopf folgenden Parameter <decimal_number> überschrieben. Es sind die Werte von 0 bis 255 erlaubt, die der Dezimaldarstellung einer 8-Bit-Binärzahl entsprechen. Im folgenden Diagramm ist die logische Verknüpfung der Eingangsvariablen aus den Registern ESR und ESE zur Erzeugung der Ausgangsvariable ESB dargestellt.

Die Ausgangsvariable ESB geht als Bit 5 in das Status Byte Register ein, das später beschrieben wird [IEEE-488.2: 10.10].

```
;***********************************************************************
; *ESE                     Standard Event Status Enable Command
;***********************************************************************
ese
     call    decimal_number
     tstfsz  decimalxH
     bra     ese_error
     movff   decimalxL,ESE
     call    computeESB
     return  0
ese_error
; this is an overranged parameter
     bsf     ESR,EXE ;execution error
     call    computeESB
     return  1
```

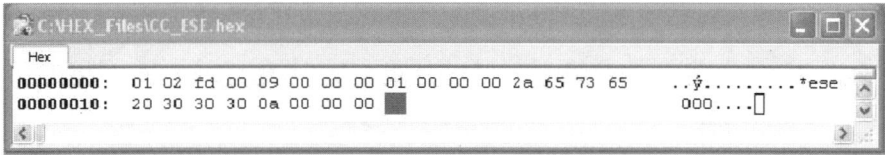

11.2.5 *ESE? (Standard Event Status Enable Query)

Mit diesem Befehl kann der aktuelle Inhalt des ESE-Registers abgefragt werden. Im Beispielgerät ist das Register im RAM-Speicherbereich angelegt. Beim Einschalten des Geräts wird es auf null gesetzt. Die Antwort erfolgt in Form einer Dezimalzahl, die dem Binärwert des 8 Bit langen Registerinhalts entspricht [IEEE-488.2: 10.11].

```
;**********************************************************************
; *ESE?                    Standard Event Status Enable Query
;**********************************************************************
ese?
     movff   ESE,decimalxL
     movlw   0x00
     movwf   decimalxH
     call    bin_to_bcd
     call    bcd8toascii
     return
```

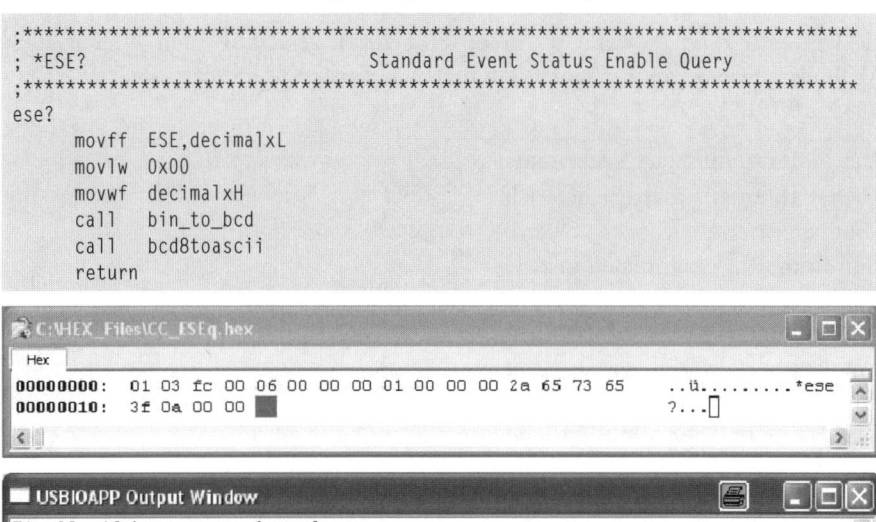

11.2.6 *OPC (Operation Complete Command)

Die Wirkungsweise dieses Befehls wurde bereits in Abschnitt 11.2.3 in Zusammenhang mit dem „Operation Complete"-Automaten behandelt [IEEE-488.2: 10.18].

```
;**********************************************************************
; *OPC                    Operation Complete Command
;**********************************************************************
opc
     movlw   OCAS
     movwf   OPCstate
     return
```

```
C:\HEX_Files\CC_OPC.hex                                    _ □ X

Hex

00000000:   01 06 f9 00 05 00 00 00 01 00 00 00 2a 6f 70 63    ..ù........*opc
00000010:   0a 00 00 00 ▮                                      ....□
```

11.2.7 *OPC? (Operation Complete Query)

Dieser Fernsteuerbefehl dient ebenso wie *OPC der Detektierung, ob die von den vorangehenden Fernsteuerbefehlen ausgehende Aktivität vollständig abgeschlossen wurde. Die Methoden unterscheiden sich jedoch gravierend. Während *OPC lediglich veranlasst, dass das OPC-Bit im ESR gesetzt wird, erzeugt *OPC? eine Antwort, die vom Gerät an den Host gesendet werden kann. Diese Antwort ist immer 1, denn sie wird erst erzeugt, wenn das noop-Flag auf 1 gesetzt worden ist. Für diese Methode gibt es wiederum einen Automaten, der nachfolgend dargestellt ist [IEEE-488.2: 10.19, 12.5.3].

Der „Operation Query"-Automat

Dieser Automat unterscheidet sich vom bereits beschriebenen „Operation Complete"-Automaten in zwei Punkten: Der Übergang in den Aktivzustand (OQAS) erfolgt nicht mit dem Befehl *OPC, sondern mit dem Abfragebefehl *OPC?. Bei der Rückkehr in den Idle-Zustand

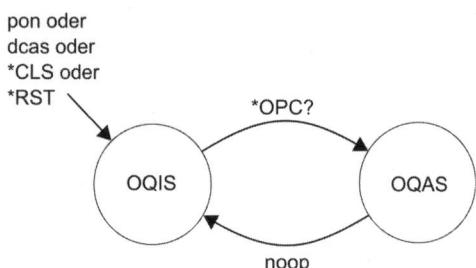

(OQIS) wird nicht das OPC-Bit im ESR auf 1 gesetzt, sondern es wird eine 1 in den Ausgangspuffer für Geräteantworten geschrieben. Im Beispielgerät wird das vom Response-Formatter veranlasst, der die Antwort in den Bulk-IN Endpoint einreiht.

In Abschnitt 12.7 des Standards IEEE 488.2 lassen sich interessante Ausführungen zum unsauberen Gebrauch der Befehle *OPC und *OPC? finden, die für Anwendungsprogrammierer recht hilfreich sind.

```
;*****************************************************************************
; *OPC?                          Operation Complete Query
;*****************************************************************************
opc?
        movlw   OQAS
        movwf   OPCqstate
        return
```

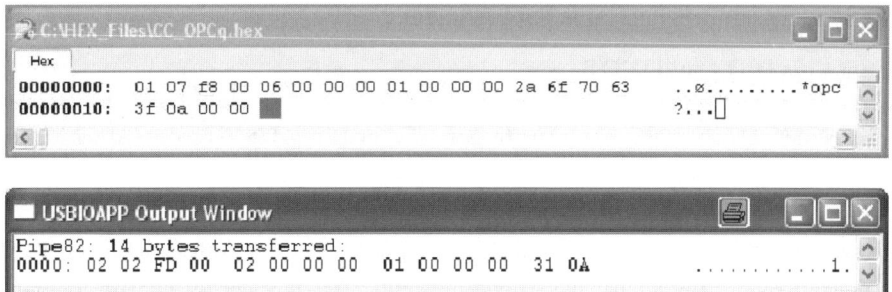

11.2.8 *STB? (Read Status Byte Query)

Das Status Byte (Zustandsbyte) eines Geräts stammt aus der Anfangszeit des IEC-Bus. Es war ursprünglich die Zustands-Nachricht, die als Antwort auf eine Serienabfrage (Serial Poll) von einem Gerät übermittelt wurde. Es lag in der Entscheidungsfreiheit der Gerätehersteller, die Bedeutung der einzelnen Bits des Status Bytes festzulegen. Einzige Ausnahme war schon immer das Bit 6, das für die RQS-Nachricht reserviert war. RQS steht für Request Service (Bedienungsanforderung). Wenn dieses Bit den Wert 1 hat, benötigt das Gerät die Aufmerksamkeit des Bus-Controllers. Der Bus-Controller kann im Polling die Status Bytes aller angeschlossenen Geräte abfragen, um herauszufinden, welche von ihnen Bedienung angefordert haben. Ein Gerät, das über die IEC-Bus-Schnittstellenfunktion „Service Request" verfügt (SR 1), kann zusätzlich aktiv Bedienung anfordern, indem es die Bus-Signalleitung SRQ auf logisch 1 setzt (physikalisch ist das der „niedrig"-Zustand auf der Signalleitung). Mit der Erweiterung des IEC-Bus-Standards durch IEEE-488.2 erhielten die Bits 4 und 5 des Status Byte Registers eine feste Zuordnung. Das Bit 6 wurde doppeldeutig, es bekam zusätzlich zur RQS-Nachricht noch die Information MSS (Master Summary Status Message). Ob die Information RQS oder MSS an den Bus-Controller übermittelt wird, hängt von der Methode ab, mit welcher das Status Byte Register des Geräts abgefragt wird. Das Status Byte wird mit IEEE-488.2 fest in eine Struktur eingebunden, die „Device Status Reporting" genannt wird und im Einzelnen beschreibt, auf welche Weise ein Gerät seinen Zustand an einen Bus-Controller zu übermitteln hat [IEEE-488.2: 11]. Im Folgenden wird beschrieben, welche Vereinbarungen aus IEEE-488.1 und IEEE-488.2 in den Standard USB488 übernommen worden sind und demnach volle Gültigkeit für Messgeräte mit USB488-Schnittstelle haben.

Status Byte Register

DIO8	RQS/MSS	ESB	MAV	DIO4	DIO3	DIO2	DIO1

Bedeutung der Bits im Status Byte Register

DIO 1 bis DIO 4 und DIO 8

Diese Bits sind zur freien Verfügung des Geräteherstellers, sie sollen jedoch einer der beiden Datenstrukturen entsprechen, die in IEEE 488.2 in den Abschnitten 11.4.2 und 11.4.3 beschrieben sind [IEEE-488.2: 11.2.1.3].

MAV

„Message Available" (Nachricht verfügbar) zeigt an, ob eine Nachricht im Ausgangspuffer (in diesem Fall Bulk-IN Endpoint der USB-Schnittstelle) des Geräts enthalten ist oder nicht. Der Host sollte den Bulk-IN Endpoint nur lesen, wenn MAV auf 1 gesetzt ist. Das Bit muss bereits auf 1 gesetzt sein, bevor das Gerät vom Host die Nachricht REQUEST_DEV_DEP_MSG_IN empfangen hat. Das Bit muss 1 bleiben, bis kein Byte mehr über den Bulk-IN Endpoint gesendet werden soll, das zum aktuellen Transfer gehört. [USB488: 4.3.1.3]. Die Auswertung dieses Bits bereitet Probleme, wenn der Befehl *STB? in einer Reihe mit mehreren anderen Fernsteuerbefehlen ausgegeben wird, die Antworten an den Host versenden wollen. Im Beispielprojekt wird MAV erst auf 1 gesetzt, wenn der Parser alle Befehle bearbeitet hat und damit alle Antworten erzeugt worden sind [IEEE488.2: 6.1.10.2.1]. Somit würde MAV mit 0 gemeldet werden, obwohl Antworten erzeugt worden sind. Deswegen sollte *STB? nicht verwendet werden, um das MAV-Bit abzufragen, sondern stattdessen die Methoden gewählt werden, die in Abschnitt 10.3 beschrieben sind.

MSS

„Master Summary Status" wird auf 1 gesetzt, wenn das Gerät mindestens einen Grund dazu hat, eine Bedienung durch den Host anzufordern. Die logische Verknüpfung zur Erzeugung des MSS-Bits ist in Abschnitt 11.2.9 dargestellt. Zur Erzeugung des MSS-Bits werden die Bits des Status Bytes mit den korrespondierenden Bits des Service Request Enable Registers (SRE) verknüpft. Das MSS-Bit wird nur gemeldet, wenn das Status Byte mit dem Kommando *STB? abgefragt wird. Dieses Bit hat im Status Byte dieselbe Position wie das RQS-Bit.

RQS

„Request Service" wird auf 1 gesetzt, wenn das Gerät infolge eines auf 1 gesetzten MSS-Bits eine Bedienungsanforderung an den Host abgegeben hat. Für ein Gerät mit USB488-Schnittstelle bedeutet das, dass es ein Interrupt-IN Paket in den Interrupt-IN Endpoint eintragen muss, mit dem eine Bedienungsanforderung gemeldet wird. Entsprechend der Vorschrift in USB488, Abschnitt 3.4.1, muss daraufhin das RQS-Bit wieder zu 0 gelöscht werden. Der Grund für dieses Vorgehen ist, dass sonst permanent Bedienungsanforderungen an den Host gesendet werden würden, für die es keine neuen Gründe gibt. RQS wird also nur einmal kurz auf 1 gesetzt, um gleich wieder zu 0 gelöscht zu werden, nachdem das Interrupt-IN Paket erzeugt worden ist. In der Firmware des Geräts könnte das Löschen zu 0 des RQS-Bits z. B. erfolgen, wenn die erfolgreiche Übermittlung des Interrupt-IN-Pakets gemeldet worden ist. Der Inhalt des Status Byte Registers ist Bestandteil dieses Pakets, daher wird der Host beim Auswerten dieses Pakets das RQS-Bit als auf 1 gesetzt vorfinden, obwohl es im Gerät selbst bereits wieder zu 0 gelöscht worden ist. Hier ergibt sich folgerichtig die Frage, wie man das RQS-Bit wieder auf 1 setzen kann, um eine neue Bedienungsanforderung zu melden. Die Regeln dazu wurden unter IEEE 488.2, Abschnitt 11.3.3.1 (New Reason for Service), festgeschrieben:

Ein Gerät soll eine neue Bedienungsanforderung erzeugen, wenn:

1. ein Bit im Status Byte Register sich von 0 zu 1 ändert, während das korrespondierende Bit im Service Request Enable Register 1 ist.

2. ein Bit im Service Request Enable Register sich von 0 zu 1 ändert, während das korrespondierende Bit im Status Byte 1 ist.

3. sich ein Bit im Status Byte Register und das korrespondierende Bit im Service Request Enable Register gleichzeitig von 0 auf 1 ändern.

Aufgrund der vielfältigen Möglichkeiten, die sich zur Erzeugung der Bedienungsanforderung ergeben, enthält der zitierte Abschnitt noch folgende Empfehlung für die Entwickler von Anwendungsprogrammen: Das Applikationsprogramm des Hosts sollte niemals annehmen, dass eine Bedienungsanforderung des Geräts einen neuen Grund dafür anzeigt, sondern dass lediglich die Möglichkeit für einen neuen Grund besteht. Im Applikationsprogramm sollte das Status Byte Register ausgewertet werden, um zu ermitteln, ob es wirklich so ist. Die Ermittlung eines neuen Grundes für eine Bedienungsanforderung (new reason for service) ist eine Aufgabe, die für alle Geräte mit USBTMC-USB488-Schnittstelle prinzipiell gelöst werden muss, unabhängig vom verwendeten Mikrocontroller. Deswegen soll hier zunächst ein universelles Verfahren entworfen werden, das danach auf den verwendeten Mikrocontroller PIC18F4550 übertragen wird.

Wenn ein Zustandswechsel innerhalb der Register STB oder SRE detektiert werden soll, muss jedes Mal, wenn ein Registerinhalt in STB oder SRE verändert werden soll, der Inhalt vor dieser Änderung mit dem neu einzutragenden Inhalt verglichen werden. Dazu sollen die Hilfsregister STBp und SREp eingeführt werden. Immer wenn neue Werte in STB oder SRE eingeschrieben werden müssen, wird der aktuelle Inhalt der beiden Register in die jeweiligen Hilfsregister STBp oder SREp kopiert und konserviert dort den alten Registerinhalt. Nachdem dann STB oder SRE aktualisiert wurden, kann der neue Inhalt mit dem alten Inhalt verglichen werden, indem STB mit STBp oder SRE mit SREp verglichen wird. Entsprechend der Bedingungen zur Erzeugung der Ausgangsvariablen RQS gibt es für jede Bit-Position innerhalb der Register die in der folgenden Wahrheitstabelle enthaltenen 16 Möglichkeiten.

Wahrheitstabelle zur Erzeugung der Ausgangsvariablen RQS

STB	STBp	SRE	SREp	RQS
0	0	0	0	0
0	0	0	1	0
0	0	1	0	0
0	0	1	1	0
0	1	0	0	0
0	1	0	1	0
0	1	1	0	0
0	1	1	1	0
1	0	0	0	0
1	0	0	1	0
1←	0	1←	0	1
1←	0	1	1	1
1	1	0	0	0
1	1	0	1	0
1	1	1←	0	1
1	1	1	1	0

Ein Gerät soll eine neue Bedienungsanforderung erzeugen, wenn

sich ein Bit im STB und das korrespondierende Bit im SRE gleichzeitig von 0 auf 1 ändern

ein Bit im STB sich von 0 zu 1 ändert, während das korrespondierende Bit im SRE 1 ist

ein Bit im SRE sich von 0 zu 1 ändert, während das korrespondierende Bit im STB 1 ist

Aus der vorstehenden Wahrheitstabelle lässt sich das folgende Karnaugh-Veitch-Diagramm erzeugen:

RQS:

	STB	STB	¬STB	¬STB	
STBp	0	1	0	0	¬SREp
STBp	0	0	0	0	SREp
¬STBp	0	1	0	0	SREp
¬STBp	0	1	0	0	¬SREp
	¬SRE	SRE	SRE	¬SRE	

Die Auswertung des Karnaugh-Veitch-Diagramms mit der Minterm-Methode ergibt folgende Gleichung:

$$RQS = (SRE \wedge STB \wedge \neg STBp) \vee (SRE \wedge STB \wedge \neg SREp)$$

Sie wird unter Anwendung des Distributivgesetztes umgeformt:

$$RQS = (SRE \wedge STB) \wedge (\neg STBp \vee \neg SREp)$$

Und weil es einfacher zu programmieren ist, wird der zweite Term noch unter Anwendung des De Morgan-Gesetzes umgeformt. Damit ergibt sich:

$$RQS = (SRE \land STB) \land \neg(STBp \land SREp)$$

Diese Regel gilt für alle Bits innerhalb der Register, weswegen die vollständigen Registerinhalte gemeinsam bearbeitet werden können. Im Folgenden ist die Bearbeitung in der Software des Beispielgeräts mithilfe des Unterprogramms „computeRQS" dargestellt.

```
; check if a „new reason for service" has occurred
computeRQS
      movff   SREp,WREG
      andwf   STBp,0
      comf    WREG
      andwf   STB,0
      andwf   SRE,0
      bz      RQSzero
; set RQS means: insert a request for service into the interrupt IN endpoint
      call    TransmitSRQ
      return
RQSzero
; do nothing
      return
;****************************************************************************
; Transmit the Status Byte at a service request via Interrupt IN endpoint
;****************************************************************************
TransmitSRQ
      call    computeMSS    ;actualize mss bit in STB
      movlw   0x80
      movff   WREG,FSR0L
      movlw   0x05
      movff   WREG,FSR0H
      movwf   0x01   ;this is the bTag due to an SRQ condition
      bsf     WREG,07
      movff   WREG,POSTINC0
      movff   STB,INDF0
      movlw   0x1D
      movff   WREG,FSR0L
      movlw   0x04
      movff   WREG,FSR0H
      movlw   0x02
      movff   WREG,POSTDEC0
      movlw   0x00
      cpfseq  INTR_IN
      bra     srqpacket1
      bra     srqpacket0
srqpacket1
      movlw   B'11000000'
```

```
       movff  WREG,INDF0
       return
srqpacket0
       movlw  B.'10000000'
       movff  WREG,INDF0
       return
```

Dieses Unterprogramm muss unmittelbar jedes Mal aufgerufen werden, wenn die Registerinhalte vom STB oder SRE aktualisiert wurden. Das Aktualisieren des Registers SRE erfolgt in der Software des Beispielgeräts nur an einer einzigen Stelle, und zwar, wenn das Befehlsunterprogramm für das Common Command *SRE abläuft. Es muss darauf geachtet werden, dass vor dem Aktualisieren des Registers der augenblickliche Inhalt nach SREp kopiert wird und unmittelbar nach dem Aktualisieren das Unterprogramm „computeRQS" laufen muss.

Das Status Byte (STB) wird auch nur an einer einzigen Stelle des Anwendungsprogramms aktualisiert, womit die „new reason for service"-Ermittlung recht übersichtlich wird. Wie bereits ausgeführt, wird die Ausgangsvariable RQS, wenn sie von „computeRQS" auf 1 gesetzt worden ist, automatisch wieder zu 0 gelöscht, wenn die Bedienungsanforderung in den Interrupt-IN Endpoint eingetragen worden ist. Das Unterprogramm „computeRQS" darf aus diesem Grund RQS immer nur auf 1 setzen, wenn die Bedingung dazu erfüllt ist. Sollte die Bedingung nicht erfüllt sein, wird RQS so gelassen, wie es momentan ist. Es könnte z. B. aus einem vorigen Aufruf bereits auf 1 stehen, jedoch mag die Bedienungsanforderung noch nicht erfolgt sein. Das Unterprogramm „computeRQS" darf niemals aufgerufen werden, ohne dass unmittelbar zuvor die Register STB oder SRE aktualisiert worden und ihre vorigen Inhalte in die Hilfsregister übertragen worden sind, weil es sonst passieren kann, dass RQS erneut auf 1 gesetzt wird, ohne dass es einen neuen Grund für eine Bedienungsanforderung gibt.

ESB

Dieses Bit bedeutet „Standard Event Status Bit". Es zeigt an, ob mindestens eins der Ereignisse eingetreten ist, die im Event Status Register (ESR) des Geräts eingetragen werden, seit das ESR zum letzten Mal gelesen oder gelöscht wurde, sofern das korrespondierende Enable-Bit im Standard Event Status Enable Register (ESE) ebenfalls auf 1 gesetzt war [IEEE 488.2: Bild 11–9]. Siehe auch Abschnitt 11.2.4 dieses Buchs.

Abfragen des Status Byte Registers

Das Status Byte Register kann mit dem Kommando *STB? gelesen werden. Als Antwort auf diesen Befehl erhält man die dezimale Entsprechung der 8 Bit Binärzahl des Registerinhalts. In Bit 6 wird für diese Art der Abfrage das MSS-Bit übermittelt. Wenn diese Methode gewählt wird, hat das MAV-Bit im Status Byte Register immer den Wert 1, weil als Folge des Abfragebefehls *STB? natürlich eine Antwort in den Ausgangspuffer des Geräts eingetragen wird. Daher ist diese Methode unsinnig, wenn der Host über sein Anwendungsprogramm feststellen will, ob eine Antwort auf ein gerätespezifisches Abfragekommando erzeugt worden ist. Zur Verdeutlichung ein Beispiel: Es soll mit dem Kommando VOLT? eine Spannung von einem Voltmeter gelesen werden. Wenn der Anwender jetzt die Kommandofolge *VOLT?;*STB? an das Gerät senden würde, um über das Status Byte Register feststellen zu wollen, ob das MAV-Bit auf 1 gesetzt ist und somit die gemessene Spannung abholbereit ist, dann wird in jedem Fall das MAV-Bit auf 1 gesetzt sein, auch ohne Antwort auf das Kommando VOLT?, weil zumindest eine Antwort auf das Kommando *STB? erzeugt worden ist. Somit ist diese Methode ungeeignet, um Fragen und Antworten zu synchronisieren. Unter anderem deswegen gibt es bei USB488 eine Art Entsprechung zum Serial Poll von IEEE 488.1. Man kann über die Control Pipe der USB-Schnittstelle mit dem bRequest 128 (READ_STATUS_BYTE) das Status Byte Register abfragen. Wenn diese Methode gewählt wird, dann wird in Bit 6 anstelle des MSS-Bits grundsätzlich das RQS-Bit übermittelt. Wie auf diese Abfrage geantwortet wird, hängt davon ab, ob das Gerät einen Interrupt-In Endpoint hat. Geräte ohne Interrupt-IN Endpoint melden den Inhalt des Status Byte Registers als Antwort auf READ_STATUS_BYTE zurück, wobei das RQS-Bit immer den Wert 0 haben muss (USB488: 4.3.1.1 und Tabelle 12). Diese Konfiguration der Hardware würde einer IEC-Bus-Schnittstelle entsprechen, die nicht über die Schnittstellenfunktion „Service Request" verfügt (SR 0). Sofern ein Interrupt-IN Endpoint im Gerät vorhanden ist, erfolgt die Übertragung des Status Byte Registerinhalts über den Interrupt-IN Endpoint, und zwar genau so, wie es bei einem Serial Poll unter IEEE 488.1 bzw. IEEE 488.2 geschehen würde (USB488: 3.4.2 und Tabelle 7). Das RQS-Bit hat dann seinen wahren Wert. Nachdem das Gerät über den Interrupt-IN Endpoint den Inhalt des Status Byte Registers übertragen hat, beendet es die READ_STATUS_BYTE-Anforderung, indem es über die Control Pipe anstelle des Status Byte-Registerinhalts den Wert 0x00 überträgt (USB488: 4.3.1.2 und Tabelle 13). Es gibt noch eine letzte weitere Möglichkeit, an den Inhalt des Status Byte Registers heranzukommen und zwar in Verbindung mit dem USB488-Gegenstück zum Service Request des IEC-Bus. Wenn ein Gerät mit USB488-Schnittstelle den Interrupt-IN Endpoint benutzt, um eine Bedienungsanforderung anzumelden, dann überträgt es mit dieser Anforderung automatisch auch den aktuellen Inhalt des Status Byte Registers (USB488: 3.4.1 und Tabelle 6). Diese letzte Möglichkeit ist zugleich die effektivste Methode, das Status Byte Register abzufragen, wenn dem Gerät gestattet wird, Bedienungsanforderungen zu senden (siehe auch Abschnitt 10.3).

```
;*******************************************************************
; *STB?                              Status Byte Query
;*******************************************************************
stb?
; set MAV
        movlw   0xFF
        movwf   MAV_FLAG
        movff   STB,decimalxL
        movlw   0x00
        movwf   decimalxH
        call    bin_to_bcd
        call    bcd8toascii
        return
```

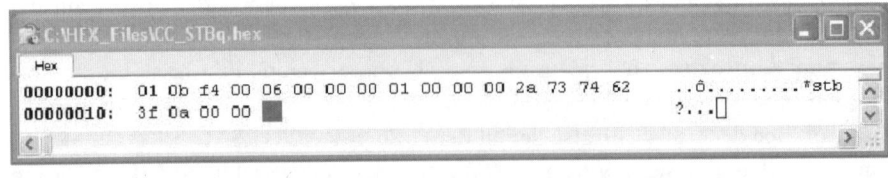

```
C:\HEX_Files\CC_STBq.hex

Hex
00000000:  01 0b f4 00 06 00 00 00 01 00 00 00 2a 73 74 62    ..ô.........*stb
00000010:  3f 0a 00 00                                        ?...
```

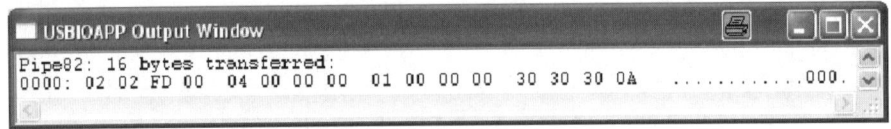

```
USBIOAPP Output Window

Pipe82: 16 bytes transferred:
0000:  02 02 FD 00  04 00 00 00  01 00 00 00  30 30 30 0A    ............000.
```

11.2.9 *SRE (Service Request Enable Command)

Das Service Request Enable Register korrespondiert mit dem zuvor beschriebenen Status Byte Register. Es hält für jedes Bit des letztgenannten Registers ein Freigabe-Bit bereit, mit dem der Anwender die Bedingungen für eine Summennachricht mit der Bezeichnung MSS (Master Summary Status) konfigurieren kann [IEEE-488.2: Bild 11–3]. Das Register hat folgenden Inhalt:

Service Request Enable Register

DIO8E	(X)	ESBE	MAVE	DIO4E	DIO3E	DIO2E	DIO1E

Der Registerinhalt wird mit dem auf den Befehlskopf folgenden Parameter <decimal_number> überschrieben. Es sind Werte von 0 bis 255 erlaubt, die der Dezimaldarstellung einer 8-Bit-Binärzahl entsprechen. Im folgenden Diagramm ist die logische Verknüpfung der Eingangsvariablen aus den Registern STB und SRE zur Erzeugung der Ausgangsvariable MSS dargestellt. Im Beispielgerät sind keine Datenstrukturen zur Erzeugung der Variablen DIO1 bis DIO4 sowie DIO8 im Sta-

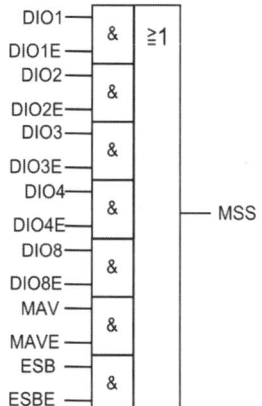

tus Byte Register vorgesehen, das Bit 6 im SRE (x) ist nicht logisch mit dem STB verknüpft. Deswegen kann der Inhalt der genannten Bits beliebig sein, es sei denn, der Anwender erweitert den Umfang der Anwendungssoftware und gibt einem der genannten DIO-Bits eine Funktion [IEEE-488.2: 10.34].

```
;*******************************************************************
; *SRE                        Service Request Enable Command
;*******************************************************************
sre
      movff   STB,STBp
      movff   SRE,SREp
      call    decimal_number
      tstfsz  WREG
      bra     sre_error
      tstfsz  decimalxH
      bra     sre_error
      movff   decimalxL,SRE
; whenever SRE is changed, check for RQS
      call    computeRQS
      return 0
sre_error
; this is an overranged parameter
      bsf     ESR,EXE ;execution error
      call    computeESB
      return 1
```

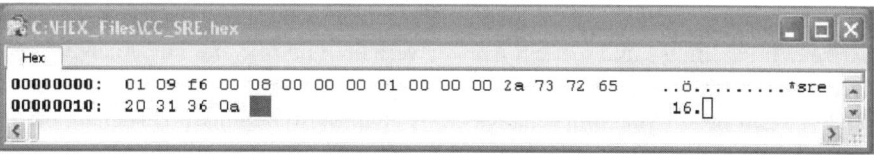

11.2.10 *SRE? (Service Request Enable Query)

Mit diesem Befehl kann der aktuelle Inhalt des SRE-Registers abgefragt werden. Im Beispielgerät ist das Register im RAM-Speicherbereich angelegt. Beim Einschalten des Geräts wird es auf Null gesetzt. Die Antwort erfolgt in Form einer Dezimalzahl, die dem Binärwert des 8 Bit langen Registerinhalts entspricht [IEEE-488.2: 10.35].

```
;********************************************************************
; *SRE?                        Service Request Enable Query
;********************************************************************
sre?
      movff   SRE,decimalxL
      movlw   0x00
      movwf   decimalxH
      call    bin_to_bcd
      call    bcd8toascii
      return
```

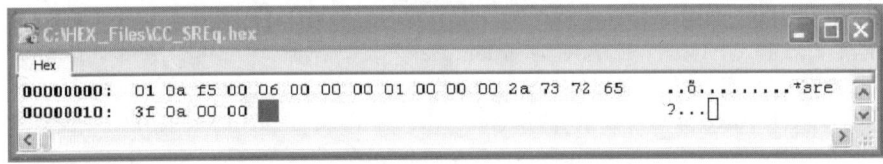

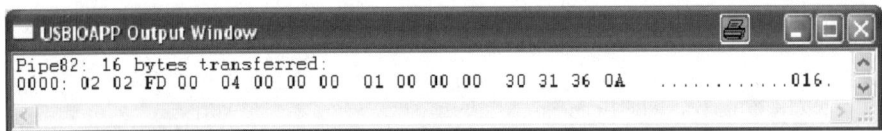

11.2.11 *IDN? (Identification Query)

Der Abfragebefehl *IDN? ist vermutlich der bekannteste Vertreter der Common Commands. Für viele Systemprogrammierer, die ein Messgerät zum ersten Mal über einen Fernsteuerbefehl ansprechen wollen, ist *IDN? der erste Versuch einer Kommunikation. Nahezu alle zeitnahen Geräte kennen diesen Befehl. Er ist kurz, hat keinen Parameter und löst ein Antwortverhalten beim Gerät aus. Auch die verbreitetsten Anwendungsprogramme der automatisierten Messtechnik verwenden *IDN?, wenn sie ein System nach angeschlossenen Messgeräten durchsuchen. In der USB488-Dokumentation werden dieser Befehl und die Geräteantwort darauf als Beispiele für den Aufbau von geräteabhängigen Nachrichten verwendet [USB488: Tabellen 3 und 5]. Die Antwort auf „Identification Query" ist ein ASCII-Textstring mit einem festgelegten Aufbau. Die Gesamtlänge soll maximal 72 Zeichen umfassen. Die Antwort ist in vier Datenfelder gegliedert, die jeweils durch Komma getrennt werden. Innerhalb der Datenfelder sind die ASCII-Zeichen von 0x20 bis 0x7E erlaubt, allerdings mit folgenden Ausnahmen: 0x2C (Komma) und 0x3B (Semikolon) [IEEE-488.2: 10.14].

1. Feld: Herstellername
2. Feld: Modellbezeichnung
3. Feld: Seriennummer
4. Feld: Firmware-Version

Die ersten beiden Felder müssen einen Inhalt haben, bei den letzten beiden ist das freigestellt. Wenn keine Seriennummer oder Firmware-Version angegeben wird, dann muss stattdessen eine Null eingetragen werden, das Feld darf nicht komplett weggelassen werden.

Im Beispielgerät wird die Antwort auf den Befehl *IDN? aus vier Einträgen zusammengebaut. Für das erste Feld wird derselbe Eintrag wie für den USB-Standard Device Request GET_STRING_MANUFACTURER verwendet. Er wird aus dem EEPROM-Speicherbereich genommen und kann dort mit dem Anbieterbefehl SETUP:MANUfacturer geändert werden. Das Zweite Feld kommt ebenfalls aus dem EEPROM, und zwar aus derselben Quelle wie für den Request GET_STRING_PRODUCT. Auch dieser Eintrag ist veränderbar (SETUP:PRODuct). Dasselbe gilt für den dritten Eintrag, er kommt aus dem EEPROM-Bereich für den Request GET_STRING_SERIAL_NUMBER (SETUP:SERIalnr). Für das vierte Datenfeld gibt es keinen Control Request, aber auch dieser Eintrag kommt aus dem EEPROM und kann dort mit dem Anbieterbefehl SETUP:FIRMware verändert werden. Somit ist es recht einfach, dem Beispielgerät eine neue Identität zu verpassen, denn dazu sind keine Programmierwerkzeuge erforderlich.

```
;*********************************************************************
; *IDN?                    Identification Query
;*********************************************************************
; transfer the response USBTMC message data payload to the bulk IN endpoint
; the message is: <manufacturer>,<product>,<serialnumber>,<firmware>\n
; the start position in the endpoint memory is 0x070C
idn?
; enter the substrings
; STRING_MANUFACTURER
        movlw   0x00
        movff   WREG,EEADR   ;pointer to string
        call    ReadEepromInc
        movff   EEDATA,DescriptorPointer ;first byte is the length of the string
bulkIN_manu
        call    ReadEepromInc
        movff   EEDATA,BULKIN
        call    ResponseByte
        decfsz  DescriptorPointer,F
```

```
      bra     bulkIN_manu
      movlw   ','
      movwf   BULKIN
      call    ResponseByte
; STRING_PRODUCT
      movlw   0x20
      movff   WREG,EEADR    ;pointer to string
      call    ReadEepromInc
      movff   EEDATA,DescriptorPointer ;first byte is the length of the string
bulkIN_prod
      call    ReadEepromInc
      movff   EEDATA,BULKIN
      call    ResponseByte
      decfsz  DescriptorPointer,F
      bra     bulkIN_prod
      movlw   ','
      movwf   BULKIN
      call    ResponseByte
; STRING_SERIAL NUMBER
      movlw   0x40
      movff   WREG,EEADR    ;pointer to string
      call    ReadEepromInc
      movff   EEDATA,DescriptorPointer ;first byte is the length of the string
bulkIN_serial
      call    ReadEepromInc
      movff   EEDATA,BULKIN
      call    ResponseByte
      decfsz  DescriptorPointer,F
      bra     bulkIN_serial
      movlw   ','
      movwf   BULKIN
      call    ResponseByte
; STRING_FIRMWARE
      movlw   0x60
      movff   WREG,EEADR    ;pointer to string
      call    ReadEepromInc
      movff   EEDATA,DescriptorPointer ;first byte is the length of the string
bulkIN_firm
      call    ReadEepromInc
      movff   EEDATA,BULKIN
      call    ResponseByte
      decfsz  DescriptorPointer,F
      bra     bulkIN_firm
; close with semicolon
      movlw   ';'
      movwf   BULKIN
      call    ResponseByte
; set MAV
      movlw   0xFF
      movwf   MAV_FLAG
      return
```

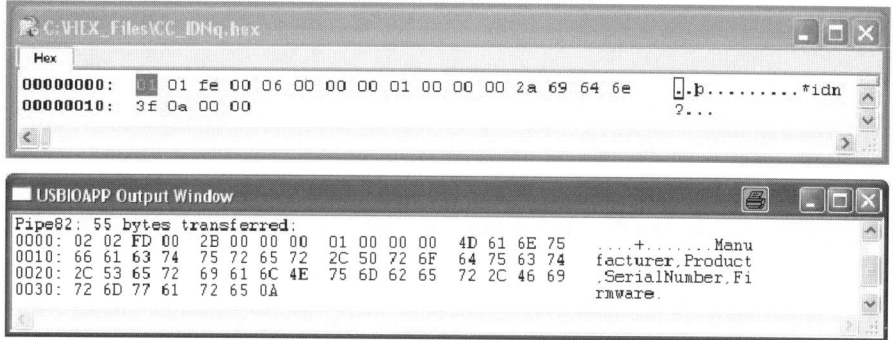

11.2.12 *TST? (Self-test Query)

Mit diesem Fernsteuerbefehl kann ein Geräte-Selbsttest ausgelöst werden, dessen Funktion vom Anbieter festgelegt werden muss. Was bei diesem Test überprüft wird, soll in der Betriebsanleitung des Geräts dokumentiert sein. Als Antwort kann es entweder eine einfache Ja/Nein-Aussage darüber geben, ob beim Test ein Fehler gefunden wurde, oder es kann optional auch eine Aussage zu dem oder den Fehlern gemacht werden (in Form einer Fehlernummer). Dieser Befehl soll keine zusätzlichen manuellen Bedienungsoperationen erforderlich machen. Nach dem Test muss das Gerät entweder im selben Betriebszustand sein wie vor dem Test, oder die vom Test hervorgerufenen Zustandsänderungen müssen in der Gerätebeschreibung dokumentiert werden. Die Antwort auf diesen Befehl soll eine ganzzahlige Dezimalzahl zwischen −32767 und +32767 sein. Wenn diese Zahl den Wert null hat, bedeutet das, dass kein Fehler gefunden worden ist [IEEE-488.2: 10.38]. Im Beispielgerät ist kein Selbsttest realisiert. Der Befehl selbst ist aber angelegt, d. h. er wird vom Parser erkannt und ein Befehlsunterprogramm wird ausgeführt, das den Response Formatter veranlasst, eine Null auszugeben.

```
;***********************************************************************
; *TST?                         Self-Test Query
;***********************************************************************
tst?
;this is a dummy
      movlw  '0'      ;zero means: test passed with no errors at all
      movwf  BULKIN
      call   ResponseByte
      movlw  ';'
      movwf  BULKIN
      call   ResponseByte
; set MAV
      movlw  0xFF
      movwf  MAV_FLAG
      return
```

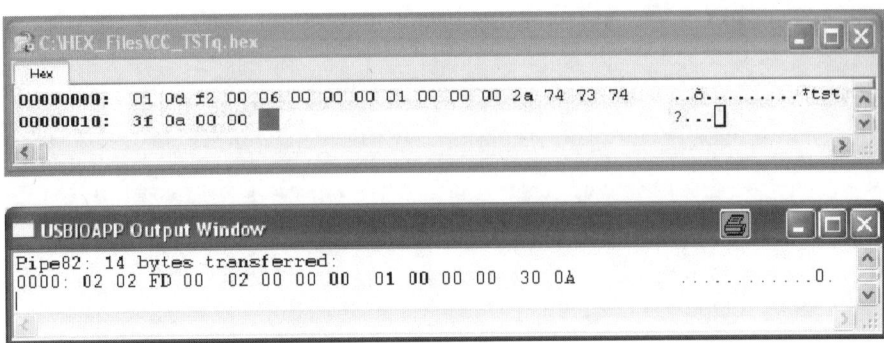

11.2.13 *WAI (Wait-to-continue Command)

Dieser Befehl veranlasst das Gerät, keine weiteren Fernsteuerbefehle auszuführen, bis das noop-Flag auf 1 gesetzt ist [IEEE-488.2: 10.39]. Er wird verwendet, wenn Befehlsabläufe innerhalb des Geräts serialisiert werden sollen. Er hat nur dann Sinn, wenn es Funktionen gibt, die zeitüberlappend ablaufen können. Im Beispielgerät trifft das auf die ROUTe:OPEN- und ROUTe:CLOSe-Befehle zu. Wenn z. B. sicher-gestellt werden muss, dass ein CLOSe-Befehl unbedingt vor einem OPEN-Befehl abgearbeitet sein muss, kann das mit folgender Befehlskette erzwungen werden: OPEN (@1);*WAI;CLOS (4). Der CLOSe-Befehl würde erst abgearbeitet werden, wenn die vom vorherigen OPEN-Befehl verursachten Relais-Kontaktflugzeiten abgelaufen sind.

```
;********************************************************************
; *WAI                          Wait-to-Continue Command
;********************************************************************
wai
      movlw  0xFF
      cpfseq noopFLAG
      bra    wai
      return
```

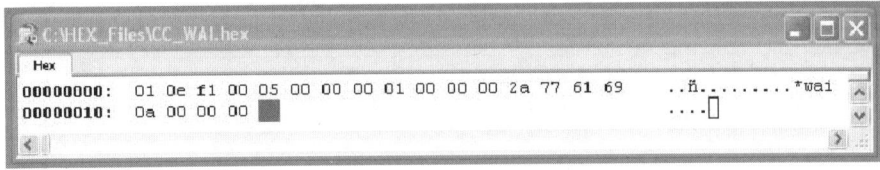

99-2], „Data Interchange Format" [SCPI99-3] und „Instrument Classes"
99-4].

rundidee von SCPI basiert auf der Überlegung, dass gleiche Funktionen ver-
ener Test- und Messgeräte mit ebenso gleichen Befehlen ausgeführt werden
. Wenn z. B. ein Signalgenerator eine Ausgangsstufe hat, deren Ausgangs-
ung per Fernsteuerung eingestellt werden kann, sollte dafür derjenige Befehl
nmen werden können, mit dem die Ausgangsspannung eines Spannungsver-
ngsgeräts eingestellt wird. Eine andere Forderung wäre: Wenn zwei Messge-
unterschiedlicher Anbieter dieselbe Funktion haben, dann sollten auch beide
e mit denselben Befehlen gesteuert werden können [SCPI99-1: 1.3]. Speziell
zweite Forderung ist typisch für beliebige Geräte, die derselben Geräteklasse
ören. Man kann dann nämlich ein klassenkonformes Anwendungspro-
m schreiben, das mit funktionskompatiblen Geräten unterschiedlicher Her-
r arbeiten kann, ohne dass das Programm angepasst werden muss. So etwas
es ja auch bei Computerperipherie wie Druckern, Scannern, Tastaturen und
sen, um nur einige Beispiele zu nennen. SCPI ist ein lebender Standard, der
ßedarf regelmäßig erweitert wird. Er lässt ebenfalls zu, dass ein Geräteanbieter
ne Befehle dazu erfinden kann, die sich in die bestehende Syntax einfügen.
ı müssen nur die Regeln der Mnemonikerzeugung eingehalten werden
PI99-1: 6.2.1]. Mittlerweile gibt es auch Vorschläge für den Befehlsumfang
ger Geräteklassen. Sie sind in der folgenden Tabelle zusammengefasst. Wenn
ftig neue Klassen definiert werden, wird diese Liste entsprechend erweitert
PI99-4: 1.1].

PI Geräteklassen

eichspannungsmesser
chselspannungsmesser
eichstrommesser
chselstrommesser
ımmeter
ımmeter mit Vierleitertechnik
gitalisierer
nmissionsmessgeräte
nmissionsmesszellen
annungsversorgungen
ochfrequenz- und Mikrowellengeneratoren
gnalschalter

11.2.14 *TRG (Trigger Command)

Dieser Befehl hat exakt dieselben Auswirkungen wie die (
Execute Trigger" (GET) des IEC-BUS. Dazu muss das Gerät
fähigkeit verfügen. Die entsprechende Schnittstellenfunkti‹
sich „Device Trigger". Wenn sie bei einem Gerät vorhandeı
das Kürzel DT1 in der Dokumentation für die Schnittstellen
Für Mess- und Testgeräte, die dem Standard USB488 ent
10.37], ist diese Möglichkeit ebenfalls vorgesehen. Ob ein U!
patibles Gerät über die Eigenschaft DT1 verfügt, kann mit d‹
Request GET_CAPABILITIES herausgefunden werden [USI
Triggereigenschaft vorhanden ist, muss das Gerät den Befehı
bearbeiten können. Zusätzlich muss ein Gerät, das dem Staı
USB488 entspricht, auch die Kommandonachricht TRIGGEF
Endpoint empfangen und verarbeiten können [USB488: 3.2
Entscheidungsfreiheit des Geräteanbieters, ob er sein Produk
higkeit ausstatten will, und was genau im Gerät geschehen soll
fehl empfangen wird. Beim Beispielgerät wurde auf Triggerfähi
halb in diesem Buch nicht näher auf die damit verbundeneı
erheblichen Funktionserweiterungen der Gerätesoftware eing‹
dazu auch: Common Commands *DDT, *DDT? in IEEE 488.2)

```
;****************************************************************
; *TRG                          Trigger Command
;****************************************************************
trg
     nop          ;insert here: response to trigger command
     return
```

C:\HEX_Files\CC_TRG.hex

Hex

```
00000000:  01 0c f3 00 05 00 00 00 01 00 00 00 2a 74 72 67   ..
00000010:  0a 00 00 00                                        ..
```

11.3 SCPI

Das für die vorher beschriebenen Common Commands gültige Kc
SCPI erheblich erweitert. Die gesamte Dokumentation zu SCPI
Adresse http://www.scpiconsortium.org/SCPI-99.pdf gefunden w
vier Bände aufgeteilt: „Syntax and Style" [SCPI99-1], „Comm

Das in diesem Buch beschriebene Beispielgerät gehört in die Klasse der Signalschalter. Es wird jedoch nicht alle Funktionen haben, die von einem Gerät gefordert werden, das vollständig SCPI-kompatibel ist. Allerdings wird der Unterschied nicht darin bestehen, dass irgendwelche Funktionen nicht mit SCPI harmonieren oder anders gelöst sind, als es der Standard vorschreibt. Die Kunst besteht lediglich im Weglassen. Sofern ein Anwender sein Gerät um weggelassene Funktionen erweitern will, so muss er nur noch ergänzen, nicht umändern.

In Band 1, „Syntax and Style" der SCPI-Dokumentation wird beschrieben, wie Fernsteuerbefehle aufgebaut sein müssen. Die Vorschriften für die Syntax basieren auf denen, die bereits in IEEE-488.2 vorgegeben wurden, und sind um Angaben zum Aufbau von Befehlsköpfen erweitert worden.

11.4 SCPI-Befehle für Signalschalter

Zur Klassifizierung von Geräten gibt es den Befehl „SYSTem:CAPability?" [SCPI99-4: 1.4]. Sofern der Signalschalter diesen Befehl verarbeiten kann, muss er wie folgt darauf antworten: „(SWITCHER)" [SCPI.994: 9.1]. Ein Signalschalter gehört in das ROUTe Subsystem. Daher wäre es gut, wenn es den Befehlskopf „ROUTe" verstehen würde. Er ist jedoch optional. Verbindlich sind die Befehle: „CLOSe" mit der Untergruppe „:STATe?" sowie „OPEN" mit der Untergruppe „:ALL" [SCPI99-4: 9.1.2.1]. Ferner sind die Basisbefehle für das Status Reporting gefordert. Dazu gehören minimal die Befehle „STATus:QUEStionable:CONDition?" zum Abfragen des QUESTtionable Status Registers [SCPI99-1: 9.4; SCPI99-2: 20.3.2] sowie „STATus:OPERation:CONDition?" zum Abfragen des OPERation Status Registers [SCPI99-1: 9.3; SCPI99-2: 20.1.2]. Zum Status Reporting gehört auch der Fehler-/Ereignisspeicher aus dem Error Subsystem [SCPI99-2: 21.8]. Hier muss minimal der Befehl „SYSTem:ERRor[:NEXT]?" realisiert werden [SCPI99-2: 21.8.8]. Im Beispielgerät wurde auf die gesamte Status-Reporting-Funktion verzichtet, die über die Anforderungen von USB488 hinausgeht und somit SCPI-eigen ist. Der Stoff für diese Funktionen reicht für ein komplettes zusätzliches Buch. Sinn und Zweck von Status Reporting ist, maximale Messsicherheit zu gewährleisten. Bei sicherheitskritischen Anwendungen in der Messtechnik sind diese Funktionen notwendig und wünschenswert. Das Beispielgerät besteht jedoch aus einem simplen Signalschalter. Es werden keine Relais mit zwangsgeführten Kontaktsätzen verwendet, die über einen Hilfskontakt zur Rückmeldung der Schaltfunktion verfügen, wie es in sicherheitskritischen Systemen üblich ist. In der Firmware werden jedoch die Flugzeiten der Relaiskontakte berücksichtigt. Dem Anwender wir erst ein „Operation Complete" gemeldet, wenn die Wartezeiten für Kontaktflugzeiten abgelaufen sind. Somit ist die für dieses einfache System erreichbare, maximale Sicherheit gewährleistet, ohne dass ein komplettes Status Reporting nach SCPI-Standard realisiert wurde. Diese Einschränkungen haben natürlich Folgen. So darf das Beispielgerät eigentlich gar nicht auf den Befehl SYSTem:CAPability? antworten, denn das ist Geräten vorbehalten, die die minimalen Anforderungen des SCPI-Standards ohne Einschränkungen erfüllen [SCPI_4: 1.5]. Zu Demonstrationszwecken ist dieser Befehl jedoch implementiert. In den Handel als SCPI-kompatibles Messgerät dürfte das Beispielgerät so jedoch nicht kommen, wenn man keine Abmahnung riskieren will.

11.5 SCPI-Befehle des Beispielgeräts

Das Beispielgerät versteht die folgenden SCPI-Befehle:

11.5.1 [:]SYSTem:CAPability?

Dieser Befehl fragt das Gerät nach seinen Fähigkeiten. Wie vorab beschrieben, ist dieser Befehl eigentlich solchen Geräten vorbehalten, die uneingeschränkt SCPI unterstützen. Für die Antwort auf diesen Befehl gibt es feste Regeln, die unter dem Stichwort „Instrument Classification" in der SCPI-Dokumentation nachgelesen werden können [SCPI-4: 1.4]. Da das Beispielgerät weder über Scan- noch Triggerfähigkeiten verfügt, ist die Antwort einfach (SWITCHER).

```
;****************************************************************************
; [:]SYSTem:CAPability?              SCPI Command
;****************************************************************************
system_capability?
        movlw   UPPER SystCap
        movwf   TBLPTRU
        movlw   HIGH SystCap
        movwf   TBLPTRH
        movlw   LOW SystCap
        movwf   TBLPTRL
        tblrd   *+
        movff   TABLAT,DescriptorPointer ;length of string
syst_cap_loop
        tblrd   *+
        movff   TABLAT,BULKIN
        call    ResponseByte
        decfsz  DescriptorPointer,F
        bra     syst_cap_loop
; close with semicolon
        movlw   ';'
        movwf   BULKIN
```

11.2.14 *TRG (Trigger Command)

Dieser Befehl hat exakt dieselben Auswirkungen wie die Gerätenachricht „Group Execute Trigger" (GET) des IEC-BUS. Dazu muss das Gerät aber über eine Trigger-fähigkeit verfügen. Die entsprechende Schnittstellenfunktion des IEC-BUS nennt sich „Device Trigger". Wenn sie bei einem Gerät vorhanden ist, wird dieses durch das Kürzel DT1 in der Dokumentation für die Schnittstelleneigenschaften angezeigt Für Mess- und Testgeräte, die dem Standard USB488 entsprechen [IEEE-488.2: 10.37], ist diese Möglichkeit ebenfalls vorgesehen. Ob ein USBTMC-USB488-kom-patibles Gerät über die Eigenschaft DT1 verfügt, kann mit dem klassenspezifischen Request GET_CAPABILITIES herausgefunden werden [USBTMC: 4.2.1.8]. Wenn Triggereigenschaft vorhanden ist, muss das Gerät den Befehl *TRG verstehen und bearbeiten können. Zusätzlich muss ein Gerät, das dem Standard der Unterklasse USB488 entspricht, auch die Kommandonachricht TRIGGER über den Bulk-OUT Endpoint empfangen und verarbeiten können [USB488: 3.2.1.1]. Es liegt in der Entscheidungsfreiheit des Geräteanbieters, ob er sein Produkt mit einer Triggerfä-higkeit ausstatten will, und was genau im Gerät geschehen soll, wenn ein Triggerbe-fehl empfangen wird. Beim Beispielgerät wurde auf Triggerfähigkeit verzichtet, wes-halb in diesem Buch nicht näher auf die damit verbundenen, notwendigen und erheblichen Funktionserweiterungen der Gerätesoftware eingegangen wird (siehe dazu auch: Common Commands *DDT, *DDT? in IEEE 488.2).

```
;*******************************************************************************
; *TRG                              Trigger Command
;*******************************************************************************
trg
        nop             ;insert here: response to trigger command
        return
```

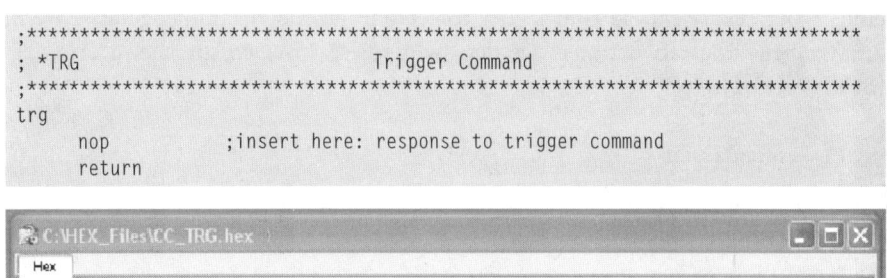

11.3 SCPI

Das für die vorher beschriebenen Common Commands gültige Konzept wurde mit SCPI erheblich erweitert. Die gesamte Dokumentation zu SCPI kann unter der Adresse http://www.scpiconsortium.org/SCPI-99.pdf gefunden werden. Sie ist in vier Bände aufgeteilt: „Syntax and Style" [SCPI99-1], „Command Reference"

[SCPI99-2], „Data Interchange Format" [SCPI99-3] und „Instrument Classes" [SCPI99-4].

Die Grundidee von SCPI basiert auf der Überlegung, dass gleiche Funktionen verschiedener Test- und Messgeräte mit ebenso gleichen Befehlen ausgeführt werden sollen. Wenn z. B. ein Signalgenerator eine Ausgangsstufe hat, deren Ausgangsspannung per Fernsteuerung eingestellt werden kann, sollte dafür derjenige Befehl genommen werden können, mit dem die Ausgangsspannung eines Spannungsversorgungsgeräts eingestellt wird. Eine andere Forderung wäre: Wenn zwei Messgeräte unterschiedlicher Anbieter dieselbe Funktion haben, dann sollten auch beide Geräte mit denselben Befehlen gesteuert werden können [SCPI99-1: 1.3]. Speziell diese zweite Forderung ist typisch für beliebige Geräte, die derselben Geräteklasse angehören. Man kann dann nämlich ein klassenkonformes Anwendungsprogramm schreiben, das mit funktionskompatiblen Geräten unterschiedlicher Hersteller arbeiten kann, ohne dass das Programm angepasst werden muss. So etwas gibt es ja auch bei Computerperipherie wie Druckern, Scannern, Tastaturen und Mäusen, um nur einige Beispiele zu nennen. SCPI ist ein lebender Standard, der bei Bedarf regelmäßig erweitert wird. Er lässt ebenfalls zu, dass ein Geräteanbieter eigene Befehle dazu erfinden kann, die sich in die bestehende Syntax einfügen. Dazu müssen nur die Regeln der Mnemonikerzeugung eingehalten werden [SCPI99-1: 6.2.1]. Mittlerweile gibt es auch Vorschläge für den Befehlsumfang einiger Geräteklassen. Sie sind in der folgenden Tabelle zusammengefasst. Wenn künftig neue Klassen definiert werden, wird diese Liste entsprechend erweitert [SCPI99-4: 1.1].

SCPI Geräteklassen

Gleichspannungsmesser
Wechselspannungsmesser
Gleichstrommesser
Wechselstrommesser
Ohmmeter
Ohmmeter mit Vierleitertechnik
Digitalisierer
Emmissionsmessgeräte
Emmissionsmesszellen
Spannungsversorgungen
Hochfrequenz- und Mikrowellengeneratoren
Signalschalter

```
        call    ResponseByte
; set MAV
        movlw   0xFF
        movwf   MAV_FLAG
        return
```

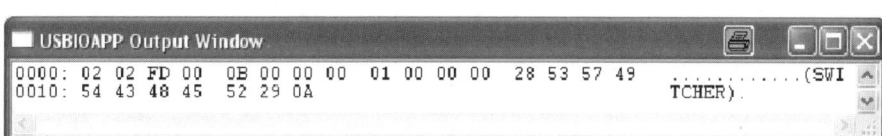

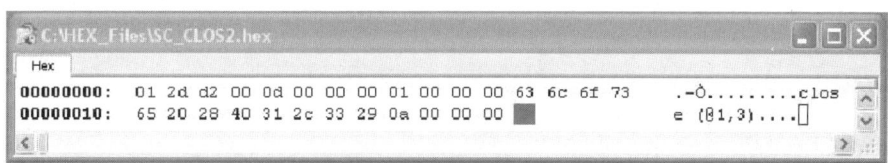

11.5.2 [:][ROUTe]:CLOSe ‹channel list›

Mit diesem Befehl werden Relais eingeschaltet [SCPI-2: 17.1]. Der Parameter ‹channel list› ist in Abschnitt 10.7.3 beschrieben. Im folgenden Beispiel werden die Relais 1 und 3 eingeschaltet.

```
00000000:  01 2d d2 00 0d 00 00 00 01 00 00 00 63 6c 6f 73    .-Ò........clos
00000010:  65 20 28 40 31 2c 33 29 0a 00 00 00 ▉               e (@1,3)....▉
```

```
;*******************************************************************************
; [:][ROUTe:]CLOSe            SCPI Command
;*******************************************************************************
close
        call    chann_nr_list
        tstfsz  WREG
        bra     close_error
        movff   PORTD,WREG
        iorwf   CHANN_PATTERN,0
        movwf   LATD
        movwf   PORTD,1
;redirect pointer
        movlw   HIGH TABSclose_
        movwf   COMMAND_HSCRATCH
        movlw   LOW TABSclose_
        movwf   COMMAND_LSCRATCH
```

```
        clrf    noopFLAG
        movlw   .20             ;command pending time
        movwf   timerOPC
close_error
        return
```

11.5.3 [:][ROUTe]:CLOSe? ‹channel list›

Mit diesem Befehl werden die in der <channel list> definierten Relais daraufhin
abgefragt, ob sie eingeschaltet sind [SCPI-4: 9.3.1]. In der Antwort wird für jedes
eingeschaltete Relais eine 1, für jedes ausgeschaltete eine 0 gemeldet, und zwar in
der Reihenfolge, wie in <channel list> vorgegeben. Im folgenden Beispiel werden
alle vier Relais des Beispielgeräts in der Reihenfolge 1, 2, 3, 4 abgefragt.

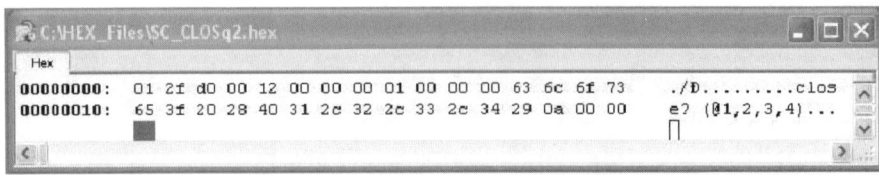

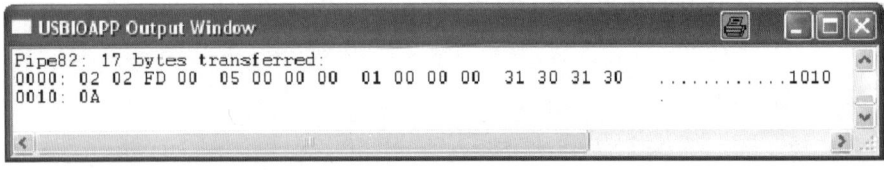

```
;****************************************************************************
; [:][ROUTe:]CLOSe?           SCPI Command
;****************************************************************************
close?
        movff   OUT_LPARPOINT,FSR2L
        movff   OUT_HPARPOINT,FSR2H
        movff   POSTINC2,BULKOUT
        movlw   '('
        cpfseq  BULKOUT
        bra     close?_error2
        movff   POSTINC2,BULKOUT
        movlw   '@'
        cpfseq  BULKOUT
        bra     close?_error2
close?_loop
        movff   POSTINC2,BULKOUT
        movlw   '1'
        cpfslt  BULKOUT
        bra     close?h
```

```
      bra    close?_error1
close?h
      movlw  '4'
      cpfsgt BULKOUT
      bra    close?_path
      bra    close?_error1
close?_path
; compute bit position
      movlw  '1'
      cpfseq BULKOUT
      bra    close?2
      btfsc  PORTD,4
      bra    close?1_1
      bra    close?1_0
close?1_1
      call   resp_1
      bra    close?_deltest
close?1_0
      call   resp_0
      bra    close?_deltest
close?2
      movlw  '2'
      cpfseq BULKOUT
      bra    close?3
      btfsc  PORTD,5
      bra    close?2_1
      bra    close?2_0
close?2_1
      call   resp_1
      bra    close?_deltest
close?2_0
      call   resp_0
      bra    close?_deltest
close?3
      movlw  '3'
      cpfseq BULKOUT
      bra    close?4
      btfsc  PORTD,6
      bra    close?3_1
      bra    close?3_0
close?3_1
      call   resp_1
      bra    close?_deltest
close?3_0
      call   resp_0
      bra    close?_deltest
close?4
      btfsc  PORTD,7
      bra    close?4_1
      bra    close?4_0
```

```
close?4_1
     call    resp_1
     bra     close?_deltest
close?4_0
     call    resp_0
     bra     close?_deltest
close?_deltest
     movff   POSTINC2,BULKOUT
     movlw   ','
     cpfseq  BULKOUT
     bra     close?_cbrack
     bra     close?_loop
close?_cbrack
     movlw   ')'
     cpfseq  BULKOUT
     bra     close?_error2
     movlw   ';'
     movwf   BULKIN
     call    ResponseByte
; set MAV
     movlw   0xFF
     movwf   MAV_FLAG
; good end
close?_ok
     retlw   0
; illegal path value
close?_error1
     bsf     ESR,EXE ;execution error
     call    computeESB
     retlw   1
; not a channel_list at all
close?_error2
     bsf     ESR,CME ;command error
     call    computeESB
     retlw   2
resp_1
     movlw   '1'
resp_tail
     movwf   BULKIN
     call    ResponseByte
     return
resp_0
     movlw   '0'
     bra     resp_tail
```

11.5.4 [:][ROUTe]:CLOSe:STATe?

Dieser Befehl ist verwandt mit dem vorigen Befehl [:][ROUTe]:CLOSe? <channel list>. Der Unterschied ist, dass als Antwort eine Liste des Typs <channel list> ausgegeben wird, in der alle eingeschalteten Relais eingetragen sind [SCPI-2: 17.1.1].

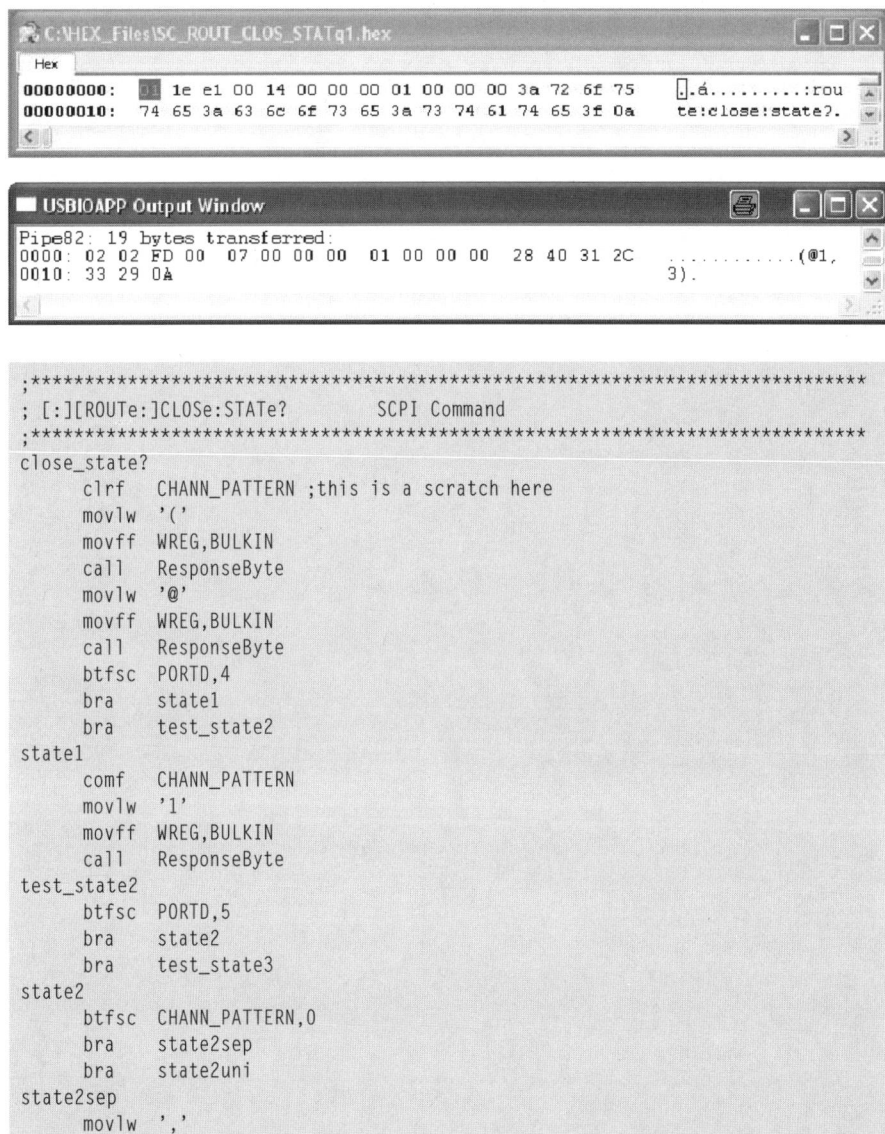

```
;*********************************************************************
; [:][ROUTe:]CLOSe:STATe?        SCPI Command
;*********************************************************************
close_state?
       clrf    CHANN_PATTERN ;this is a scratch here
       movlw   '('
       movff   WREG,BULKIN
       call    ResponseByte
       movlw   '@'
       movff   WREG,BULKIN
       call    ResponseByte
       btfsc   PORTD,4
       bra     state1
       bra     test_state2
state1
       comf    CHANN_PATTERN
       movlw   '1'
       movff   WREG,BULKIN
       call    ResponseByte
test_state2
       btfsc   PORTD,5
       bra     state2
       bra     test_state3
state2
       btfsc   CHANN_PATTERN,0
       bra     state2sep
       bra     state2uni
state2sep
       movlw   ','
       movff   WREG,BULKIN
       call    ResponseByte
```

```
state2uni
      movlw   0xFF
      movwf   CHANN_PATTERN
      movlw   '2'
      movff   WREG,BULKIN
      call    ResponseByte
test_state3
      btfsc   PORTD,6
      bra     state3
      bra     test_state4
state3
      btfsc   CHANN_PATTERN,0
      bra     state3sep
      bra     state3uni
state3sep
      movlw   ','
      movff   WREG,BULKIN
      call    ResponseByte
state3uni
      movlw   0xFF
      movwf   CHANN_PATTERN
      movlw   '3'
      movff   WREG,BULKIN
      call    ResponseByte
test_state4
      btfsc   PORTD,7
      bra     state4
      bra     test_state_end
state4
      btfsc   CHANN_PATTERN,0
      bra     state4sep
      bra     state4uni
state4sep
      movlw   ','
      movff   WREG,BULKIN
      call    ResponseByte
state4uni
      movlw   '4'
      movff   WREG,BULKIN
      call    ResponseByte
test_state_end
      movlw   ')'
      movff   WREG,BULKIN
      call    ResponseByte
      movlw   ';'
      movff   WREG,BULKIN
      call    ResponseByte
; set MAV
      movlw   0xFF
      movwf   MAV_FLAG
      return
```

11.5.5 [:][ROUTe]:OPEN ‹channel list›

Dieser Befehl ist das Gegenteil von [:][ROUTe]:CLOSe <channel list>. Mit ihm werden die im Parameter <channel list> übermittelten Relais ausgeschaltet [SCPI-2: 17.3]. Im folgenden Beispiel wird das Relais 3 ausgeschaltet.

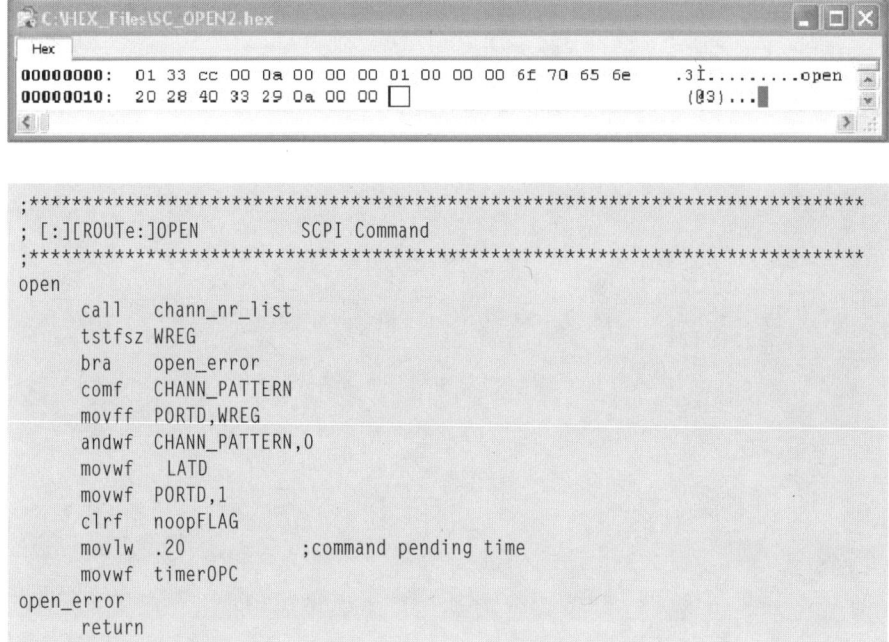

```
;***********************************************************************
; [:][ROUTe:]OPEN         SCPI Command
;***********************************************************************
;
open
      call    chann_nr_list
      tstfsz  WREG
      bra     open_error
      comf    CHANN_PATTERN
      movff   PORTD,WREG
      andwf   CHANN_PATTERN,0
      movwf   LATD
      movwf   PORTD,1
      clrf    noopFLAG
      movlw   .20             ;command pending time
      movwf   timerOPC
open_error
      return
```

11.5.6 [:][ROUTe]:OPEN? ‹channel list›

Dieser Befehl entspricht prinzipiell dem Befehl [:][ROUTe]:CLOSe? <channel list>, nur dass hier für alle Relais, die im Parameter <channel list> angegeben sind, in der Reihenfolge ihrer Nennung eine 1 als Antwort für jedes ausgeschaltete Relais übermittelt wird. Im folgenden Beispiel werden alle 4 Relais des Beispielgeräts in der Reihenfolge 1, 2, 3, 4 abgefragt.

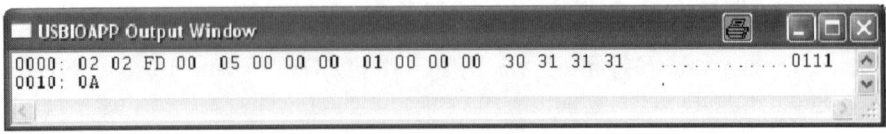

```
;*********************************************************************
; [:][ROUTe:]OPEN?          SCPI Command
;*********************************************************************
open?
      movff   OUT_LPARPOINT,FSR2L
      movff   OUT_HPARPOINT,FSR2H
      movff   POSTINC2,BULKOUT
      movlw   '('
      cpfseq  BULKOUT
      bra     open?_error2
      movff   POSTINC2,BULKOUT
      movlw   '@'
      cpfseq  BULKOUT
      bra     open?_error2
open?_loop
      movff   POSTINC2,BULKOUT
      movlw   '1'
      cpfslt  BULKOUT
      bra     open?h
      bra     open?_error1
open?h
      movlw   '4'
      cpfsgt  BULKOUT
      bra     open?_path
      bra     open?_error1
open?_path
; compute bit position
      movlw   '1'
      cpfseq  BULKOUT
      bra     open?2
      btfss   PORTD,4
      bra     open?1_1
      bra     open?1_0
open?1_1
      call    resp_1
      bra     open?_deltest
open?1_0
      call    resp_0
      bra     open?_deltest
open?2
      movlw   '2'
      cpfseq  BULKOUT
      bra     open?3
      btfss   PORTD,5
```

```
        bra     open?2_1
        bra     open?2_0
open?2_1
        call    resp_1
        bra     open?_deltest
open?2_0
        call    resp_0
        bra     open?_deltest
open?3
        movlw   '3'
        cpfseq  BULKOUT
        bra     open?4
        btfss   PORTD,6
        bra     open?3_1
        bra     open?3_0
open?3_1
        call    resp_1
        bra     open?_deltest
open?3_0
        call    resp_0
        bra     open?_deltest
open?4
        btfss   PORTD,7
        bra     open?4_1
        bra     open?4_0
open?4_1
        call    resp_1
        bra     open?_deltest
open?4_0
        call    resp_0
        bra     open?_deltest
open?_deltest
        movff   POSTINC2,BULKOUT
        movlw   ','
        cpfseq  BULKOUT
        bra     open?_cbrack
        bra     open?_loop
open?_cbrack
        movlw   ')'
        cpfseq  BULKOUT
        bra     open?_error2
        movlw   ';'
        movwf   BULKIN
        call    ResponseByte
; set MAV
        movlw   0xFF
        movwf   MAV_FLAG
; good end
open?_ok
        retlw   0
```

```
; illegal path value
open?_error1
        bsf     ESR,EXE ;execution error
        call    computeESB
        retlw   1
; not a channel_list at all
open?_error2
        bsf     ESR,CME ;command error
        call    computeESB
        retlw   2
```

11.5.7 [:][ROUTe]:OPEN:ALL

Dieser Befehl entspricht in etwa einer Notabschaltung, denn er schaltet alle Relais auf einmal aus [SCPI-2: 17.3.1].

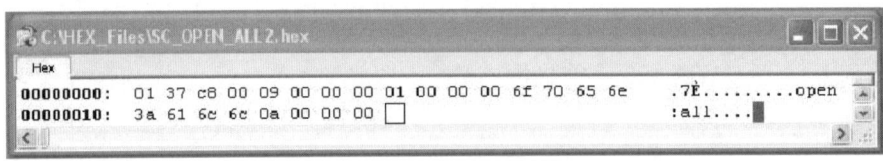

```
;****************************************************************************
; [:][ROUTe:]OPEN:ALL              SCPI Command
;****************************************************************************
open_all
        movlw   B'00001111'
        movwf   CHANN_PATTERN
        movff   PORTD,WREG
        andwf   CHANN_PATTERN,0
        movwf   LATD
        movwf   PORTD,1
;redirect pointer
        movlw   HIGH USBTMCroot
        movwf   COMMAND_HSCRATCH
        movlw   LOW USBTMCroot
        movwf   COMMAND_LSCRATCH
        clrf    noopFLAG
        movlw   .20             ;command pending time
        movwf   timerOPC
        return
```

11.6 Anbieterspezifische Befehle

Die Gruppe dieser Befehle ist eine Besonderheit für Geräte der Klasse USBTMC. Mess- oder Testgeräte, die über andere Schnittstellen als USBTMC verfügen, können diese spezielle Gruppe von Befehlen nicht unterstützen. Allerdings gibt es bei solchen Geräten die Möglichkeit, anbieterspezifische Befehle in den normalen Befehlssatz aufzunehmen und sie dort gegebenenfalls mit einem Passwort gegen Missbrauch zu schützen. Ein zusätzlicher Schutz könnte sein, sie außerdem nicht in der Gebrauchsanleitung zu dokumentieren. Der Sinn anbieterspezifischer Befehle besteht darin, spezielle Eigenschaften des Geräts von autorisierten Anwendern über die Fernsteuerschnittstelle verändern zu können. Dazu könnte gehören, dass die Firmware aktualisiert wird, oder dass gesondert zu bezahlende Eigenschaften aktiviert werden, wenn der Kunde sie nachbestellt, z. B. spezielle Mathematik-Module in Oszilloskopen wie Fast Fourier Transformation oder Spektrumanalyse. Bei Geräten der Klasse USBTMC-USB488 kann über den Bulk-OUT Header festgelegt werden, ob ein Befehl anwenderspezifisch sein soll [USBTMC: 3.2.1.3]. Das Beispielgerät verfügt über anwenderspezifische Befehle, die in zwei Unterklassen aufgeteilt sind, nämlich die SETUP-Klasse für alle Grundeinstellungen und die TEST-Klasse, die momentan nur über einen Befehl verfügt. Alle anbieterspezifischen Befehle sind im Folgenden beschrieben. Um sie ausführen zu können, wird derselbe Parser verwendet wie für die zuvor behandelten Common Commands und SCPI-Befehle. Es wird ihm lediglich ein anderer Befehlsvorrat für den Vergleich zugewiesen:

```
;************************************************************************
; Initialization of the USB_DEVICE_PARSER, if vendor commands are received
;************************************************************************
vendor_parser_init
; this is: root_commands_start
    movlw   UPPER VENDORroot
    movwf   COMMAND_UPOINTER
    movwf   COMMAND_USCRATCH
    movlw   HIGH VENDORroot
    movwf   COMMAND_HPOINTER
    movwf   COMMAND_HSCRATCH
    movlw   LOW VENDORroot
    movwf   COMMAND_LPOINTER
    movwf   COMMAND_LSCRATCH
    return
```

Damit liegt fest, dass die anbieterspezifischen Befehle denselben Syntaxregeln unterliegen wie die übrigen Befehle. Im Beispielgerät sind folgende Befehle realisiert:

11.6.1 SETUP:VID ‹decimal_number›

Mit diesem Befehl kann die Anbieter-Identifikationsnummer (Vendor ID) des Geräts geändert werden. Die geänderte VID wird im EEPROM des Mikrocontrollers dauerhaft gespeichert. Sie wird im Datenfeld *idVendor* des Standard Device Descriptors des Beispielgeräts eingetragen [USB2.0: Tabelle 9–8]. Die VID muss als Dezimalzahl eingegeben werden. Achtung: Wenn dieser Befehl ausgeführt wird, erkennt der Host das Gerät nicht mehr und möchte einen neuen USB-Treiber laden. Im folgenden Beispiel wird die Vendor ID der Firma National Instruments eingestellt.

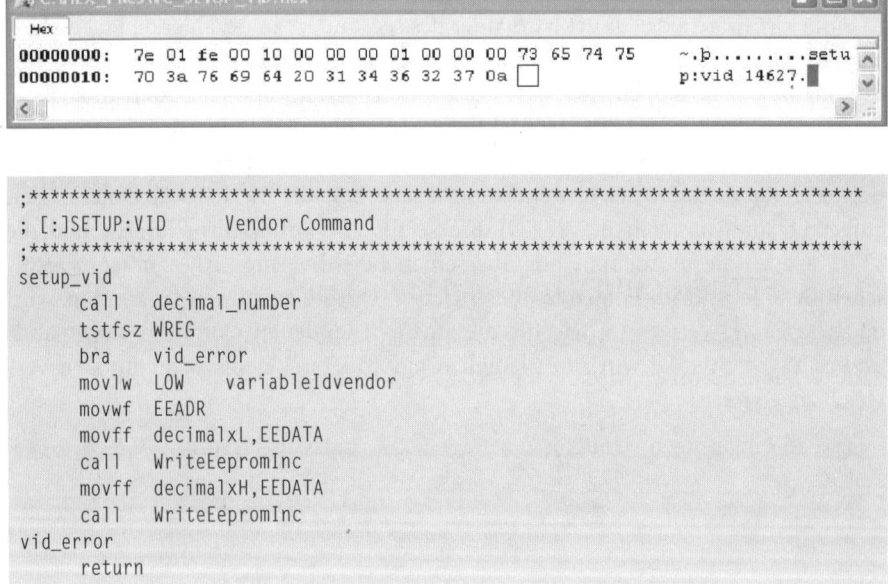

```
;***********************************************************************
; [:]SETUP:VID      Vendor Command
;***********************************************************************
setup_vid
        call    decimal_number
        tstfsz  WREG
        bra     vid_error
        movlw   LOW     variableIdvendor
        movwf   EEADR
        movff   decimalxL,EEDATA
        call    WriteEepromInc
        movff   decimalxH,EEDATA
        call    WriteEepromInc
vid_error
        return
```

11.6.2 SETUP:PID ‹decimal_number›

Mit diesem Befehl kann die Produkt-Identifikationsnummer (Product ID) des Geräts geändert werden. Die geänderte PID wird im EEPROM des Mikrocontrollers dauerhaft gespeichert. Sie wird im Datenfeld *idProduct* des Standard Device Descriptors des Beispielgeräts eingetragen [USB2.0: Tabelle 9–8]. Die PID muss als Dezimalzahl eingegeben werden. Achtung: Wenn dieser Befehl ausgeführt wird, kann es vorkommen, dass der Host das Gerät nicht mehr erkennt und einen neuen USB-Treiber laden möchte.

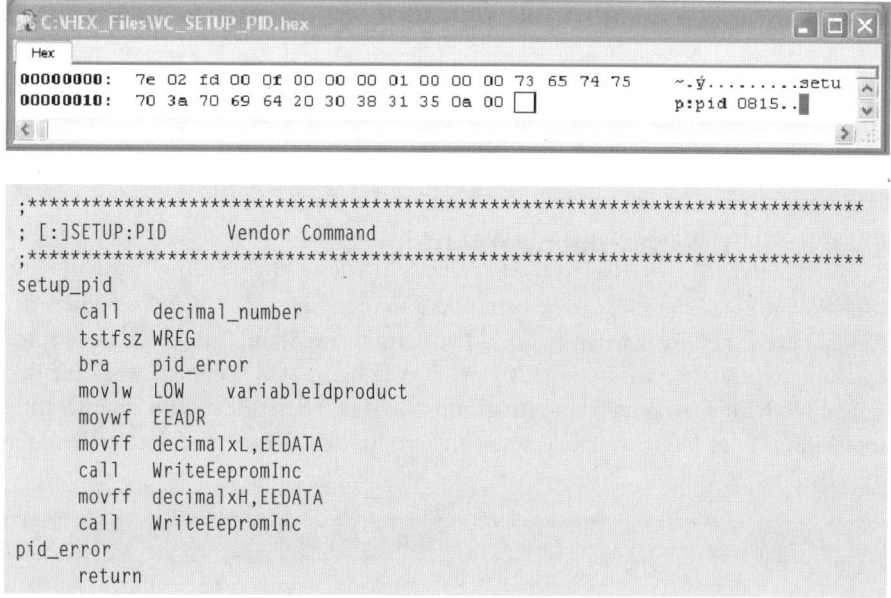

```
;*******************************************************************
; [:]SETUP:PID       Vendor Command
;*******************************************************************
setup_pid
      call    decimal_number
      tstfsz  WREG
      bra     pid_error
      movlw   LOW     variableIdproduct
      movwf   EEADR
      movff   decimalxL,EEDATA
      call    WriteEepromInc
      movff   decimalxH,EEDATA
      call    WriteEepromInc
pid_error
      return
```

11.6.3 SETUP:BCDDEV ‹decimal_number›

Mit diesem Befehl kann die Geräte-Versionsnummer geändert werden. Die geänderte Versionsnummer wird im EEPROM des Mikrocontrollers dauerhaft gespeichert. Sie wird im Datenfeld *bcdDevice* des Standard Device Descriptors des Beispielgeräts eingetragen [USB2.0: Tabelle 9–8]. Sie muss als Dezimalzahl eingegeben werden.

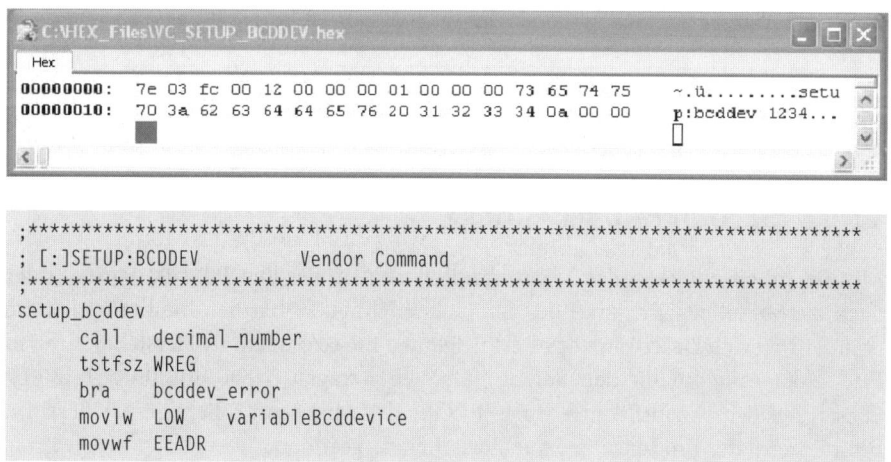

```
;*******************************************************************
; [:]SETUP:BCDDEV        Vendor Command
;*******************************************************************
setup_bcddev
      call    decimal_number
      tstfsz  WREG
      bra     bcddev_error
      movlw   LOW     variableBcddevice
      movwf   EEADR
```

```
      movff   decimalbL,EEDATA
      call    WriteEepromInc
      movff   decimalbH,EEDATA
      call    WriteEepromInc
bcddev_error
      return
```

11.6.4 SETUP:MANUfacturer ‹string›

Mit diesem Befehl kann der Text verändert werden, der den Herstellernamen des Geräts bezeichnet. Er hat den Index *iManufacturer* im Standard Device Descriptor des Beispielgeräts. Er wird auch als Herstellername in Feld 1 der Antwort auf den Befehl *IDN? eingetragen (siehe Abschnitt 11.2.11). Dieser Text wird nichtflüchtig im EEPROM des Mikrocontrollers gespeichert. Im Beispiel wird der Herstellername auf „Bruhns" geändert.

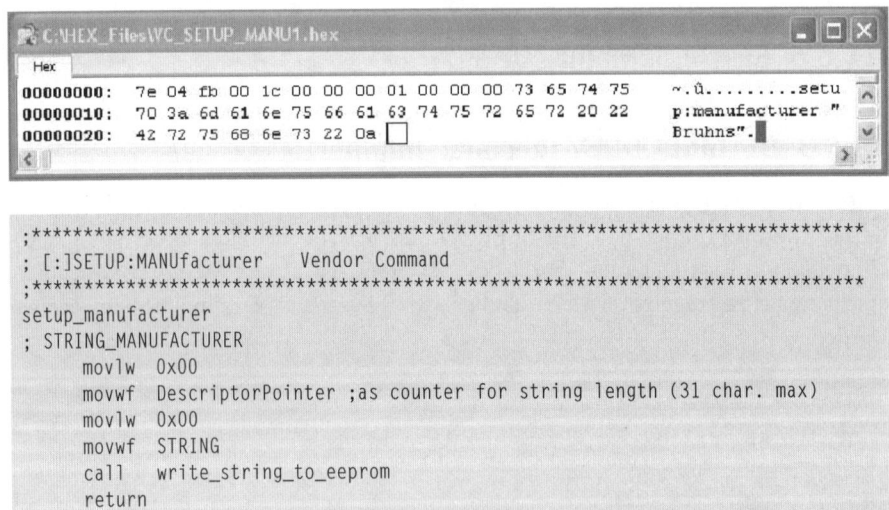

```
;****************************************************************
; [:]SETUP:MANUfacturer    Vendor Command
;****************************************************************
setup_manufacturer
; STRING_MANUFACTURER
      movlw   0x00
      movwf   DescriptorPointer ;as counter for string length (31 char. max)
      movlw   0x00
      movwf   STRING
      call    write_string_to_eeprom
      return
```

11.6.5 SETUP:PRODuct ‹string›

Mit diesem Befehl kann der Text verändert werden, der den Produktnamen (oder auch die Modellbezeichnung) des Geräts bezeichnet. Er hat den Index *iProduct* im Standard Device Descriptor des Beispielgeräts. Er wird auch als Herstellername in Feld 2 der Antwort auf den Befehl *IDN? eingetragen (siehe Abschnitt 11.2.11). Dieser Text wird nichtflüchtig im EEPROM des Mikrocontrollers gespeichert. Im Beispiel wird der Produktname auf „Switcher_4" geändert.

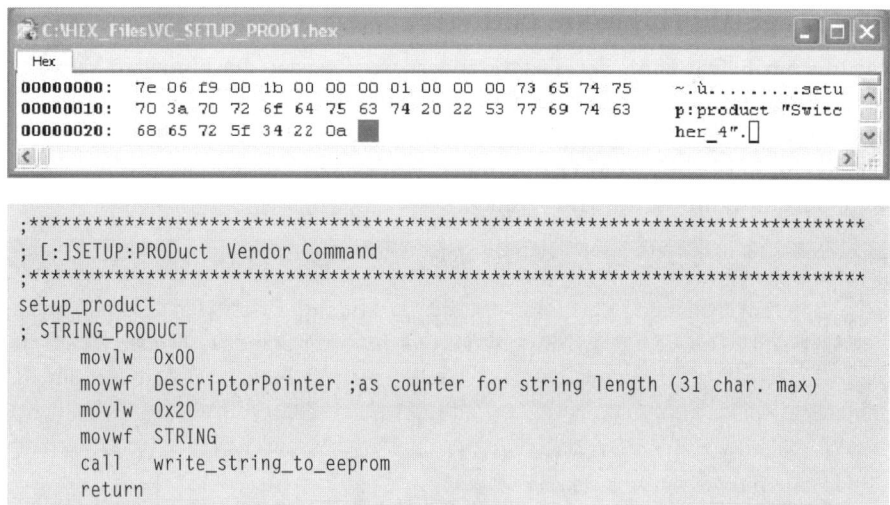

```
;*******************************************************************
; [:]SETUP:PRODuct  Vendor Command
;*******************************************************************
setup_product
; STRING_PRODUCT
        movlw  0x00
        movwf  DescriptorPointer ;as counter for string length (31 char. max)
        movlw  0x20
        movwf  STRING
        call   write_string_to_eeprom
        return
```

11.6.6 SETUP:SERIalnr ‹string›

Mit diesem Befehl kann der Text verändert werden, der die Seriennummer des Geräts bezeichnet. Er hat den Index *iSerialNumber* im Standard Device Descriptor des Beispielgeräts. Er wird auch als Seriennummer in Feld 3 der Antwort auf den Befehl *IDN? eingetragen (siehe Abschnitt 11.2.11). Dieser Text wird nichtflüchtig im EEPROM des Mikrocontrollers gespeichert. Im Beispiel wird die Seriennummer auf „000052" geändert.

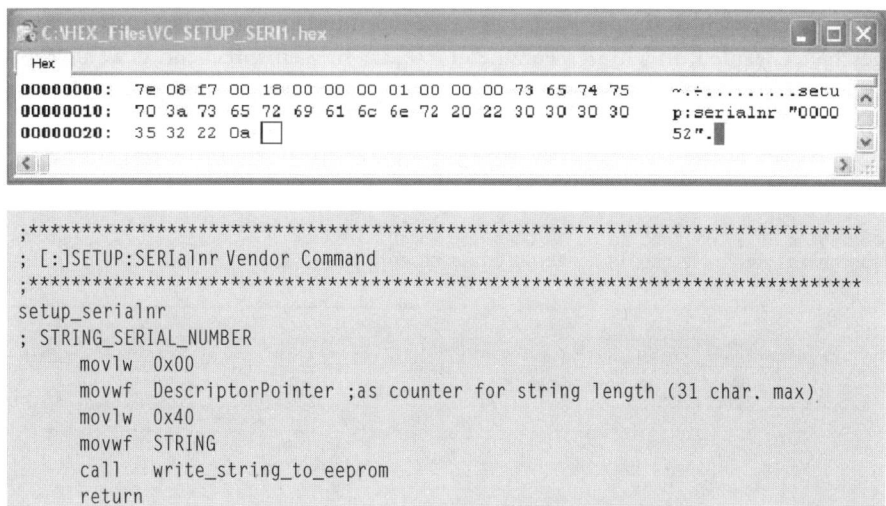

```
;*******************************************************************
; [:]SETUP:SERIalnr  Vendor Command
;*******************************************************************
setup_serialnr
; STRING_SERIAL_NUMBER
        movlw  0x00
        movwf  DescriptorPointer ;as counter for string length (31 char. max)
        movlw  0x40
        movwf  STRING
        call   write_string_to_eeprom
        return
```

11.6.7 SETUP:FIRMware ‹string›

Mit diesem Befehl kann der Text verändert werden, der die Firmware-Versions-nummer des Geräts bezeichnet. Er wird als Firmware-Version in Feld 4 der Antwort auf den Befehl *IDN? eingetragen (siehe Abschnitt 11.2.11). Dieser Text wird nicht-flüchtig im EEPROM des Mikrocontrollers gespeichert. Im Beispiel wird die Firm-ware-Versionsnummer auf „1.0" geändert.

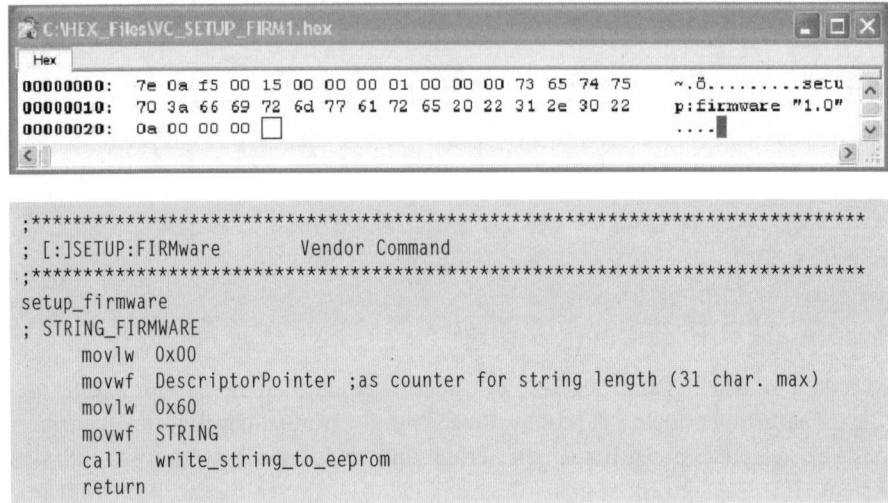

```
;*******************************************************************************
; [:]SETUP:FIRMware          Vendor Command
;*******************************************************************************
setup_firmware
; STRING_FIRMWARE
        movlw   0x00
        movwf   DescriptorPointer ;as counter for string length (31 char. max)
        movlw   0x60
        movwf   STRING
        call    write_string_to_eeprom
        return
```

11.6.8 SETUP:4882 ‹ boole_nr ›

Mit diesem Befehl kann das Bit D2 der USB488 Interface Capabilities auf 0 oder 1 geschaltet werden, indem der Parameter <boole_nr> entsprechend gewählt wird. Wenn <boole_nr> auf 1 gesetzt wird, ist es eine 488.2 USB488-Schnittstelle, andernfalls nur eine USB488-Schnittstelle (siehe Abschnitt 7.11.7).

```
C:\HEX_Files\VC_SETUP_4882.hex
Hex
00000000:   7e 0c f3 00 0d 00 00 00 01 00 00 00 73 65 74 75   ~..6........setu
00000010:   70 3a 34 38 38 32 20 31 0a 00 00 00               p:4882 1....
```

```
;*******************************************************************************
; [:]SETUP:4882     Vendor Command
;*******************************************************************************
setup_4882
        call    decimal_number
        tstfsz  WREG
        bra     error_4882
```

```
        movlw  LOW variableIntCap
        movwf  EEADR
        call   ReadEepromInc
        tstfsz BOOLEAN
        bra    set_4882
        bra    clear_4882
set_4882
        bsf    EEDATA,2
        bra    write_4882
clear_4882
        bcf    EEDATA,2
write_4882
        movlw  LOW variableIntCap
        movwf  EEADR
        call   WriteEepromInc
error_4882
        return
```

11.6.9 SETUP:REN ‹boole_nr›

Mit diesem Befehl kann das Bit D1 der USB488 Interface Capabilities auf 0 oder 1 geschaltet werden, indem der Parameter <boole_nr> entsprechend gewählt wird. Wenn <boole_nr> auf 1 gesetzt wird, verfügt das Gerät über die Remote-Local-Schnittstellenfunktion, andernfalls nicht (siehe Abschnitt 7.11.7).

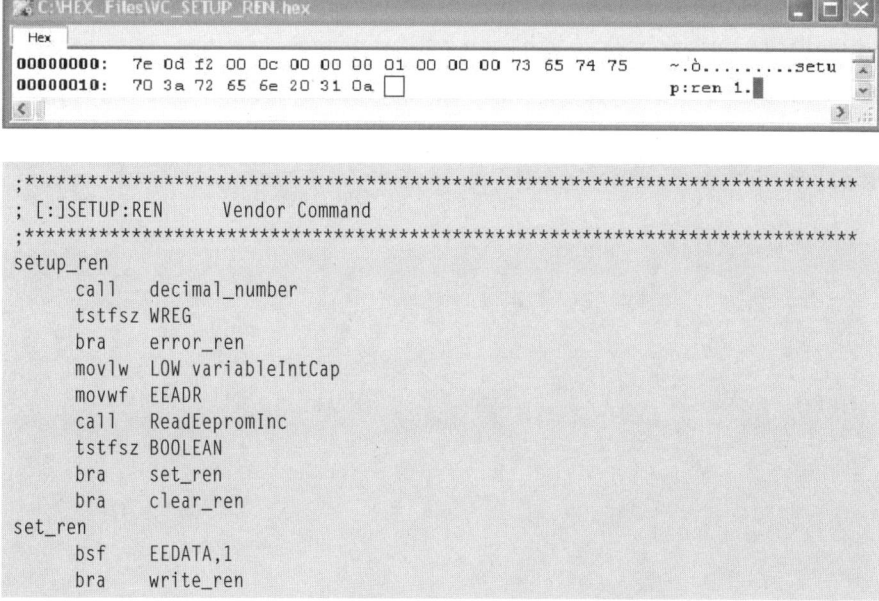

```
;************************************************************************
; [:]SETUP:REN     Vendor Command
;************************************************************************
setup_ren
        call   decimal_number
        tstfsz WREG
        bra    error_ren
        movlw  LOW variableIntCap
        movwf  EEADR
        call   ReadEepromInc
        tstfsz BOOLEAN
        bra    set_ren
        bra    clear_ren
set_ren
        bsf    EEDATA,1
        bra    write_ren
```

```
clear_ren
      bcf     EEDATA,1
write_ren
      movlw   LOW variableIntCap
      movwf   EEADR
      call    WriteEepromInc
error_ren
      return
```

11.6.10 SETUP:TRIGger ‹boole_nr›

Mit diesem Befehl kann das Bit D0 der USB488 Interface Capabilities auf 0 oder 1 geschaltet werden, indem der Parameter ‹boole_nr› entsprechend gewählt wird. Wenn ‹boole_nr› auf 1 gesetzt wird, akzeptiert das Gerät Triggerbefehle, andernfalls nicht (siehe Abschnitt 7.11.7). Das Beispielgerät unterstützt keinerlei Triggerfunktionen.

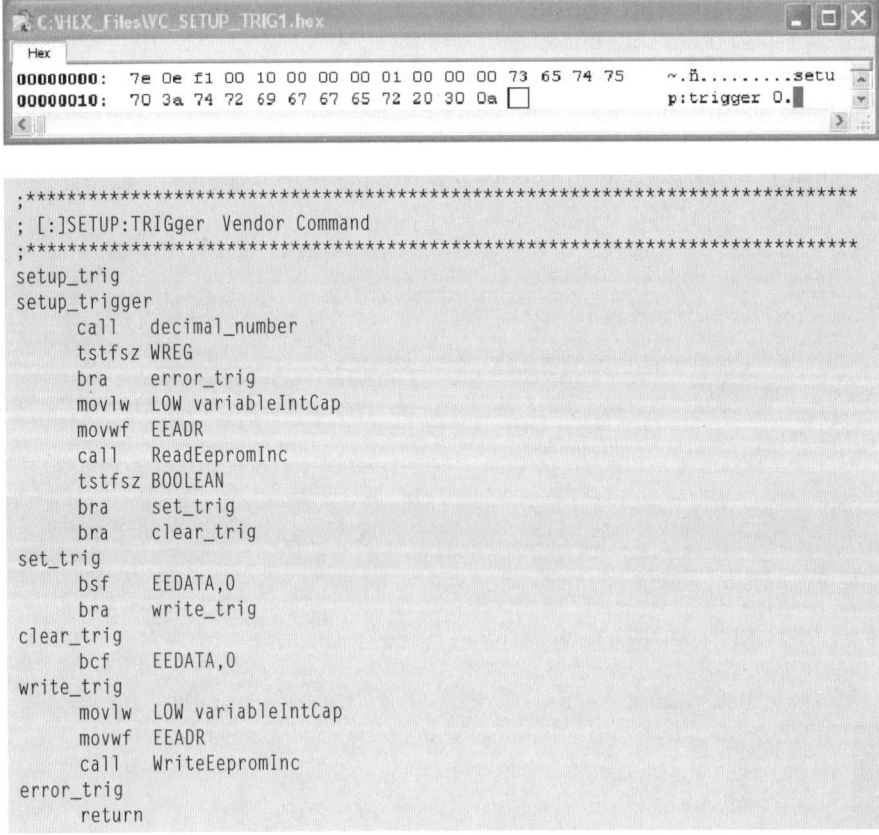

```
;************************************************************************
; [:]SETUP:TRIGger  Vendor Command
;************************************************************************
setup_trig
setup_trigger
      call    decimal_number
      tstfsz  WREG
      bra     error_trig
      movlw   LOW variableIntCap
      movwf   EEADR
      call    ReadEepromInc
      tstfsz  BOOLEAN
      bra     set_trig
      bra     clear_trig
set_trig
      bsf     EEDATA,0
      bra     write_trig
clear_trig
      bcf     EEDATA,0
write_trig
      movlw   LOW variableIntCap
      movwf   EEADR
      call    WriteEepromInc
error_trig
      return
```

11.6.11 SETUP:SCPI ‹boole_nr›

Mit diesem Befehl kann das Bit D3 der USB488 Device Capabilities auf 0 oder 1 geschaltet werden, indem der Parameter <boole_nr> entsprechend gewählt wird. Wenn <boole_nr> auf 1 gesetzt wird, versteht das Gerät alle verbindlichen SCPI-Befehle, andernfalls nicht (siehe Abschnitt 7.11.7). SCPI=1 setzt natürlich voraus, dass der Entwickler alle verbindlichen SCPI-Befehle implementiert hat.

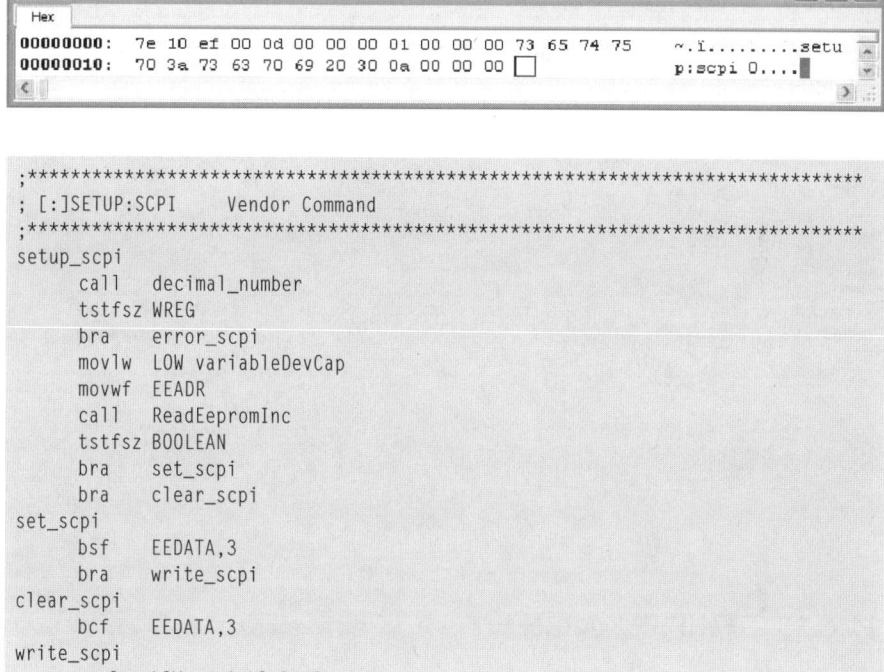

```
;*****************************************************************
; [:]SETUP:SCPI      Vendor Command
;*****************************************************************
setup_scpi
        call    decimal_number
        tstfsz  WREG
        bra     error_scpi
        movlw   LOW variableDevCap
        movwf   EEADR
        call    ReadEepromInc
        tstfsz  BOOLEAN
        bra     set_scpi
        bra     clear_scpi
set_scpi
        bsf     EEDATA,3
        bra     write_scpi
clear_scpi
        bcf     EEDATA,3
write_scpi
        movlw   LOW variableDevCap
        movwf   EEADR
        call    WriteEepromInc
error_scpi
        return
```

11.6.12 SETUP:SR ‹boole_nr›

Mit diesem Befehl kann das Bit D2 der USB488 Device Capabilities auf 0 oder 1 geschaltet werden, indem der Parameter <boole_nr> entsprechend gewählt wird. Wenn <boole_nr> auf 1 gesetzt wird, besitzt das Gerät die Service-Request-Funktion, andernfalls nicht (siehe Abschnitt 7.11.7).

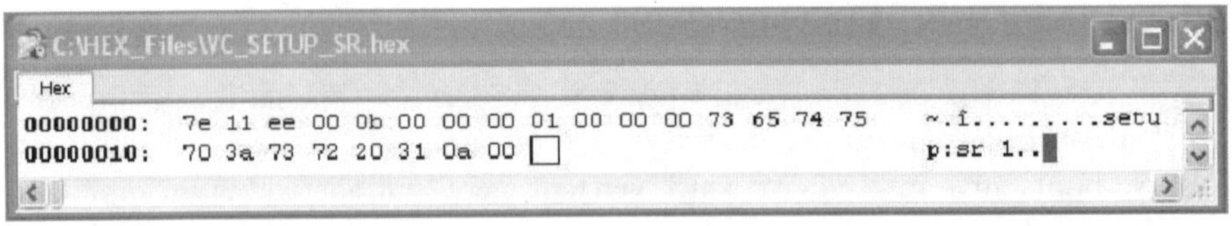

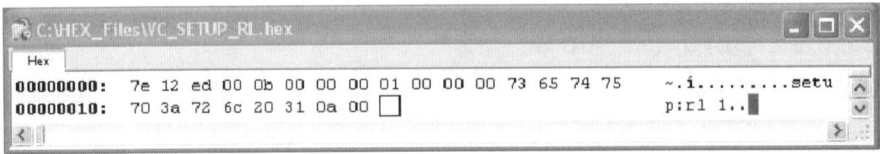

```
C:\HEX_Files\VC_SETUP_SR.hex
Hex
00000000:  7e 11 ee 00 0b 00 00 00 01 00 00 00 73 65 74 75    ~.î........setu
00000010:  70 3a 73 72 20 31 0a 00 □                          p:sr 1..
```

```
;**********************************************************************
; [:]SETUP:SR      Vendor Command
;**********************************************************************
setup_sr
      call    decimal_number
      tstfsz  WREG
      bra     error_sr
      movlw   LOW variableDevCap
      movwf   EEADR
      call    ReadEepromInc
      tstfsz  BOOLEAN
      bra     set_sr
      bra     clear_sr
set_sr
      bsf     EEDATA,2
      bra     write_sr
clear_sr
      bcf     EEDATA,2
write_sr
      movlw   LOW variableDevCap
      movwf   EEADR
      call    WriteEepromInc
error_sr
      return
```

11.6.13 SETUP:RL ‹boole_nr›

Mit diesem Befehl kann das Bit D1 der USB488 Device Capabilities auf 0 oder 1
geschaltet werden, indem der Parameter <boole_nr> entsprechend gewählt wird.
Wenn <boole_nr> auf 1 gesetzt wird, besitzt das Gerät die Remote-Local-Funktion,
andernfalls nicht (siehe Abschnitt 7.11.7).

```
C:\HEX_Files\VC_SETUP_RL.hex
Hex
00000000:  7e 12 ed 00 0b 00 00 00 01 00 00 00 73 65 74 75    ~.î........setu
00000010:  70 3a 72 6c 20 31 0a 00 □                          p:rl 1..
```

```
;****************************************************************************
; [:]SETUP:RL     Vendor Command
;****************************************************************************
setup_rl
       call    decimal_number
       tstfsz  WREG
       bra     error_rl
       movlw   LOW variableDevCap
       movwf   EEADR
       call    ReadEepromInc
       tstfsz  BOOLEAN
       bra     set_rl
       bra     clear_rl
set_rl
       bsf     EEDATA,1
       bra     write_rl
clear_rl
       bcf     EEDATA,1
write_rl
       movlw   LOW variableDevCap
       movwf   EEADR
       call    WriteEepromInc
error_rl
       return
```

11.6.14 SETUP:DT ‹boole_nr›

Mit diesem Befehl kann das Bit D0 der USB488 Device Capabilities auf 0 oder 1 geschaltet werden, indem der Parameter <boole_nr> entsprechend gewählt wird. Wenn <boole_nr> auf 1 gesetzt wird, besitzt das Gerät die Device-Trigger-Funktion, andernfalls nicht (siehe Abschnitt 7.11.7). Im Beispielgerät ist diese Funktion nicht implementiert.

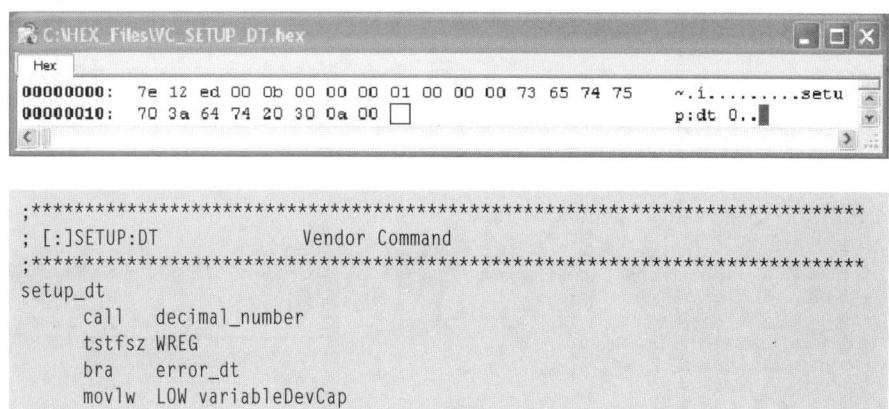

```
;****************************************************************************
; [:]SETUP:DT             Vendor Command
;****************************************************************************
setup_dt
       call    decimal_number
       tstfsz  WREG
       bra     error_dt
       movlw   LOW variableDevCap
```

```
        movwf   EEADR
        call    ReadEepromInc
        tstfsz  BOOLEAN
        bra     set_dt
        bra     clear_dt
set_dt
        bsf     EEDATA,0
        bra     write_dt
clear_dt
        bcf     EEDATA,0
write_dt
        movlw   LOW variableDevCap
        movwf   EEADR
        call    WriteEepromInc
error_dt
        return
```

Wiederherstellen des Auslieferungszustands

Alle Änderungen, die der Leser bei der praktischen Erprobung des Beispielgeräts mithilfe der SETUP-Befehle vornehmen mag, könnten zu Problemen bei der Kommunikation mit dem Host führen. Da die Änderungen aber nur rückgängig gemacht werden können, wenn der USB-Betrieb störungsfrei funktioniert, könnte es somit irreversible Veränderungen geben. Damit der Urzustand des EEPROMs wiederhergestellt werden kann, ist die Taste LOAD des Beispielgeräts vorgesehen. Dazu ist folgende Prozedur notwendig: Das Beispielgerät muss über USB mit Spannung versorgt werden, dann ist die Taste LOAD zu drücken und gedrückt zu halten. Jetzt muss die Taste RESET gedrückt und wieder losgelassen werden. Das EEPROM ist wieder im Grundzustand, wenn die Indikator-LED leuchtet. Jetzt muss die Taste LOAD wieder losgelassen werden.

11.6.15 TEST:MAXCURR

Mit diesem Befehl wird das Beispielgerät so eingestellt, dass es den maximalen Strom aufnimmt. Alle Relais werden eingeschaltet und alle LEDs leuchten. Dieser Test dient der Ermittlung des Maximalstroms für den USB Compliance Test und den Wert für das Datenfeld *bMaxPower* im Standard Configuration Descriptor [USB2.0: Tabelle 9–10] (siehe Abschnitt 6.5.6).

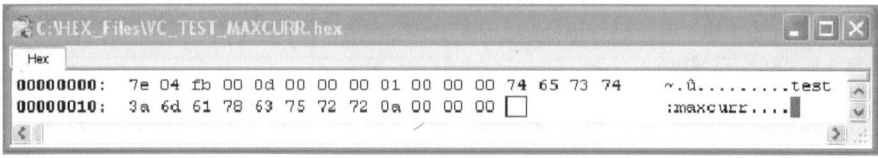

```
;******************************************************************************
; [:]TEST:MAXCURR   Vendor Command
;******************************************************************************
test_maxcurr
    movlw  0xFF
    movwf  PORTD
    movlw  .250
    movwf  timerIndicator
    return
```

12 Die Anwendungsseite

Der USBTMC Driver Stack, der in diesem Buch vorgestellt wurde, erhebt den Anspruch, den Standards von USBTMC-USB488 und SCPI soweit zu entsprechen, dass das Beispielgerät mit professioneller Anwendungssoftware betrieben werden kann. Der Beweis dazu soll nun erbracht werden.

12.1 Agilent IO Control

Eine Testmöglichkeit besteht darin, Agilent IO Control zu installieren. Als dieses Buch geschrieben wurde, bestand ein Weg dazu über den folgenden Link: http://adn.tm.agilent.com/index.cgi?CONTENT_ID=26. Er führte zu folgender Website:

Software: IO Libraries Suite

Establish error-free instrument connections in less than 15 minutes using the IO Libraries Suite. The IO Libraries Suite Connection Expert is able to simultaneously manage instrument connections from multiple vendors. When you're ready to develop your measurement program, the Suite's many sample programs allow you to get started quickly.

- For a comparison of Agilent's I/O alternatives, see About Instrument I/O.
- For a comparison of which version of Agilent's IO Libraries is recommended for a particular IO interface and Operating System, see Agilent IO Libraries Interface Support Matrix.
- For a summary of Agilent's IO Libraries revisions with their supported Interfaces and Operating Systems, see Agilent IO Libraries Revision Information.
- For Information about the supported interfaces, see GPIB, LAN, USB Products for PC-Instrument Connections.

For general information about IO Libraries Suite, see the IO Libraries Suite product page.

Software: IO Libraries Suite

- IO Libraries Suite 15.0 Product Download
- Agilent IO Libraries 15.0 Patch
- IO Libraries Archive Download older versions of Agilent IO Libraries - provided primarily for operating system compatibility.

Über den letzten Link dieses Eintrags: IO Libraries Archive, gab es eine Download-Möglichkeit für das Produkt Agilent IO Libraries Suite 14.2

Downloads

- **Agilent IO Libraries Suite 14.2** Version 14.2.8931.1, June 1, 2006, 79.0 MB, .exe. Includes VISA, VISA COM, SICL, Agilent 488 instrument I/O (NI-488 compatible library), all manuals, online help, and troubleshooting guide. **License Grant:** For every individual instrument, Agilent hardware I/O product (including Agilent GPIB cards and Agilent I/O converters), and development copy of Agilent T&M Toolkit or Agilent VEE Pro that you have a valid, legal license from Agilent to use, Agilent grants you one non-exclusive license of the IO Libraries Suite software at no charge. **Operating Systems Supported:** Windows® 2000 and XP. **Interfaces Supported:** USB, GPIB, LAN, RS-232, and VXI, including many interface cards and converters from Agilent and from National Instruments. Download More Information

Nach erfolgreichem Download und der Installation dieser Anwendung findet sich ein Icon in der Taskleiste, mit dem verschiedene Funktionen gestartet werden können. So liefert z. B. ein Klick auf „About Agilent IO Control" folgende Information:

Eine wichtige Anwendung der Programmfolge ist der Agilent Connection Expert, der über die Taskleiste gestartet werden kann. Doch bevor das ausprobiert werden kann, muss man sich vom mittlerweile ans Herz gewachsenen USB-Treiber der Firma Thesycon verabschieden (es wird ja nicht für immer sein). Im Geräte-Manager findet sich zurzeit der folgende Eintrag:

Ein Doppelklick auf das USBIO Device bestätigt, dass der Thesycon-Treiber zuständig ist.

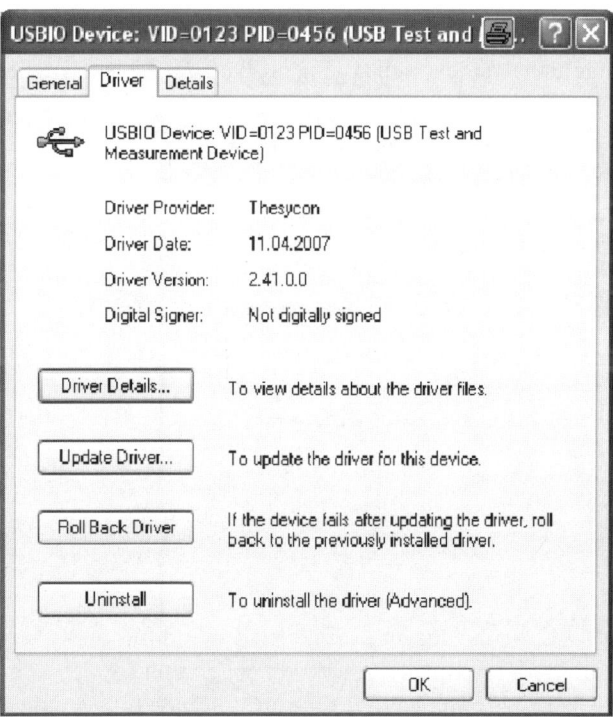

Mit einem Klick auf die Schaltfläche „Uninstall" wird dieser
Treiber einstweilen entlassen.

Ein Neustart ist erforderlich ...

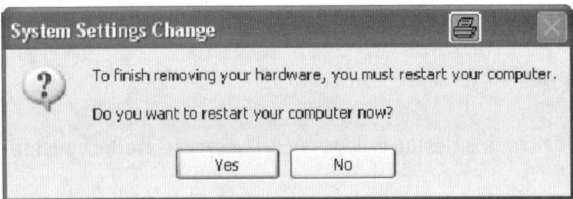

... der dazu führt, dass das Beispielgerät nach einem USB-Treiber verlangt. Nach
diesem Treiber muss nicht gesucht werden, weil ja ganz planvoll der Agilent-Treiber
installiert werden soll.

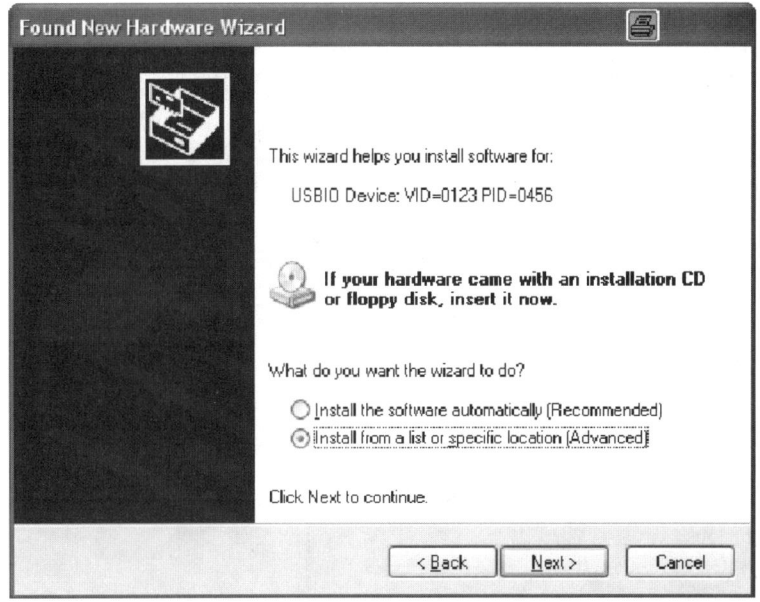

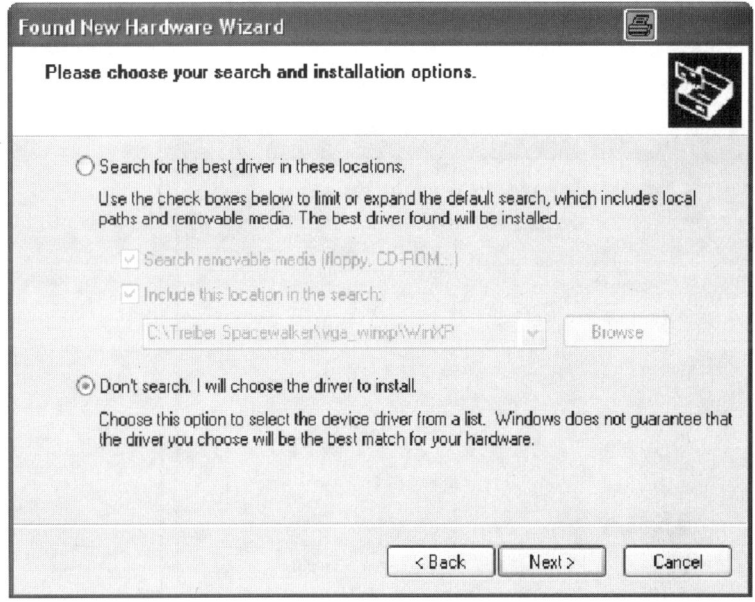

In der Auswahl möglicher Treiber erscheint daraufhin außer den USBIO-Treibern ein neuer Eintrag: „USB Test and Measurement Device". Das ist der gewünschte Treiber, der nun angewählt werden muss.

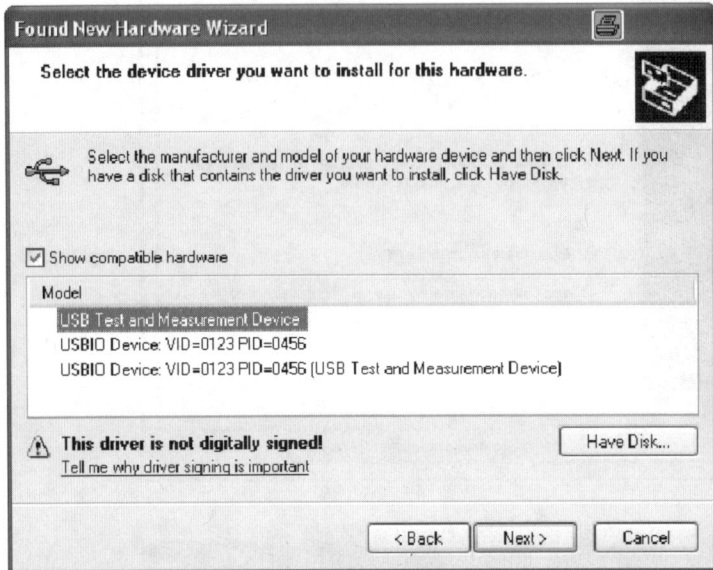

Die Installation nimmt ihren Lauf ...

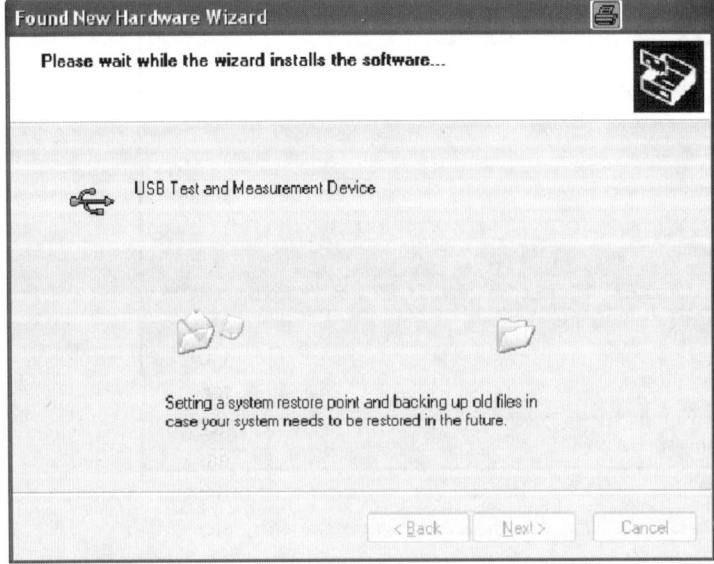

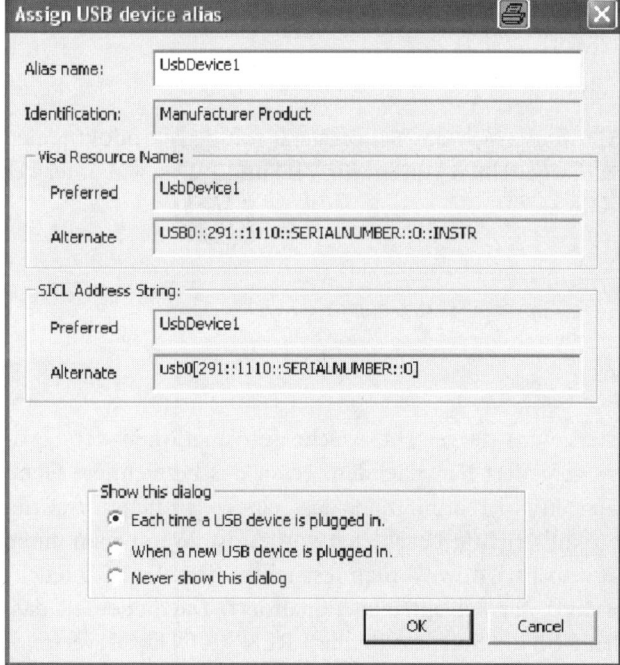

... und sobald sie abgeschlossen ist, wird ein Dialogfenster auf dem Desktop geöffnet, mit dem das Erkennen des Beispielgeräts signalisiert wird.

Ein Blick in den Eintrag des Geräte-Managers bestätigt die erfolgreiche Einbindung eines neuen USB-Klassentreibers.

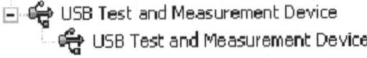

Aus der Taskleiste kann nun der Agilent Connection Expert gestartet werden, der das gesamte PC-System nach daran angeschlossenen Test- und Messgeräten durchsucht.

Unter der Schnittstelle USB0 findet sich das Beispielgerät mit dem Produktnamen „Product" und den dezimal dargestellten Werten für VID und PID sowie unter der Seriennummer „SERIALNUMBER".

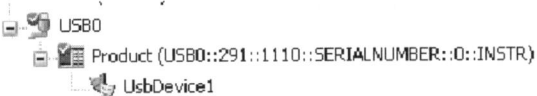

Im rechten Teil des Fensters wird dargestellt, welche Informationen der Fernsteuerbefehl *IDN? zutage gefördert hat, nachdem er an das bezeichnete Gerät gesendet worden ist. Spätestens hier ahnt man, dass ein wesentlicher Teil des Nachrichtenaustauschprotokolls richtig bearbeitet worden ist. Wenn man einen Blick auf das Beispielgerät selbst wirft, wird man feststellen, dass die LED leuchtet, die den Fernsteuerzustand der Schnittstelle signalisiert. Das bedeutet, dass der Connection Expert den USB488 Subclass Request REN_CONTROL versandt hat.

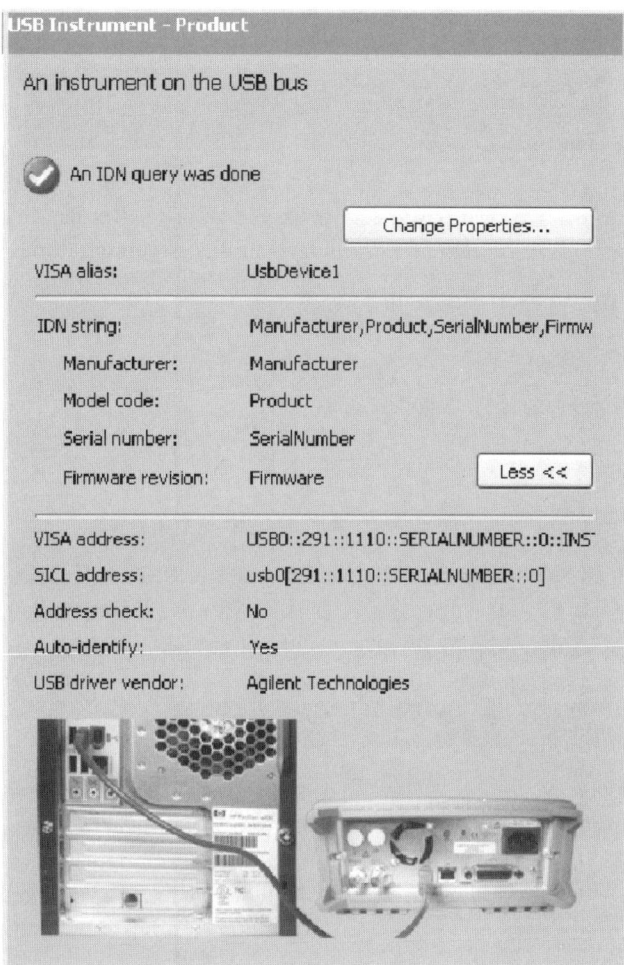

Ein Klick mit der Maus auf den Eintrag „UsbDevice1" und dann auf die Schaltfläche „Interactive IO" öffnet ein Dialogfenster, das eine Art Terminalprogramm zur interaktiven Kommunikation mit Messgeräten darstellt. Als Erstes wird hier automatisch der Fernsteuerbefehl *IDN? angeboten. Ein Klick auf das Schaltfeld „Send Command" sorgt dafür, dass dieser Befehl über den Bulk-OUT Endpoint an das Gerät geschickt wird.

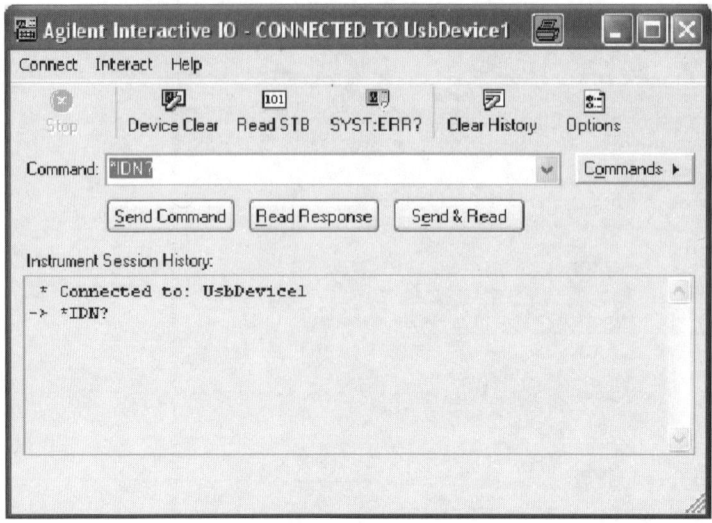

Ein weiterer Klick auf „Read STB" veranlasst die Ausführung des USB488 Subclass Requests READ_STATUS_BYTE. Als Antwort gibt es den Wert 0x10, was anzeigt, dass eine Antwort bereitsteht, denn das MAV-Bit im STB steht auf 1.

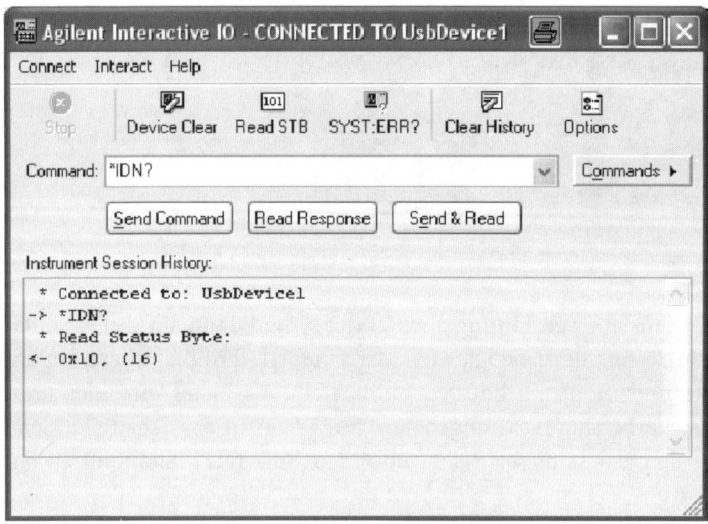

Mit einem Klick auf das Feld „Read Response" kann diese Antwort abgeholt werden.

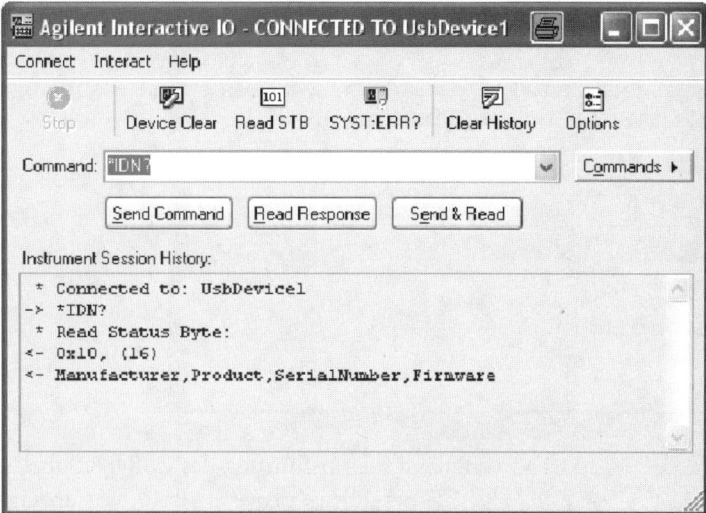

In die Kommandozeile können beliebige eigene Befehle geschrieben werden. Im folgenden Test ist es die Befehlsfolge „close (@1,3);clos:stat?". Wird das Schaltfeld „Send & Read" angeklickt, wird der Transfer ausgeführt und auch sofort die Antwort abgeholt.

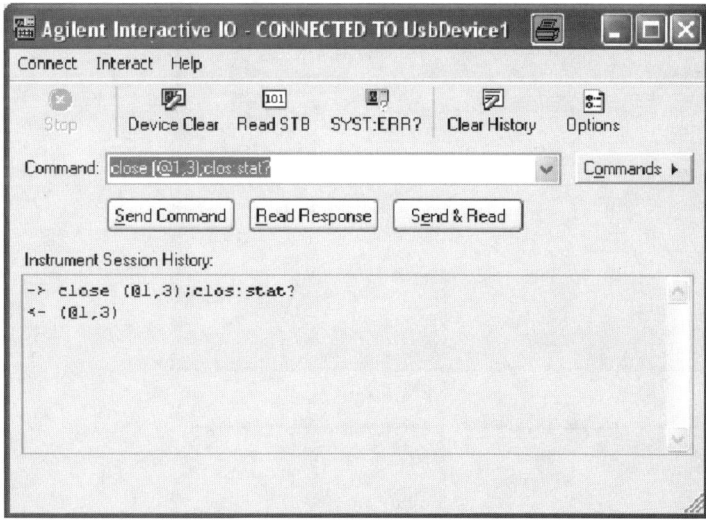

Hier folgt ein weiteres Beispiel für eine Kommandofolge, mit der alle Relais abgeschaltet werden, und dann nachgefragt wird, welche Relais abgeschaltet sind.

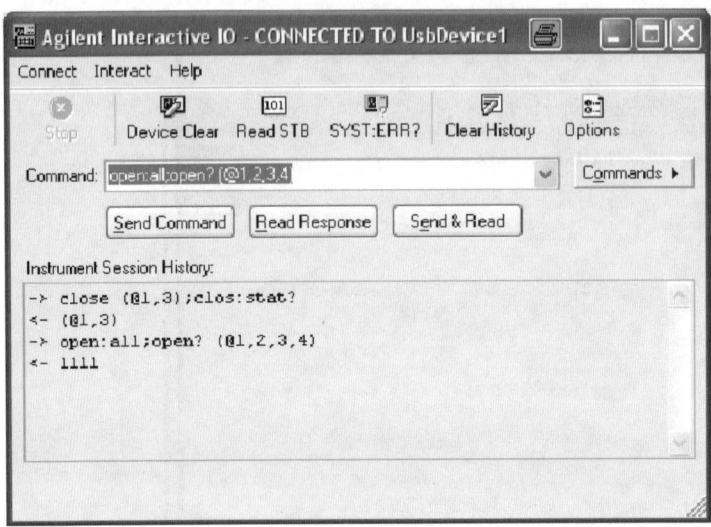

Hier eine Variante der vorigen Befehlsfolge mit der Frage nach dem Zustand aller
eingeschalteten Relais. Als Antwort gibt es eine leere Kanalliste (@).

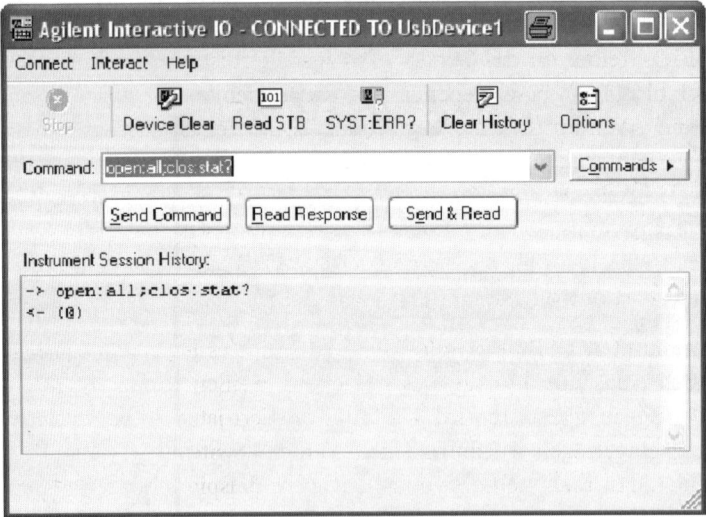

Die Anwendungsübung soll nun kurz unterbrochen werden, um das Beispielgerät umzutaufen. Dazu ist es nötig, zunächst wieder den Thesycon-Treiber zu installieren, damit das Beispielgerät wieder über die USBIO-Applikation angesprochen werden kann. Diese Maßnahme ist erforderlich weil das Agilent-Programm keine anwenderspezifischen Fernsteuerbefehle versenden kann.

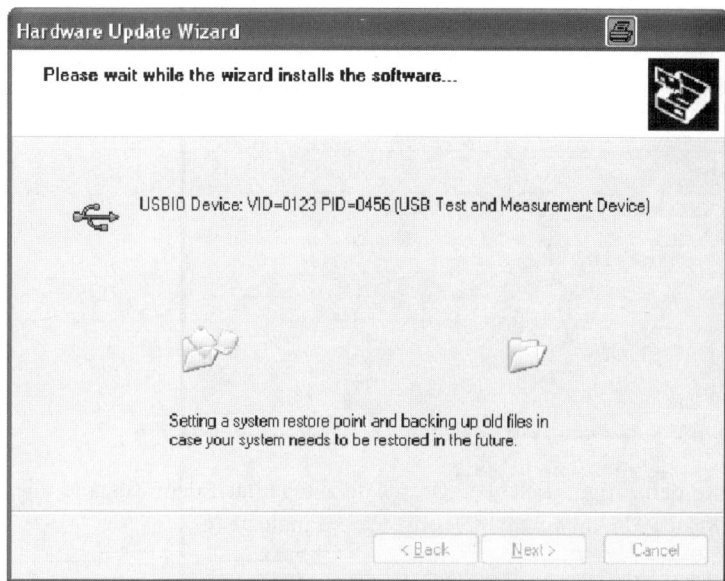

Nachdem der USBIO-Treiber für das Gerät wieder installiert ist, werden die in den Abschnitten 11.6.1 bis 11.6.7 beschriebenen Anwenderbefehle ausgeführt. Damit hat das Gerät eine neue Vendor ID, eine neue Product ID und eine neue Geräte-Versionsnummer. Nach Entfernen des USB und neuem Plug-in findet der Host ein neues Gerät. Der Hersteller ist „Bruhns", das Gerät heißt „Switcher_4" und es bekommt die Seriennummer „000052". Die Firmware Revision hat nun die Nummer 1.0. Mit dieser neuen Identität muss ein neuer USB-Treiber von Agilent installiert werden. Agilent IO Control erkennt dieses neue Gerät.

In der Liste der bekannten USB-Test- und Messgeräte gibt es jetzt zwei Einträge unter USB0: zunächst das „alte" Gerät, das mit einem weißen Kreuz auf rotem Grund als nicht verfügbar deklariert wird. Darunter existiert jetzt ein neues Gerät, das als UsbDevice2 eingetragen wurde und den Namen „Switcher_4" hat. Diese Einträge machen klar, dass man mehrere völlig baugleiche Beispielgeräte über einen Hub an den PC anschließen und mit jedem einzelnen Gerät kommunizieren kann, wenn man nur einen Teil der Identität ändert. Dazu reicht bereits eine andere Seriennummer aus, wenn alle übrigen Einträge gleich bleiben sollen.

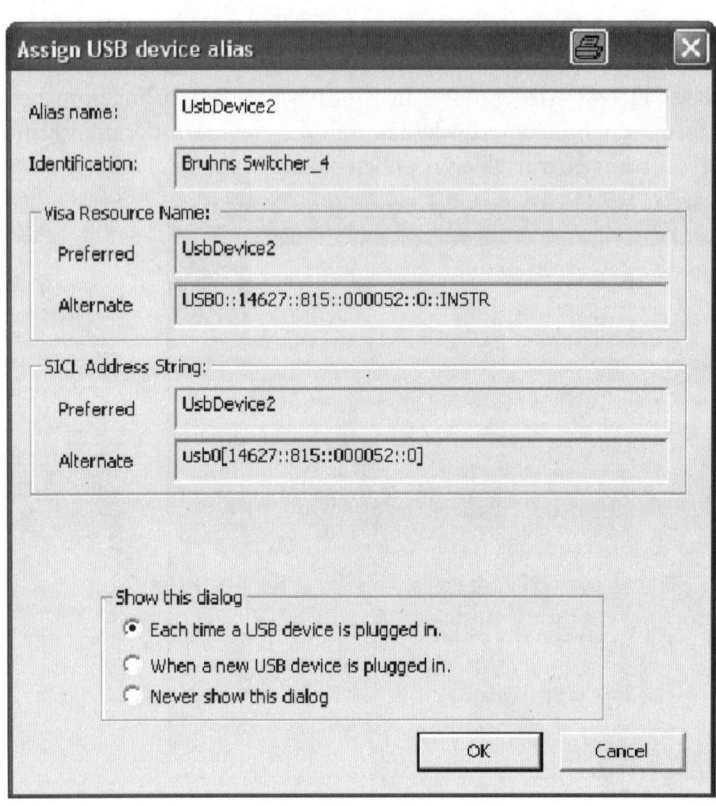

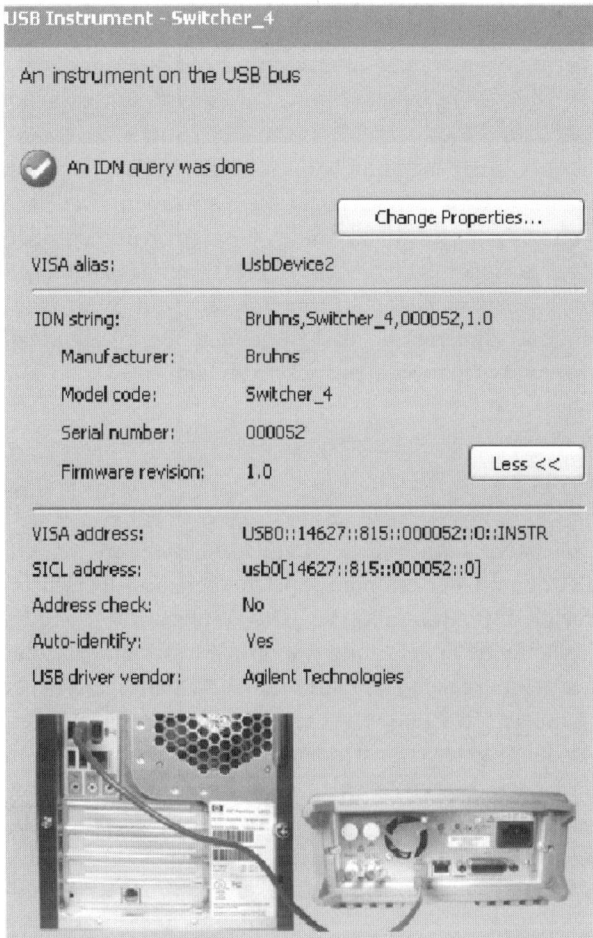

Soviel zu dem kurzen Ausflug in die Welt der Anwendungen mit Agilent Connection Expert.

13 Ausblick

Wie am Anfang dieses Buchs sinngemäß erwähnt, handelt es sich bei diesem Werk nur um eine kleine Geschichte der USBTMC-Geräteklasse. Es wurden zwar viele Details behandelt, aber manche davon nur so vollständig, wie zum grundlegenden Verständnis notwendig ist. Zum Schluss folgt daher ein kleiner Überblick zu einigen Themen, die der interessierte Leser vertiefen sollte, um einerseits vom Basis- zum Expertenwissen zu gelangen und andererseits das vorgestellte Beispielgerät zu einem kommerziell verwertbaren Produkt weiterentwickeln zu können.

13.1 Transfers

Die Software des Device USB-Stacks kann um die Möglichkeit erweitert werden, Transfers zuzulassen, deren Größe die der Endpoint-Speicherbereiche überschreitet. Das betrifft in erster Linie die Datentransaktionen. Der verfügbare RAM-Speicher vom PIC18F4550 lässt zwar keine Erweiterungen in großem Umfang zu, aber das grundlegende Prinzip von Mehrpaket-Transaktionen kann damit erarbeitet und getestet werden. Die Pakete der OUT Endpoints müssten dann in RAM-Bereiche geschrieben und dort zu kompletten Transfers zusammengesetzt werden. In Gegenrichtung müssten RAM-Bereiche gestückelt und paketweise über IN-Endpoints versandt werden. Die dazu erforderlichen Prozesse sollten so gestaltet werden, dass sie auf beliebig große Datenmengen angewandt werden könnten (nur eingeschränkt durch die per Definition maximal mögliche Größe von ca. 4.3 Gigabytes pro Transfer).

13.2 SCPI

Im Beispiel aus diesem Buch fehlt die Realisierung des Fehlerreport-Modells, wie es SCPI für Test- und Messgeräte vorschreibt, vollständig. Auch für diese Anwendung gilt, dass der beschränkte RAM-Bereich des PIC18F4550 keinen sonderlich tiefen Fehlerspeicher erlaubt, aber auch hier könnte mit einem kleinen Fehlerspeicher von vielleicht acht Einträgen zumindest das grundlegende Prinzip erarbeitet werden. Ähnliches gilt für das Status-Report-Modell, das zusammen mit dem Fehlerreport zu den verbindlichen SCPI-Befehlen gehört [SCPI-1: 4.2.1]. Wenn das in diesem Buch beschriebene Beispielgerät als Basis für ein kommerzielles Produkt verwendet werden soll, müssen diese beiden Erweiterungen zwingend erfolgen, sofern das Gerät als SCPI-konform angeboten werden soll. Speziell für die Klassenkompatibilität mit Signalschaltern, wie sie im SCPI-Standard gefordert wird, müssen diese Ergänzungen vorgenommen werden [SCPI-4: 9.1.3].

13.3 Common Commands

Neben den in diesem Buch abgehandelten Common Commands, die mit SCPI für USBTMC-USB488 verbindlich übernommen wurden, gibt es noch eine ganze Reihe weiterer Befehle, deren Implementierung nicht uninteressant erscheint. Dazu gehört auf jeden Fall der Befehl „Power-On Status Clear" (*PSC) und dessen Query (*PSC?). Grundidee bei diesem Befehl ist die Möglichkeit, die Register „Service Request Enable" (SRE), „Standard Event Status Enable" (ESE) sowie das „Power Status Clear" (PSC) in einem nichtflüchtigen Speicherbereich der Firmware anzulegen. Damit sind zwei Betriebsarten möglich. Wenn der Inhalt des PSC den Wert 0 hat, dann bleibt der Inhalt der Enable Register bei Ausschalten des Geräts erhalten. Bei Wiedereinschalten müssen diese Register nicht initialisiert werden und die Auswirkungen des aktuellen Inhalts werden sofort wirksam. Hat PSC den Wert 1, dann werden die Enable-Register bei Einschalten des Geräts zu 0 gelöscht. Auch die Implementation des Trigger-Befehls (*TRG) könnte reizvoll sein, um die Reaktionsgeschwindigkeit des Geräts im Messsystem zu erhöhen. Einen Überblick aller Common Commands und ihrer Verwendbarkeit in der Klasse USBTMC-USB488 gibt der Anhang 2 von USB488.

13.4 Fernsteuerbefehle

Vom Gesamtumfang des ROUTE-Subsystems, wie es der Standard SCPI definiert, wurde in diesem Buch nur ein kleiner Teil umgesetzt, nämlich nur ROUTE:CLOSE und ROUTE:OPEN. Diese Befehle reichen, um die Basisfunktionalität für die Geräteklasse der Signalschalter nach SCPI-4: 9 zu realisieren. Zur Vertiefung des Verständnisses kann es jedoch nicht schaden, sich das ROUTE-Subsystem im SCPI-Standard im Detail anzusehen, besonders die Erweiterung um den SCAN-Befehl ist sinnvoll und wird bei einem Signalschalter nach SCPI-Standard auch gern gesehen [SCPI-4: 9.2.1.2.1].

13.5 Parameter

Für die Erfordernisse der Fernsteuerbefehle, die das Beispielgerät versteht, sind die Regeln für die jeweiligen Parameter zum Teil erheblich eingeschränkt worden. Die Firmware müsste wesentlich erweitert werden, damit vollständige Kompatibilität mit den Standards erzielt würde. Am umfangreichsten würden dabei die Projekte zur Anpassung der Elemente <DECIMAL NUMERIC PROGRAM DATA> [IEEE488.2: 7.7.2, SCPI-1: 7.2] und <channel_list> [SCPI-1: 8.3.2] ausfallen. Im ersten Fall wurde der zulässige Wertebereich drastisch reduziert und die Möglichkeit der Exponentialdarstellung ausgeschlossen. Im zweiten Fall fehlt die Bereichs- und Matrixschreibweise sowie das Vergeben symbolischer Pfadnamen in Kanallisten vollständig.

13.6 Geräteklassen

In kommerziellen Produkten allgemein und speziell bei Test- und Messgeräten findet sich zunehmend die Möglichkeit, ein Firmware-Update über eine Geräteschnittstelle vornehmen zu können. Das spart Servicekosten und Zeit bei Anbietern und Nutzern, besonders wenn der Anwender das Updating selbst vornehmen kann. In diesem Buch wurde erwähnt, dass es für diese Funktion eine eigene USB-Klasse gibt (DFU Class). Für Test- und Messgeräte, die auf dem aktuellen Stand der Technik und von guter Qualität sein sollen, ist es sinnvoll, sie um diese Klasse zu erweitern. Dazu könnte das Beispielgerät um eine zweite Konfiguration ergänzt werden, die die Klasse DFU unterstützt.

13.7 Beispielgerät

Zu der für dieses Buch entwickelten Hardware, allgemein als Beispielgerät bezeichnet, gehört ein Steckverbinder (X1), über den der Anschluss von Erweiterungen möglich ist. Dieser Steckverbinder ist als Anregung für Anwender gedacht, die das Beispielgerät als Basis für eigene Projekte gebrauchen möchten. Lehrreich wäre z. B. die Erweiterung des Geräts um einen Mehrkanal-Analog/Digital-Wandler für die Erfassung von Analog-Messdaten. Das ist eine typische Anwendung für einfache USB-Messgeräte.

13.8 Die Host-Seite

Themen wie Host USB-Stacks, Host USB Device Driver und Anwendungsprogramme für Test- und Messtechnik für unterschiedliche Betriebssysteme sind in diesem Buch wenig erwähnt worden. Sie sind aber von erheblicher Bedeutung für die praktische Realisierung von Messtechnik-Projekten. Wenn man seine Kenntnisse auf diesem Gebiet erweitern will und womöglich auch hier Entwicklungsleistung erbringen möchte, schlägt man nicht lediglich ein zusätzliches Kapitel der USB-Messtechnik auf, sondern begibt sich in ein eigenständiges Stoffgebiet. Dieses Gebiet wurde nur so weit berührt, wie es zum Betrieb des vorgestellten Beispielgeräts notwendig ist, und es sind auch nur die Benutzer von Windows XP berücksichtigt worden. Es gibt im Hause Microsoft noch andere Betriebssysteme und mindestens noch zwei mit Windows konkurrierende Betriebssystemwelten. Damit nicht genug, stellt sich die Frage, ob es darüber hinaus nicht an der Zeit wäre, endlich einmal ein Echtzeit-Betriebssystem speziell für Test- und Messgeräte zu entwickeln, das auf gängiger PC-Hardware aufsetzt und Testingenieuren das Leben erleichtert. Es gibt also noch viel zu tun.

14 Literaturliste

Kurztitel	Titel	Erscheinungsjahr	Verlag
Addendum	PIC18 Configuration Settings Addendum (DS51537E)	2005	Microchip
A3Errata	PIC18F2455/2550/4455/4550 Rev. A3 Silicon Errata (DS80220G)	2007	Microchip
Checklist	USB Compliance Checklist Peripherals (Excluding Hubs) Version 1.08	2001	USB-IF
DataSheet	PIC18F2455/2550/4455/4550 Data Sheet (DS39632C)	2006	Microchip
Eisberg	Kurs auf den Eisberg, Joseph Weizenbaum	1984	pendo
Entwicklerhandbuch	USB Handbuch für Entwickler 2. Auflage, Jan Axelson	2001	mitp
IEEE488.1	IEEE Std 488.1–1987	1987	IEEE, New York
IEEE488.2	IEEE Std 488.2–1992	1992	IEEE, New York
MPASM	MPASM Assembler, MPLINK Object Linker, MPLIB Object Librarian User's Guide (DS33014J)	2005	Microchip
SCPI-1	Standard Commands for Programmable Instruments (SCPI); Volume 1: Syntax and Style	1999	SCPI Consortium
SCPI-2	Standard Commands for Programmable Instruments (SCPI); Volume 2: Command Reference	1999	SCPI Consortium
SCPI-3	Standard Commands for Programmable Instruments (SCPI); Data Interchange Format	1999	SCPI Consortium
SCPI-4	Standard Commands for Programmable Instruments (SCPI); Instrument Classes	1999	SCPI Consortium
Syntaxanalyse	Automatische Syntax-Analyse, J. M. Foster	1971	Carl Hanser, München
USBCV-Spec1.2	Universal Serial Bus Revision 2.0 USB Command Verifier Compliance Test Specification Revision 1.2	2003	USB-IF
USBTMC	Universal Serial Bus Test and Measurement Class Specification (USBTMC) Revision 1.0	2003	USB-IF
USB2.0	Universal Serial Bus Specification Revision 2.0	2000	USB-IF
USB2.0 Handbuch	USB 2.0 Handbuch für Entwickler 3. Auflage, Jan Axelson	2007	mitp
USB2.0 Praxisbuch	USB 2.0 Das Praxisbuch 2. aktualisierte Auflage, H. J. Kelm et al.	2003	Franzis', Poing
USB488	Universal Serial Bus Test and Measurement Class, Subclass USB488 Specification (USBTMC-USB488) Revision 1.0	2003	USB-IF

Stichwortverzeichnis